高等院校课程设计案例精编

AutoCAD+SketchUp+Vray 建筑室内外效果表现技法经典课堂

吴蓓蕾　周　嵬　编著

清华大学出版社
北　京

内容简介

本书以 AutoCAD 和 SketchUp 为写作平台，以“理论知识＋实操案例”为创作导向，围绕建筑室内外设计软件的应用展开讲解。本书结合 AutoCAD、SketchUp、V-Ray for SketchUp 来实现效果图可视化设计，书中的每个案例都给出了详细的操作步骤，同时还对操作过程中的设计技巧进行了描述。

全书共 10 章，分别对 AutoCAD 绘图基础、别墅建筑施工图的绘制、SketchUp 的基本工具、SketchUp 的高级工具、材质与贴图、灯光技术、V-Ray 渲染器等知识，以及书房场景、公寓外立面和住宅小区场景的效果表现进行了详细的阐述。本书结构清晰，思路明确，内容丰富，语言简练，既有鲜明的基础性，也有很强的实用性。

本书既可作为大中专院校及高等院校相关专业的教学用书，又可作为建筑室内外设计爱好者的学习用书，同时，也可以作为社会各类 AutoCAD 和 SketchUp 培训班的首选教材。

图书在版编目(CIP)数据

AutoCAD+SketchUp+Vray 建筑室内外效果表现技法经典课堂 / 吴蓓蕾，周嵬编著. —北京：清华大学出版社，2019（2025.1 重印）
（高等院校课程设计案例精编）

ISBN 978-7-302-51780-1

Ⅰ. ①A… Ⅱ. ①吴… ②周… Ⅲ. ①建筑设计—计算机辅助设计—应用软件—课程设计—高等学校—教学参考资料 Ⅳ. ①TU201.4

中国版本图书馆CIP数据核字（2018）第274387号

责任编辑：李玉茹
封面设计：杨玉兰
责任校对：鲁海涛
责任印制：刘　菲
出版发行：清华大学出版社
网　　址：https://www.tup.com.cn，https://www.wqxuetang.com
地　　址：北京清华大学学研大厦A座　　邮　　编：100084
社 总 机：010-83470000　　邮　　购：010-62786544
投稿与读者服务：010-62776969，c-service@tup.tsinghua.edu.cn
质量反馈：010-62772015，zhiliang@tup.tsinghua.edu.cn
印 装 者：三河市人民印务有限公司
经　　销：全国新华书店
开　　本：185mm×260mm　　印　　张：17　　字　　数：272千字
版　　次：2019年2月第1版　　印　　次：2025年1月第6次印刷
定　　价：69.00 元

产品编号：081118-01

FOREWORD
前 言

为什么要学设计？

随着社会的发展，人们对美好事物的追求与渴望，已达到了一个新的高度。这一点充分体现在了审美意识上，毫不夸张地讲我们身边的美无处不有，大到园林建筑，小到平面海报，抑或是深巷里的小门店也都要装饰一番并凸显自己的特色。这一切都是“设计”的结果，可以说生活中的很多元素都被有意或无意识地设计过。俗话说：学设计饿不死，学设计高工资！那些有经验的设计师们，月薪通常会超过大多数行业。正是因为这一点很多人都投身于设计行业。

问：学设计可以就职哪类工作？求职难吗？

答：广为人知的设计行业包括室内设计、广告设计、UI 设计、珠宝设计、服装设计、环艺设计、影视动画设计……所以你还在问求职难吗！

问：如何选择学习软件？

答：根据设计类型和就业方向，学习相关软件。比如，平面设计类软件大同小异，重在设计体验。室内外设计软件各有侧重，贵在实际应用。各类软件之间也要配合使用，如设计师要用 Photoshop 对建筑效果图做后期处理，为了让设计作品呈现更好的效果，有时会把视频编辑软件与平面软件相互配合。

问：没有美术基础的人也可以学设计吗？

答：可以。设计类的专业有很多，并不是所有的设计专业都需要有美术的功底。例如工业设计、展示设计等。俗话说“艺术归结于生活”，学设计不但可以提高自身审美能力，还能有效地指引人们制作出更精良的作品，提升自己的生活品质。

问：设计该从何学起？

答：自学设计可以先从软件入手：位图、矢量图和排版。学会了软件可以胜任 90% 的设计工作，只是缺乏“经验”。设计是软件技术 + 审美 + 创意，其中软件学习比较容易上手，而审美的提升则需要多欣赏优秀作品，只要不断学习，突破自我，优秀的设计技术可以轻松掌握！

系列图书课程安排

本系列图书既注重单个软件的实操应用，又看重多个软件的协同办公，以“理论知识 + 实际应用 + 案例展示”为创作思路，向读者全面阐述了各软件在设计领域中的强大功能。在讲解过程中，结合各领域的实际应用，对相关的行业知识进行了深度剖析，以辅助读者完成各种类型的设计工作。正所谓要“授人以渔”，读者不仅可以掌握这些设计软件的使用方法，还能利用它独立完成作品的创作。本系列图书包含以下图书作品：

- 《3ds max 建模技法经典课堂》
- 《3ds max+Vray 效果图表现技法经典课堂》
- 《SketchUp 草图大师建筑 • 景观 • 园林设计经典课堂》
- 《AutoCAD + 3ds max + Vray 室内效果图表现技法经典课堂》
- 《AutoCAD + SketchUp + Vray 建筑室内外效果表现技法经典课堂》
- 《Adobe Photoshop CC 图像处理经典课堂》
- 《Adobe Illustrator CC 平面设计经典课堂》
- 《Adobe InDesign CC 版式设计经典课堂》
- 《Adobe Photoshop + Illustrator 平面设计经典课堂》
- 《Adobe Photoshop + CorelDRAW 平面设计经典课堂》
- 《Adobe Premiere Pro CC 视频编辑经典课堂》
- 《Adobe After Effects CC 影视特效制作经典课堂》
- 《HTML5+CSS3 网页设计与布局经典课堂》
- 《HTML5+CSS3+JavaScript 网页设计经典课堂》

配套资源获取方式

目前市场上很多计算机图书中配带的 DVD 光盘，总是容易破损或无法正常读取。鉴于此，本系列图书的资源可以发送邮件至 619831182@qq.com，制作者会在第一时间将其发至您的邮箱。

适用读者群体

- ☑ 效果图制作人员。
- ☑ 室内设计、建筑设计人员。
- ☑ 建筑室内外培训班学员。
- ☑ 大中专院校及高等院校相关专业师生。
- ☑ AutoCAD/ SketchUp 设计爱好者。

作者团队

本书由吴蓓蕾、周嵬编著。其中，吴蓓蕾、伏凤恋、王春芳、周嵬、杨继光、李瑞峰、王银寿、李保荣、郭志强、彭超等均参与了具体章节的编写工作，在此对他们的付出表示真诚的感谢。

致谢

为了令本系列图书尽可能满足读者的需要，许多人付出了辛勤的劳动。在此，向参与本书出版工作的“ACAA 教育集团”和“Autodesk 中国教育管理中心”的领导及老师、出版社的策划编辑等人员，致以诚挚谢意。同时感谢清华大学出版社的所有编审人员为本系列图书的出版所付出的辛勤劳动。本系列图书在编写过程中力求严谨细致，但由于时间和精力有限，书中仍难免出现疏漏和不妥之处，希望各位读者朋友们多多包涵并批评指正，万分感谢！

读者朋友在阅读本系列图书时，如遇与本书有关的技术问题，可以通过微信号 dssf2016 进行咨询，或者在获取资源的公众平台中留言，我们将在第一时间与您互动解答。

编者

CONTENTS
目 录

CHAPTER / 01
AutoCAD 基础知识

CHAPTER / 02
绘制别墅建筑施工图

CHAPTER / 03
SketchUp 基本工具

CHAPTER / 04
SketchUp 高级工具

CHAPTER / 07

V-Ray 渲染设置

CHAPTER / 08

书房场景效果表现

CHAPTER / 09

公寓外立面效果表现

CONTENTS

CHAPTER 01

AutoCAD 基础知识

本章概述 SUMMARY

AutoCAD 是 Autodesk 公司开发的一款绘图软件，也是目前市场上使用率极高的辅助设计软件，被广泛应用于室内、建筑、园林、机械、电子、服装、化工等设计领域。该软件可以轻松地帮助用户实现数据设计、图形绘制等多项功能，从而极大地提高设计人员的工作效率，并成为广大工程设计技术人员的必备工具。

■学习目标

- √ 掌握“多线”命令的使用。
- √ 掌握“多段线”命令的使用。
- √ 掌握尺寸标注的使用。
- √ 掌握图层的管理操作。

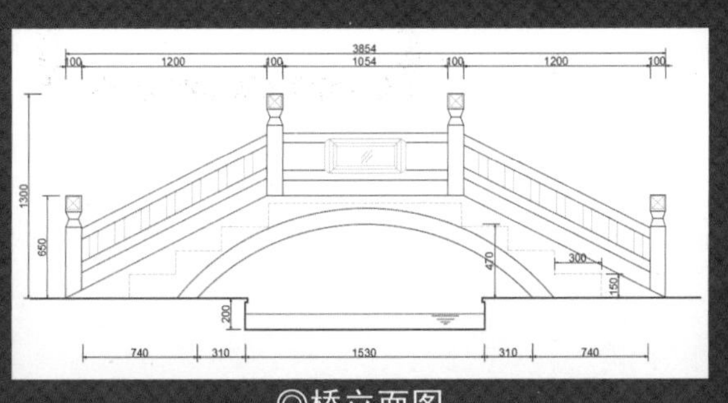

◎桥立面图

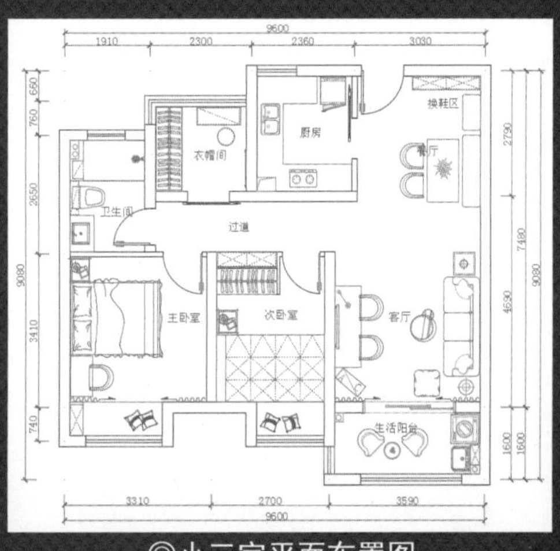

◎小三室平面布置图

1.1 常用绘图命令

在 AutoCAD 中，任何复杂的平面图形实际上都是由点、直线、圆、圆弧、矩形等基本图形元素组成的。只有掌握了基本图形的绘制方法，才能够熟练绘制出其他复杂的图形。

1.1.1 "直线"命令

直线是各种绘图中最简单、最常用的一类图形对象。它既可以作为一条线段，也可以作为一系列相连的线段。绘制直线的方法非常简单，在绘图区内指定直线的起点和终点即可绘制一条直线。

用户可以通过以下几种方式调用"直线"命令。

- 在菜单栏中执行"绘图" | "直线"命令。
- 在"默认"选项卡的"绘图"面板中单击"直线"按钮。
- 在命令行输入 LINE 命令并按 Enter 键。

1.1.2 "矩形"命令

"矩形"命令是 AutoCAD 中最常用的命令之一。在使用该命令时，用户可指定矩形的两个对角点，来确定矩形的大小和位置；也可指定矩形的长和宽，来确定矩形。

用户可以通过以下几种方式调用"矩形"命令。

- 在菜单栏中执行"绘图" | "矩形"命令。
- 在"默认"选项卡的"绘图"面板中单击"矩形"按钮。
- 在命令行输入 RECTANG 命令并按 Enter 键。

此外，用户还可以设定矩形的圆角半径、倒角长度或者宽度，如图 1-1、图 1-2、图 1-3 所示分别为常规矩形、圆角矩形、带宽度的矩形。

> **绘图技巧**
>
> 在输入矩形角点距离值时，通常需要以坐标原点为中心，两次输入 X、Y 两点的坐标值。这样一来，容易让初学者混淆一些坐标值，从而大大降低了绘图速度。其实，只需要加入"@"相对符号，然后直接输入矩形的长、宽值，即可完成矩形的绘制。

图 1-1 常规矩形

图 1-2 圆角矩形

图 1-3 带宽度的矩形

1.1.3 "圆"命令

圆是一种经常使用和绘制的图形。用户可以通过以下几种方式调用"圆"命令。

- 在菜单栏中执行“绘图”｜“圆”命令。
- 在“默认”选项卡的“绘图”面板中单击“圆”按钮⊘。
- 在命令行输入 CIRCLE 命令并按 Enter 键。

用户可以指定圆心和半径值，也可以任意拉取半径长度来绘制圆形。在 AutoCAD 中，有多种绘制方法，如图 1-4、图 1-5、图 1-6 所示为几种常用的绘制方法。

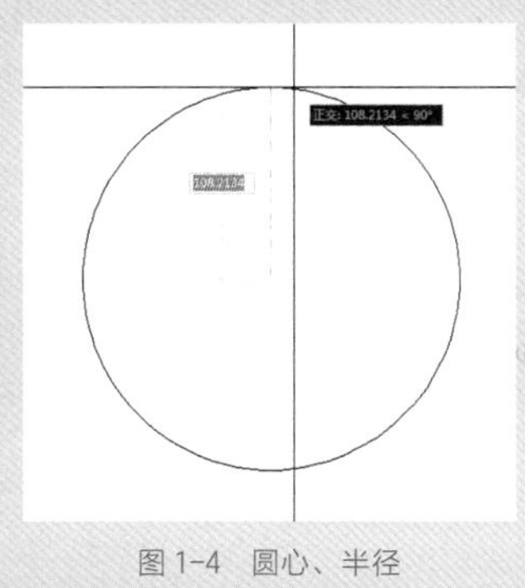

图 1-4　圆心、半径

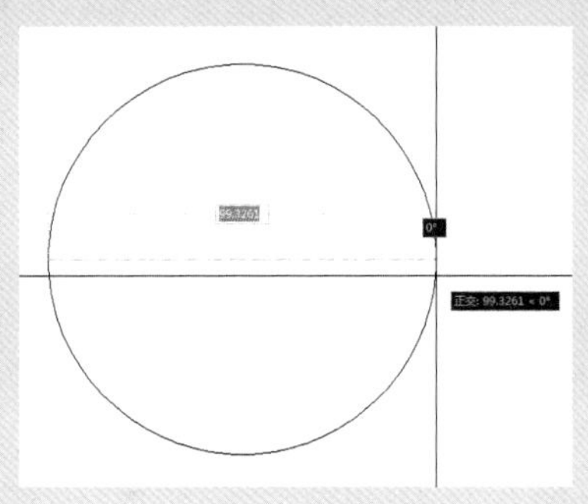

图 1-5　两点画圆

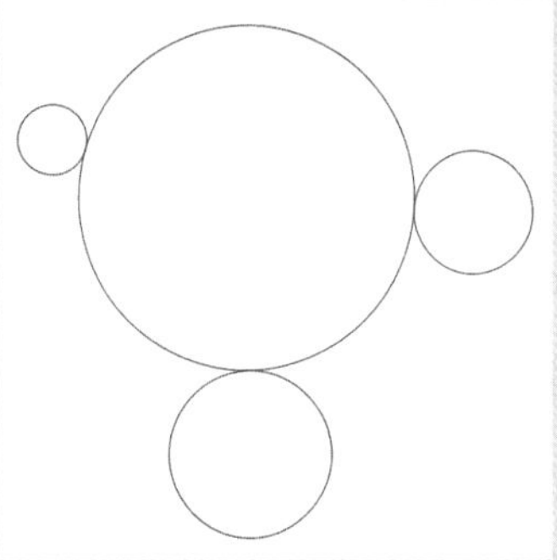

图 1-6　相切、相切、相切

1.1.4　“多边形”命令

多边形是指三条或三条以上长度相等的线段组成的闭合图形。在默认情况下，多边形的边数为 4。用户可以通过以下几种方式调用“多边形”命令。

- 在菜单栏中执行“绘图”｜“多边形”命令。
- 在“默认”选项卡的“绘图”面板中单击“多边形”按钮⬠。
- 在命令行输入 POLYGON 命令并按 Enter 键。

绘制多边形时分为内接圆和外切圆两种方式，内接圆就是多边形在一个虚构的圆内，如图 1-7 所示。外切圆就是多边形在一个虚构的圆外，如图 1-8 所示。

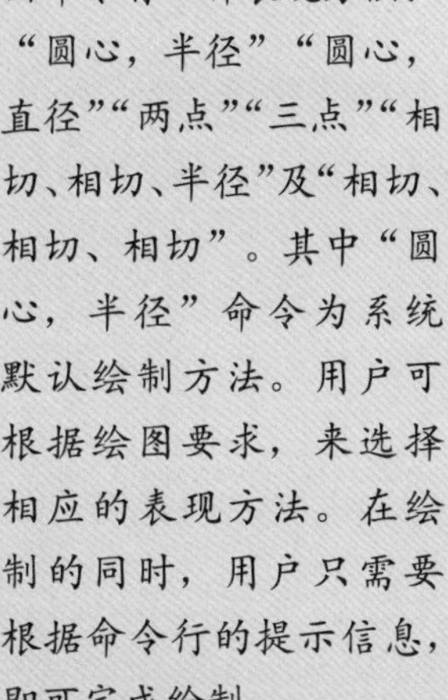

知识拓展

在 AutoCAD 软件中，圆命令有 6 种表现方法：“圆心，半径”“圆心，直径”“两点”“三点”“相切、相切、半径”及“相切、相切、相切”。其中“圆心，半径”命令为系统默认绘制方法。用户可根据绘图要求，来选择相应的表现方法。在绘制的同时，用户只需要根据命令行的提示信息，即可完成绘制。

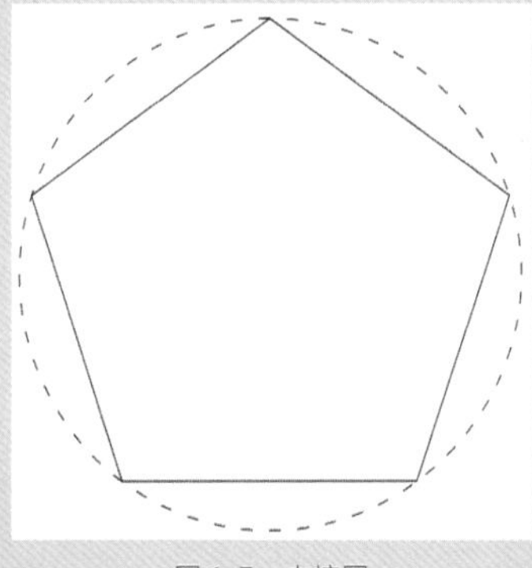

图 1-7　内接圆

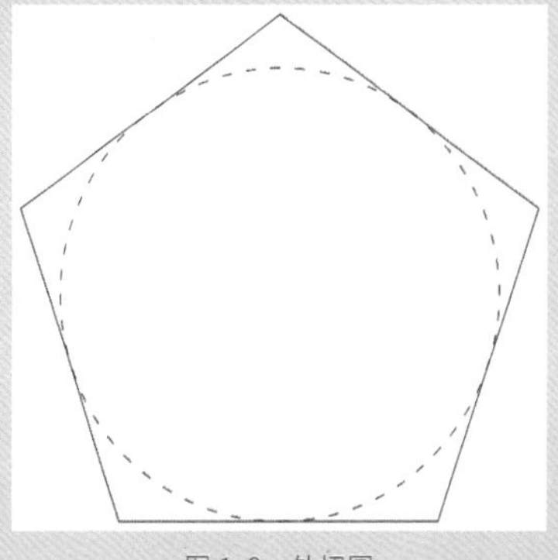

图 1-8　外切圆

1.1.5 “多线”命令

多线是一种由平行线组成的图形，平行线段之间的距离和数目是可以设置的，多线用于绘制墙体或窗户等图形。

1. 设置多线样式

在 AutoCAD 软件中，可以创建和保存多线的样式或应用默认样式，还可以设置多线中每个元素的偏移和颜色，并能显示或隐藏多线转折处的边线。

执行“格式”|“多线样式”命令，打开“多线样式”对话框，如图 1-9 所示。单击“修改”按钮，打开“修改多线样式”对话框，即可对图元的显示样式、颜色、尺寸等进行设置，如图 1-10 所示。

图 1-9 “多线样式”对话框

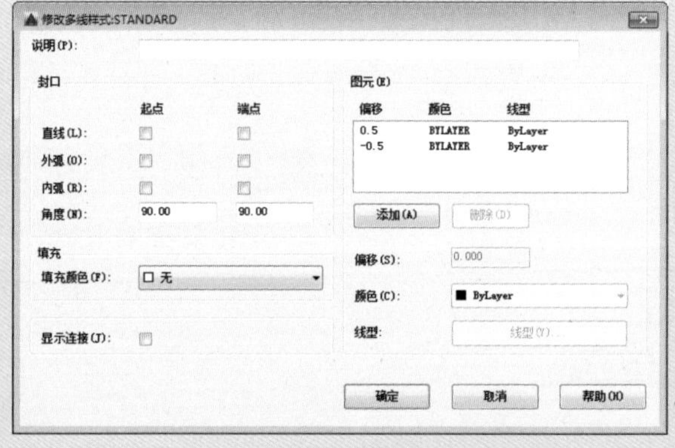

图 1-10 “修改多线样式”对话框

2. 绘制多线

多线样式设置完毕后，即可绘制多线图形，图 1-11 所示为利用多线绘制的居室户型图，墙体和门窗图形就是利用“多线”命令绘制的。用户可以通过以下方式调用“多线”命令。

- 在菜单栏中执行“绘图”|“多线”命令。
- 在命令行输入 MLINE 命令并按 Enter 键。

3. 编辑多线

多线绘制完毕后，通常都会需要对其进行修改，才能达到预期的效果。在 AutoCAD 中，用户可以利用多线编辑工具对多线进行修改编辑，在“多线编辑工具”对话框中可以选择合适的编辑工具，如图 1-12 所示。用户可以通过以下方式打开该对话框。

- 直接双击多线图形。

知识拓展

在默认情况下，绘制多线的操作和绘制直线相似，若想更改当前多线的对齐方式、显示比例及样式等属性，可以在命令行中进行选择操作。

- 执行“修改”｜“对象”｜“多线”命令。
- 在命令行输入 MLEDIT 命令并按 Enter 键。

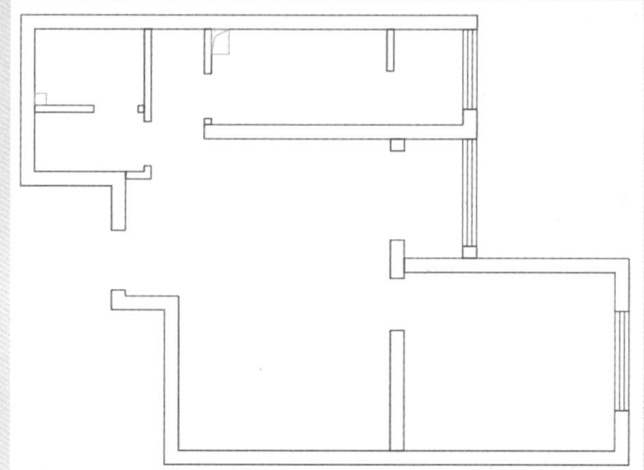
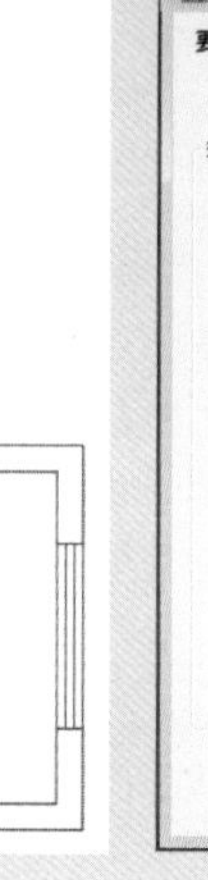

图 1-11　居室户型图

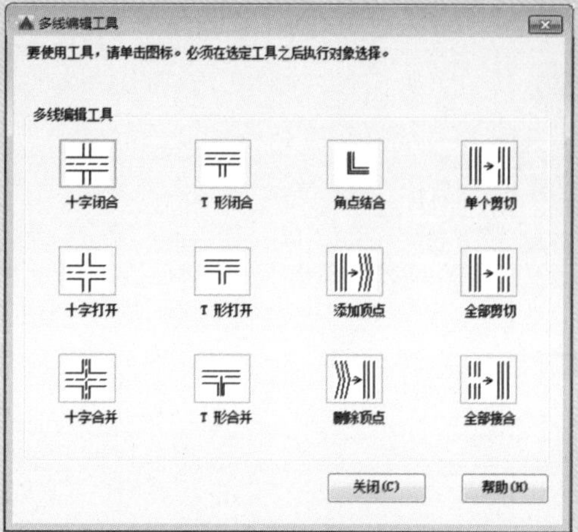

图 1-12　“多线编辑工具”对话框

1.1.6　“多段线”命令

多段线由相连的直线和圆弧曲线组成，可在直线和圆弧曲线之间进行自由切换。多段线可设置其宽度，也可在不同的线段中，设置不同的线宽，并可设置线段的始末端点具有不同的线宽，图 1-13、图 1-14 所示为利用“多段线”命令绘制的箭头图形和窗帘符号。用户可以通过以下几种方式调用“多段线”命令。

- 在菜单栏中执行“修改”｜“多段线”命令。
- 在“默认”选项卡的“绘图”面板中单击“多段线”按钮。
- 在命令行输入 PLINE 命令并按 Enter 键。

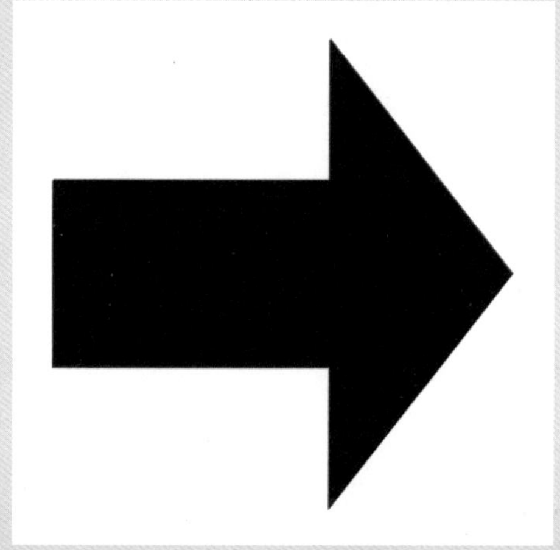

图 1-13　箭头图形

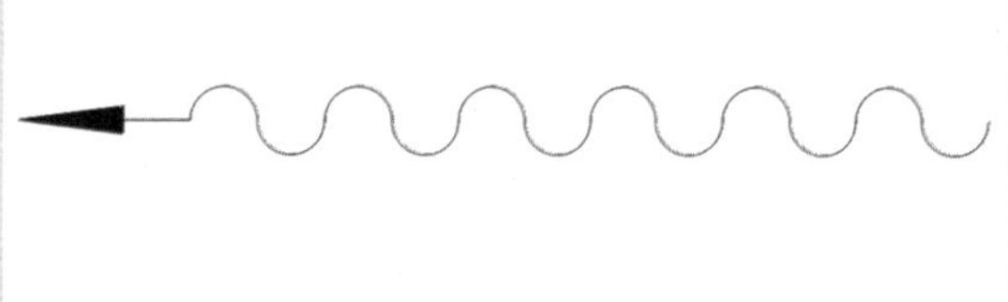

图 1-14　窗帘符号

小试身手——绘制石头和小草

下面利用本小节学习的基础知识绘制一个简单的园林装饰图案，包括石块、卵石及小草图形的绘制。

01 执行“多段线”命令，绘制多个封闭的多段线图形，作为石头图形，如图 1-15 所示。

02 继续执行“多段线”命令，绘制多个大小不一的石头图形，如图 1-16 所示。

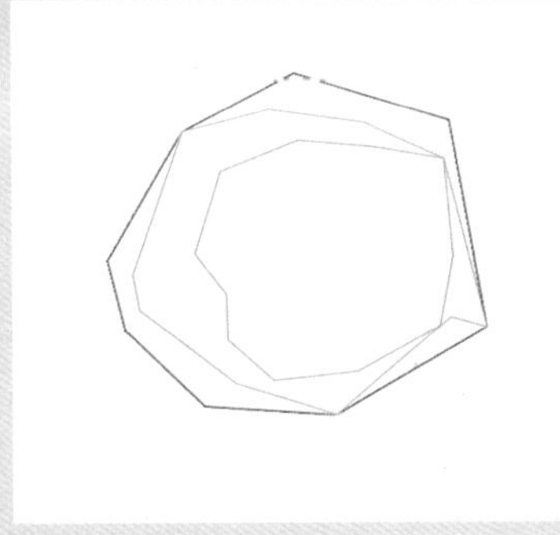

图 1-15　绘制石头图形

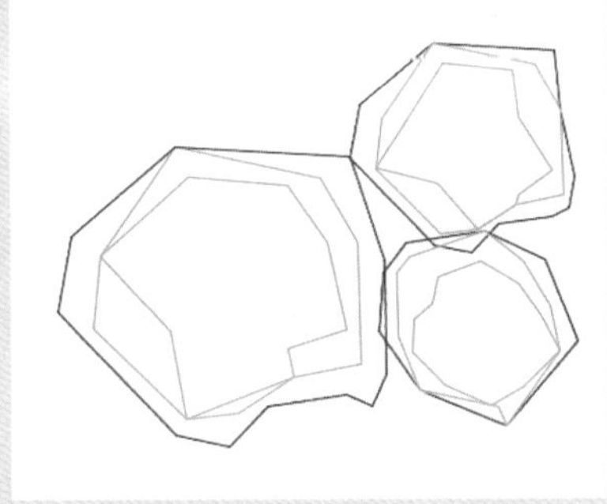

图 1-16　绘制多个石头图形

03 执行“样条曲线”命令，绘制多个卵石图形，如图 1-17 所示。

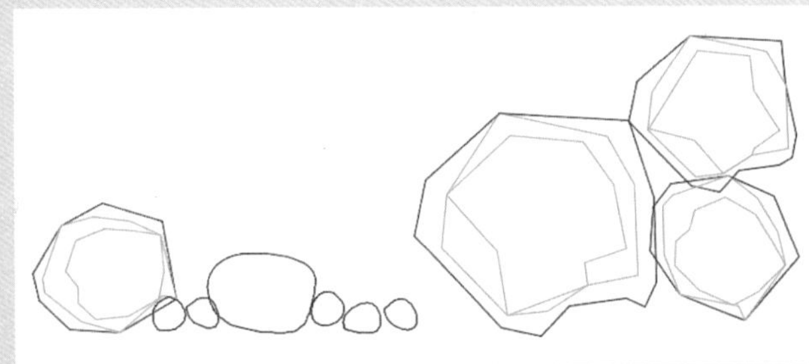

图 1-17　绘制卵石图形

04 执行“多段线”命令，绘制小草图形，并将图形放置在合适位置，效果如图 1-18 所示。

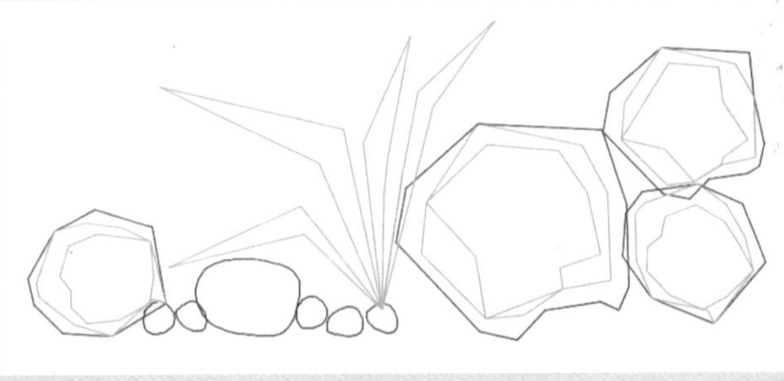

图 1-18　绘制小草图形

1.2 常用修改命令

在 AutoCAD 中，单纯地使用绘图工具只能创建出一些基本图形对象，要绘制较为复杂的图形，就必须借助于图形编辑命令。AutoCAD 提供了强大的图形编辑功能，用户可以通过对图形的移动、阵列、复制、倒角、参数修改等操作进行合理的构造和组织，保证绘图的准确性，从而极大地提高绘图效率。

1.2.1 “移动”命令

移动图形对象是指在不改变对象的方向和大小的情况下，从当前位置移动到新的位置。用户可以通过以下几种方式调用“移动”命令。

- 在菜单栏中执行“修改”|“移动”命令。
- 在“默认”选项卡的“修改”面板中单击“移动”按钮。
- 在命令行输入 MOVE 命令并按 Enter 键。

执行“修改”|“移动”命令，在绘图区中选择所要移动的图形对象，然后指定一个点为移动对象的基准点，即可完成操作，如图 1-19、图 1-20 所示。

图 1-19　移动前效果

图 1-20　移动后效果

1.2.2 “旋转”命令

旋转图形是将选择的图形按照指定的点进行旋转，还可进行多次旋转复制。用户可以通过以下几种方式调用“旋转”命令。

- 在菜单栏中执行“修改”|“旋转”命令。
- 在“默认”选项卡的“修改”面板中单击“旋转”按钮。
- 在命令行输入 ROTATE 命令并按 Enter 键。

执行“修改”|“旋转”命令，在绘图区中选择要旋转的图形对象，其后指定好旋转基点，在命令行中输入所需旋转的角度，即可完成旋转操作，如图 1-21、图 1-22 所示。

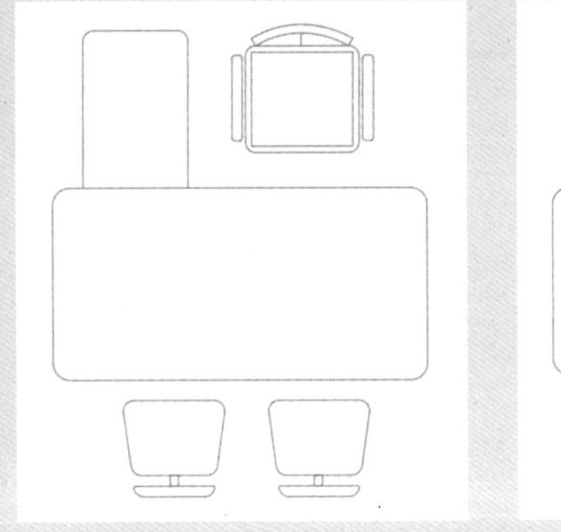

图 1-21　旋转前效果

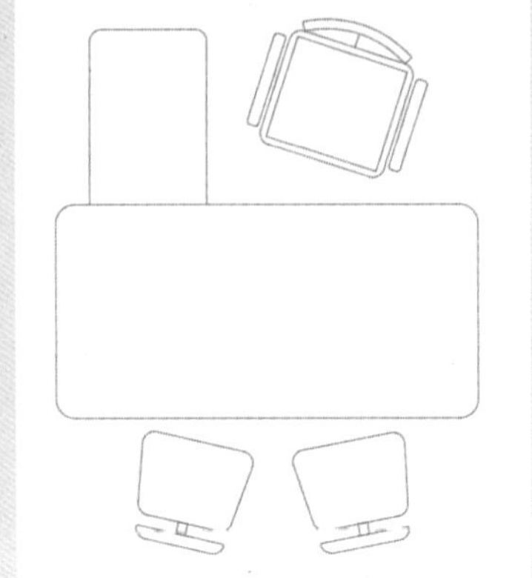

图 1-22　旋转后效果

1.2.3　“复制”命令

复制图形是将原对象保留，移动原对象的副本图形，复制后的对象将继承原对象的属性。用户可以通过以下几种方式调用“复制”命令。

- 在菜单栏中执行“修改”｜“复制”命令。
- 在“默认”选项卡的“修改”面板中单击“复制”按钮。
- 在命令行输入 COPY 命令并按 Enter 键。

执行“修改”｜“复制”命令，在绘图区中选择所要复制的图形对象，按 Enter 键确定，指定基点并移动鼠标指定新的目标位置，即可完成图形的复制，如图 1-23、图 1-24 所示。

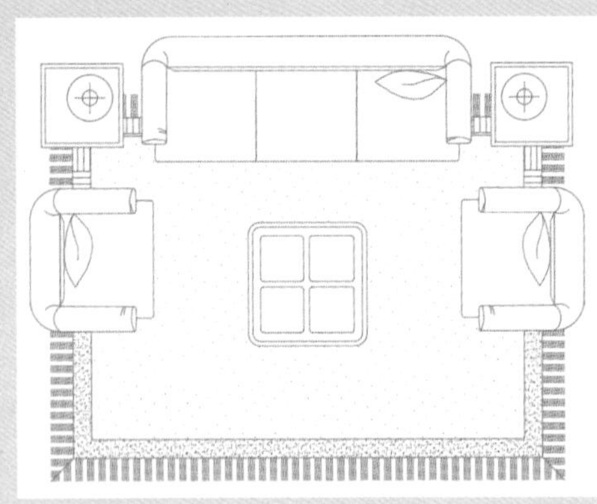

图 1-23　复制前效果

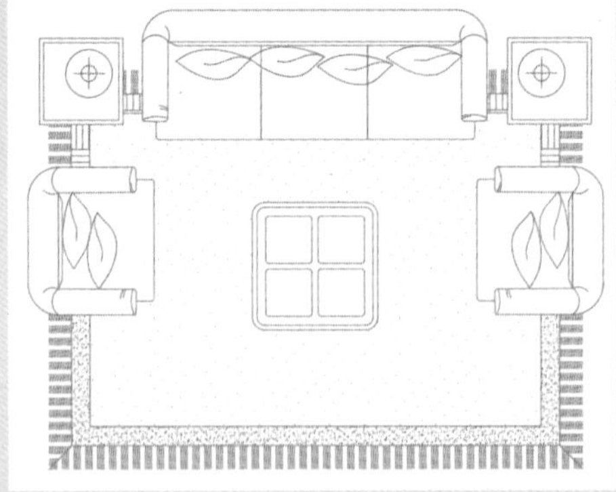

图 1-24　复制后效果

1.2.4　“镜像”命令

镜像对象是将选择的图形以两个点为镜像中心进行对称复制，“镜像”命令在 AutoCAD 中属于常用命令，并在很大程度上减少了重复操作的时间。用户可以通过以下几种方式调用“镜像”命令。

- 在菜单栏中执行“修改”｜“镜像”命令。
- 在“默认”选项卡的“修改”面板中单击“镜像”按钮。
- 在命令行输入 MIRROR 命令并按 Enter 键。

执行“修改”｜“镜像”命令，在绘图区中，选择所要镜像的图形对象，按 Enter 键确定，指定基点并移动鼠标再指定新的目标位置，即可完成图形的镜像，如图 1-25、图 1-26 所示。

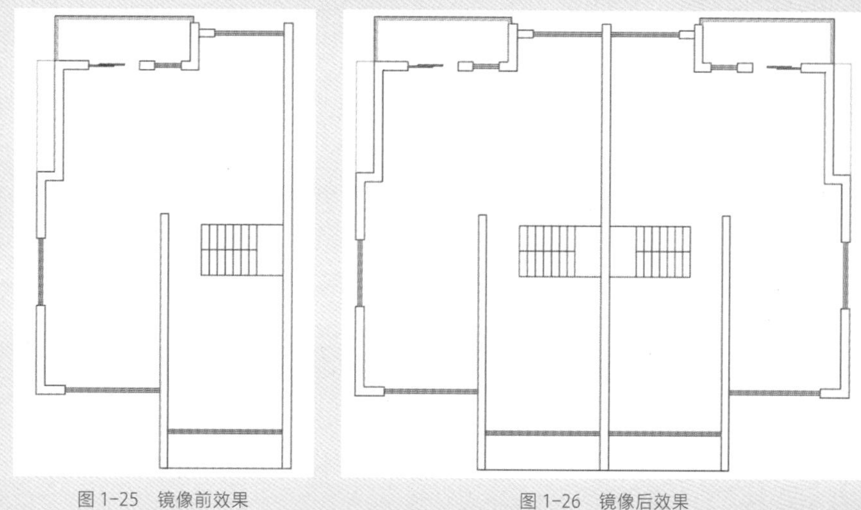

图 1-25　镜像前效果　　图 1-26　镜像后效果

1.2.5 “阵列”命令

“阵列”是一种有规则的复制命令，当用户需要绘制一些有规则分布的图形时，就可以使用该命令来解决。用户可以通过以下几种方式对图形调用“阵列”命令。

- 在菜单栏中执行“修改”｜“阵列”命令。
- 在“默认”选项卡的“修改”面板中单击“阵列”下拉按钮，在打开的列表中选择需要的命令。
- 在命令行输入 ARRAY 命令并按 Enter 键。

1. 矩形阵列

矩形阵列是通过设置行数、列数、行偏移和列偏移来对选择的对象进行复制。执行“修改”｜“阵列”｜“矩形阵列”命令，根据命令行提示，选择要阵列的对象，然后按 Enter 键即可。

2. 环形阵列

环形阵列是指阵列后的图形呈环形。使用环形阵列时也需要设定有关参数，其中包括中心点、方法、项目总数和填充角度。与矩形阵

列相比，环形阵列创建出的阵列效果更灵活，执行"修改"|"阵列"|"环形阵列"命令，根据命令行提示，选择阵列对象，指定环形阵列中心点，并设置项目数和填充角度，如图 1-27、图 1-28 所示。

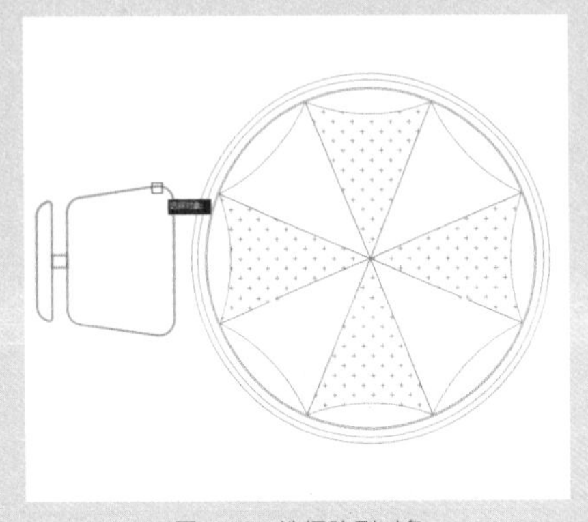

图 1-27　选择阵列对象

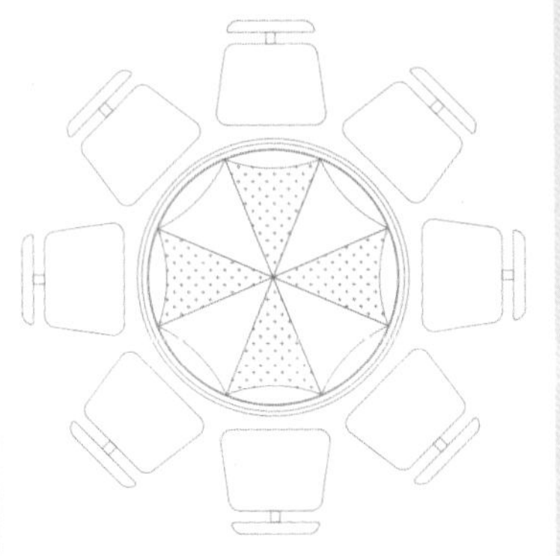

图 1-28　环形阵列效果

3. 路径阵列

路径阵列是图形根据指定的路径进行阵列，路径可以是曲线、弧线、折线等线段。执行路径阵列后，命令行会显示关于路径阵列的相关选项。

1.2.6　"偏移"命令

偏移图形是指创建一个与选定对象相同的新对象，并将偏移的对象放置在离原对象一定距离位置上，同时保留原对象。偏移的对象可以为直线、圆弧、圆、椭圆、椭圆弧、二维多段线、构造线、射线和样条曲线组成的对象。用户可以通过以下几种方式调用"偏移"命令。

- 在菜单栏中执行"修改" | "偏移"命令。
- 在"默认"选项卡的"修改"面板中单击"偏移"按钮。
- 在命令行输入 OFFSET 命令并按 Enter 键。

如图 1-29、图 1-30 所示为利用"偏移""阵列"等命令绘制的花朵图案。

绘图技巧

在进行"偏移"操作时，须先输入偏移值，再选择偏移对象。而且"偏移"命令只能偏移直线、斜线、曲线或多段线，而不能偏移图块。

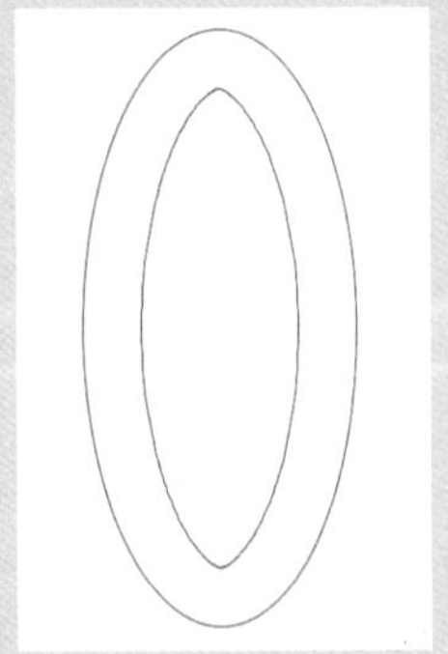

图 1-29　绘制并偏移椭圆

图 1-30　环形阵列

1.2.7 “修剪”命令

修剪图形是将线段按照一条参考线的边界进行终止，修剪的对象可以是直线、多段线、样条曲线、二维曲线等。“修剪”命令是编辑线段最常用的方式之一。用户可以通过以下几种方式调用“修剪”命令。

- 在菜单栏中执行“修改”|“修剪”命令。
- 在“默认”选项卡的“修改”面板中单击“修剪”按钮-/--。
- 在命令行输入 TRIM 命令并按 Enter 键。

执行“修改”|“修剪”命令，在绘图区中，选择边界对象后，按 Enter 键，然后选择所要修剪的图形，单击鼠标左键即可完成图形的修剪操作，如图 1-31、图 1-32 所示。

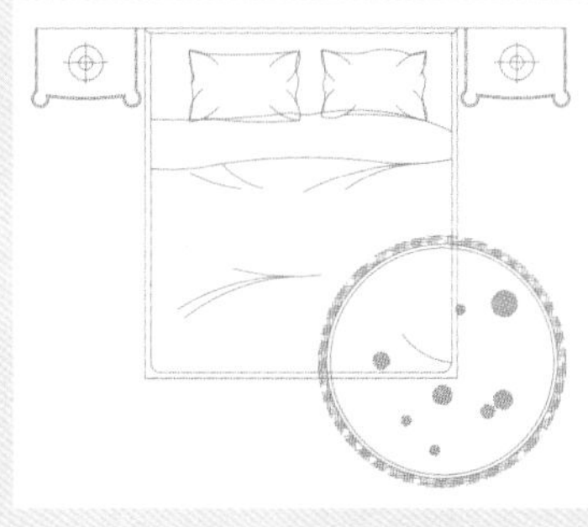

图 1-31 修剪前效果

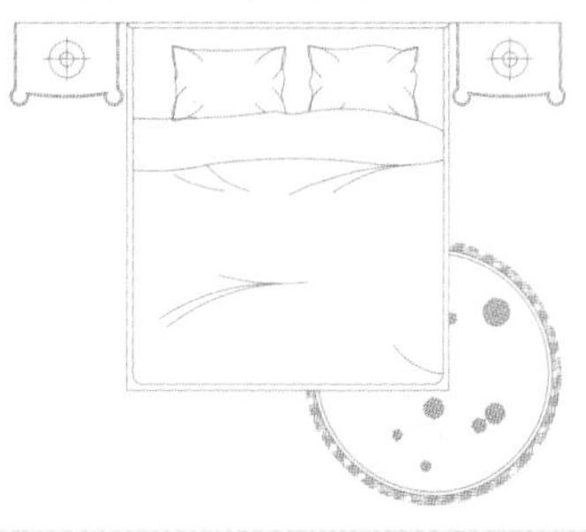

图 1-32 修剪后效果

知识拓展

当确定了缩放的比例值后，系统将相对于基点进行缩放对象操作，其默认比例值为 1。若输入比例值大于 1 时，该图形则显示放大；当比例值大于 0、小于 1 时，为缩小图形。输入的比例值必须为自然数。

1.2.8 “缩放”命令

缩放图形是将选择的对象按照一定的比例来进行放大或缩小。用户可以通过以下几种方式调用“缩放”命令。

- 在菜单栏中执行“修改”|“缩放”命令。
- 在“默认”选项卡的“修改”面板中单击“缩放”按钮。
- 在命令行输入 STRETCH 命令并按 Enter 键。

执行“修改”|“缩放”命令，根据命令行提示，选择所要缩放的图形，然后在命令行输入比例因子，即可将该图形进行缩放，如图 1-33、图 1-34 所示。

图 1-33 缩放前效果

图 1-34 缩放后效果

■ 1.2.9　“倒角”和“圆角”命令

“倒角”命令和“圆角”命令在 CAD 制图中经常被用到。而它们主要是用来修饰图形的。倒角是将相邻的两条直角边进行倒直角操作；而圆角则是通过指定的半径圆弧来进行圆角操作。图 1-35、图 1-36 所示为倒角效果和圆角效果。

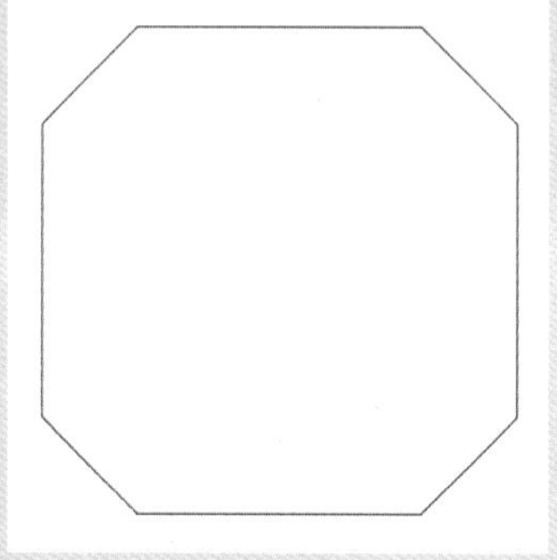

图 1-35　倒角效果

图 1-36　圆角效果

用户需要根据制图要求调用“倒角”或“圆角”命令。

- 在菜单栏中执行“修改”｜“倒角 / 圆角”命令。
- 在“默认”选项卡的“修改”面板中单击“倒角”按钮 /“圆角”按钮。
- 在命令行输入 CHAMFER 命令并按 Enter 键。

1.3　常用标注命令

图形绘制完成后往往会添加尺寸标注以准确地反映物体的形状、大小和相互关系。下面向用户介绍常用尺寸标注的操作方法。

■ 1.3.1　线性标注

线性标注主要是用于标注水平方向和垂直方向的尺寸。用户可以通过以下几种方式进行线性标注。

- 在菜单栏中执行“标注”｜“线性”命令。
- 在“默认”选项卡的“注释”面板中单击“线性”按钮。
- 在“注释”选项卡的“标注”面板中单击“线性”按钮。
- 在命令行输入 DIMLINEAR 命令并按 Enter 键。

执行“标注”｜“线性”命令，然后在绘图区中分别指定要进行标注的第一个点和第二个点，再指定尺寸线的位置，即可创建出线性标注，如图 1-37、图 1-38 所示。

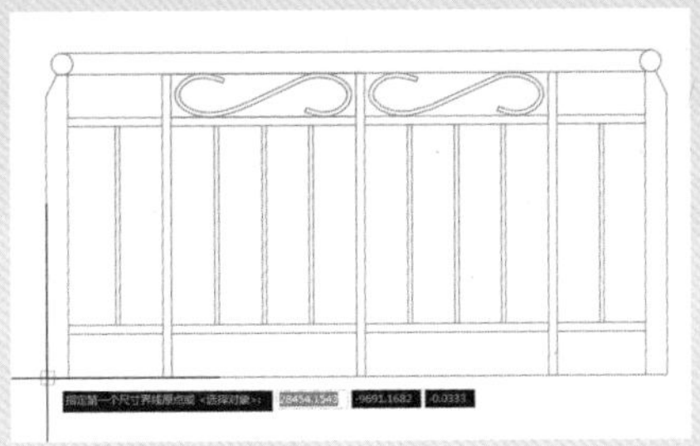
图 1-37　指定第一个尺寸界线原点

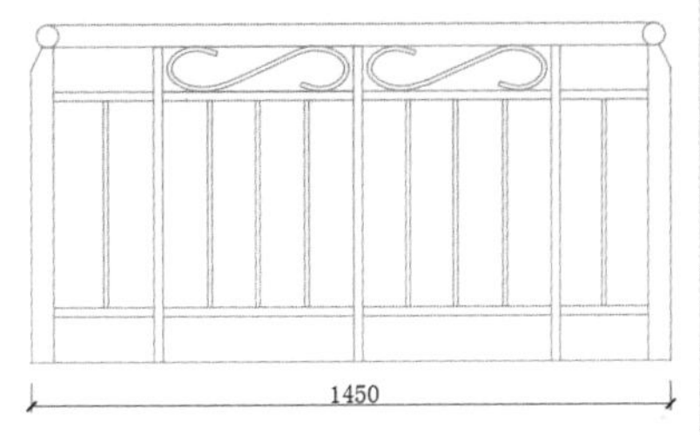

图 1-38　线性标注

1.3.2　对齐标注

当标注一段带有角度的直线时，可能需要设置尺寸线与对象直线平行，这时就要用到对齐尺寸标注。用户可以通过以下几种方式进行对齐标注。

- 在菜单栏中执行“标注”｜“对齐”命令。
- 在“默认”选项卡的“注释”面板中单击“对齐”按钮。
- 在“注释”选项卡的“标注”面板中单击“对齐”按钮。
- 在命令行输入 DIMLIGEND 命令并按 Enter 键。

执行“标注”｜“对齐”命令，然后在绘图区中，分别指定要标注的第一个点和第二个点，并指定好尺寸标注位置，即可完成对齐标注，如图 1-39 所示。

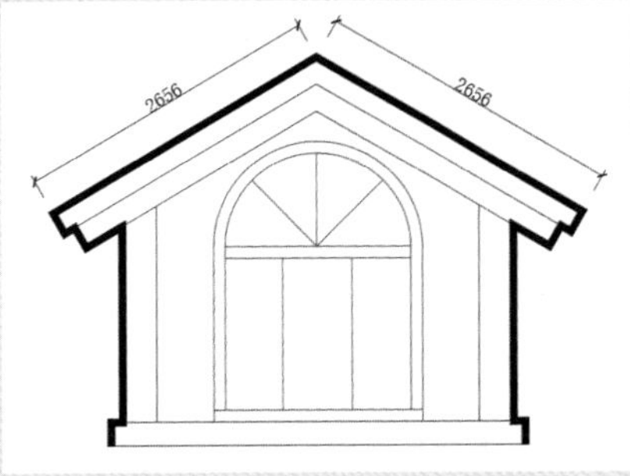

图 1-39　对齐标注

1.3.3　半径 / 直径标注

半径标注主要是用于标注图形中的圆弧半径，当圆弧角度小于 180°时可以采用半径标注，大于 180°将采用直径标注。用户可以通过以下几种方式进行半径标注。

- 在菜单栏中执行“标注”｜“半径”命令。
- 在“默认”选项卡的“注释”面板中单击“半径”按钮。
- 在“注释”选项卡的“标注”面板中单击“半径”按钮。
- 在命令行输入 DIMRADIUS 命令并按 Enter 键。

执行“标注”|“半径”命令，在绘图区中选择所需标注的圆或圆弧，并指定好标注尺寸的位置，即可完成半径标注，如图 1-40 所示。

直径标注的操作方法与半径标注的操作方法相同，执行“标注”|“直径”命令，在绘图区中，指定要进行标注的圆，并指定尺寸标注位置，即可创建出直径标注，如图 1-41 所示。

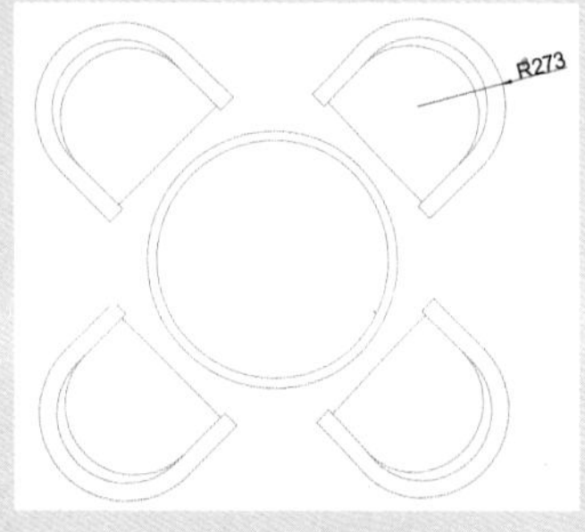

图 1-40　半径标注

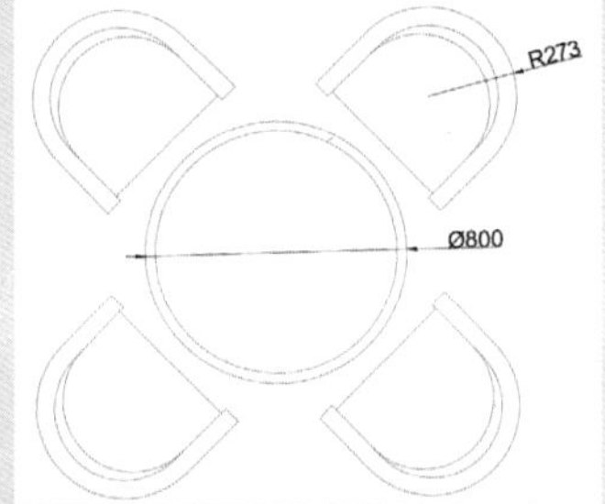

图 1-41　直径标注

1.3.4　连续标注

连续标注用于绘制一连串尺寸，每一个尺寸的第二个尺寸界线的原点是下一个尺寸的第一个尺寸界线的原点，在使用连续标注之前要标注的对象必须有一个尺寸标注。用户可以通过以下几种方式进行连续标注。

- 在菜单栏中执行“标注”|“连续”命令。
- 在“注释”选项卡的“标注”面板中单击“连续”按钮。
- 在命令行输入 DIMCONTINUE 命令并按 Enter 键。

创建基准标注，再执行“标注”|“连续”命令，在绘图区中依次指定要进行标注的点，即可进行连续标注，如图 1-42 所示。

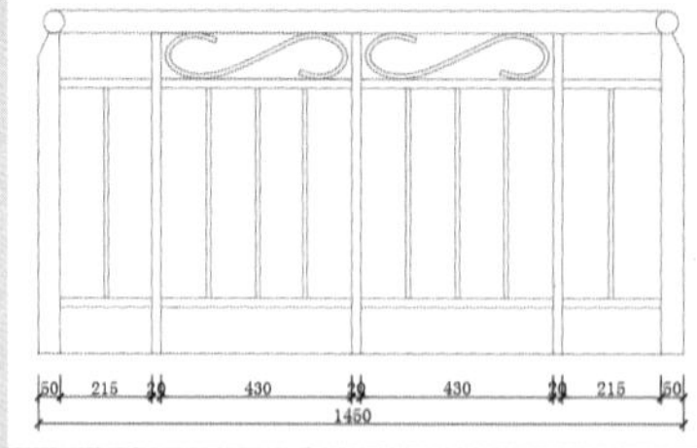

图 1-42　连续标注

1.3.5　快速引线

在绘图过程中，除了尺寸标注外，还有一样工具的运用是必不可少的，即快速引线工具。在进行图纸的绘制时，为了清晰地表现出材料和尺寸，就需要将尺寸标注和引线标注结合起来，这样图纸才一目了然。

AutoCAD 的菜单栏与功能面板中并没有快速引线命令，用户只能通过在命令行输入命令 QLEADER 调用该命令，输入快捷键 LE 或 QL 命令也可以调用该命令。通过快速引线命令可以创建以下形式的引线标注，如图 1-43 所示。

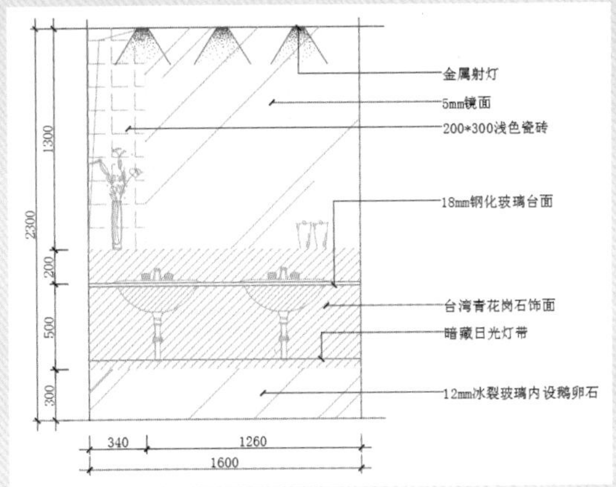

图 1-43 快速引线

绘图技巧

快速引线的样式设置同尺寸标注，也就是说，在“标注样式管理器”中创建好标注样式后，用户就可以直接进行尺寸标注与快速引线标注了。另外，也可以通过“引线设置”对话框创建不同的引线样式。调用快速引线命令，根据命令行提示输入命令 S，按 Enter 键，即可打开“引线设置”对话框，在“附着”选项卡中勾选“最后一行加下画线”复选框，如图 1-44 所示。

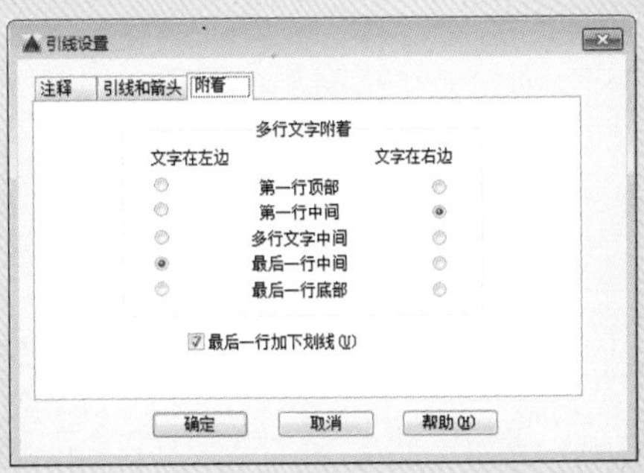

图 1-44 “引线设置”对话框

小试身手——绘制桥立面图

本案例中将利用前面所学习的 CAD 知识绘制一个桥立面图，并为其添加尺寸标注等，具体绘制步骤介绍如下。

01 执行“矩形”命令，绘制尺寸为 3630mm×600mm 的矩形，如图 1-45 所示。

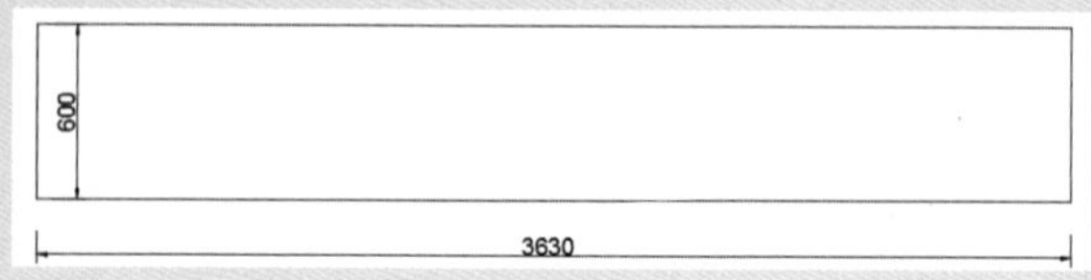

图 1-45　绘制矩形

02 分解矩形，再执行“偏移”命令，依次偏移边线，如图 1-46 所示。

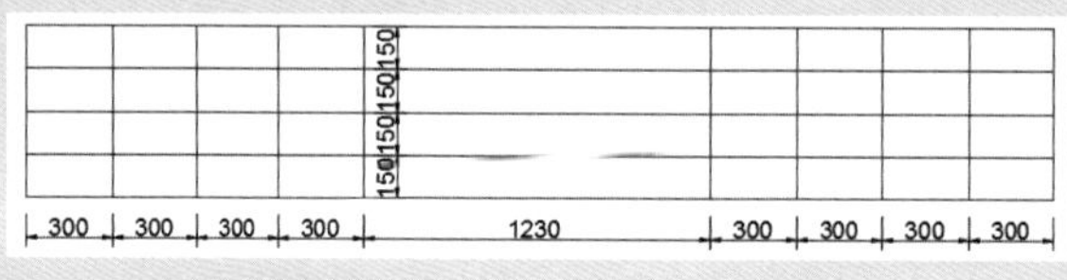

图 1-46　分解并偏移矩形

03 执行“修剪”命令，修剪图形中多余的线条，如图 1-47 所示。

图 1-47　修剪图形

04 执行“直线”命令，捕捉绘制两侧的斜线，再执行“偏移”命令，设置偏移尺寸为 50mm，偏移图形，如图 1-48 所示。

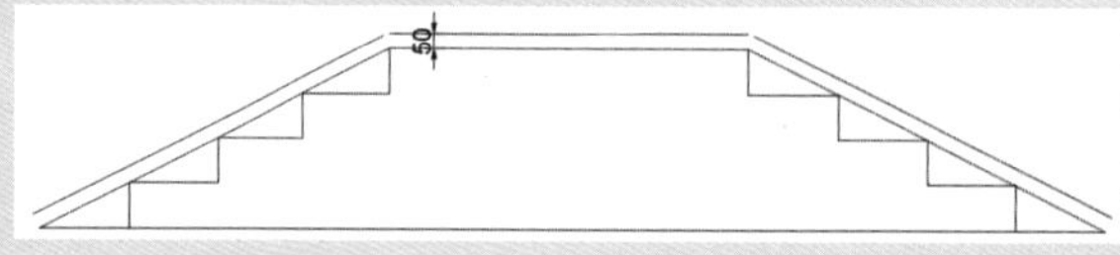

图 1-48　绘制并偏移直线

05 执行“圆角”命令，设置圆角半径尺寸为 0，对图形进行圆角操作并删除多余的图形，如图 1-49 所示。

图 1-49　圆角操作

06 执行“圆弧”命令，绘制长度为 2150mm、高度为 470mm 的圆弧，居中放置，再执行“偏移”“延伸”命令，将圆弧向外侧偏移 100mm 并延伸，如图 1-50 所示。

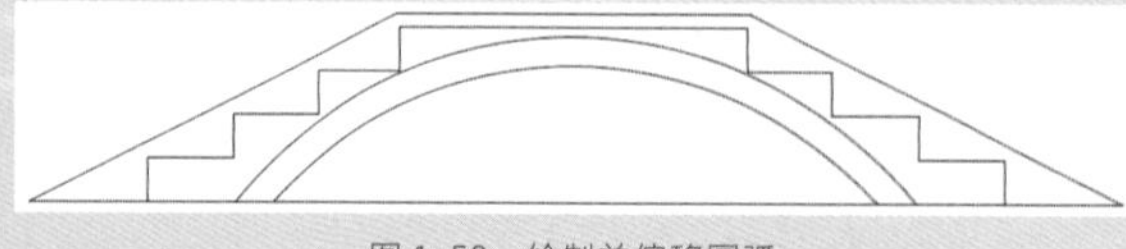

图 1-50　绘制并偏移圆弧

07 分别执行“直线”“偏移”命令，绘制直线并进行偏移操作，如图 1-51 所示。

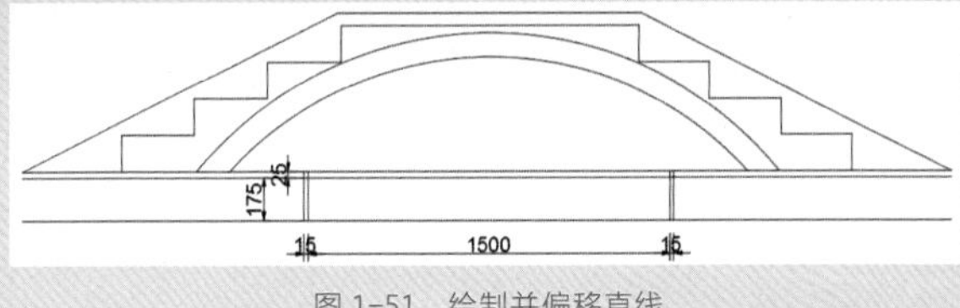

图 1-51　绘制并偏移直线

08 执行“修剪”命令，修剪出河道造型，如图 1-52 所示。

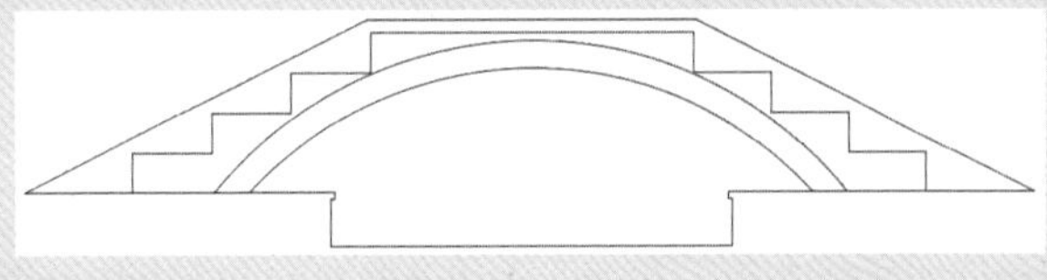

图 1-52　修剪图形

09 执行“直线”命令，绘制尺寸为 650mm×100mm 的长方形，再执行“偏移”命令，偏移图形，如图 1-53 所示。

10 执行“修剪”命令，修剪并删除多余的图形，如图 1-54 所示。

11 执行“矩形”“偏移”命令，捕捉绘制矩形并将其向内偏移 10mm，再执行“直线”命令，绘制交叉直线，绘制出柱子图形，如图 1-55 所示。

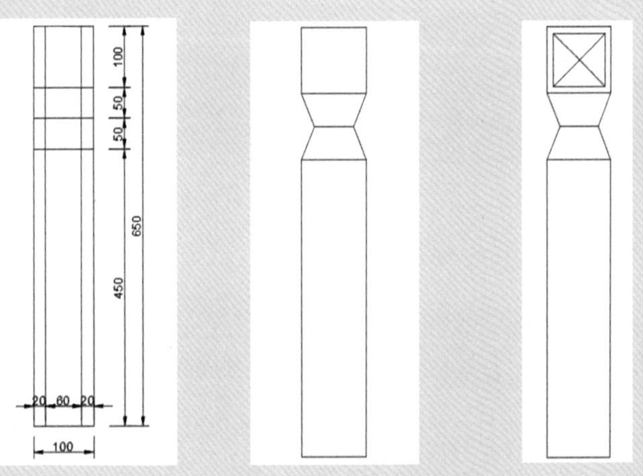

图 1-53　绘制并偏移图形　　图 1-54　修剪图形　　图 1-55　绘制矩形和直线

12 复制柱子图形并修剪被覆盖的线条，如图 1-56 所示。

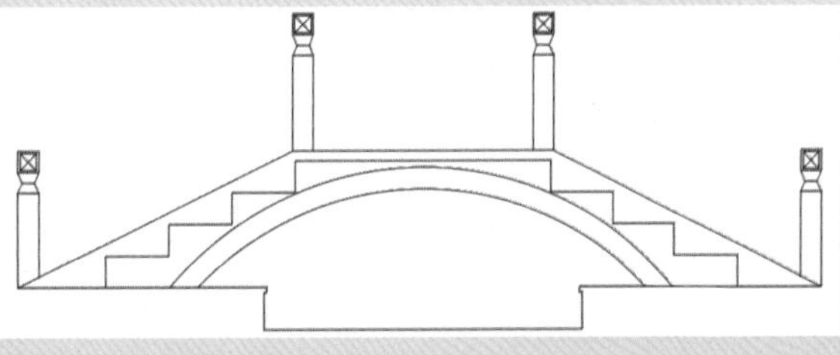

图 1-56　复制并修剪图形

13 执行“偏移”命令，偏移图形，如图 1-57 所示。

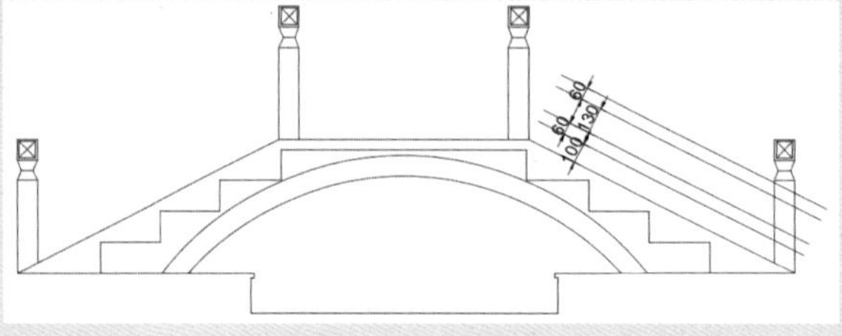

图 1-57　偏移图形

14 执行“修剪”“延伸”命令，修剪并延伸图形，如图 1-58 所示。

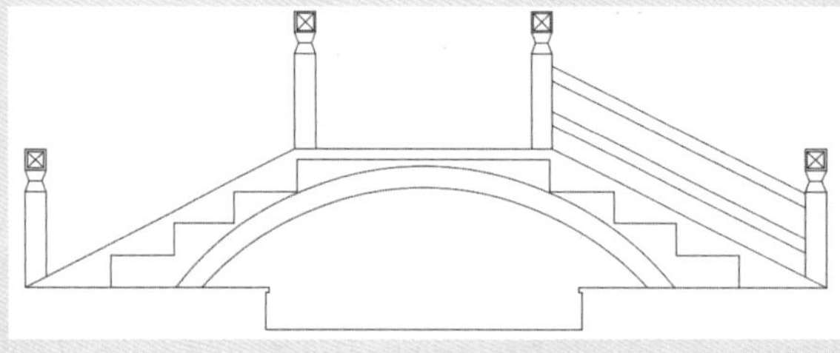

图 1-58　修剪并延伸图形

15 执行“图案填充”命令，选择图案 ANSI32，设置填充角度及比例，填充栏杆，如图 1-59 所示。

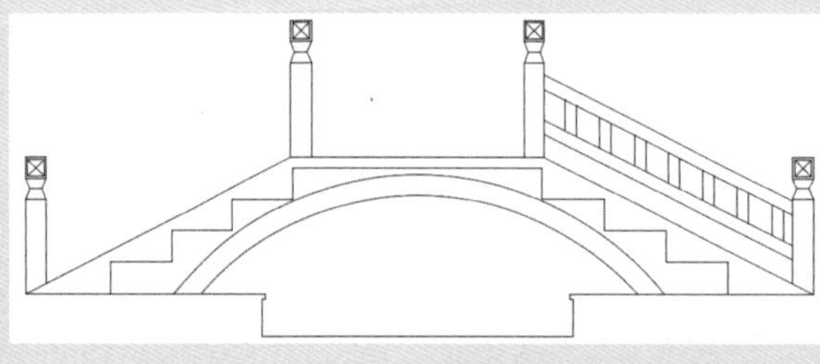

图 1-59　填充图案

16 执行“镜像”命令，将栏杆图形镜像复制到另一侧，如图 1-60 所示。

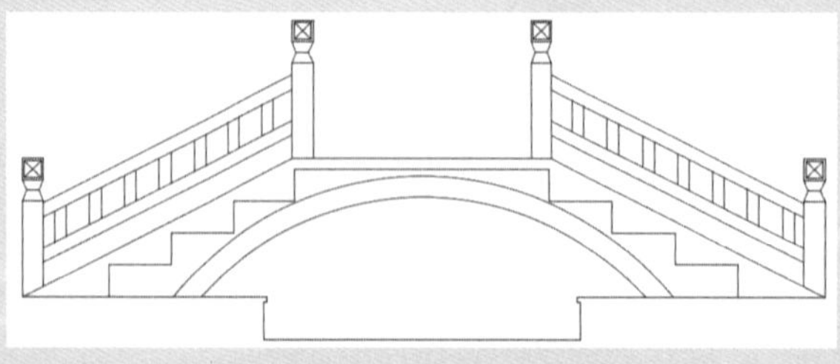

图 1-60　镜像复制图形

17 执行“偏移”“修剪”命令，偏移图形并进行修剪操作，如图 1-61 所示。

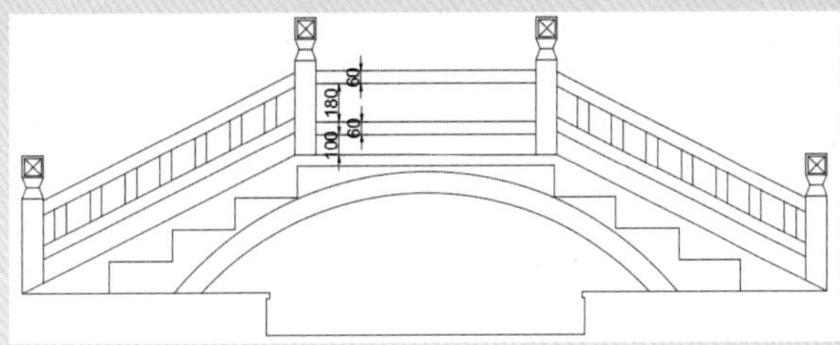

图 1-61　偏移并修剪图形

18 执行“直线”命令，绘制尺寸为 520mm×220mm 的长方形，再执行“偏移”命令，向内依次偏移图形，如图 1-62 所示。

19 绘制斜线并修剪图形，如图 1-63 所示。

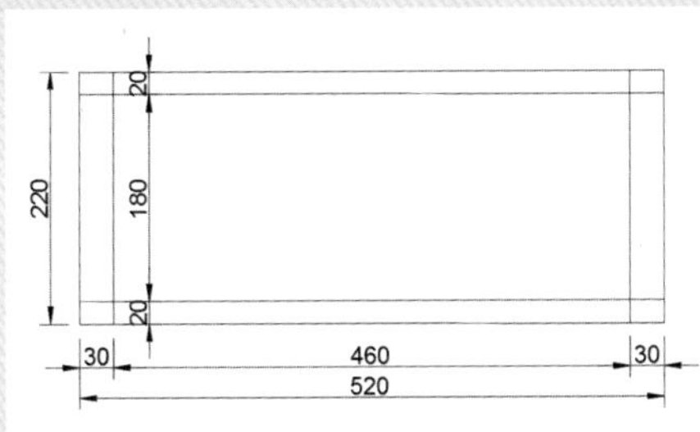

图 1-62　绘制并偏移图形

图 1-63　绘制斜线并修剪图形

20 执行“矩形”“偏移”命令，捕捉绘制矩形，并将其向内依次偏移 25mm、20mm，如图 1-64 所示。

21 执行“直线”命令，绘制斜线，如图 1-65 所示。

图 1-64　绘制并偏移矩形

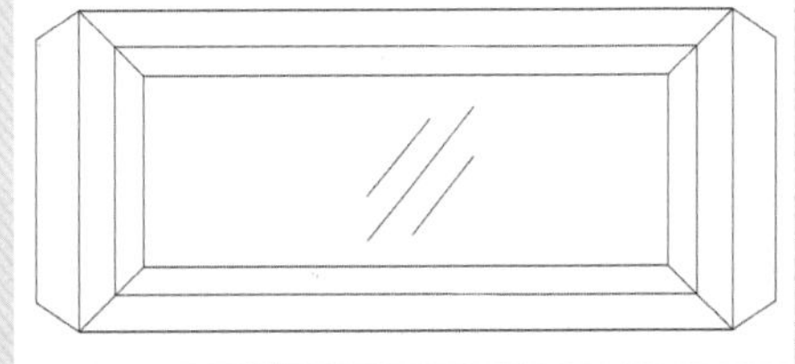

图 1-65　绘制斜线

22 移动图形到桥护栏位置，再修剪图形，如图 1-66 所示。

23 执行“偏移”“直线”命令，绘制水平面，如图 1-67 所示。

图 1-66　移动并修剪图形

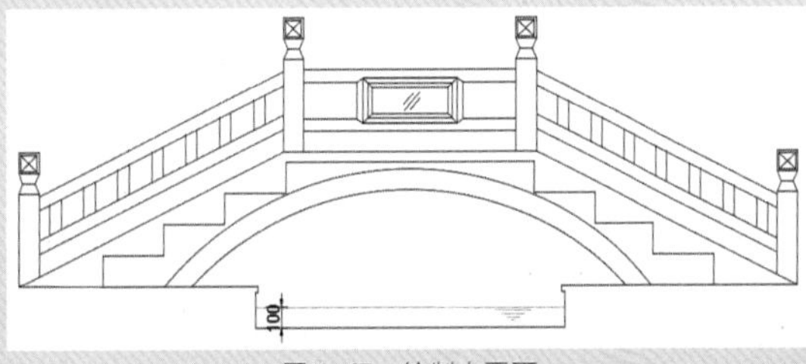

图 1-67　绘制水平面

24 执行“多段线”命令，设置宽度为 5，捕捉路面及河道绘制一条粗线，再调整整体图形特性，如图 1-68 所示。

25 执行“线性”标注命令，为图形添加尺寸标注，完成本案例的绘制，如图 1-69 所示。

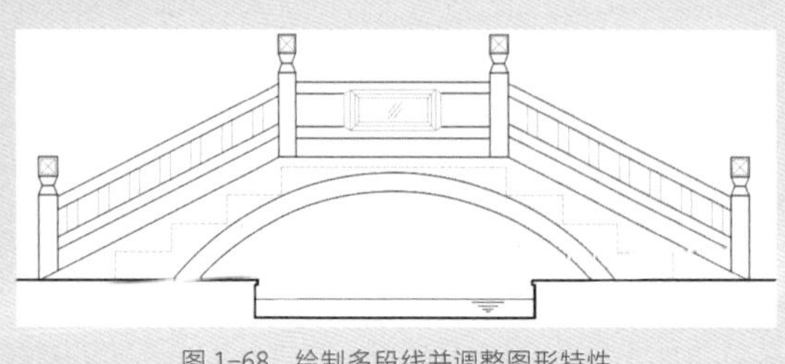

图 1-68　绘制多段线并调整图形特性

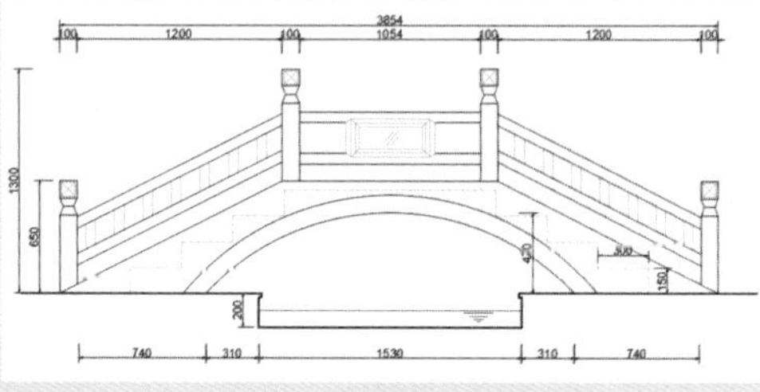

图 1-69　添加尺寸标注

1.4　图形图案的填充

图案填充是一种使用图形图案对指定的图形区域进行填充的操作。用户可使用图案进行填充，也可使用渐变色进行填充。填充完毕后，也可对填充的图形进行编辑操作。

1.4.1　图案填充

用户可以通过以下方式调用“图案填充”命令。

- 执行“绘图”｜“图案填充”命令。
- 在“默认”选项卡的“修改”面板中单击下拉菜单按钮 修改 ▾，在打开的列表中单击“编辑图案填充”按钮。
- 在命令行输入 HATCH 命令并按 Enter 键。

在进行图案填充前，首先需要进行设置，用户既可以通过“图案填充”选项卡进行设置，如图 1-70 所示，又可以在“图案填充和渐变色”对话框中进行设置。

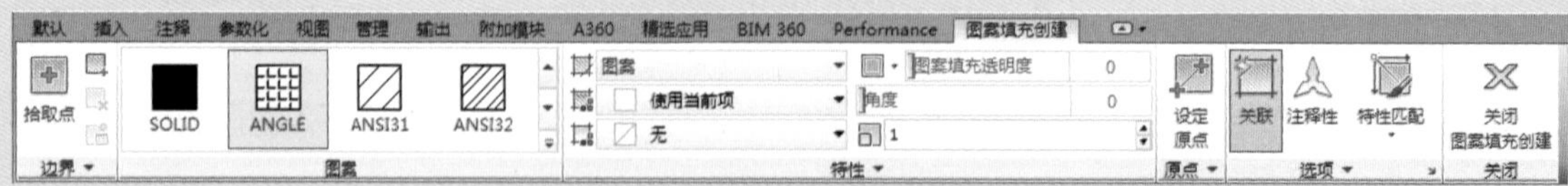

图 1-70　“图案填充创建”选项卡

用户可以使用以下方式打开“图案填充和渐变色”对话框，如图 1-71 所示。

- 执行“绘图”｜“图案填充”命令，打开“图案填充”选项卡。在“选项”面板中单击“图案填充设置”按钮。
- 在命令行输入 HATCH 命令并按 Enter 键，再输入 T 命令。

图 1-71　“图案填充和渐变色”对话框

1.4.2　渐变色填充

“图案填充”命令除了可以设置图形填充，还可以根据绘图需要，设置渐变色图案填充，这样会使图形内容更丰富，更有观赏性。要进行渐变色填充前，首先需要进行设置，用户既可以通过“图案填充”选项卡进行设置，如图 1-72 所示，又可以在“图案填充和渐变色”对话框中进行设置。

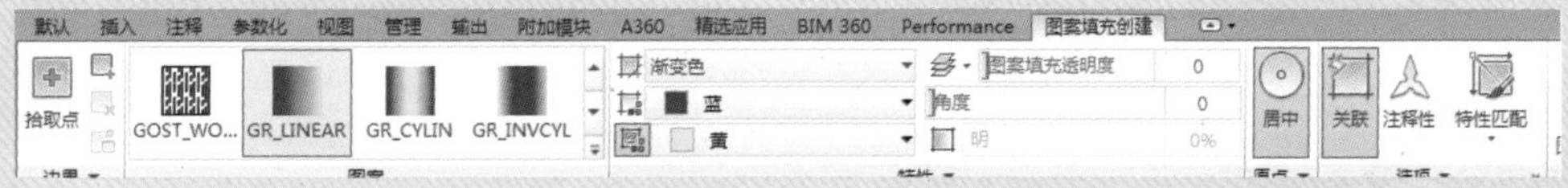

图 1-72　渐变色填充选项卡

在命令行输入 H 命令，按 Enter 键，再输入 T，打开“图案填充和渐变色”对话框，切换到“渐变色”选项卡，如图 1-73、图 1-74 所示分别为单色渐变色的设置面板和双色渐变色的设置面板。

知识拓展

在进行渐变色填充时，用户可对渐变色进行透明度的设置。选中所需设置渐变色，执行“特性”|“图案填充透明度”命令，拖动该滑块或在右侧文本框中输入数值即可。数值越大，颜色越透明。

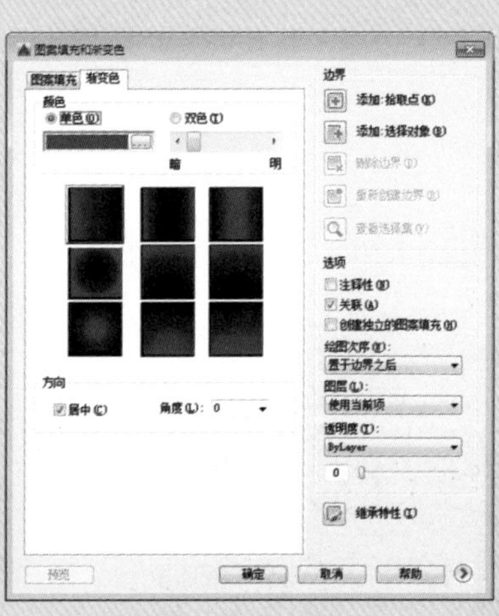

图 1-73　单色设置

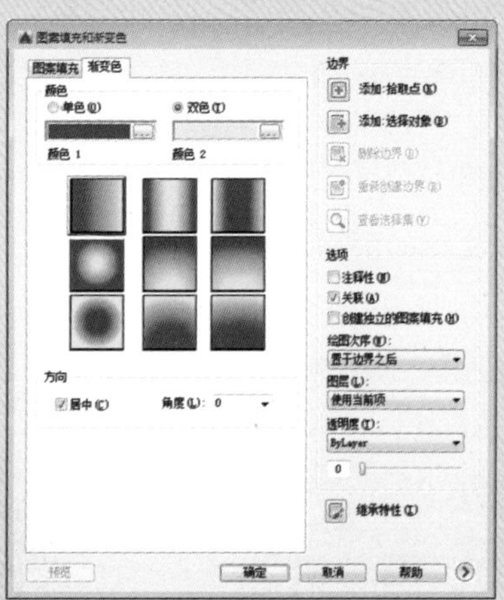

图 1-74　双色设置

1.5　图层的应用

在 AutoCAD 中，图层相当于是绘图中使用的重叠图纸，一个完整的 CAD 图形通常由一个或多个图层组成。AutoCAD 把线型、线宽、颜色等作为图形对象的基本特征，图层就通过这些特征来管理图形，而所有的图层都显示在图层特性管理器中，如图 1-75 所示。用户可以通过以下几种方法打开图层特性管理器。

- 在功能区中单击“图层特性”按钮。
- 执行“格式”|“图层”命令。
- 在命令行输入 LAYER 命令并按 Enter 键。

1.5.1　新建图层

知识拓展

图层名称不能包含通配符（*和？）和空格，也不能与其他图层重名。

在绘制图形时，用户可根据需要创建图层，以将不同的图形对象放置在不同的图层上，从而有效地管理图层。在默认情况下，图层特性管理器中始终会有一个图层 0，新建图层后，新图层名将会以“图层 1”命名，如图 1-76 所示。用户可以通过以下方式新建图层。

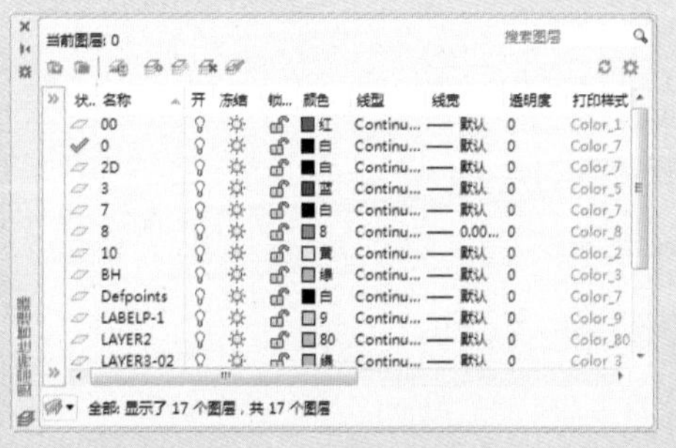

图 1-75　图层特性管理器

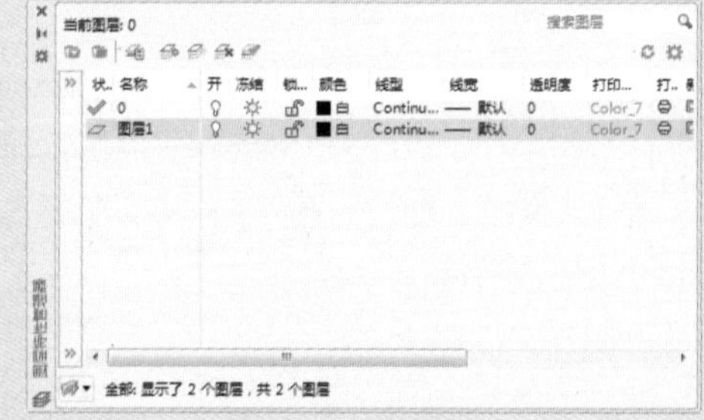

图 1-76　新建图层

- 在图层特性管理器中单击“新建图层”按钮。
- 在图层列表中单击鼠标右键，在弹出的快捷菜单中选择“新建图层”命令。

1.5.2　管理图层

在“图层特性管理器”对话框中，除了可以创建图层，修改颜色、线型和线宽外，还可以管理图层，如置为当前图层、图层的显示与隐藏、图层的锁定及解锁、合并图层、图层匹配、隔离图层、创建并输出图层等操作。下面详细介绍图层的管理操作。

1. 置为当前层

在新建文件后，系统会在“图层特性管理器”对话框中将图层 0 设置为默认图层，若用户需要使用其他图层，就需要将其置为当前层。

用户可以通过以下方式将图层置为当前层。

- 双击图层名称，当图层状态显示箭头时，则置为当前图层。
- 单击图层，在对话框的上方单击“置为当前”按钮。
- 选择图层，单击鼠标右键，在弹出的快捷菜单中选择“置为当前”命令。
- 在“图层”面板中单击下拉按钮，然后单击图层名。

2. 图层的显示与隐藏

在编辑图形时，由于图层比较多，选择也要浪费一些时间，这种情况下，用户可以隐藏不需要的部分，从而显示需要使用的图层。

在“默认”选项卡的“图层”面板中单击按钮，根据命令行的提示，选择一个实体对象，即可隐藏图层，单击按钮，则可显示图层。

3. 图层的锁定与解锁

当图标变成时，表示图层处于解锁状态；当图标变为时，表示图层已被锁定。锁定相应图层后，用户不可以修改位于该图层上的图形对象。

4. 合并图层

如果在“图层特性管理器”对话框中存在许多相同样式的图层，用户可以将这些图层合并到一个指定的图层中，从而方便管理。

5. 图层匹配

图层匹配是将选择对象更改至目标图层上，使其处于相同图层。

6. 隔离图层

隔离图层是指除隔离图层之外的所有图层关闭，只显示隔离图层上的对象。在“默认”选项卡的“图层”面板中单击“隔离”按钮，选择要隔离的图层上的对象并按 Enter 键，图层就会被隔离出来，未被隔离的图层将会被隐藏，不可以进行编辑和修改。单击“取消隔离”按钮，图层将被取消隔离。

1.6 课堂练习——绘制小三室平面布置图

下面以一套小三室平面布置图为例，向读者介绍中小型家装图纸的绘制过程及设计思路。通过本案例的学习，读者可以综合掌握本章中所介绍的 AutoCAD 绘图方法和技巧。

01 启动 AutoCAD 2016 应用程序，打开“图层特性管理器”对话框，创建“轴线”“墙体”“门窗”“家具”等图层，并设置图层特性，如图 1-77 所示。

02 设置“轴线”图层为当前层，分别执行“直线”“偏移”命令，绘制如图 1-78 所示的轴线网。

图 1-77　创建图层

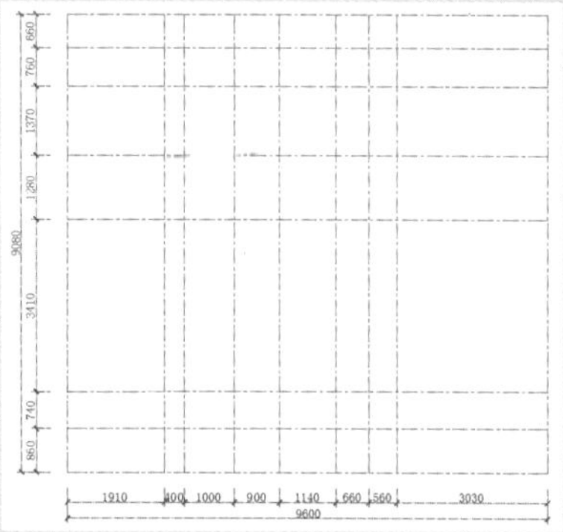

图 1-78　绘制轴线

03 执行“格式”|“多线样式”命令，打开“多线样式”对话框，如图 1-79 所示。

04 单击“修改”按钮，打开“修改多线样式”对话框，勾选“封口”选项组的直线“起点”和“端点”复选框，如图 1-80 所示。再依次单击“确定”按钮关闭对话框。

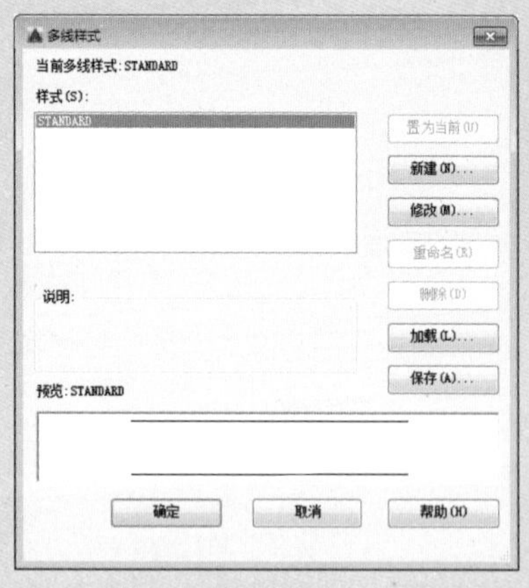

图 1-79　“多线样式”对话框

图 1-80　“修改多线样式”对话框

05 执行“多线”命令，设置对正为“无”、比例为 240，捕捉绘制 240mm 的墙体轮廓，如图 1-81 所示。

06 继续执行“多线”命令，设置比例为 240，绘制 120mm 的墙体轮廓，如图 1-82 所示。

07 关闭“轴线”图层，如图 1-83 所示。

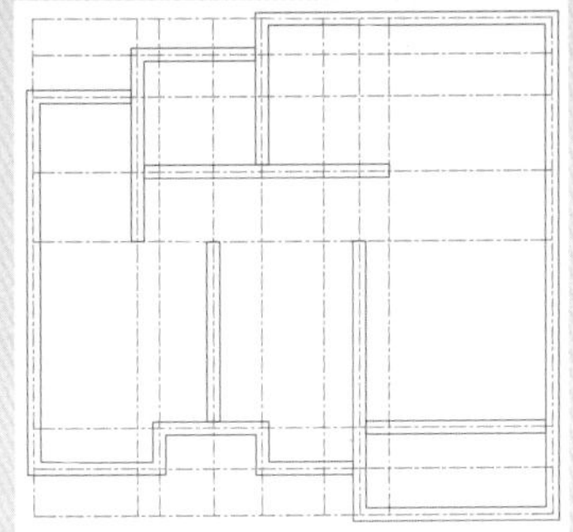

图 1-81　绘制 240mm 墙体

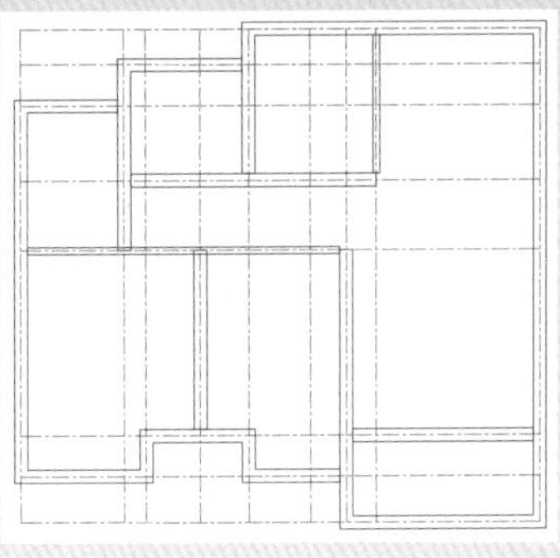

图 1-82　绘制 120mm 墙体

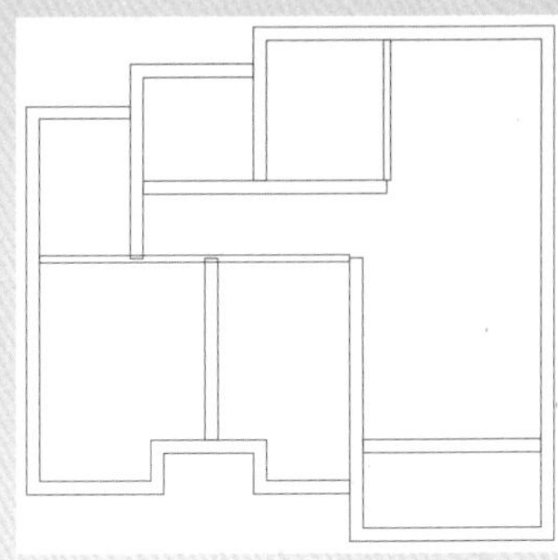

图 1-83　关闭“轴线”图层

08 调整墙体，使墙体交接及拐角等处对齐，如图 1-84 所示。

09 依次执行“直线”“偏移”命令，绘制出门洞和窗洞位置，如图 1-85 所示。

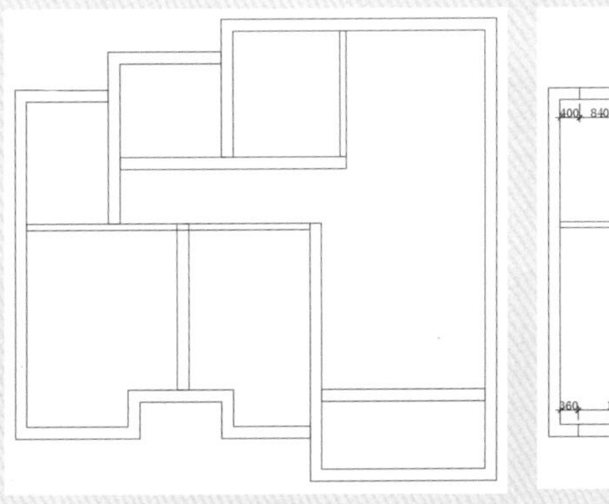

图 1-84　调整墙体

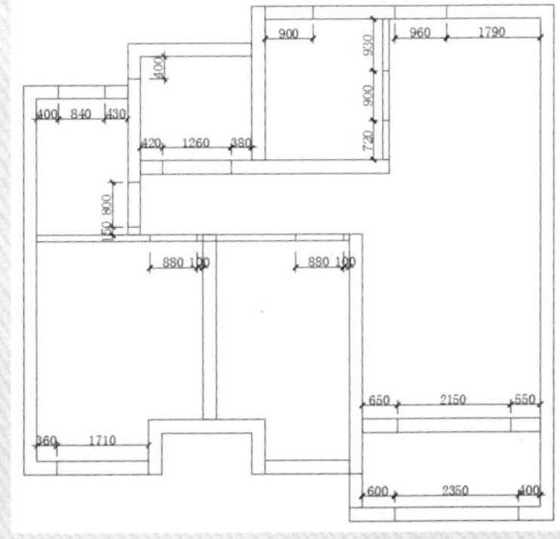

图 1-85　绘制门洞和窗洞位置

10 分解多线，再执行“修剪”命令，修剪并删除多余的线条，如图 1-86 所示。

11 新建“窗户”多线样式，并设置图元参数，将该样式置为当前，如图 1-87 所示。

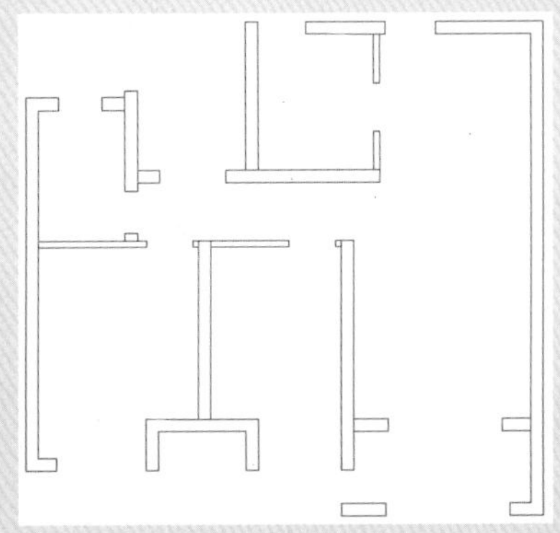

图 1-86　修剪图形

图 1-87　新建“窗户”多线样式

12 设置“门窗”图层为当前层，执行“多线”命令，设置比例为 1，捕捉绘制窗户图形，如图 1-88 所示。

13 设置“辅助线”图层为当前层，执行“圆”“矩形”“直线”命令，绘制水管、烟道等图形，如图 1-89 所示。

14 执行“直线”命令，绘制出飘窗轮廓，再执行“矩形”命令，绘制 200mm×200mm 和 200mm×400mm 两个尺寸的矩形作为包水管图形，如图 1-90 所示。

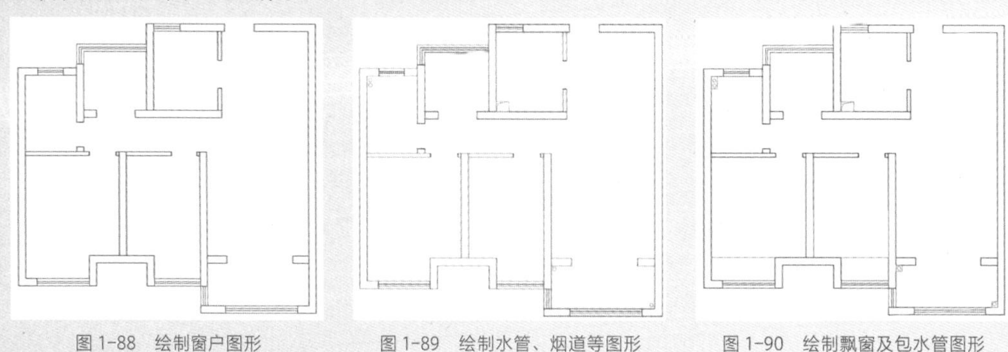

图 1-88　绘制窗户图形　　图 1-89　绘制水管、烟道等图形　　图 1-90　绘制飘窗及包水管图形

15 设置“门窗”图层为当前层，分别执行“圆”“矩形”命令，绘制半径为 960mm 的圆和尺寸为 40mm×960mm 的矩形，如图 1-91 所示。

16 执行“修剪”命令，修剪出门扇图形，再执行“直线”命令，绘制直线，完成门图形的绘制，如图 1-92 所示。

17 照此方法绘制其他尺寸的门图形，如图 1-93 所示。

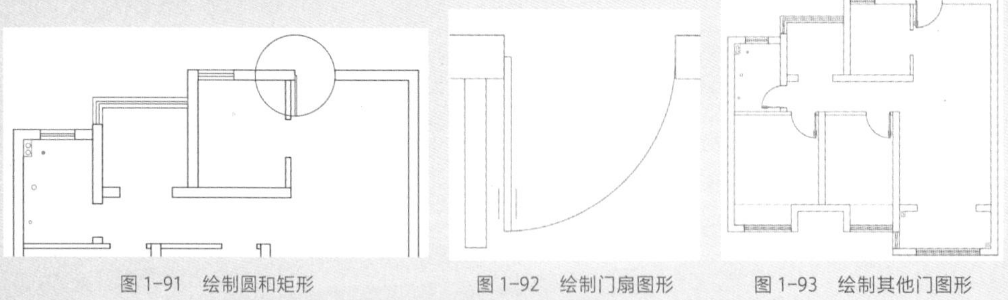

图 1-91　绘制圆和矩形　　图 1-92　绘制门扇图形　　图 1-93　绘制其他门图形

18 设置“家具”图层为当前层，分别执行“矩形”“直线”命令，在主卧室飘窗位置绘制尺寸为 300mm×60mm 的矩形并绘制直线，如图 1-94 所示。

19 执行“矩形”命令，再绘制尺寸为 500mm×900mm 的矩形作为梳妆台，如图 1-95 所示。

20 执行“插入”|“块”命令，依次插入双人床、沙发椅、抱枕、窗帘图形，放置到主卧室的合适位置，完成主卧室的布置，如图 1-96 所示。

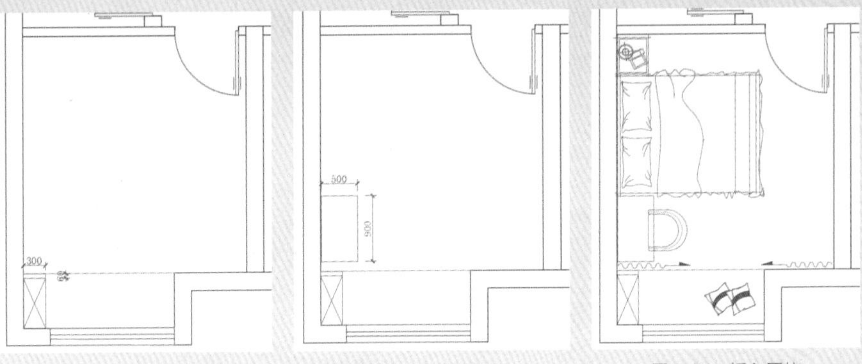
图 1-94　绘制矩形与直线　　图 1-95　绘制矩形　　图 1-96　插入图块

21 执行“偏移”命令，在次卧室进行偏移操作，如图 1-97 所示。

22 执行“修剪”命令，修剪并删除图形中多余的线条，如图 1-98 所示。

23 分别执行“矩形”“直线”“偏移”命令，绘制内外的衣柜以及收纳柜造型并修改图形特性，如图 1-99 所示。

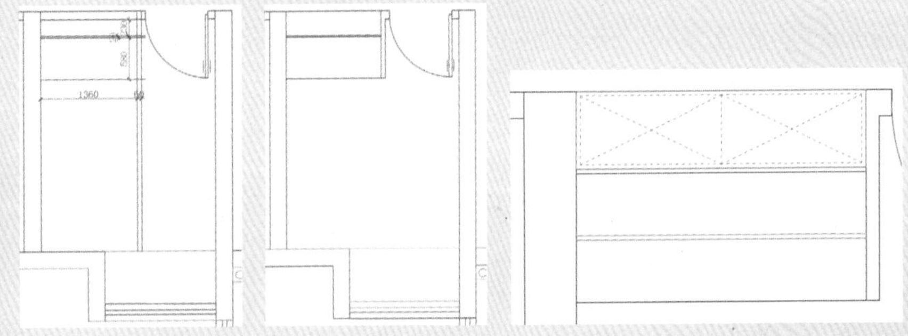
图 1-97　偏移图形　　图 1-98　修剪图形　　图 1-99　绘制衣柜及收纳柜并修改图形

24 执行“矩形”命令，绘制尺寸为 2460mm×1500mm 的矩形，再将矩形分解，执行“偏移”命令，依次偏移边线，如图 1-100 所示。

25 执行“修剪”命令，修剪图形中多余的线条，再执行“直线”命令，绘制辅助线，匹配图形特性，如图 1-101 所示。

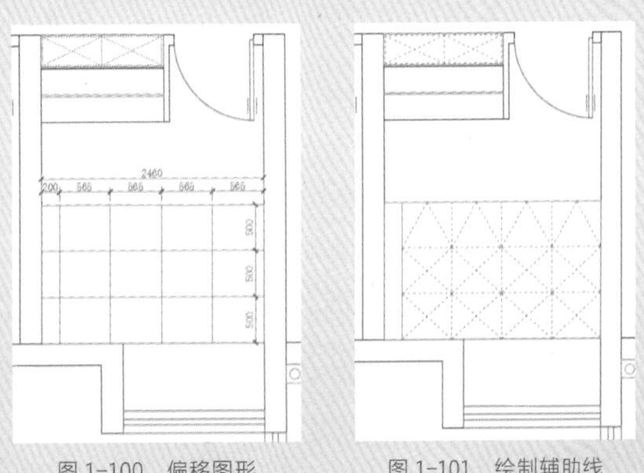
图 1-100　偏移图形　　图 1-101　绘制辅助线

26 执行“插入” | “块”命令，插入衣架图形，并复制抱枕和床头柜图形，完成次卧室的布置，如图 1-102 所示。

27 执行“矩形”命令，在卫生间内分别绘制三个矩形，如图 1-103 所示。

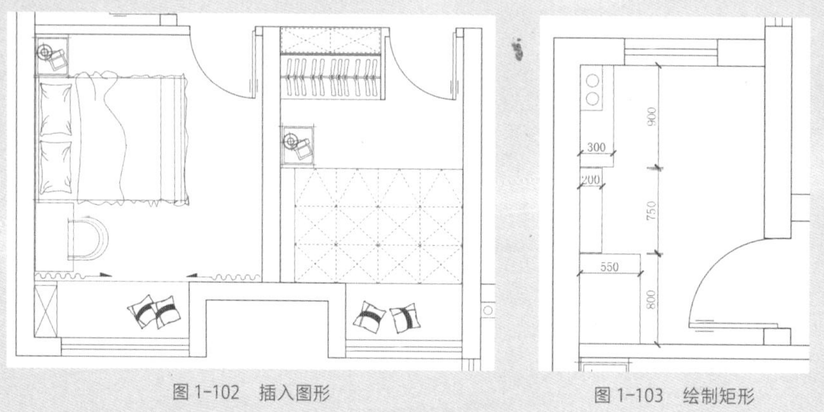

图 1-102　插入图形

图 1-103　绘制矩形

28 分解上方矩形，执行“偏移”命令，偏移图形，如图 1-104 所示。

29 执行“修剪”命令，修剪图形中多余的线条，如图 1-105 所示。

30 执行“直线”命令，绘制辅助线，并匹配图形特性，如图 1-106 所示。

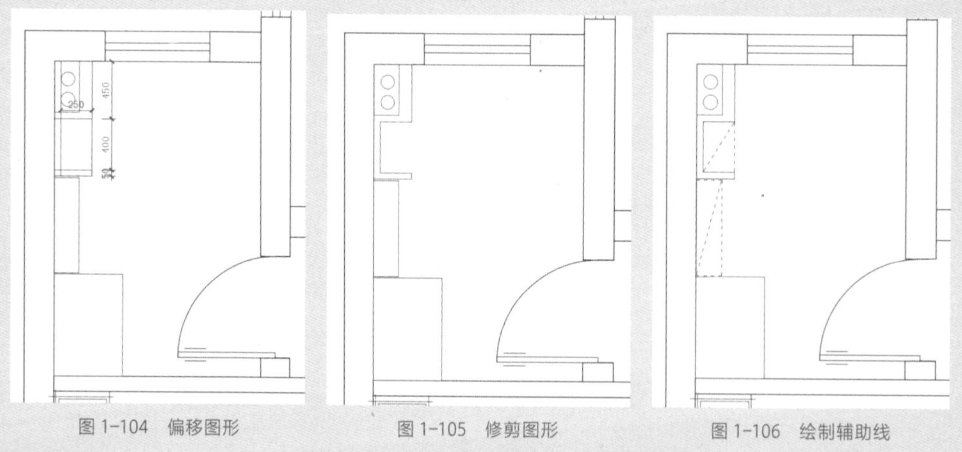

图 1-104　偏移图形

图 1-105　修剪图形

图 1-106　绘制辅助线

31 执行“直线”“偏移”命令，绘制间距为 10mm 的两条直线，作为淋浴隔断，如图 1-107 所示。

32 执行“插入” | “块”命令，插入马桶、淋浴、洗手盆图形，完成卫生间的布置，如图 1-108 所示。

33 继续布置卫生间右侧的房间，本次设计中将其作为衣帽间。执行“矩形”命令，绘制尺寸为 300mm×240mm 的矩形作为砌墙图形，图 1-109 所示门洞下方的尺寸为原始门洞尺寸，上方尺寸为砌墙后的尺寸。

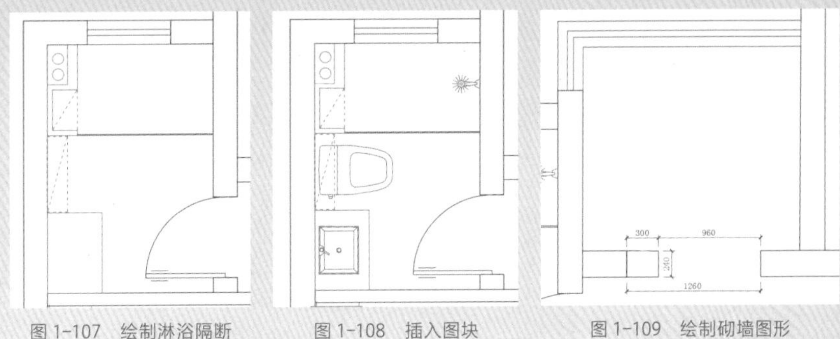

图 1-107　绘制淋浴隔断　　图 1-108　插入图块　　图 1-109　绘制砌墙图形

34 分别执行“矩形”“圆”“偏移”命令，绘制尺寸为1890mm×600mm、1000mm×400mm的矩形和直径为400mm的圆，并将其向内偏移20mm，如图1-110所示。

35 执行“直线”“偏移”命令，绘制挂杆图形及装饰线，如图1-111所示。

36 执行“插入”｜“块”命令，插入装饰镜及单扇推拉门图形，再复制衣架图形，完成衣帽间的布置，如图1-112所示。

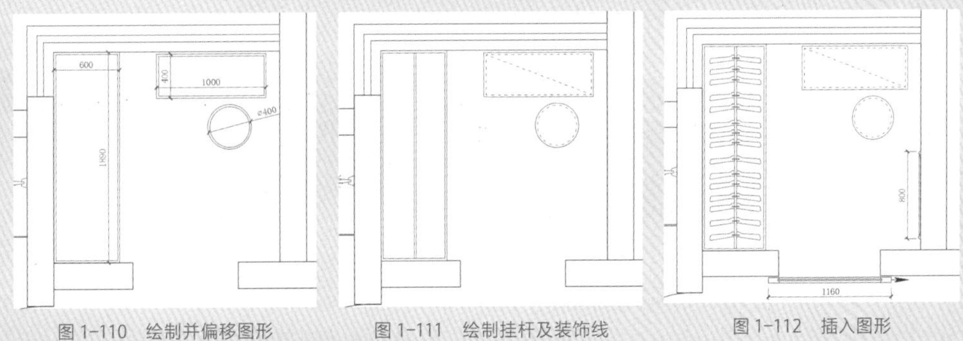

图 1-110　绘制并偏移图形　　图 1-111　绘制挂杆及装饰线　　图 1-112　插入图形

37 执行“偏移”命令，偏移厨房区域的墙线，如图1-113所示。

38 执行“修剪”命令，修剪图形中多余的线条，如图1-114所示。

39 执行“插入”｜“块”命令，插入灶具、洗菜盆、洗衣机图形，再复制门图形并调整尺寸，如图1-115所示。

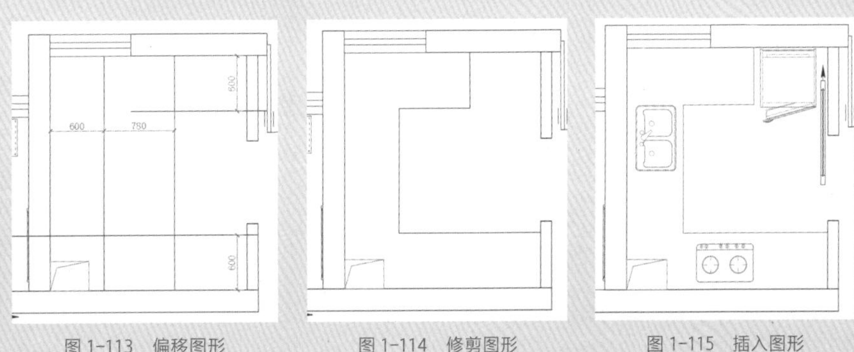

图 1-113　偏移图形　　图 1-114　修剪图形　　图 1-115　插入图形

40 执行“矩形”命令，在客厅及餐厅区域绘制多个矩形，如图 1-116 所示。

41 依次执行“偏移”命令，将鞋柜轮廓向内偏移 20mm，再执行“圆角”命令，设置圆角半径为 50mm，对另一个矩形进行圆角操作，如图 1-117 所示。

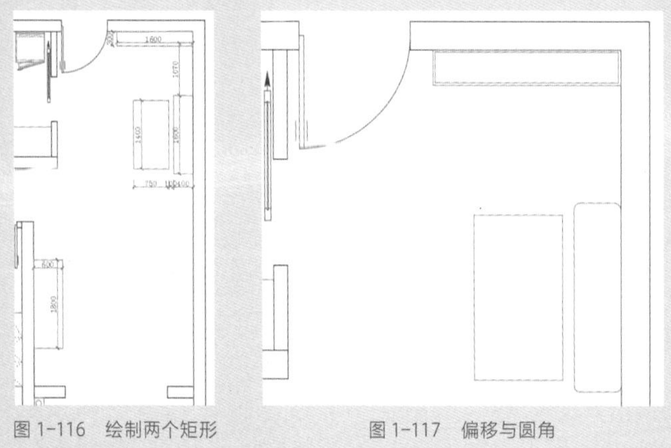

图 1-116　绘制两个矩形　　　图 1-117　偏移与圆角

42 复制圆角矩形并拉伸尺寸，再绘制鞋柜装饰线，如图 1-118 所示。

43 执行“插入”｜“块”命令，插入电视机、沙发组合、空调、推拉门等图形，再复制椅子和窗帘图形，完成客厅及餐厅区域的布置，如图 1-119 所示。

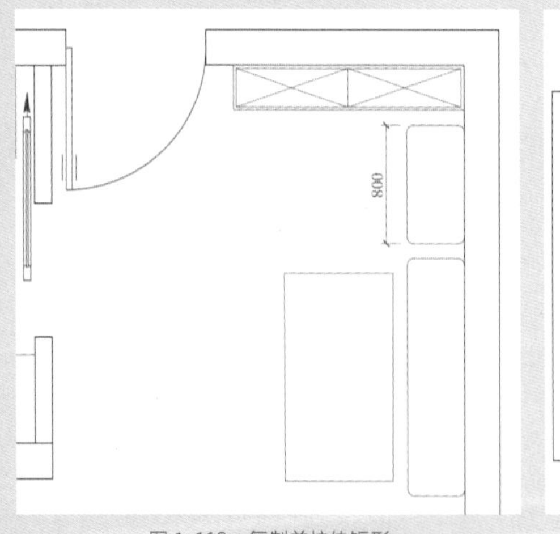

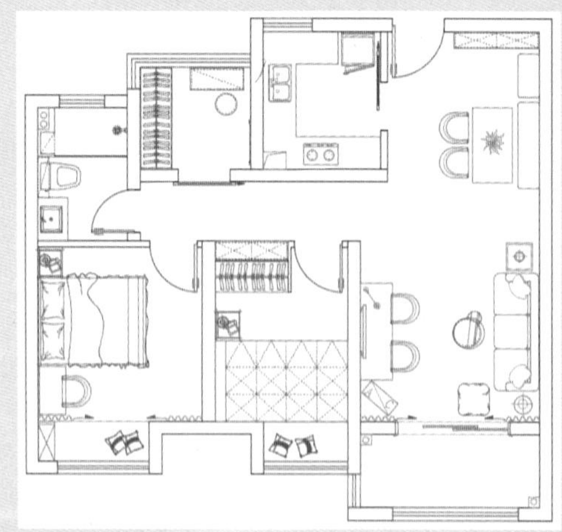

图 1-118　复制并拉伸矩形　　　图 1-119　插入图形

44 依次执行“矩形”“直线”命令，在阳台位置绘制尺寸为 450mm×200mm 的储藏柜图形，如图 1-120 所示。

45 执行“插入”｜“块”命令，插入洗衣机、休闲桌椅等图形，如图 1-121 所示。

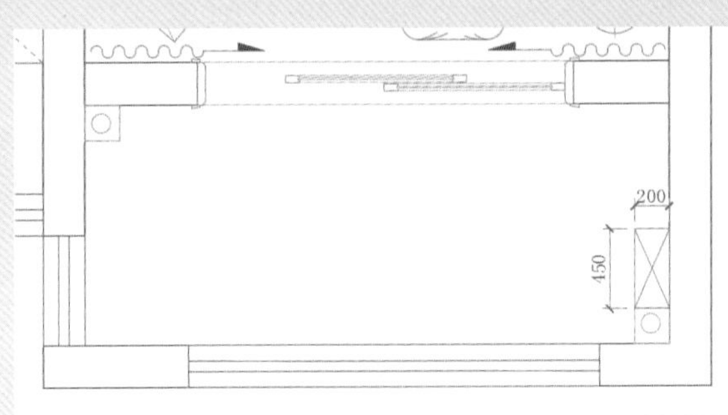

图 1-120 绘制储藏柜

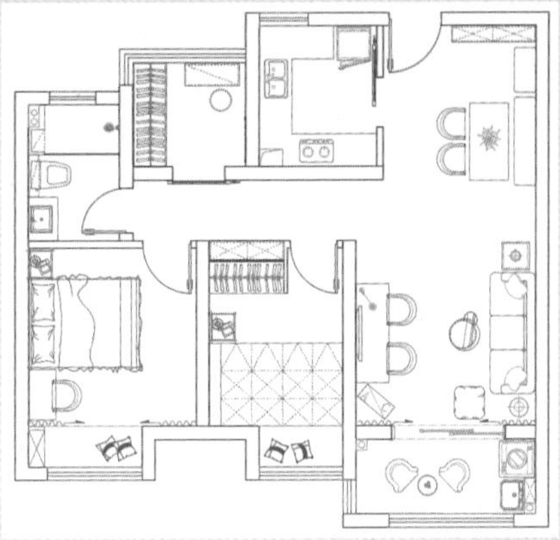

图 1-121 插入图形

46 打开“轴线”图层，执行“线性”标注命令，添加尺寸标注，如图 1-122 所示。

47 关闭“轴线”图层，如图 1-123 所示。

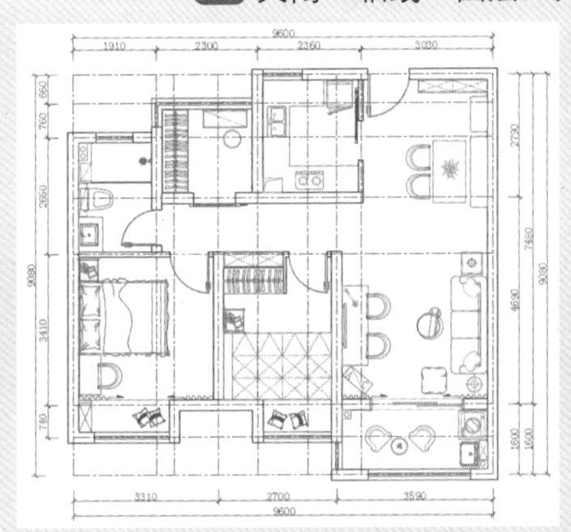

图 1-122 添加尺寸标注

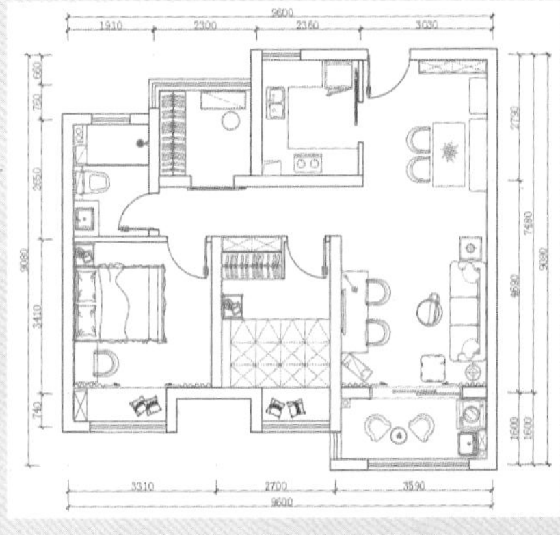

图 1-123 关闭“轴线”图层

48 执行“单行文字”命令，设置文字高度为 180，为平面图添加注释，至此，完成小三室平面布置图的绘制，如图 1-124 所示。

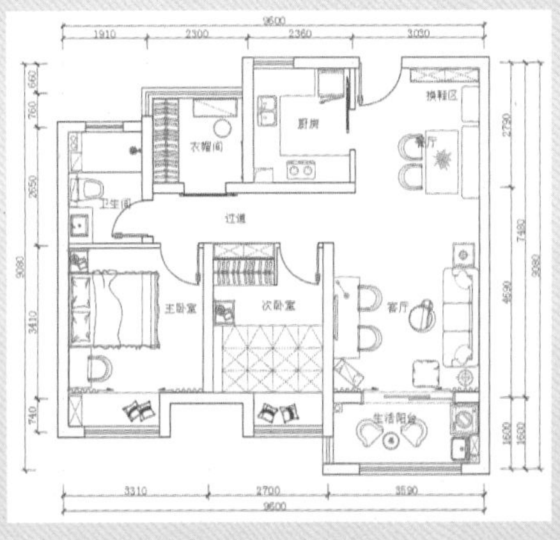

图 1-124 完成绘制

强化训练

为了更好地掌握本章所学的知识，在此列举几个针对本章的拓展案例，以供读者练手。

1. 绘制桌椅平面图

利用矩形、圆、偏移、旋转、镜像、图案填充等命令绘制如图 1-125 所示的桌椅平面图形。

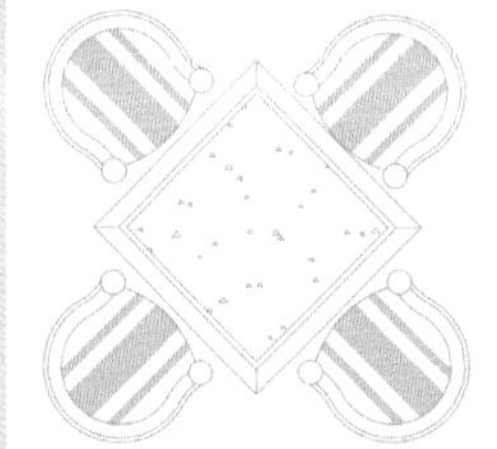

图 1-125　桌椅平面图

操作提示：

01 利用矩形、偏移、图案填充等命令绘制出桌子图形。
02 利用圆、直线、偏移、阵列等命令，绘制并复制椅子图形。
03 利用旋转命令，旋转桌椅图形。

2. 绘制厨房立面图

利用矩形、偏移、快速引线等命令，绘制如图 1-126 所示的厨房立面图。

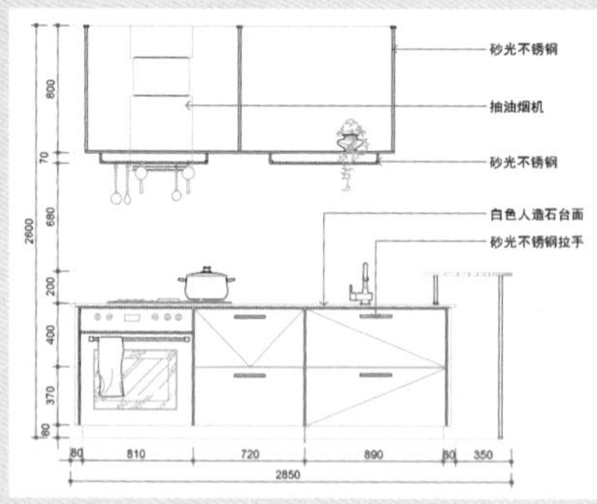

图 1-126　厨房立面图

操作提示：

01 利用矩形和偏移命令绘制橱柜图形。
02 插入锅、碗、瓢、勺等图块。
03 为立面图添加尺寸标注和引线标注。

CHAPTER 02 绘制别墅建筑施工图

本章概述 SUMMARY

建筑施工图设计是根据已批准的初步设计或设计方案，通过详细的计算和设计，编制出完整的可供进行施工和安装的设计文件。施工图设计内容以图纸为主，是表示建筑物的总体布局、外部造型及施工要求等图样。本章利用建筑平面图和立面图向用户介绍建筑图纸的绘制方法及特点。

学习目标

- √ 掌握别墅一层平面图的绘制。
- √ 掌握别墅屋顶平面图的绘制。
- √ 掌握别墅东立面图的绘制。
- √ 掌握别墅北立面图的绘制。

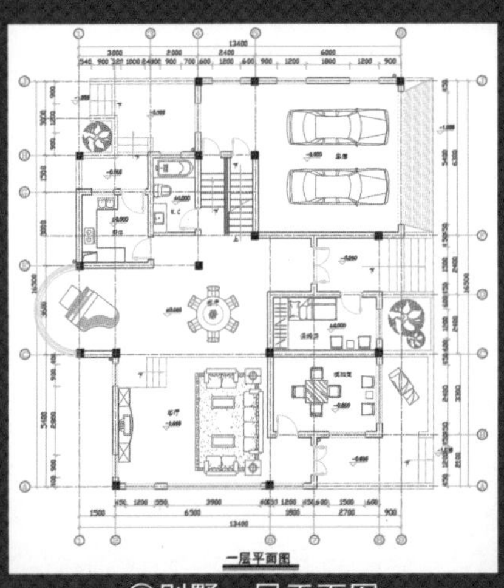

◎别墅一层平面图

◎别墅北立面图

2.1 绘制别墅建筑平面图

建筑平面图是建筑施工图的基本样图，是一种假想用水平的剖切面沿门窗洞位置将房屋剖切后，对剖面以下部分所做的水平投影图。它反映了建筑物的功能需要、平面布局及平面的构成关系，是决定建筑立面及内部结构的关键。在平面图中可以直观地辨别各功能空间、使用流线等。

2.1.1 绘制别墅一层平面图

建筑物的一层是地下与地上的相邻层，并与室外相通，因而成为建筑物上下和内外交通的枢纽。就图纸本身而言，一层平面图可以说是地上其他各层平面、立面和剖面的“基本图”。与其他层平面图相比，一层平面图更为重要，内容比较复杂，绘制难度也较大。

01 启动 AutoCAD 2016 应用程序，打开“图层特性管理器”对话框，创建“轴线”“柱子”“墙体”“门窗”“家具”等图层，并设置图层特性，如图 2-1 所示。

02 将“轴线”图层设置为当前层，执行“直线”“偏移”命令，绘制定位轴线，如图 2-2 所示。

图 2-1　创建图层

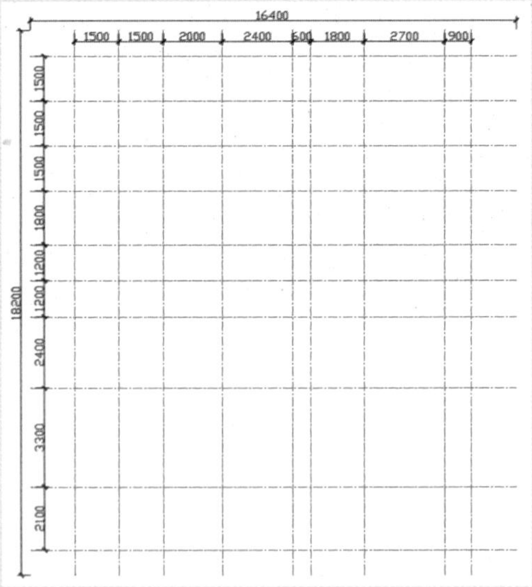

图 2-2　绘制轴线

03 设置“墙体”图层为当前层，创建“墙体”多线样式，如图 2-3 所示。

04 执行“多线”命令，设置比例为 240，对正样式为“无”，捕捉绘制墙体图形，如图 2-4 所示。

图 2-3　创建多线样式

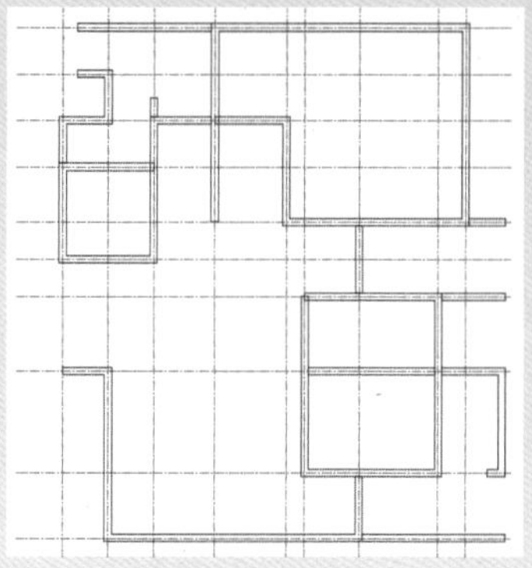

图 2-4　绘制墙体

05 关闭“轴线”图层，执行“直线”“偏移”命令，绘制门窗位置，如图 2-5 所示。

06 执行“修剪”命令，修剪出门洞和窗洞，如图 2-6 所示。

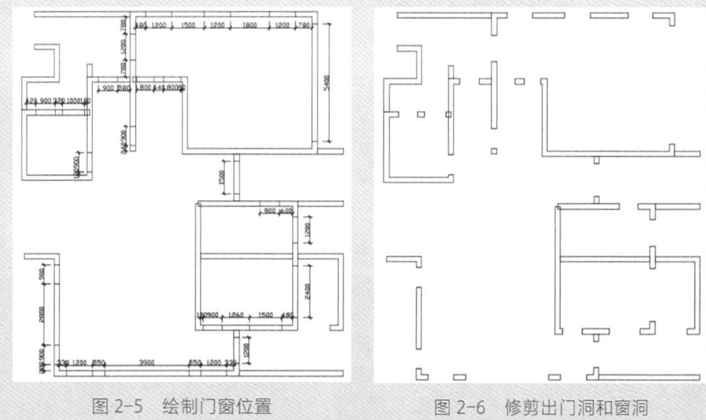

图 2-5　绘制门窗位置　　图 2-6　修剪出门洞和窗洞

07 依次执行“矩形”“图案填充”命令，绘制尺寸为 300mm×300mm 的矩形并进行实体填充，作为柱子图形，如图 2-7 所示。

08 打开“轴线”图层，复制柱子图形到墙体各处，如图 2-8 所示。

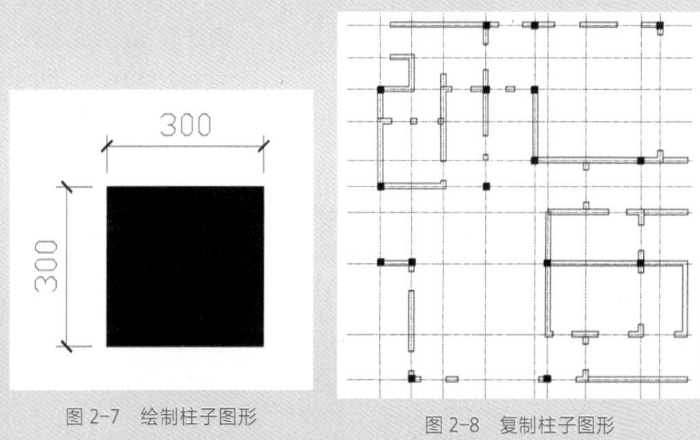

图 2-7　绘制柱子图形　　图 2-8　复制柱子图形

09 关闭“轴线”图层，双击多线打开“多线编辑工具”对话框，如图 2-9 所示。

10 选择合适的编辑工具，编辑墙体多线，如图 2-10 所示。

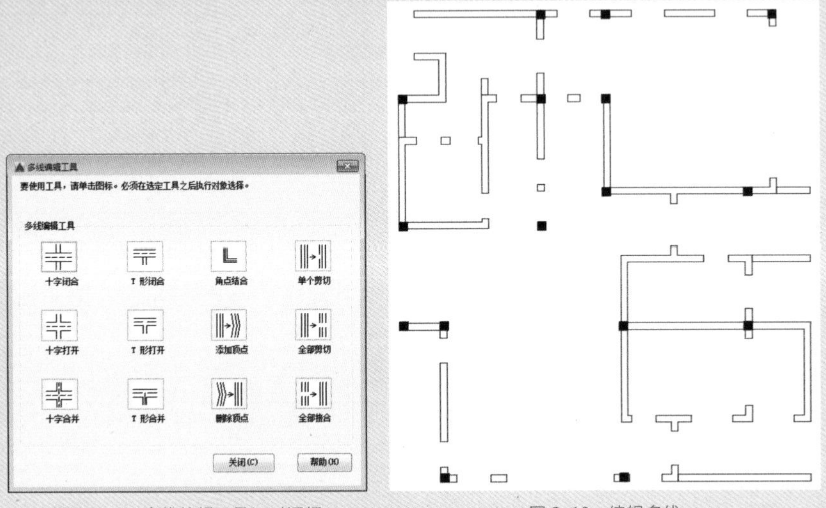

图 2-9 “多线编辑工具”对话框　　图 2-10 编辑多线

11 依次执行“直线”“偏移”命令，绘制内墙墙体，如图 2-11 所示。

12 设置“楼梯 - 踏步”图层为当前层，继续执行“直线”“偏移”命令，绘制踏步图形，如图 2-12 所示。

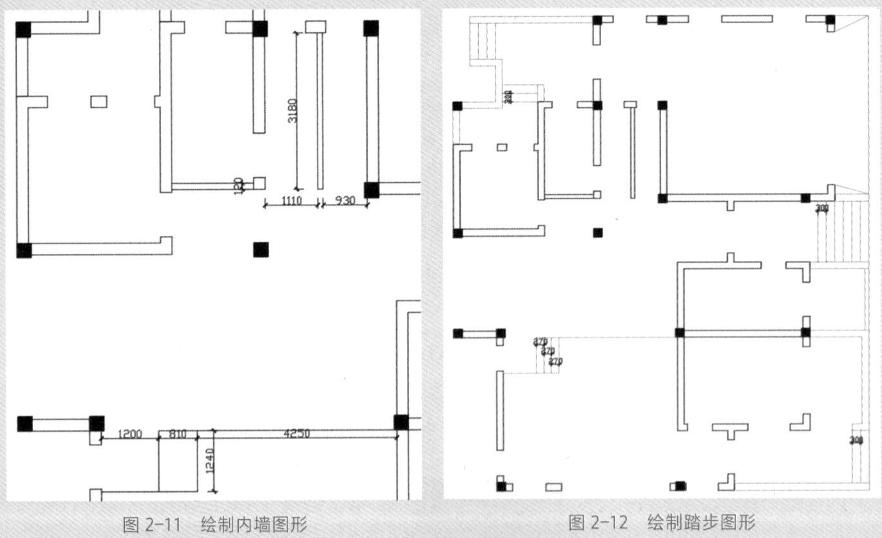

图 2-11 绘制内墙图形　　图 2-12 绘制踏步图形

13 执行“直线”“偏移”命令，在楼梯间绘制直线并进行偏移操作，如图 2-13 所示。

14 执行“偏移”命令，设置偏移尺寸为 60mm，继续偏移图形，如图 2-14 所示。

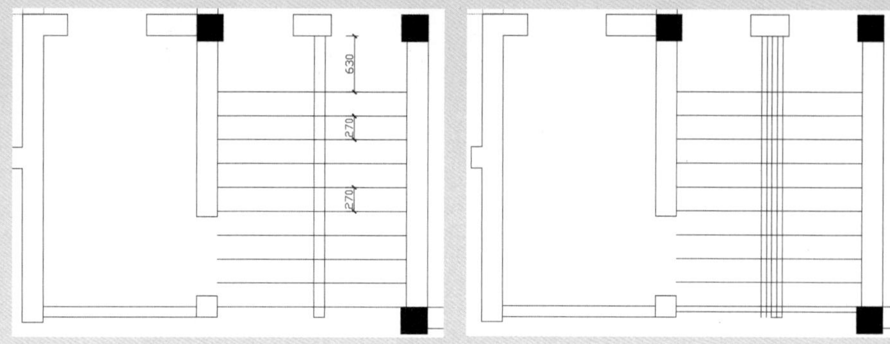

图 2-13　绘制直线并偏移　　　　图 2-14　继续偏移图形

15 执行“多段线”命令，绘制一条打断线，放置到楼梯合适位置，如图 2-15 所示。

16 执行“修剪”命令，修剪图形中多余的线条，如图 2-16 所示。

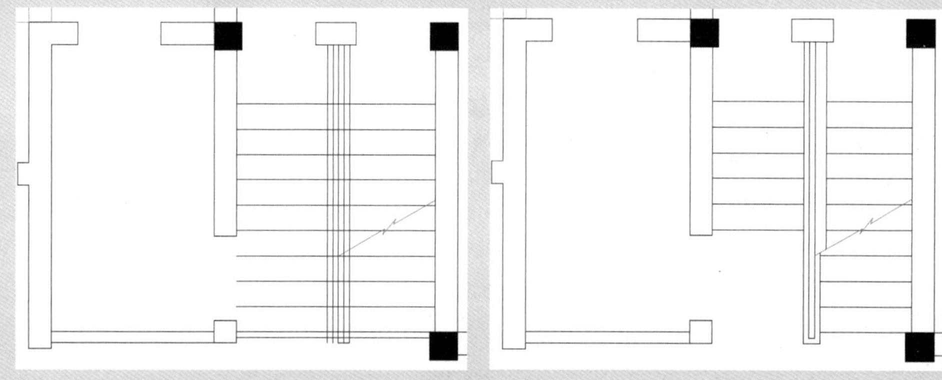

图 2-15　绘制打断线　　　　图 2-16　修剪图形

17 设置“门窗”图层为当前层，创建“门窗”多线样式，如图 2-17 所示。

18 执行“多线”命令，设置比例为 1，捕捉绘制窗户图形，如图 2-18 所示。

图 2-17　创建多线样式

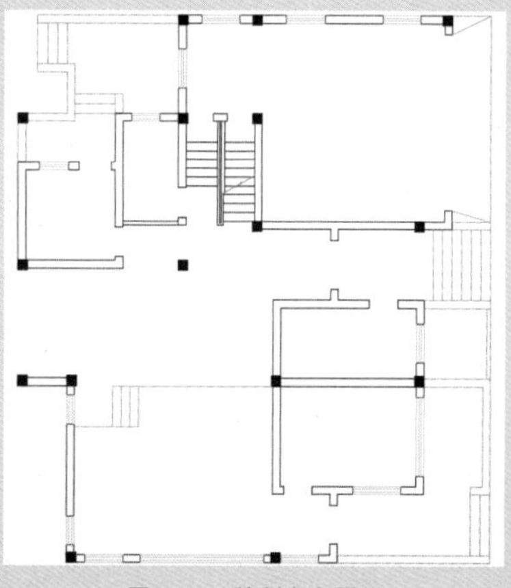

图 2-18　绘制窗户图形

19 执行“直线”“圆”命令，捕捉柱子中点绘制直线，再绘制圆，如图 2-19 所示。

20 执行“偏移”命令，将圆向两侧依次偏移 40mm、80mm，再执行“修剪”命令，修剪并删除一半的圆及直线，制作出弧形窗户轮廓，如图 2-20 所示。

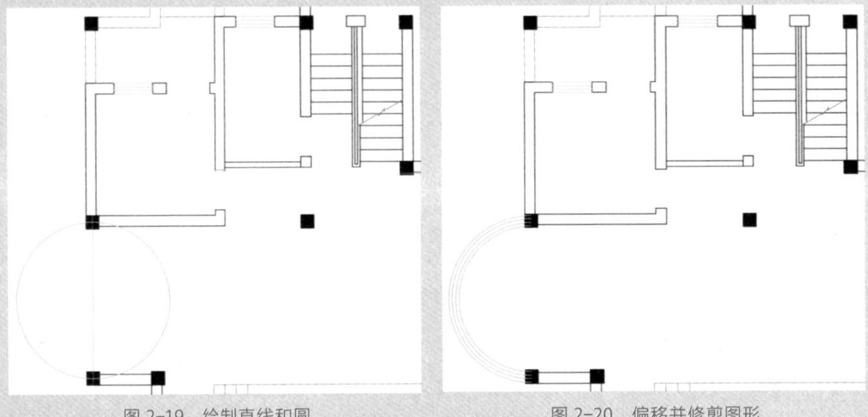

图 2-19　绘制直线和圆　　图 2-20　偏移并修剪图形

21 执行“直线”命令，在门洞处绘制直线，再执行“插入”|“块”命令，插入单开门及双开门图形，如图 2-21 所示。

22 执行“圆”命令，绘制半径为 50mm 的水管图形，再执行“矩形”“直线”命令，绘制尺寸为 60mm×400mm 的矩形作为烟道，如图 2-22 所示。

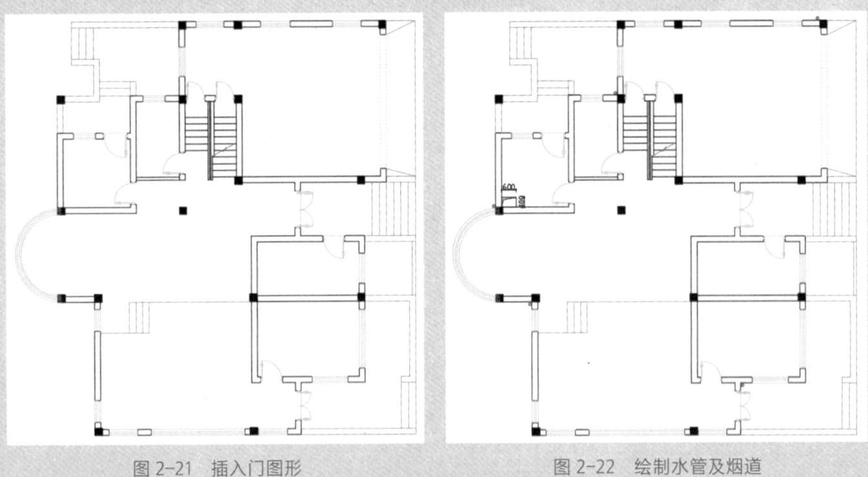

图 2-21　插入门图形　　图 2-22　绘制水管及烟道

23 分解厨房区域的墙体多线，执行“偏移”命令，偏移图形，如图 2-23 所示。

24 执行“圆角”命令，设置圆角半径为 0，制作出橱柜造型，如图 2-24 所示。

25 执行“插入”｜“块”命令，插入燃气灶、洗菜盆图形，如图 2-25 所示。

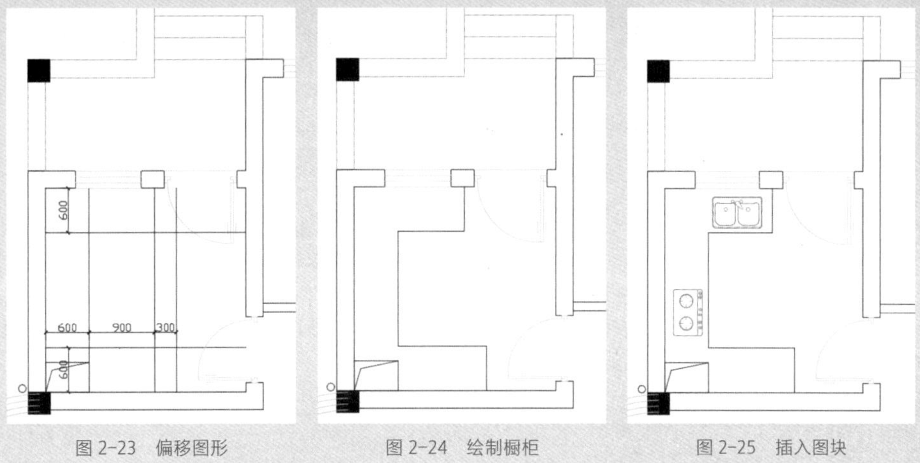

图 2-23　偏移图形　　图 2-24　绘制橱柜　　图 2-25　插入图块

26 继续执行“插入”｜“块”命令，完成大致室内布置，如图 2-26 所示。

27 设置“楼梯 - 踏步”图层为当前层，执行“图案填充”命令，选择图案 ANSI31，设置比例及角度，填充车库门外的坡道，如图 2-27 所示。

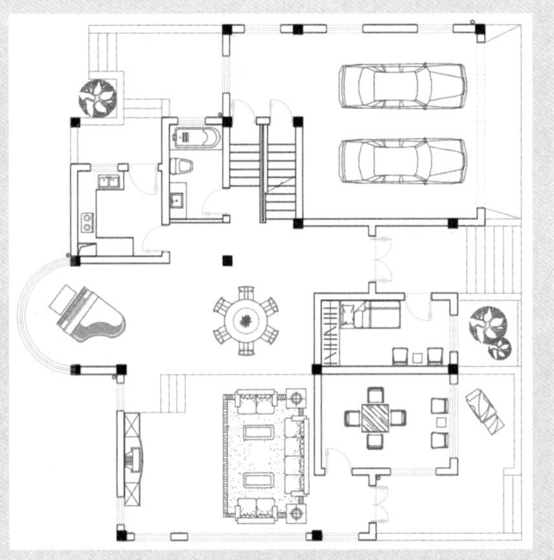

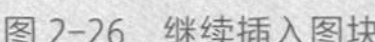

图 2-26　继续插入图块

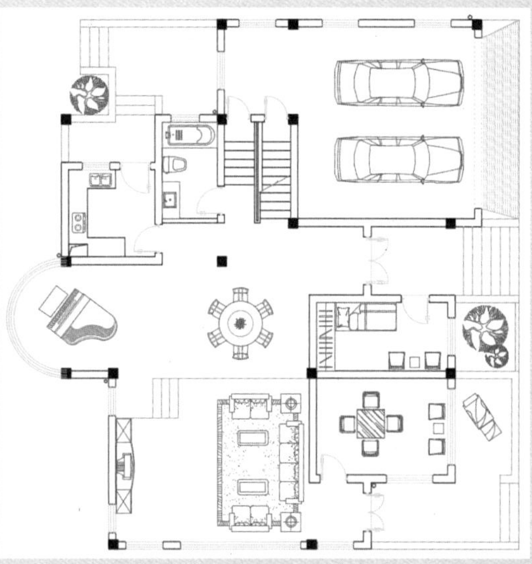

图 2-27　填充图案

28 设置“标注”图层为当前层，执行“多段线”命令，绘制方向指示箭头，如图 2-28 所示。

29 打开“轴线”图层，执行“线性”标注命令，添加第一层建筑墙体尺寸，如图 2-29 所示。

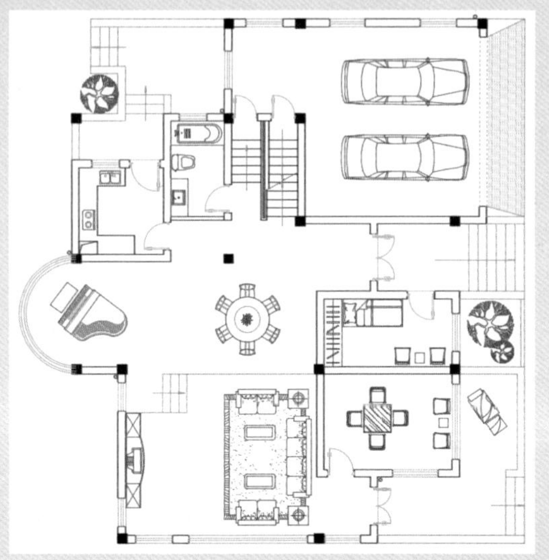

图 2-28　绘制箭头

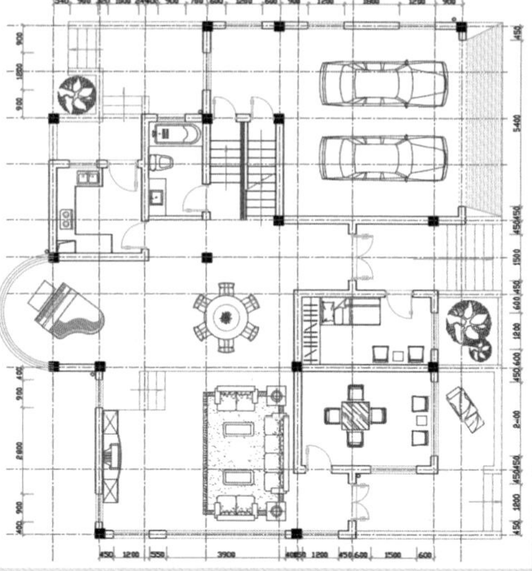

图 2-29　添加第一层尺寸

30 继续标注轴尺寸和总尺寸，如图 2-30 所示。

31 执行“修剪”命令，修剪轴线，再为图纸添加轴线编号，如图 2-31 所示。

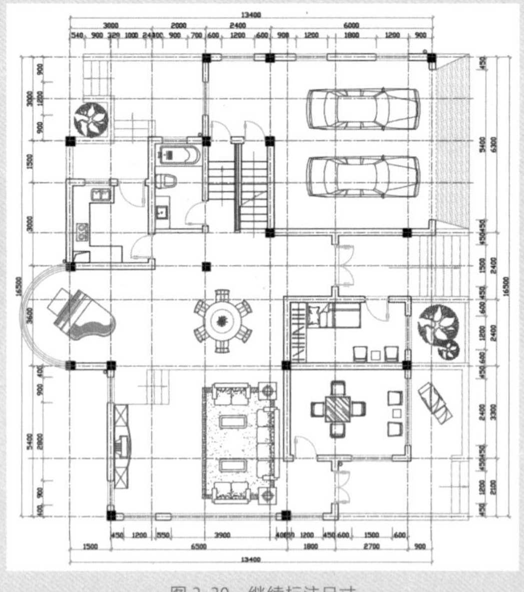

图 2-30　继续标注尺寸

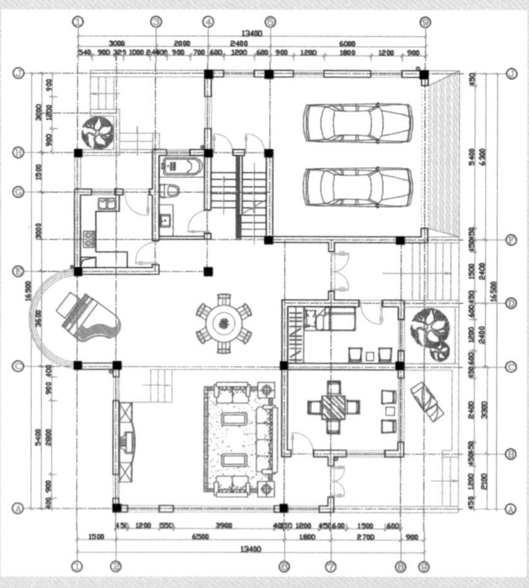

图 2-31　修剪轴线

32 为图纸添加标高，如图 2-32 所示。

33 执行“多行文字”“多段线”命令，添加文字注释及图示，完成别墅一层平面图的绘制，如图 2-33 所示。

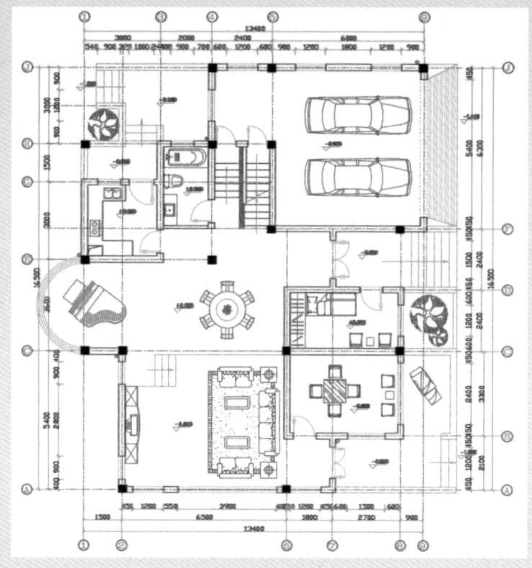

图 2-32 添加标高

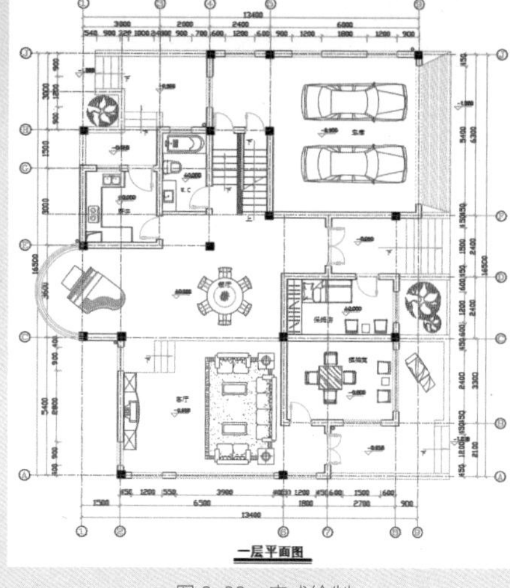

图 2-33 完成绘制

2.1.2 绘制别墅二层平面图

楼层平面图与首层平面图在设计中有很多相似之处，各层平面的基本轴线关系是一致的，只有部分墙体形状和内部房间的设置存在着一些差别。绘制二层平面图时，我们可以在首层平面图的基础上对已有图形元素进行修改和添加，进而完成二层平面图的绘制。

01 复制一层平面图，关闭“轴线”“标注”图层，删除内部家具及室外图形，如图 2-34 所示。

02 删除多余墙体和窗户图形，分解墙体多线，调整现有墙体构造，如图 2-35 所示。

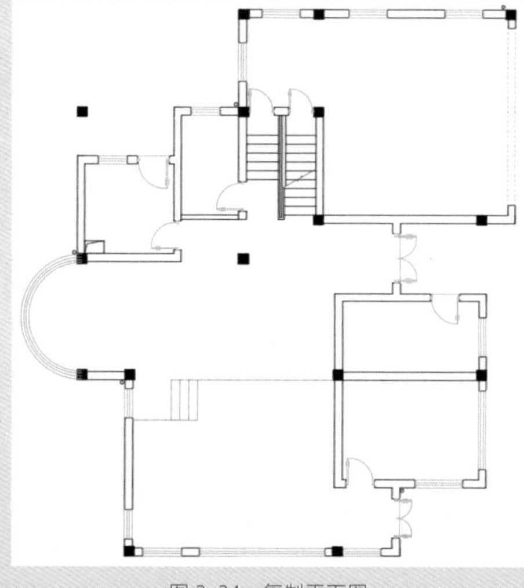

图 2-34 复制平面图

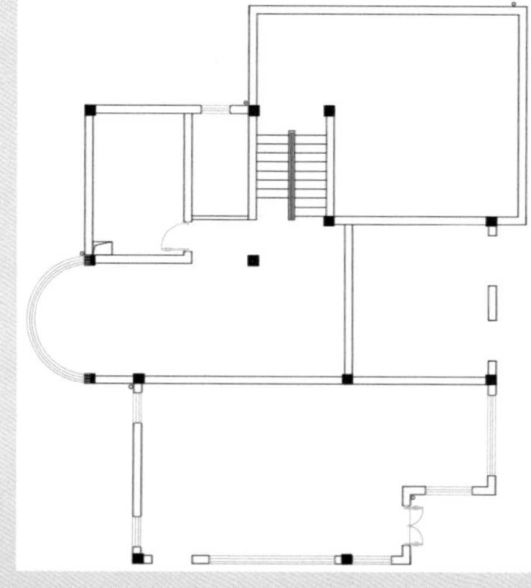

图 2-35 调整墙体

03 捕捉绘制墙体及门洞和窗洞位置，如图 2-36 所示。

04 执行“修剪”命令，修剪门洞、窗洞和墙体，如图 2-37 所示。

05 执行“直线”“偏移”命令，在楼梯位置绘制直线并进行偏移，如图 2-38 所示。

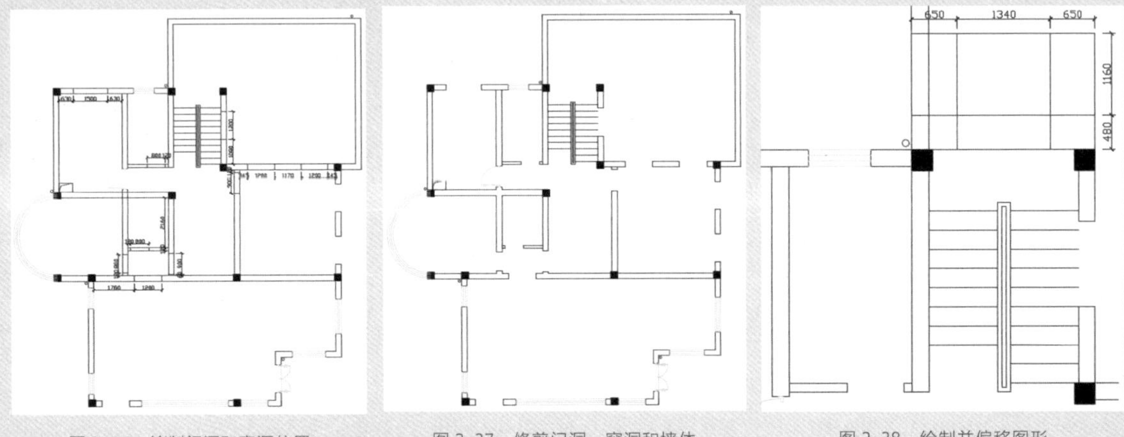

图 2-36　绘制门洞和窗洞位置　　图 2-37　修剪门洞、窗洞和墙体　　图 2-38　绘制并偏移图形

06 捕捉绘制斜线，再执行“偏移”命令，偏移 240mm 的距离，如图 2-39 所示。

07 执行“修剪”命令，修剪并删除图形中多余的线条，如图 2-40 所示。

08 执行“直线”“偏移”命令，绘制门洞和窗洞位置，如图 2-41 所示。

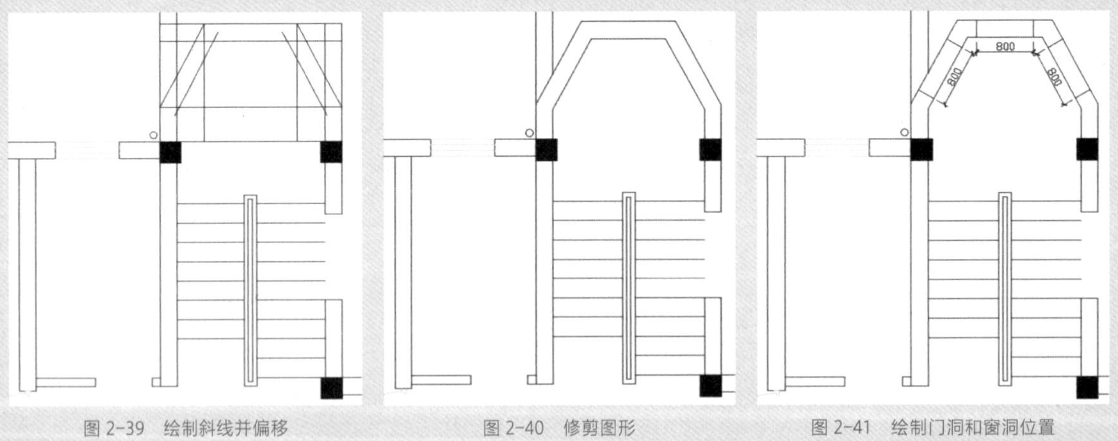

图 2-39　绘制斜线并偏移　　图 2-40　修剪图形　　图 2-41　绘制门洞和窗洞位置

09 执行“修剪”命令，修剪出门洞和窗洞，如图 2-42 所示。

10 设置“门窗”图层为当前层，执行“多线”命令，捕捉绘制窗户及玻璃隔断图形，如图 2-43 所示。

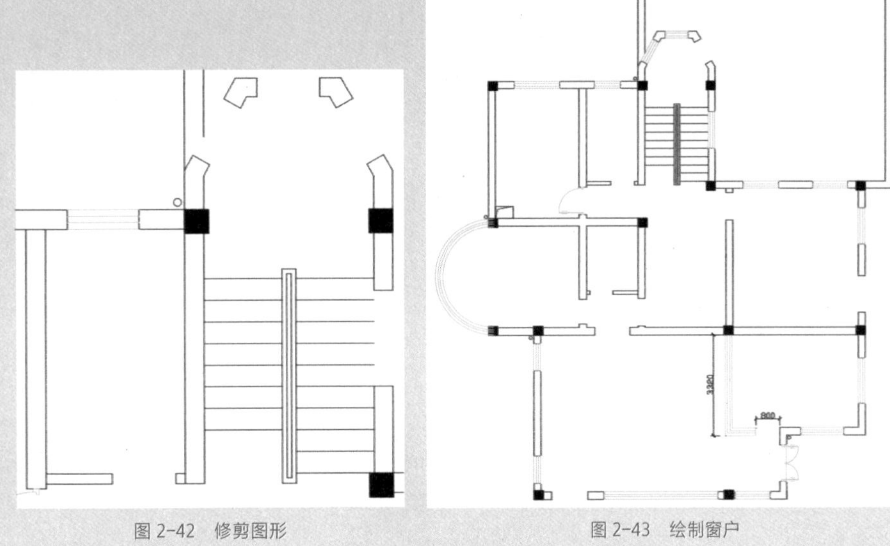

图 2-42　修剪图形　　　图 2-43　绘制窗户

11 为门洞添加门扇图形，如图 2-44 所示。

12 设置“墙体”图层为当前层，执行“多段线”“偏移”命令，绘制平台轮廓，如图 2-45 所示。

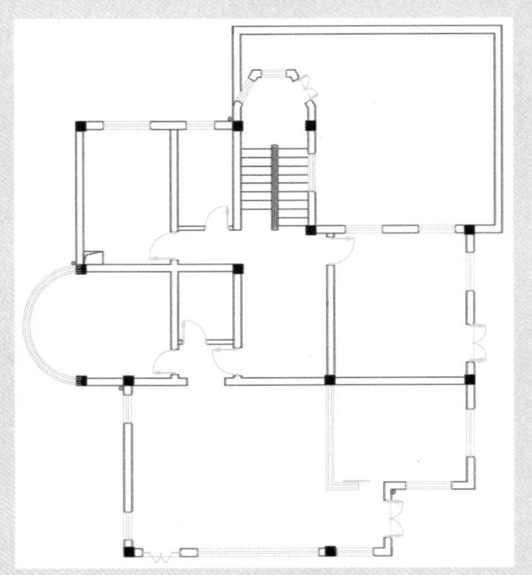

图 2-44　添加门扇图形

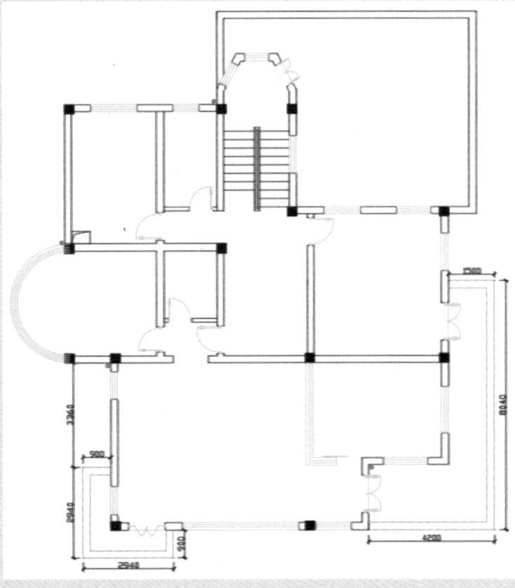

图 2-45　绘制平台

13 执行“矩形”命令，在平台位置绘制出水口图形，如图 2-46 所示。

14 绘制衣柜及办公桌图形，再执行“插入”｜“块”命令，插入双人床、沙发组合、休闲沙发、办公桌、浴缸等图形，对二层平面进行简单布局，如图 2-47 所示。

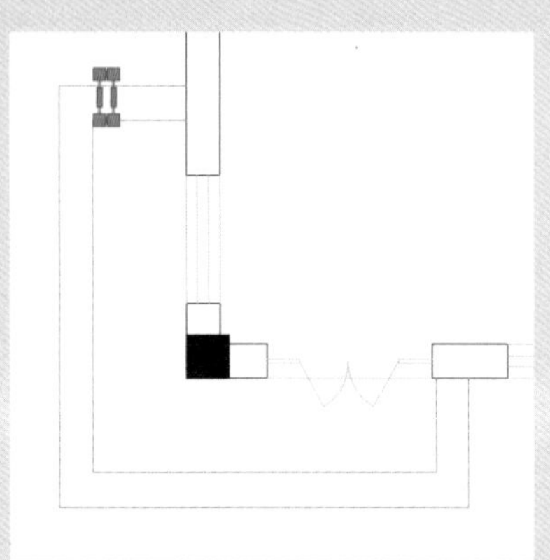

图 2-46　绘制出水口

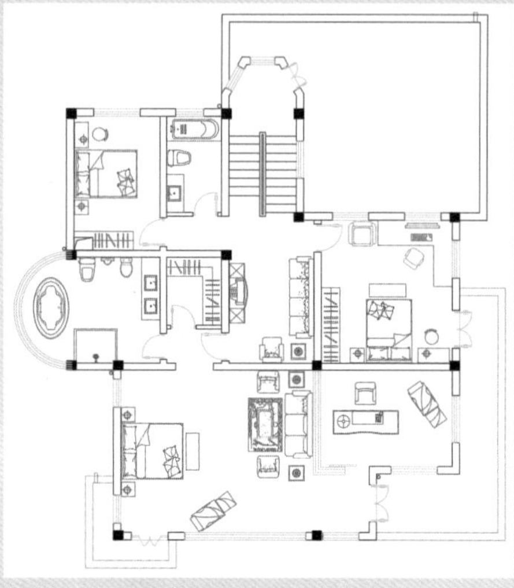

图 2-47　布局平面

15 复制指示箭头到二层平面图中并调整方向，再执行“多段线”命令，在楼梯间绘制折弯箭头，如图 2-48 所示。

16 为各个空间添加文字注释，再为主要空间添加标高，如图 2-49 所示。

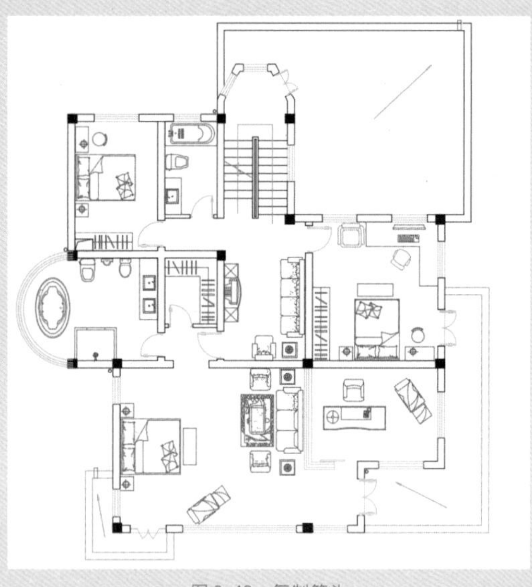

图 2-48　复制箭头

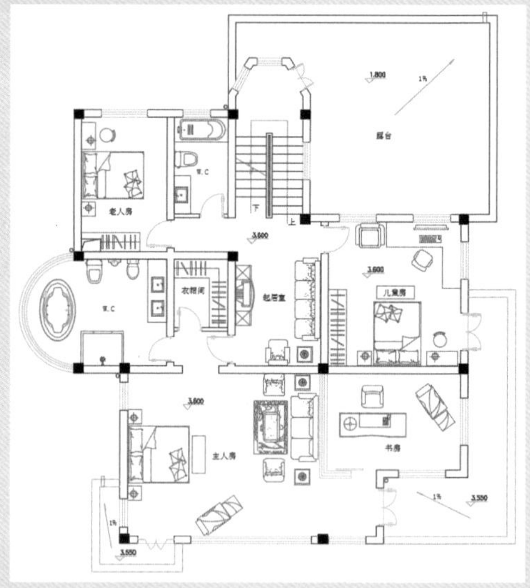

图 2-49　添加文字注释及标高

17 打开“轴线”“标注”图层，根据轴线与墙体调整尺寸标注和轴线编号，再执行“修剪”命令，修剪轴线，如图 2-50 所示。

18 复制图示说明，修改文字内容，完成二层平面图的绘制，如图 2-51 所示。

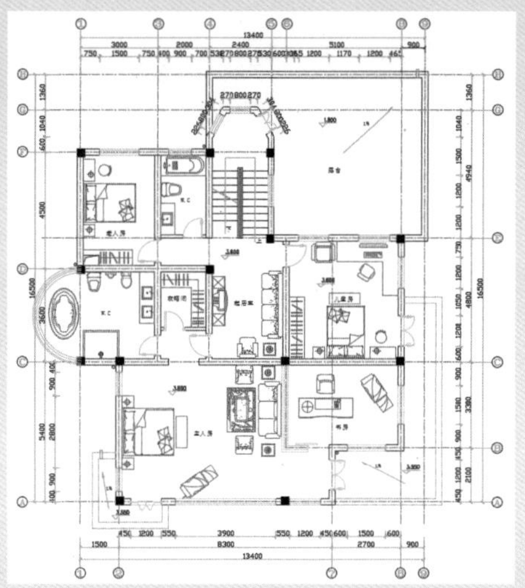

图 2-50　调整标注及编号

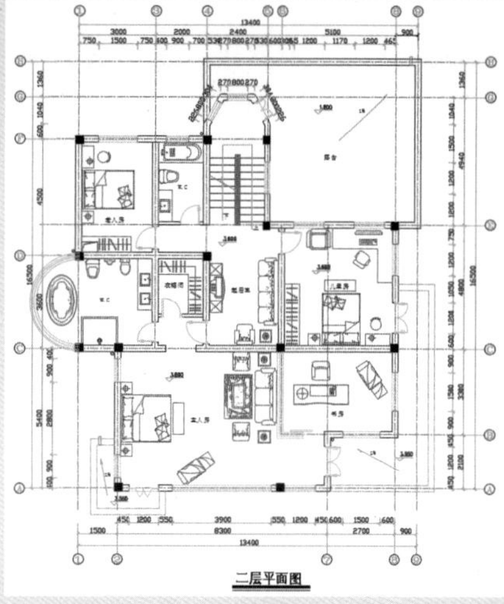

图 2-51　完成绘制

2.1.3　绘制别墅三层平面图

对二层平面图的墙体和门窗等进行修改加工，即可绘制出三层平面图。

01 复制二层平面图，关闭“轴线”“标注”图层，如图 2-52 所示。

02 删除多余的柱子、墙体、窗户及家具图形，绘制如图 2-53 所示的轴线网。

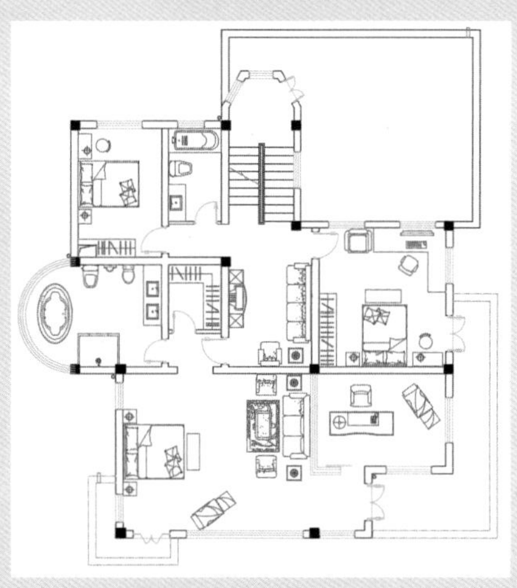

图 2-52　关闭图层

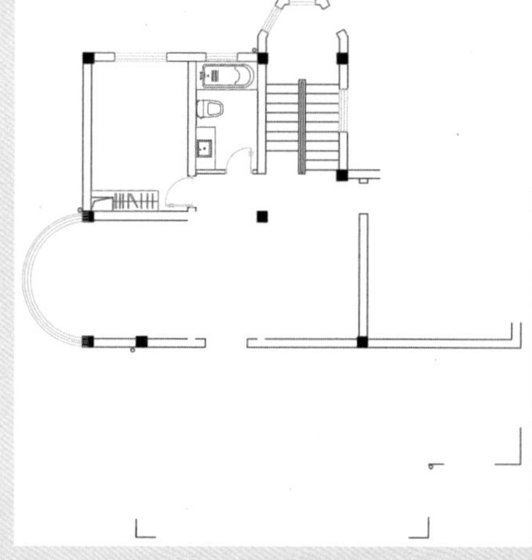

图 2-53　绘制轴线网图形

03 执行“偏移”“圆角”“修剪”等命令，制作墙体、门洞、窗洞及平台轮廓，如图 2-54 所示。

04 设置“门窗”图层为当前层，执行“多线”命令，绘制窗户图形，再从二层平面图中复制双开门图形及出水口，调整弧形窗户即可，如图 2-55 所示。

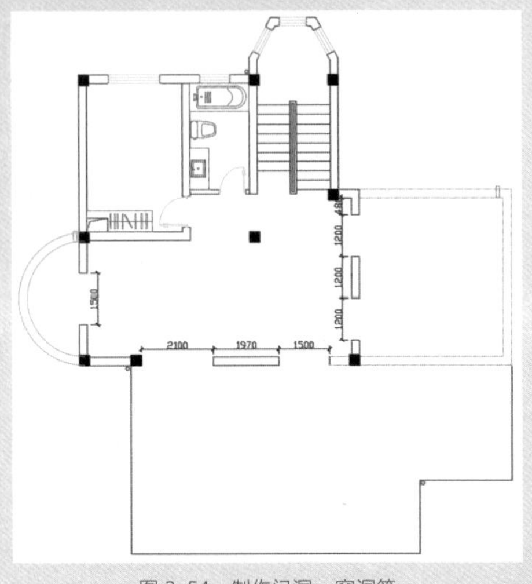

图 2-54　制作门洞、窗洞等

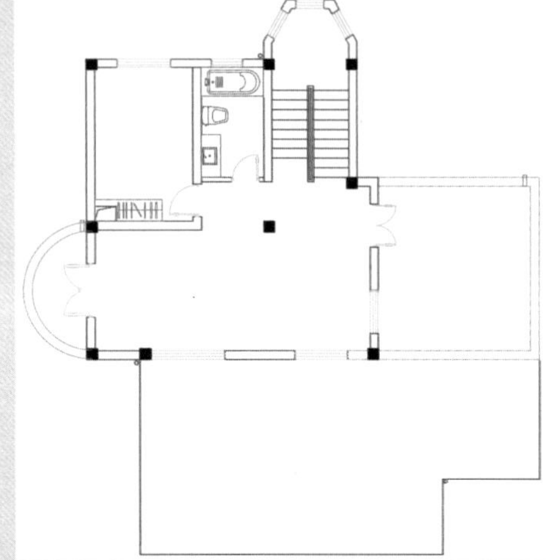

图 2-55　绘制窗户并添加门图形

05 接下来绘制二层屋顶及排水造型，执行“插入”|“块”命令，插入单人床、台球桌、健身器材等图形，对三层平面进行简单布局，如图 2-56 所示。

06 执行“多段线”命令，捕捉下方空白区域的边线绘制一条多段线，再执行“偏移”命令，将多段线向外依次偏移 350mm、100mm，如图 2-57 所示。

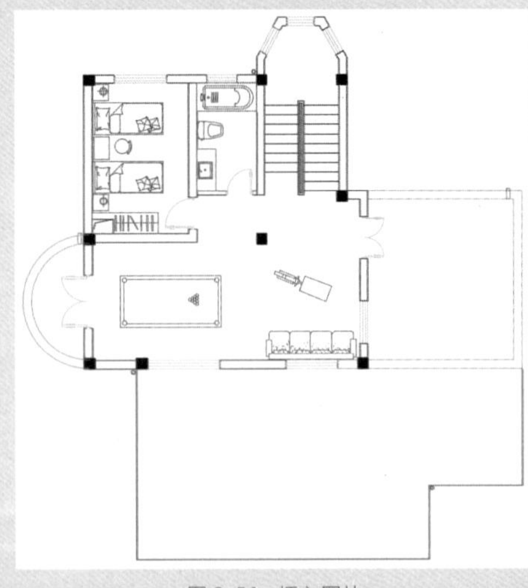

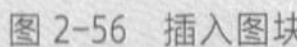

图 2-56　插入图块

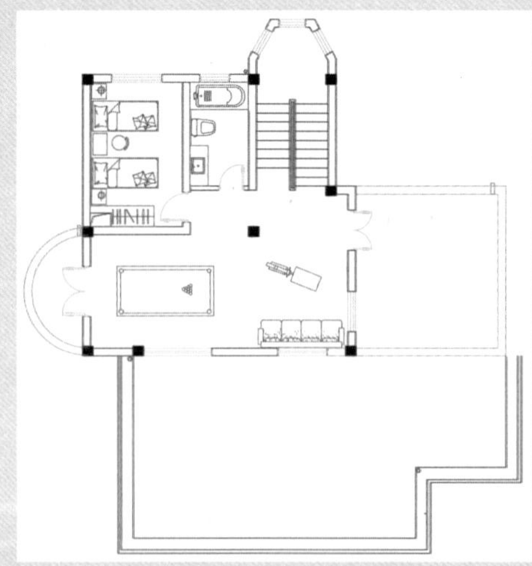

图 2-57　绘制并偏移多段线

07 继续执行“多段线”命令，完成排水檐口轮廓的绘制，如图 2-58 所示。

08 执行“偏移”“直线”命令，绘制二层屋顶轮廓，如图 2-59 所示。

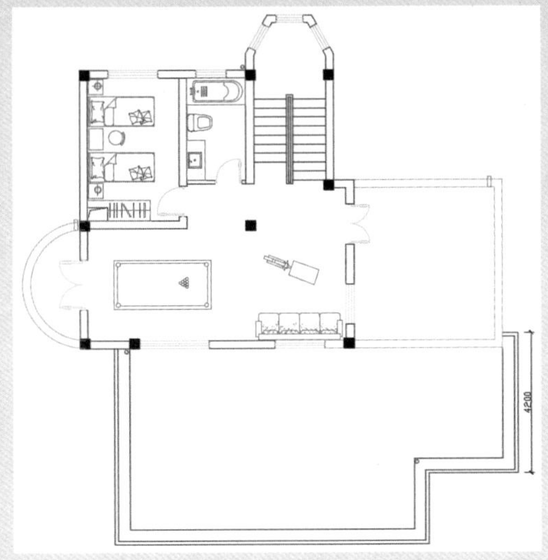

图 2-58　完成排水檐口的绘制

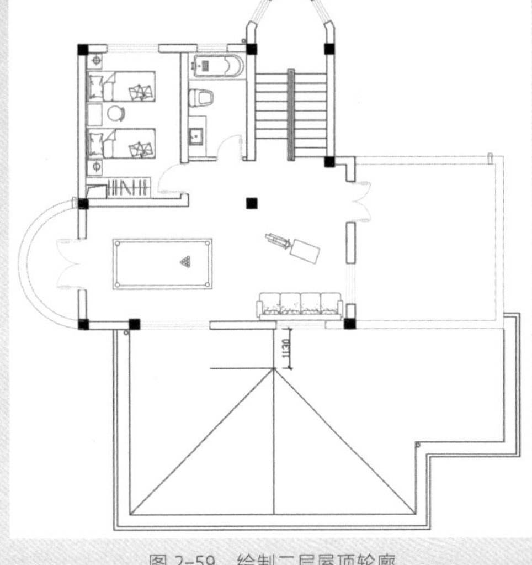

图 2-59　绘制二层屋顶轮廓

09 依次执行“复制”“修剪”命令，制作出屋脊造型，如图 2-60 所示。

10 执行“图案填充”命令，选择图案 AR-RSHKE，设置比例及角度，填充屋顶面，如图 2-61 所示。

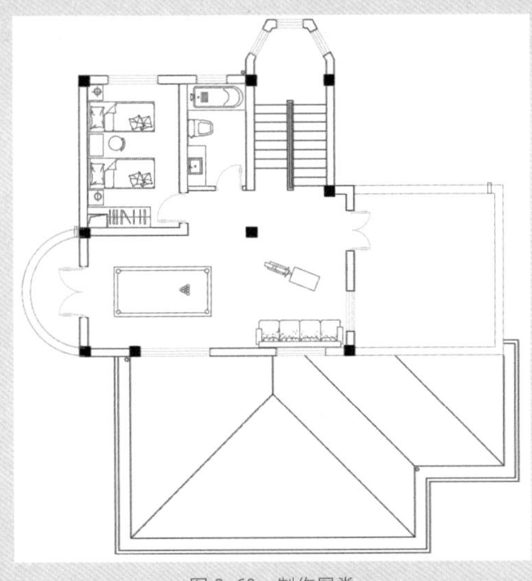

图 2-60　制作屋脊

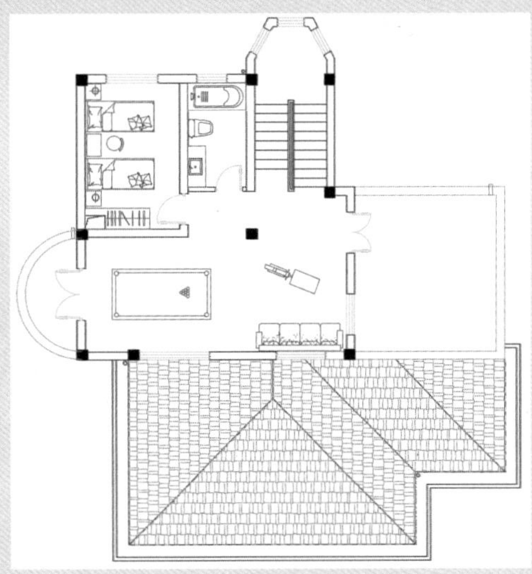

图 2-61　填充屋顶

11 执行“延伸”“修剪”命令，修改楼梯造型，如图 2-62 所示。

12 打开“标注”“轴线”图层，修剪并调整轴线、尺寸标注，如图 2-63 所示。

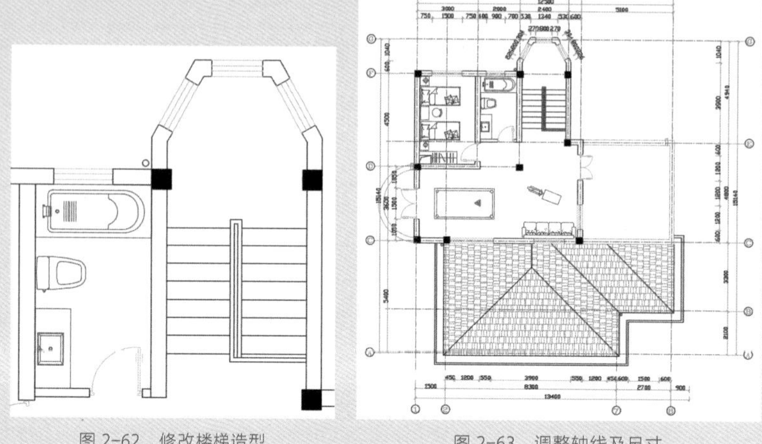

图 2-62　修改楼梯造型　　　图 2-63　调整轴线及尺寸

13 重新添加方向箭头、文字注释、标高等，如图 2-64 所示。

14 复制图示说明，修改文字内容，完成三层平面图的绘制，如图 2-65 所示。

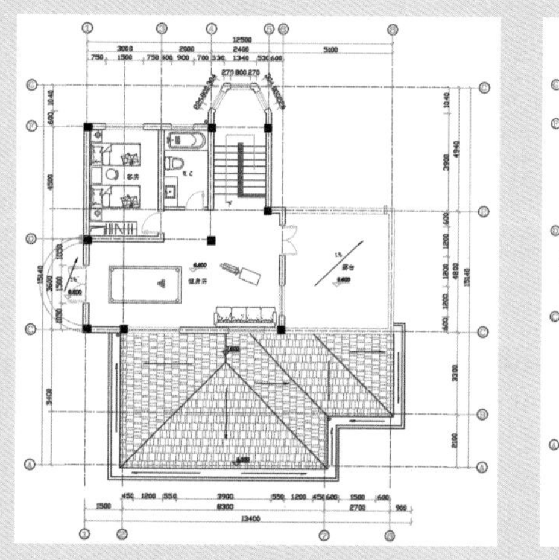

图 2-64　添加箭头、文字、标高

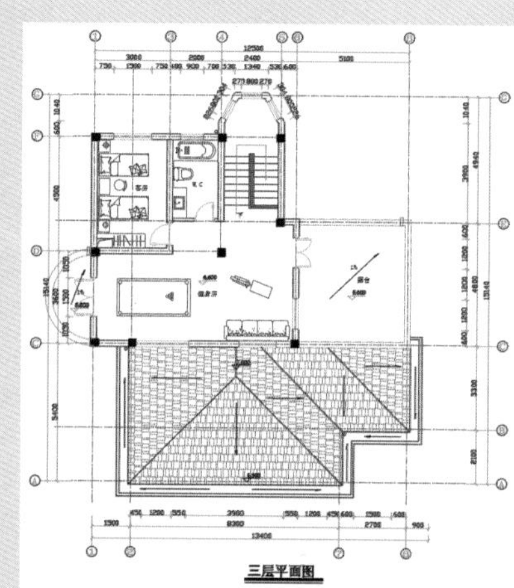

图 2-65　添加图示

2.1.4　绘制屋顶平面图

在三层平面图中已经绘制了部分屋顶图形，这里仅需要根据三层平面图建筑墙体绘制屋顶平面造型。

01 复制三层平面图，关闭“轴线”“标注”图层，再删除多余图形，如图 2-66 所示。

02 执行“矩形”命令，捕捉墙角绘制矩形，执行“多段线”命令，捕捉楼梯间墙体绘制多段线，再执行“偏移”命令，将矩形向外依次偏移 350mm、100mm，将多段线向外依次偏移 150mm、100mm，如图 2-67 所示。

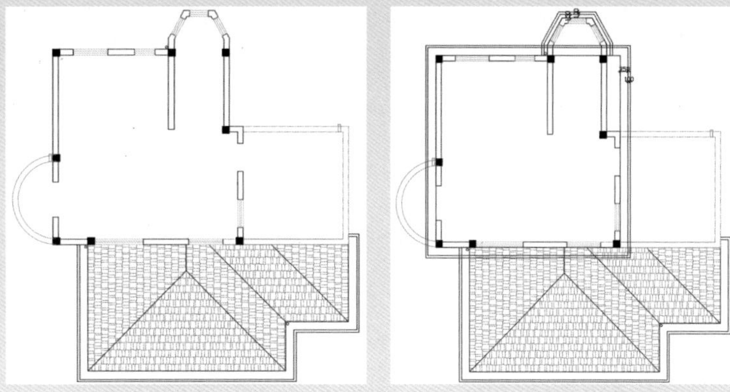

图 2-66　删除多余图形　　　图 2-67　绘制并偏移矩形

03 执行“修剪”命令，修剪并删除多余图形，如图 2-68 所示。

04 执行“直线”命令，捕捉绘制被屋檐覆盖的图形，并调整图形线型，如图 2-69 所示。

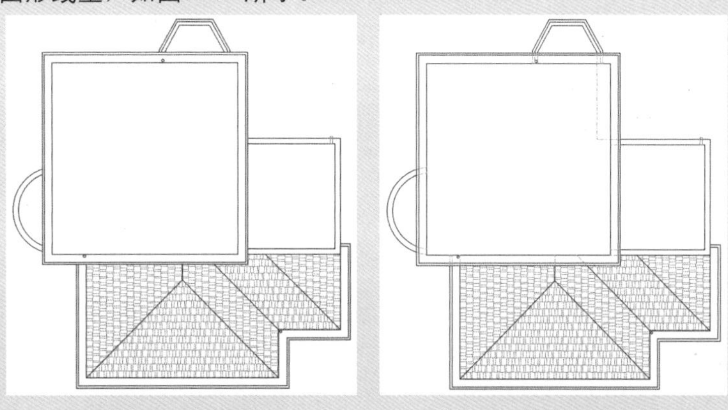

图 2-68　修剪图形　　　图 2-69　绘制被覆盖的图形

05 执行“直线”“偏移”命令，绘制屋顶造型，再删除多余线条，如图 2-70 所示。

06 执行“矩形”命令，绘制尺寸为 1030mm×780mm 的矩形，放置到屋顶合适位置，如图 2-71 所示。

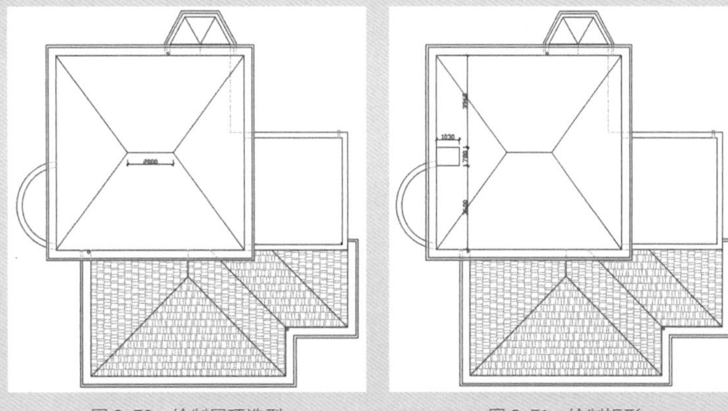

图 2-70　绘制屋顶造型　　　图 2-71　绘制矩形

07 执行“偏移”命令，将矩形向内依次偏移 120mm、200mm，如图 2-72 所示。

08 执行“图案填充”命令，选择图案 AR-RSHKE，设置比例及角度，填充屋顶面，如图 2-73 所示。

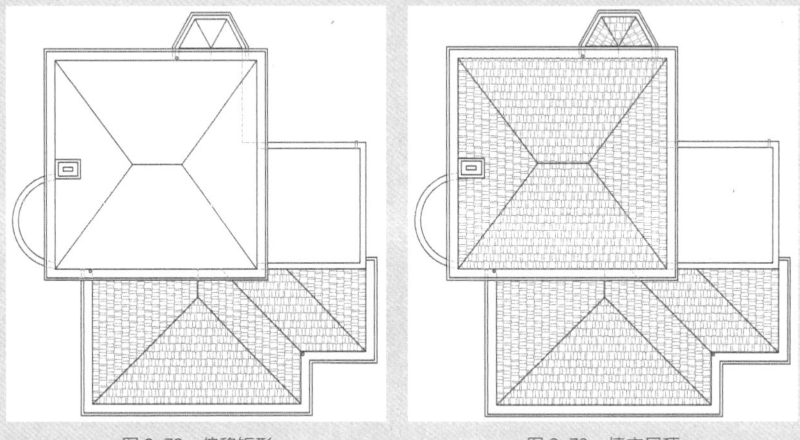

图 2-72 偏移矩形　　图 2-73 填充屋顶

09 添加方向箭头，并打开“轴线”及“标注”图层，调整轴线和尺寸，再添加标高，如图 2-74 所示。

10 复制图示说明，修改文字内容，完成屋顶平面图的绘制，如图 2-75 所示。

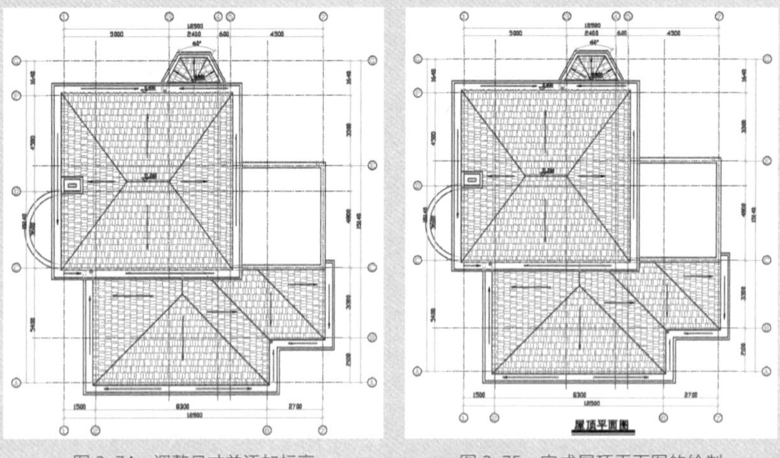

图 2-74 调整尺寸并添加标高　　图 2-75 完成屋顶平面图的绘制

2.2 绘制别墅建筑立面图

立面图是建筑立面的正投影图，是体现建筑外观效果的图纸。从理论上来讲，所有建筑构配件的正投影图均反映在立面图上，有时一些较小的细部可以简化或用图例来代替，如门窗的立面，可以在具有代表性的位置仔细绘制出窗扇、门扇等细节，而同类门窗则用其轮廓表示即可。

■ 2.2.1 绘制别墅东立面图

在已有的各层平面图基础上，结合尺寸标高，通过水平和垂直定位辅助线绘制出外墙、屋顶轮廓，再根据平面图形元素的尺寸和位置，绘制其他建筑细部，最后添加标注说明，即可完成立面图的绘制。

01 首先来制作一层立面造型。执行“射线”命令，捕捉一层平面图的东墙结构绘制结构线，再执行“直线”“偏移”命令，绘制长 20000mm 的直线并偏移 12200mm，如图 2-76 所示。

02 执行“修剪”命令，修剪并删除多余图形，如图 2-77 所示。

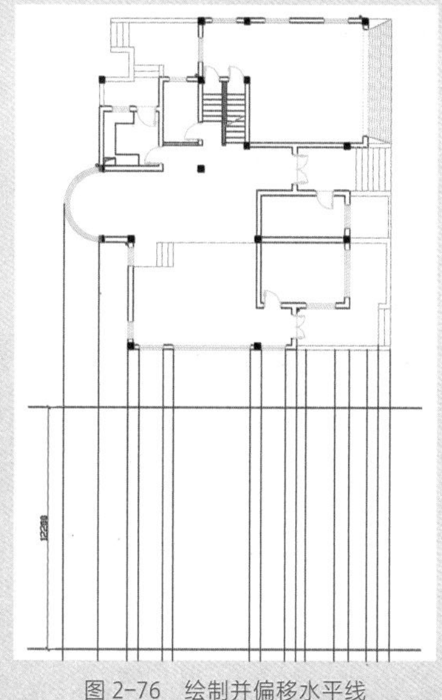

图 2-76 绘制并偏移水平线

图 2-77 修剪图形

03 执行“偏移”命令，向上偏移水平线，如图 2-78 所示。

04 继续执行“偏移”命令，继续依次偏移水平线，如图 2-79 所示。

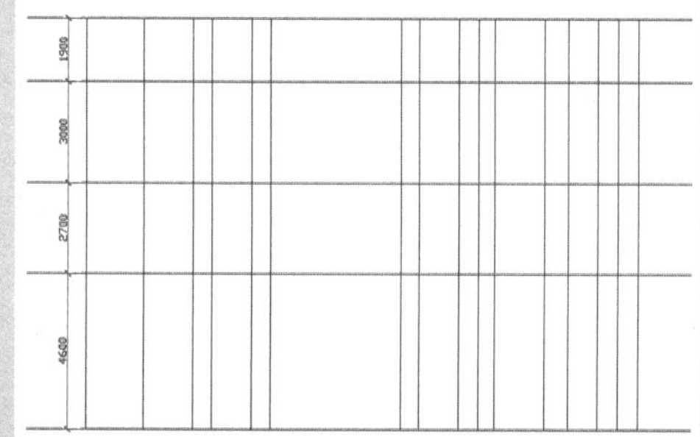

图 2-78 向上偏移水平线

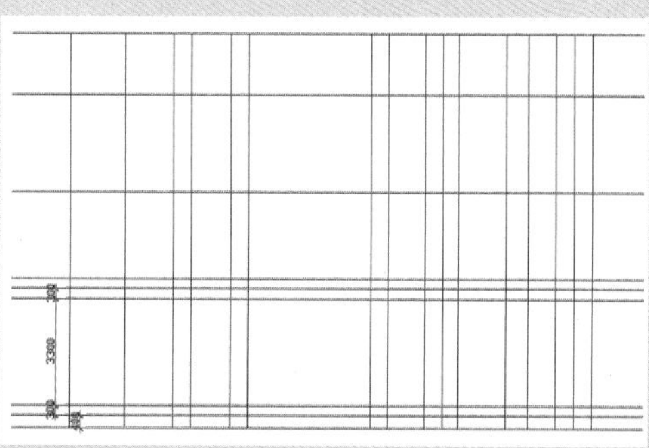

图 2-79 继续偏移水平线

05 执行“矩形”“修剪”命令，捕捉绘制窗户矩形，修剪并删除多余的图形，如图 2-80 所示。

06 执行“偏移”命令，将矩形均向内偏移 50mm，再执行“矩形”命令，绘制窗台图形，如图 2-81 所示。

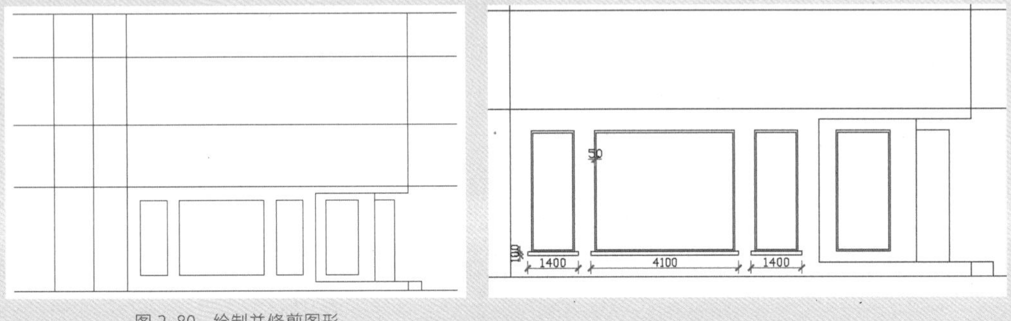

图 2-80　绘制并修剪图形

图 2-81　绘制窗台图形

07 分解内部矩形，执行“偏移”“直线”命令，绘制窗户格，如图 2-82 所示。

08 执行“偏移”命令，继续偏移图形，执行“定数等分”命令，将台阶处边线等分为三份，并向下捕捉复制直线，如图 2-83 所示。

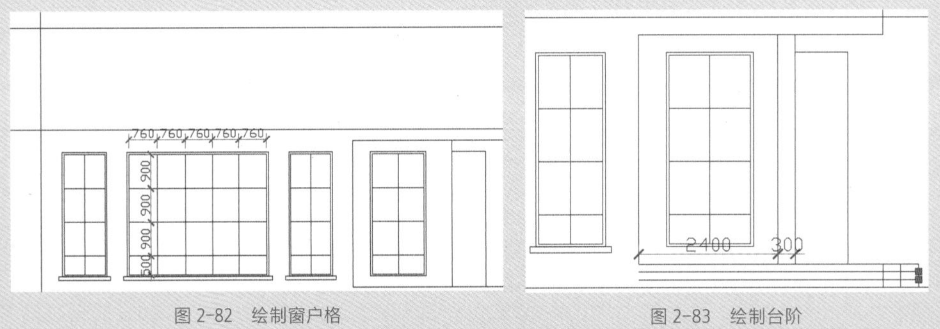

图 2-82　绘制窗户格

图 2-83　绘制台阶

09 执行“修剪”命令，修剪出立柱和入户台阶造型，如图 2-84 所示。

10 制作入户台阶处的栏杆扶手。执行“偏移”命令，偏移图形，如图 2-85 所示。

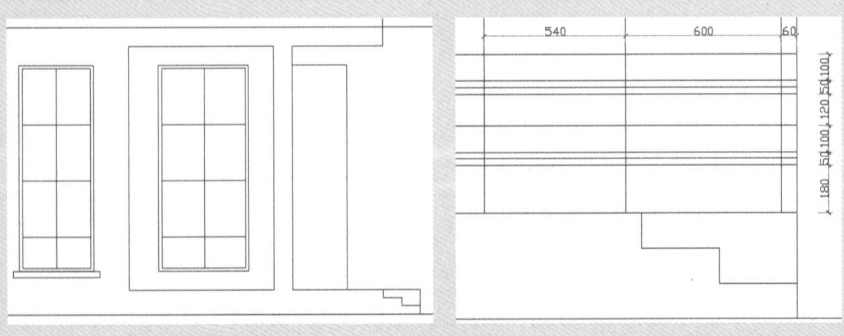

图 2-84　修剪图形

图 2-85　偏移图形

11 依次执行“直线”“偏移”命令，捕捉绘制斜线，再偏移图形，如图 2-86 所示。

12 执行“修剪”“圆角”“延伸”命令，制作栏杆扶手轮廓，如图 2-87 所示。

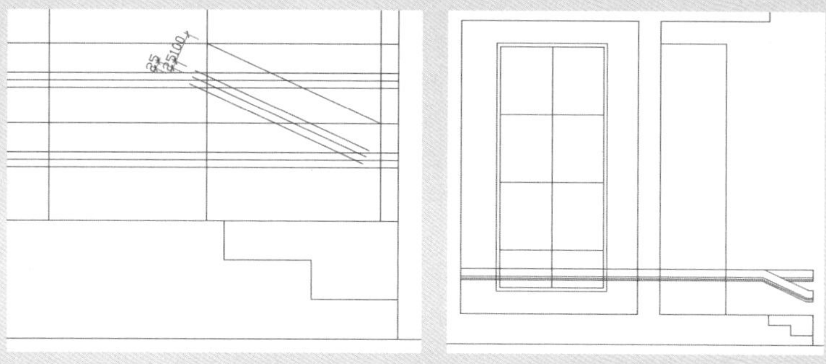

图 2-86　绘制斜线并偏移图形　　图 2-87　制作栏杆扶手

13 按照同样的操作方法，制作另外一侧扶手造型，如图 2-88 所示。

14 执行“偏移”“修剪”命令，制作扶手细部造型，如图 2-89 所示。

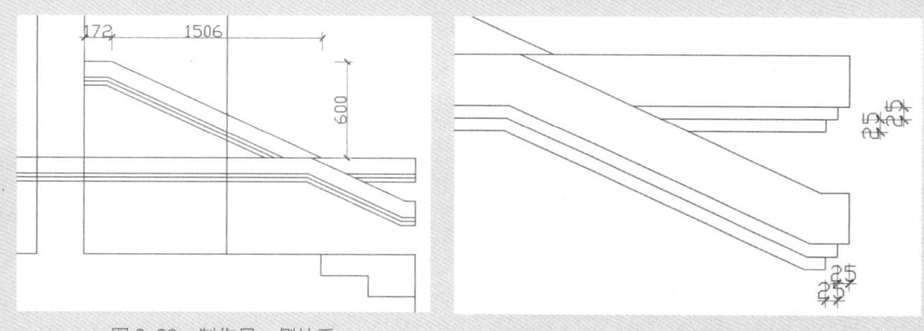

图 2-88　制作另一侧扶手　　图 2-89　制作扶手细部

15 执行“修剪”命令，修剪被覆盖的线条，如图 2-90 所示。

16 接着制作车库屋顶造型。执行“偏移”命令，依次偏移图形，如图 2-91 所示。

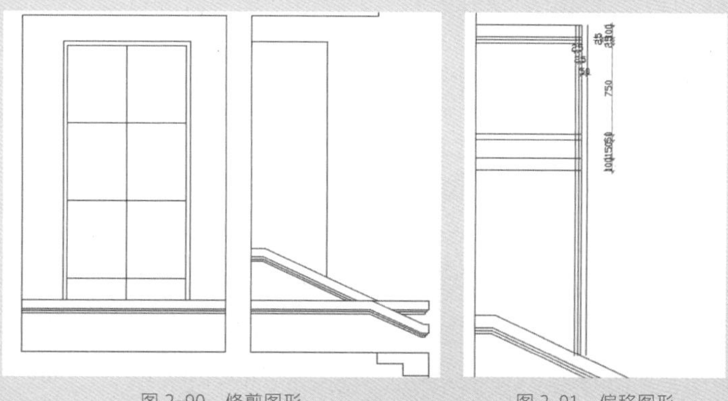

图 2-90　修剪图形　　图 2-91　偏移图形

17 执行“修剪”命令，修剪图形中多余的线条，如图 2-92 所示。

18 制作二层立面造型。向上复制一层的门窗图形，放置到合适位置，再执行“拉伸”命令，调整门窗高度，如图 2-93 所示。

图 2-92　修剪图形　　图 2-93　复制并调整门窗图形

19 制作二层北侧露台栏杆造型。执行“偏移”命令，依次偏移图形，如图 2-94 所示。

20 执行“修剪”命令，修剪出栏杆造型，另外留出南侧露台位置的偏移图形，如图 2-95 所示。

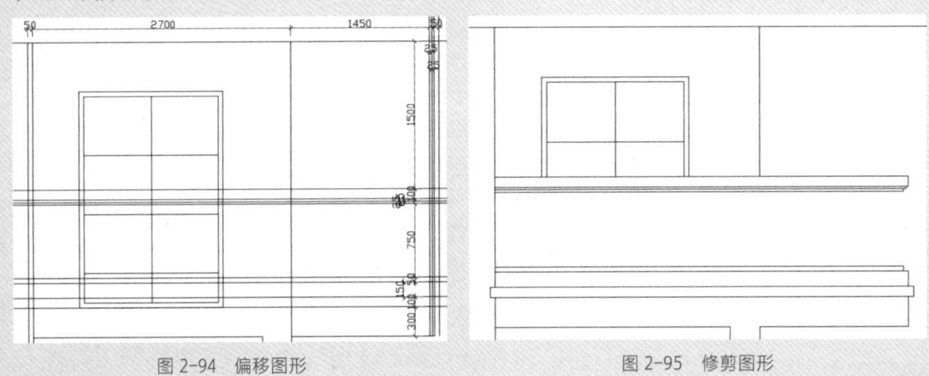

图 2-94　偏移图形　　图 2-95　修剪图形

21 接下来制作南侧露台栏杆造型，执行“偏移”命令，依次偏移图形，如图 2-96 所示。

22 执行“修剪”命令，修剪并删除图形中多余的线条，二层立面造型如图 2-97 所示。

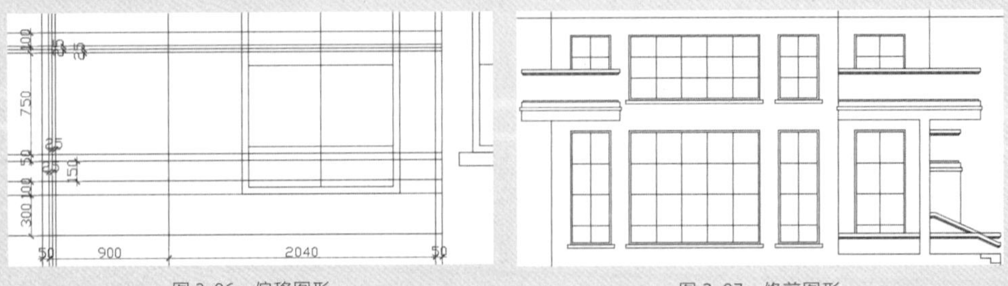

图 2-96　偏移图形　　图 2-97　修剪图形

23 制作三层立面造型。执行“偏移”命令，依次偏移图形，如图 2-98 所示。

24 执行“修剪”命令，修剪图形中多余的线条，如图 2-99 所示。

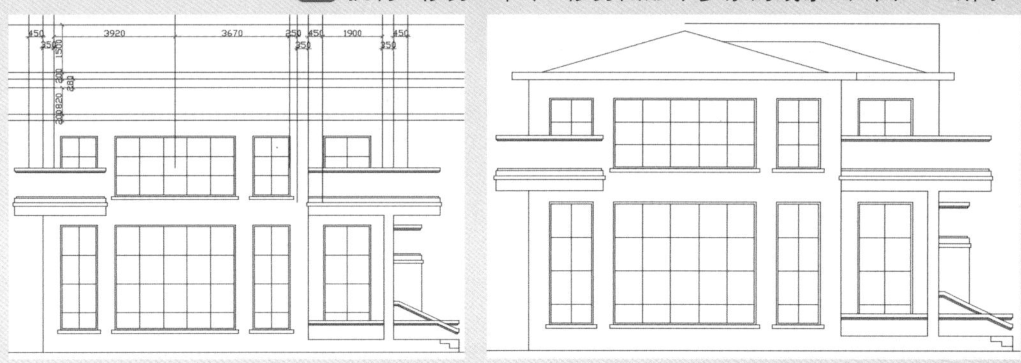

图 2-98　偏移图形　　图 2-99　修剪图形

25 执行“偏移”“修剪”命令，制作出一处屋檐造型，如图 2-100 所示。

26 继续制作其他屋檐造型，如图 2-101 所示。

图 2-100　制作屋檐造型　　图 2-101　制作其他屋檐造型

27 制作三层立面造型，执行“偏移”命令，偏移图形，如图 2-102 所示。

28 执行“修剪”命令，修剪出三层立面轮廓，如图 2-103 所示。

图 2-102　偏移图形

图 2-103　修剪图形

29 执行“偏移”“修剪”命令，制作出屋檐细部造型，如图 2-104 所示。

30 按照二层露台栏杆的制作方法，制作三层露台栏杆，如图 2-105 所示。

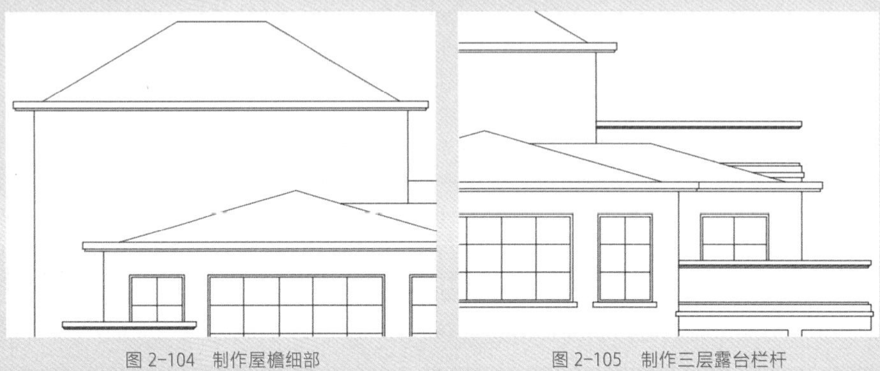

图 2-104　制作屋檐细部　　图 2-105　制作三层露台栏杆

31 继续偏移图形，如图 2-106 所示。

32 执行“矩形”命令，捕捉绘制窗户及窗台，再删除多余的线条，如图 2-107 所示。

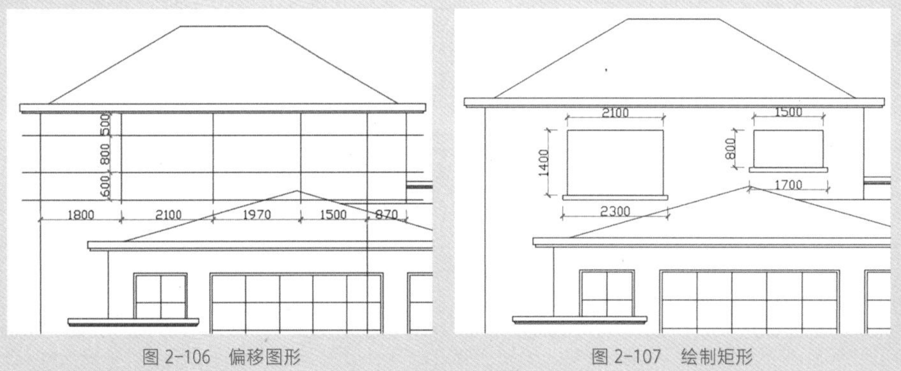

图 2-106　偏移图形　　图 2-107　绘制矩形

33 执行“矩形”命令，绘制尺寸为 1500mm×1030mm 的矩形，如图 2-108 所示。

34 分解矩形，执行“偏移”命令，依次偏移边线，如图 2-109 所示。

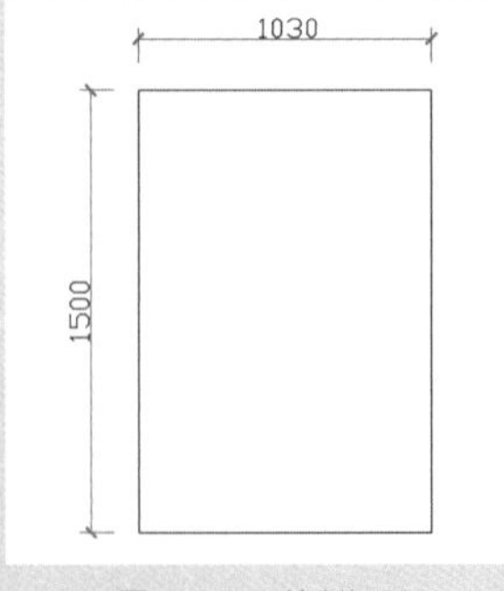

图 2-108　绘制矩形

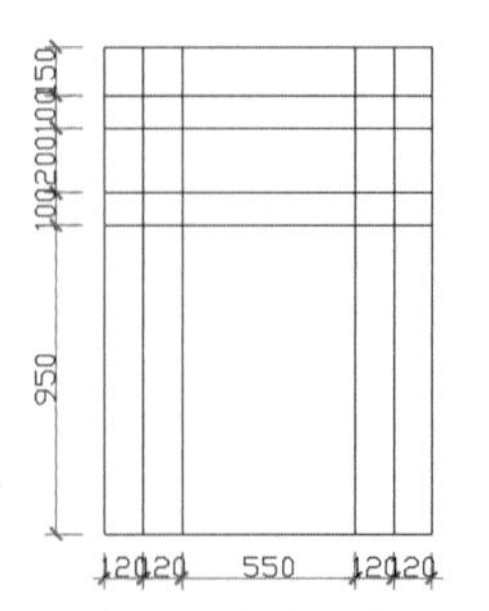

图 2-109　偏移图形

35 将图形移动到屋顶合适的位置，执行“修剪”命令，修剪被覆盖的图形，如图 2-110 所示。

36 制作弧形窗户造型。执行“直线”“偏移”命令，绘制直线并进行偏移操作，如图 2-111 所示。

图 2-110 修剪图形　　图 2-111 绘制并偏移直线

37 执行“修剪”命令，修剪图形中多余的线条，如图 2-112 所示。

38 执行“偏移”命令，继续偏移一层弧形窗图形，如图 2-113 所示。

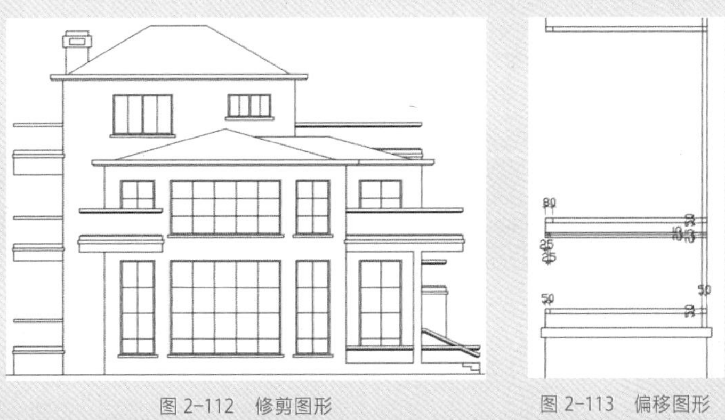

图 2-112 修剪图形　　图 2-113 偏移图形

39 执行“修剪”命令，修剪图形中多余的线条，如图 2-114 所示。

40 执行“直线”“偏移”命令，绘制出窗户图形，如图 2-115 所示。

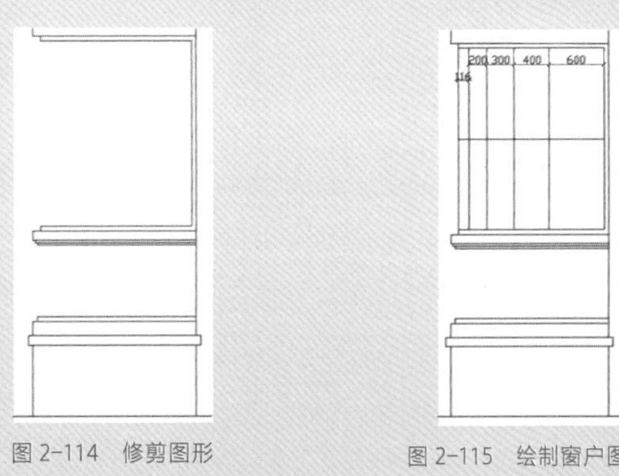

图 2-114 修剪图形　　图 2-115 绘制窗户图形

41 向上复制弧形平台的细部造型与窗户图形，并调整窗户尺寸，如图 2-116 所示。

42 执行“插入”｜“块”命令，插入欧式门窗构件，如图 2-117 所示。

图 2-116　复制并调整尺寸

图 2-117　插入门窗构件

43 执行“插入”｜“块”命令，插入欧式栏杆构件，放置到合适的位置，如图 2-118 所示。

44 复制栏杆构件，设置间距为 300mm，如图 2-119 所示。

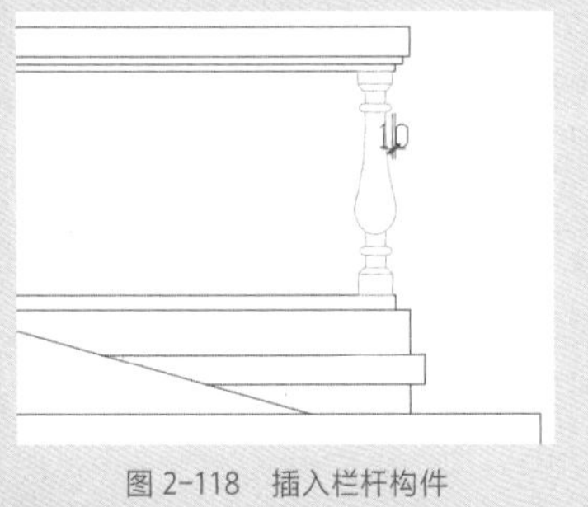

图 2-118　插入栏杆构件

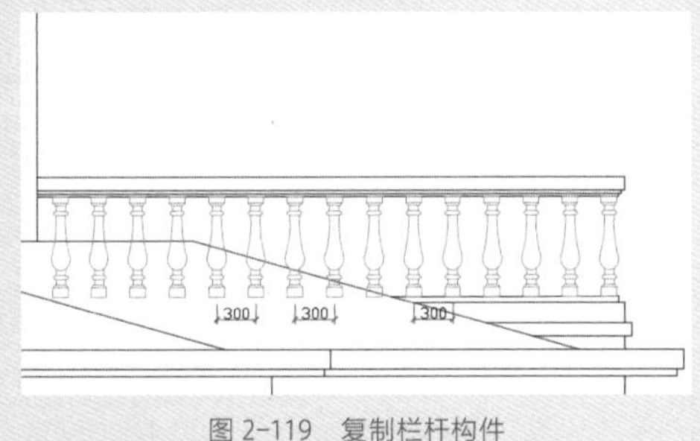

图 2-119　复制栏杆构件

45 分解被覆盖的构件，再执行“修剪”命令，修剪被覆盖的图形，如图 2-120 所示。

46 照此方法添加其他位置的栏杆构件，如图 2-121 所示。

图 2-120　修剪图形

图 2-121　添加栏杆构件

47 执行“图案填充”命令，选择图案AR-RSHKE，设置填充比例，填充屋顶区域，如图2-122所示。

48 新建“外轮廓线”图层并置为当前层，执行“多段线”命令，设置宽度为30，捕捉立面图绘制外轮廓线，如图2-123所示。

图2-122 填充屋顶图案

图2-123 绘制外轮廓线

49 设置“标注”图层为当前层，为立面图添加尺寸标注，如图2-124所示。

图2-124 添加尺寸标注

50 为立面图添加轴线编号1-9，如图2-125所示。

图2-125 添加轴线编号

51 绘制标高符号，为立面图添加标高，完成别墅东立面图的绘制，如图 2-126 所示。

图 2-126　完成绘制

2.2.2　绘制别墅北立面图

在本案例中，别墅北立面是建筑物的主入口，是主要反映入口的外貌特征和造型的一面。这里可根据平面图以及东立面图的信息来绘制别墅北立面图的建筑轮廓及其他建筑细部，再为图形添加立面标注及标高等信息，即可完成别墅北立面图的绘制。

01 首先来制作一层立面造型。执行“射线”命令，捕捉一层平面图的北墙结构绘制结构线，再执行“直线”“偏移”命令，绘制长 20000mm 的直线并偏移 12200mm，如图 2-127 所示。

02 执行“修剪”命令，修剪并删除多余图形，再执行“偏移”命令，继续偏移图形，如图 2-128 所示。

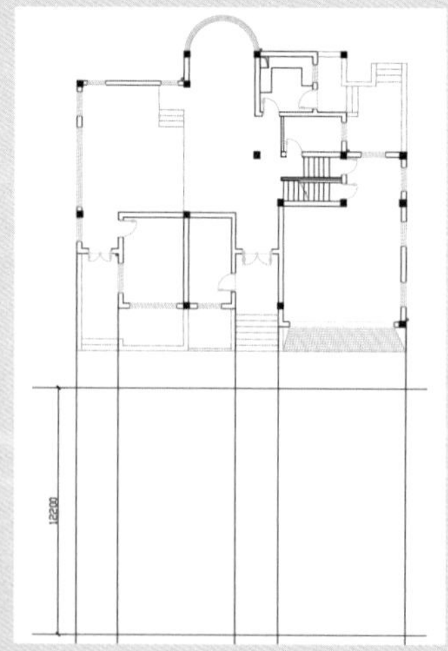

图 2-127　绘制并偏移直线

图 2-128　修剪并偏移图形

03 执行“修剪”命令，修剪图形中多余的线条，如图 2-129 所示。

04 执行“偏移”命令，偏移出门洞、窗洞距离，如图 2-130 所示。

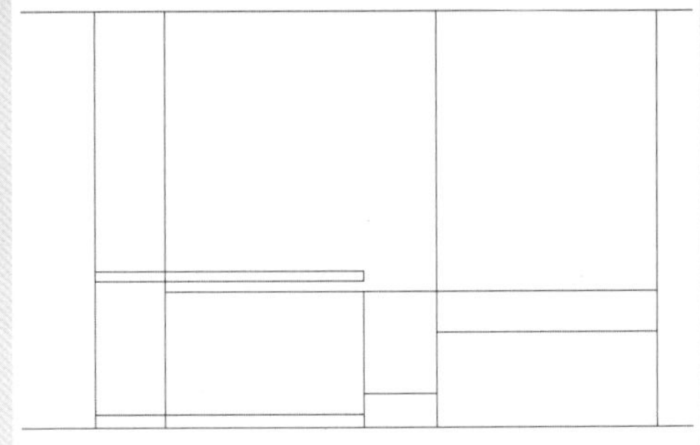

图 2-129　修剪图形

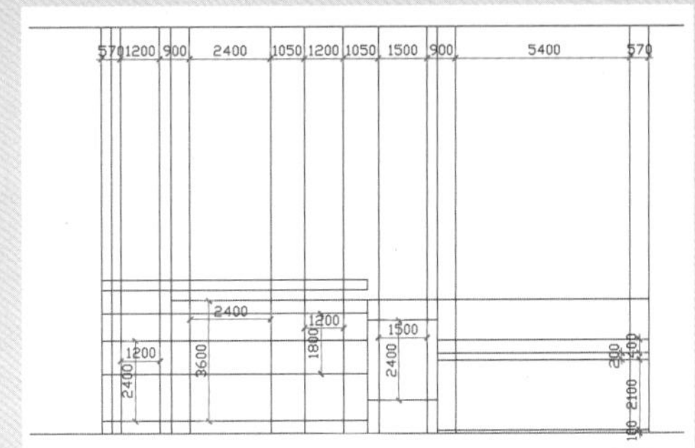

图 2-130　偏移图形

05 执行“修剪”命令，修剪多余的图形，如图 2-131 所示。

06 执行“圆弧”命令，利用三点画弧在车库位置绘制一条弧线，再执行“偏移”命令，偏移图形，复制窗户矩形并调整尺寸及位置，如图 2-132 所示。

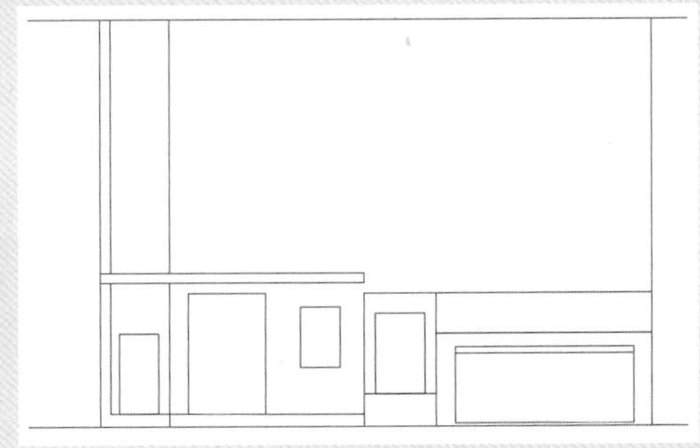

图 2-131　修剪图形

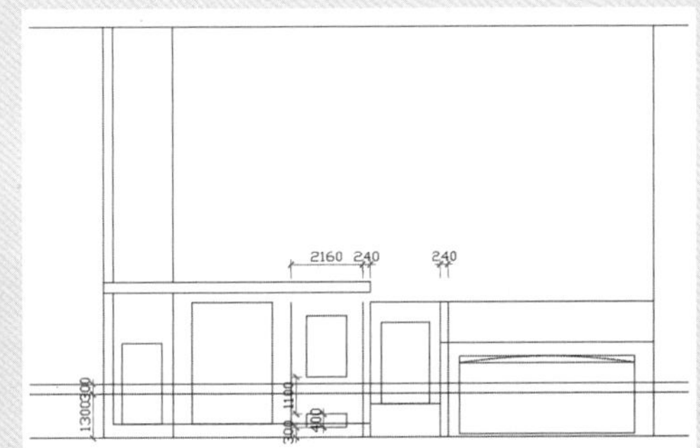

图 2-132　绘制弧线并复制矩形

07 执行“修剪”命令，修剪出车库门和入户台阶护栏造型，再执行“直线”命令，绘制车库门前坡道斜线，如图 2-133 所示。

08 执行“偏移”“镜像”“定数等分”等命令，制作出门窗造型，如图 2-134 所示。

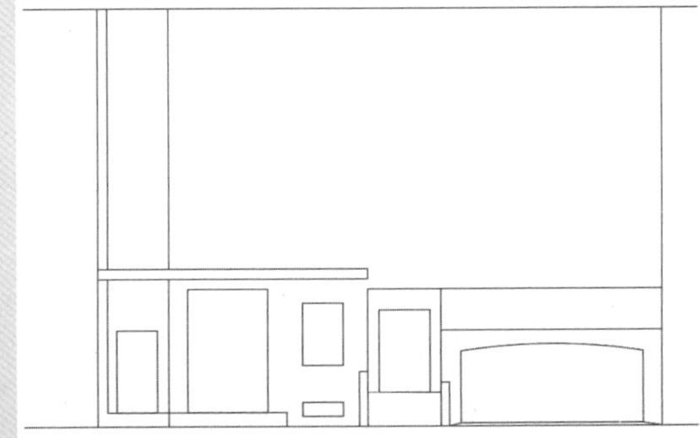

图 2-133　修剪、绘制图形

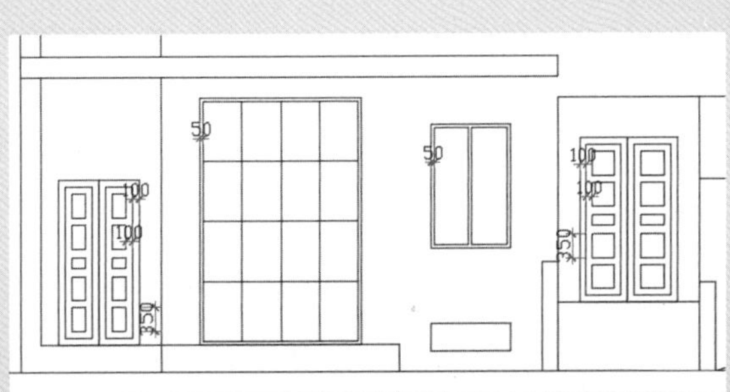

图 2-134　绘制门窗

09 执行“直线”“定数等分”命令，制作出 7 层阶梯，如图 2-135 所示。

10 执行“偏移”命令，在入户台阶扶手处进行偏移操作，如图 2-136 所示。

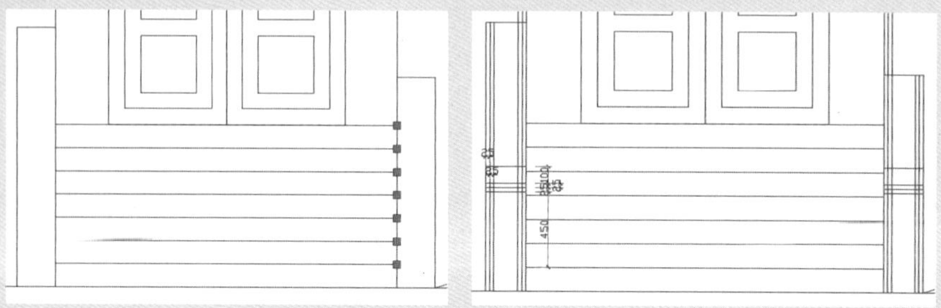

图 2-135 绘制阶梯　　图 2-136 偏移图形

11 执行“修剪”“延伸”命令，制作出阶梯栏杆细部造型及阶梯踏步，如图 2-137 所示。

12 如此再制作另一处阶梯踏步造型，如图 2-138 所示。

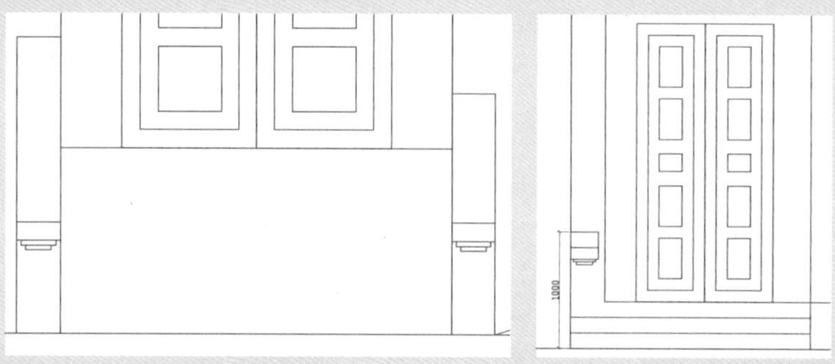

图 2-137 制作栏杆造型及阶梯踏步　　图 2-138 制作阶梯踏步造型

13 继续制作窗户外平台栏杆造型。执行“偏移”命令，偏移图形，如图 2-139 所示。

14 执行“修剪”命令，修剪图形中多余的线条及被覆盖的窗户图形，如图 2-140 所示。

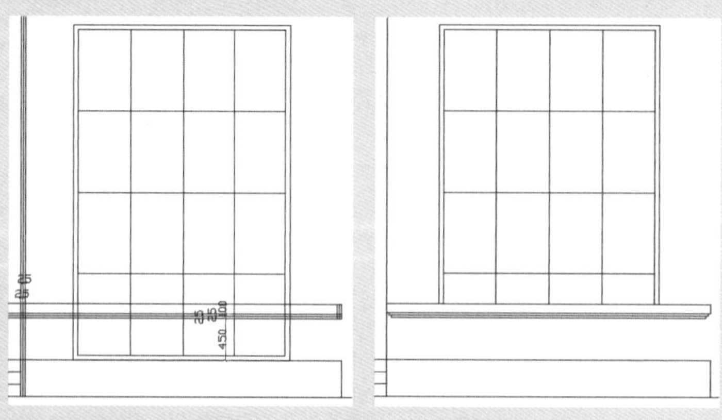

图 2-139 偏移图形　　图 2-140 修剪图形

15 制作车库屋檐造型。执行“偏移”命令，偏移图形，如图 2-141 所示。

16 执行“修剪”命令，制作出车库门头及屋顶栏杆造型，如图 2-142 所示。

图 2-141　偏移图形

图 2-142　修剪图形

17 制作二层、三层楼面轮廓。执行“偏移”命令，依次偏移图形，如图 2-143 所示。

18 执行“修剪”命令，修剪出二层、三层的大致轮廓，如图 2-144 所示。

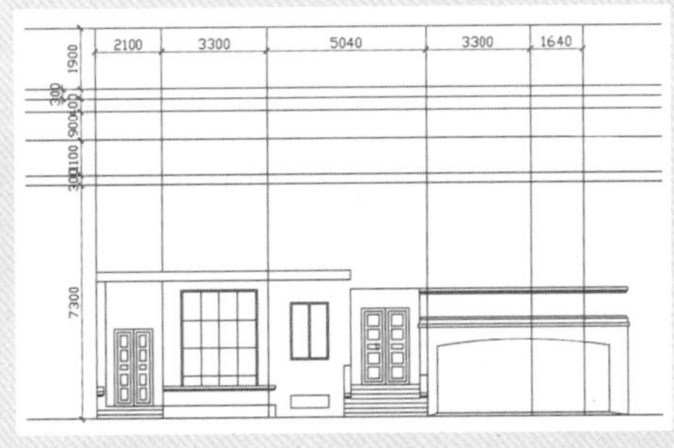

图 2-143　偏移图形

图 2-144　修剪图形

19 制作二层门窗图形。继续执行“偏移”命令，依次偏移图形，如图 2-145 所示。

20 执行“修剪”命令，修剪并删除图形中多余的线条，如图 2-146 所示。

图 2-145　偏移图形

图 2-146　修剪图形

21 执行“偏移”“修剪”命令，绘制出门窗造型，如图 2-147 所示。

22 执行“矩形”命令，绘制窗台图形，放置到窗户下方，如图 2-148 所示。

图 2-147　绘制门窗造型

图 2-148　绘制窗台

23 制作露台栏杆造型。执行“直线”“偏移”命令，依次偏移图形，如图 2-149 所示。

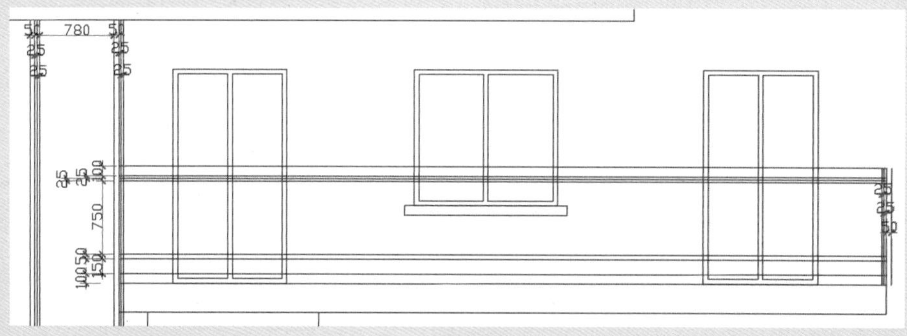

图 2-149　绘制并偏移图形

24 执行“修剪”命令，修剪图形中多余的线条，如图 2-150 所示。

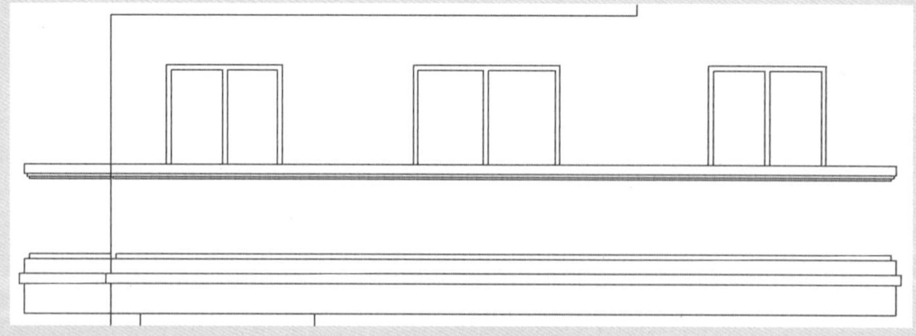

图 2-150　修剪图形

25 制作屋顶造型。执行“偏移”命令，继续偏移图形，如图 2-151 所示。

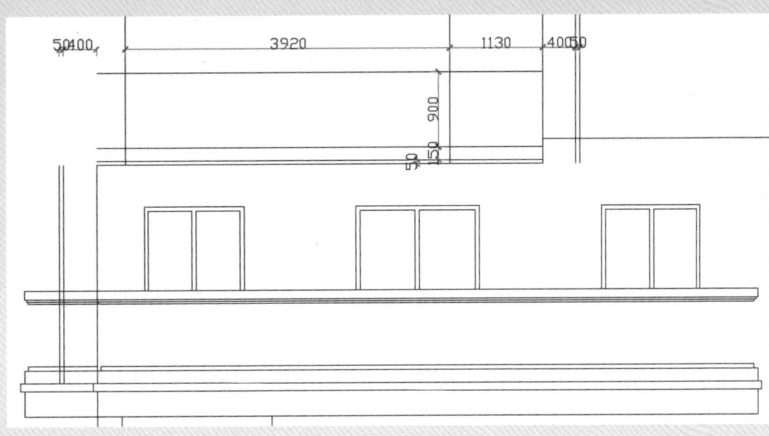

图 2-151　偏移图形

26 执行“修剪”命令，修剪图形中多余的线条，如图 2-152 所示。

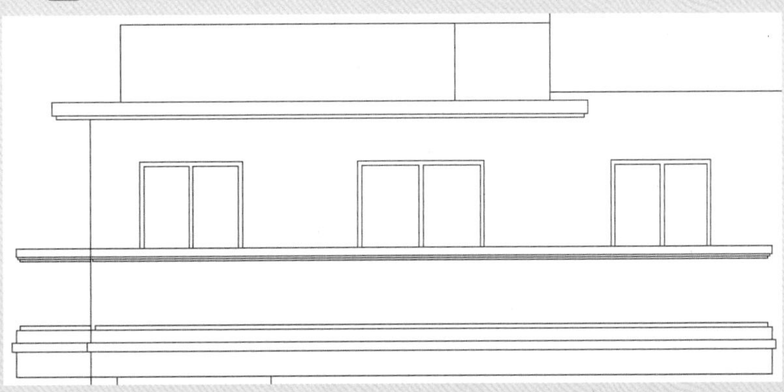
图 2-152　修剪图形

27 执行“直线”“偏移”命令，绘制斜线并进行偏移操作，再修剪删除多余的图形，绘制出屋脊轮廓，如图 2-153 所示。

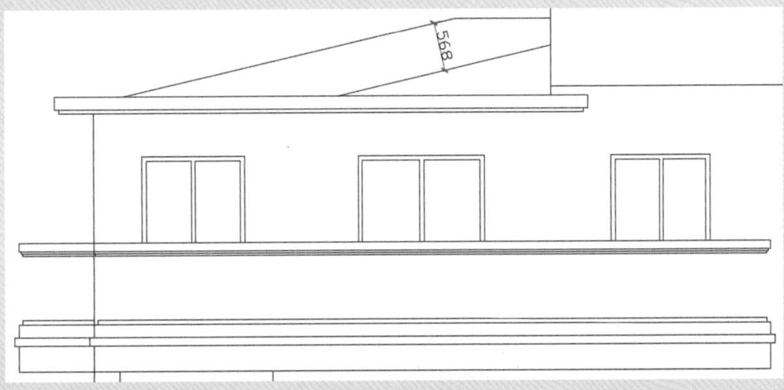

图 2-153　绘制屋脊轮廓

28 执行“偏移”命令，在车库上层偏移图形，如图 2-154 所示。

29 执行“修剪”命令，修剪出门洞、窗洞形状，如图 2-155 所示。

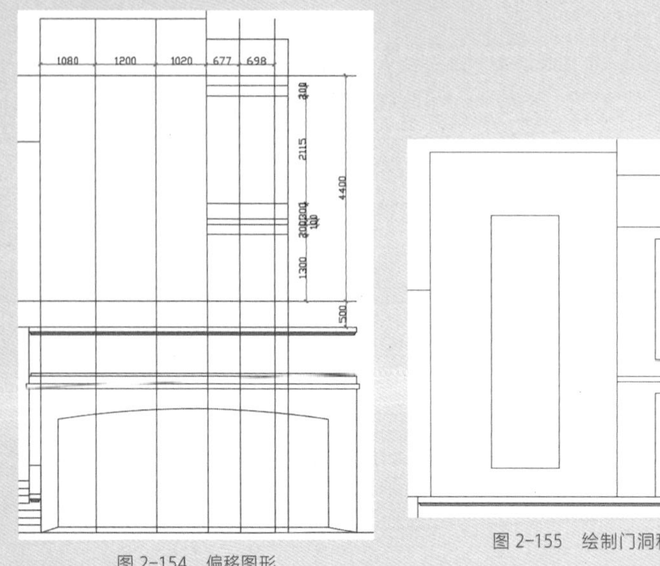

图 2-154　偏移图形

图 2-155　绘制门洞和窗洞

30 执行“偏移”“修剪”命令，制作出窗户造型，如图 2-156 所示。

31 执行“偏移”命令，继续偏移图形，如图 2-157 所示。

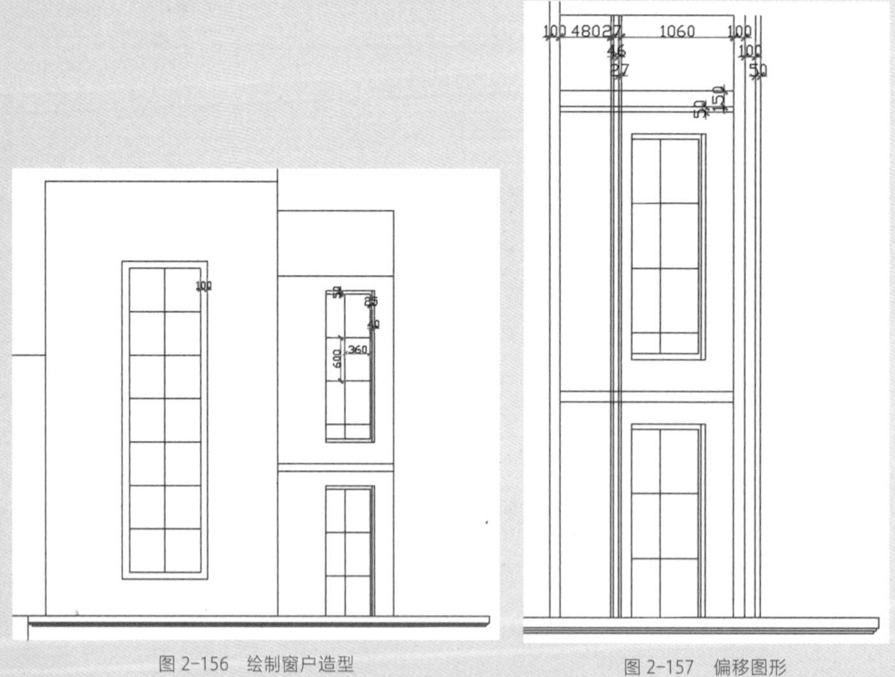

图 2-156　绘制窗户造型

图 2-157　偏移图形

32 执行“修剪”命令，修剪图形，如图 2-158 所示。

33 执行“直线”“偏移”命令，绘制窗台和屋顶造型，如图 2-159 所示。

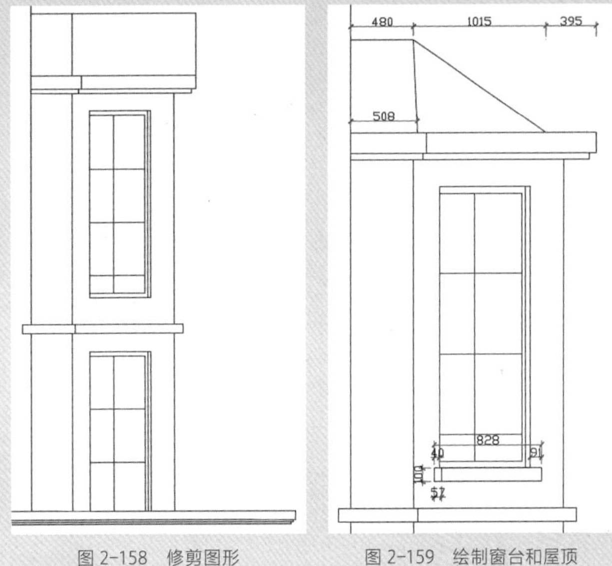

图 2-158　修剪图形　　图 2-159　绘制窗台和屋顶

34 利用同样的操作方法制作顶层的屋顶和屋檐造型，效果如图 2-160 所示。

35 执行“偏移”命令，偏移图形，如图 2-161 所示。

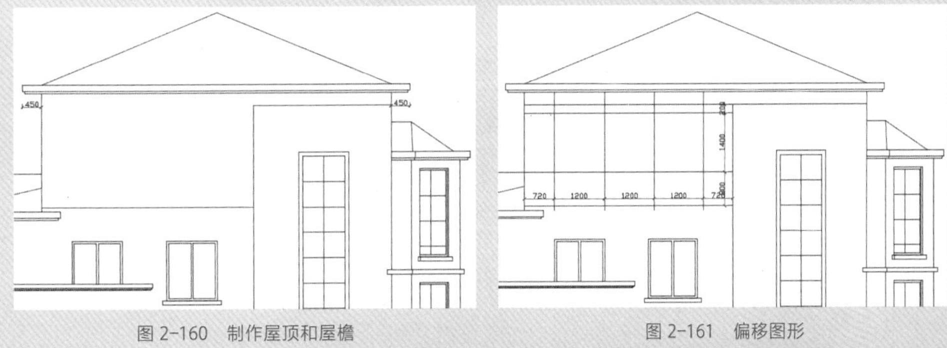

图 2-160　制作屋顶和屋檐　　图 2-161　偏移图形

36 执行“修剪”命令，修剪图形中多余的线条，如图 2-162 所示。

37 执行“直线”“偏移”“修剪”命令，绘制门窗图形，如图 2-163 所示。

图 2-162　修剪图形　　图 2-163　绘制门窗图形

38 制作三层露台栏杆造型。执行“偏移”命令，偏移图形，如图 2-164 所示。

39 执行“修剪”命令，修剪出栏杆造型，如图 2-165 所示。

图 2-164　偏移图形　　图 2-165　修剪图形

40 执行“插入”｜“块”命令，插入欧式栏杆构件，放置到合适的位置并进行复制，如图 2-166 所示。

41 继续插入门窗构件并进行复制，如图 2-167 所示。

图 2-166　插入栏杆构件　　图 2-167　插入门窗构件

42 执行“图案填充”命令，选择图案 ANSI32，设置填充比例及角度，填充车库门及地下室窗户，如图 2-168 所示。

43 执行“图案填充”命令，选择图案 AR-RSHKE，设置填充比例及角度，填充屋顶，如图 2-169 所示。

图 2-168　填充门窗

图 2-169　填充屋顶

44 新建“外轮廓线”图层并置为当前层，执行“多段线”命令，设置宽度为 30，捕捉立面图绘制外轮廓线，如图 2-170 所示。

图 2-170　绘制外轮廓线

45 设置“标注”图层为当前层，为立面图添加尺寸标注及轴线编号，如图 2-171 所示。

图 2-171　添加标注及编号

46 绘制标高符号，为立面图添加标高，完成别墅北立面图的绘制，如图 2-172 所示。

图 2-172　完成绘制

强化训练

为了更好地掌握本章所学的知识，在此列举几个针对本章的拓展案例，以供读者练手。

1. 绘制建筑正立面图

利用直线、矩形、修剪、镜像、图案填充等命令绘制如图 2-173 所示的建筑正立面图。

图 2-173　建筑正立面图

操作提示：

01 利用直线、偏移、修剪等命令绘制建筑轮廓。

02 利用矩形、偏移、修剪等命令绘制门窗等图形。

03 利用图案填充和块等命令填充并插入图块。

2. 绘制建筑侧立面图

利用矩形、偏移、修剪、复制、图案填充等命令绘制如图 2-174 所示的建筑侧立面图。

图 2-174　建筑侧立面图

操作提示：

01 利用直线、矩形、偏移、修剪等命令绘制建筑轮廓。

02 利用矩形、偏移、修剪等命令绘制门窗、护栏等图形。

03 利用图案填充命令填充屋顶顶面。

CHAPTER 03

SketchUp 基本工具

本章概述 SUMMARY

在使用 SketchUp 软件进行方案创作之前，必须掌握 SketchUp 的一些基本工具和命令，包括图形对象的选择、绘制、编辑等。本章就主要介绍一些常用工具的使用，包括选择工具、绘图工具及编辑工具，只有熟悉并掌握这些工具后才能绘制出完美的图形。

■ 学习目标

√ 掌握选择工具的使用。
√ 掌握绘图工具的使用。
√ 掌握编辑工具的使用。

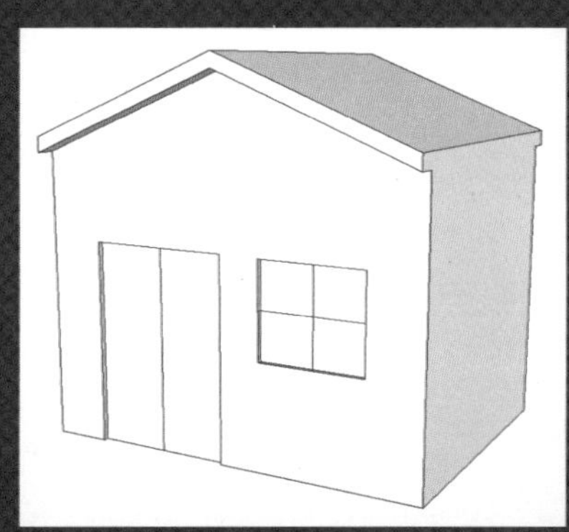

◎简易小屋模型

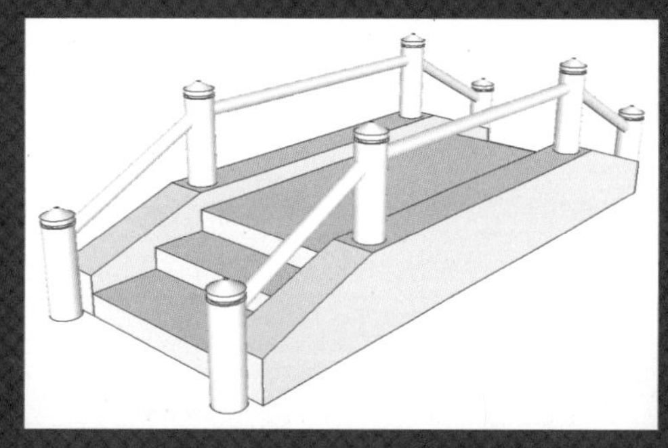

◎园林桥模型

3.1 选择工具

在 SketchUp 中，选择图形可以使用选择工具，该工具用于选中物体。对于习惯使用 AutoCAD 的人，可能会有些不习惯，建议将选择工具的快捷键设置为空格键，使用完一个工具后随手按一下空格键，即可进入选择状态。SketchUp 常用的选择方式有窗选、框选、点选及扩展选择 4 种。

1. 窗选

窗选方式为从左上往右下拖动鼠标，只有完全包含在矩形选框内的实体才能被选中。窗选选框以实线显示。

2. 框选

框选方式为从右下往左上拖动鼠标，选框内的图形及选框经过的图形都会被选择。框选选框以虚线显示。

3. 点选

点选方式就是在物体上单击鼠标左键进行选择。选择一个面时，如果双击该面，可以同时选中这个面和构成面的线；如果单击三次以上，则可选中与这个面相连的所有面、线以及被隐藏的虚线（不包括组和组件），如图 3-1、图 3-2、图 3-3 所示。

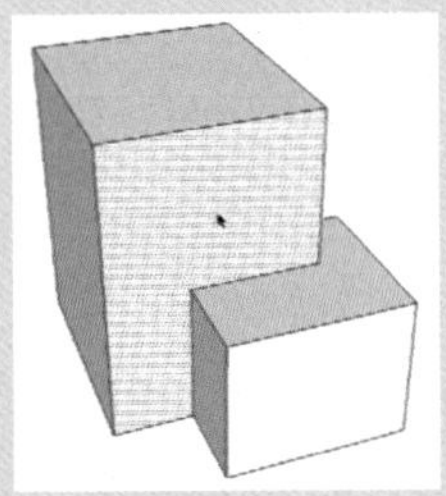

图 3-1　单击鼠标左键

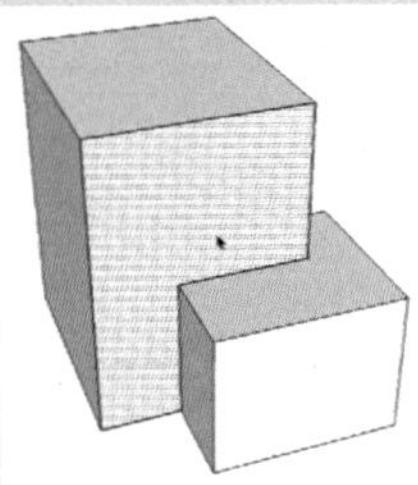

图 3-2　双击鼠标左键

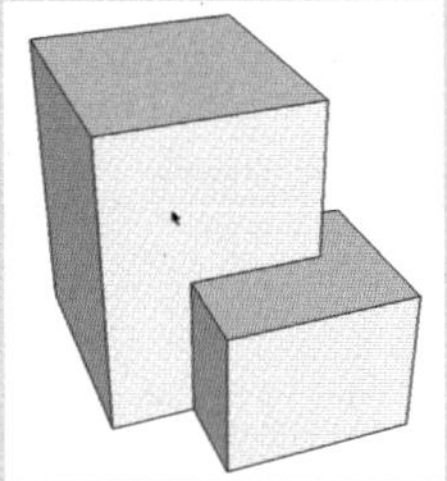

图 3-3　三击鼠标左键

4. 扩展选择

激活选择工具后，在物体元素上单击鼠标右键，将会弹出快捷菜单，在该菜单中即可进行扩展选择，如图 3-4 所示。

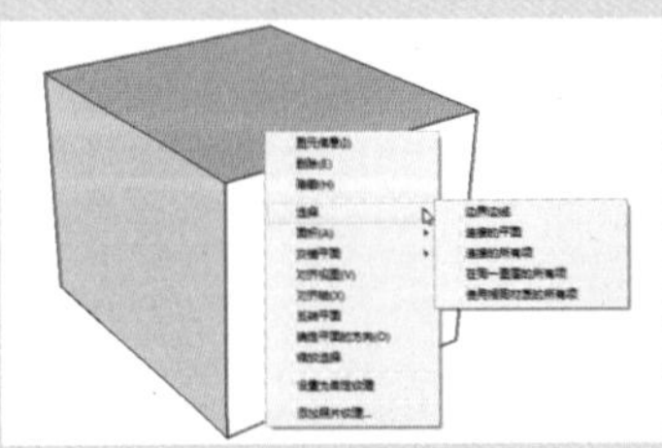

图 3-4　扩展选择

3.2 绘图工具

SketchUp 的“绘图”工具栏如图 3-5 所示，包含了直线、矩形、圆、圆弧、多边形和手绘线等二维图形绘制工具。

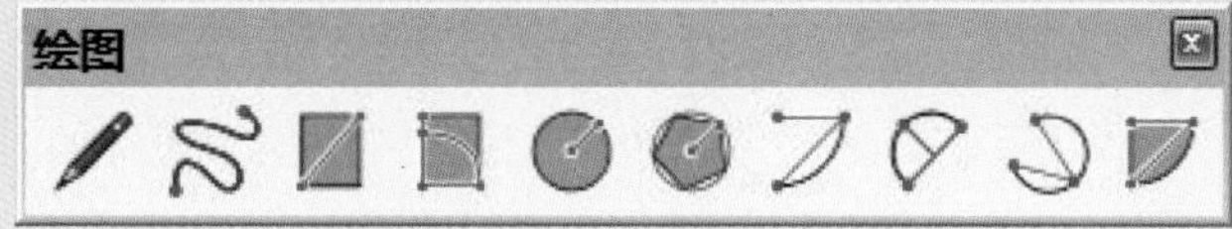

图 3-5 “绘图”工具栏

3.2.1 “直线”工具

“直线”工具可以用来画单段直线、多段连接线或者闭合的形体，也可以用来分割表面或修复被删除的表面，可直接输入尺寸和坐标点，并且有自动捕捉和自动追踪功能。用户可以通过以下几种方式激活“直线”工具。

- 在菜单栏中执行“绘图” | “直线” | “直线”命令。
- 在“绘图”工具栏中单击“直线”按钮。
- 在键盘上按 L 键。

绘图技巧

在线段的绘制过程中，确定线段终点后按 Esc 键，即可完成此次线段的绘制。如果不取消，则会开始下一线段的绘制，上一条线段的终点即为下一条线段的起点。

1. 通过输入参数绘制精确长度的直线

使用“直线”工具绘制线时，线的长度会在数值控制框中显示，如图 3-6 所示。用户可以在确定线段终点之前或者完成绘制后输入一个精确的长度。

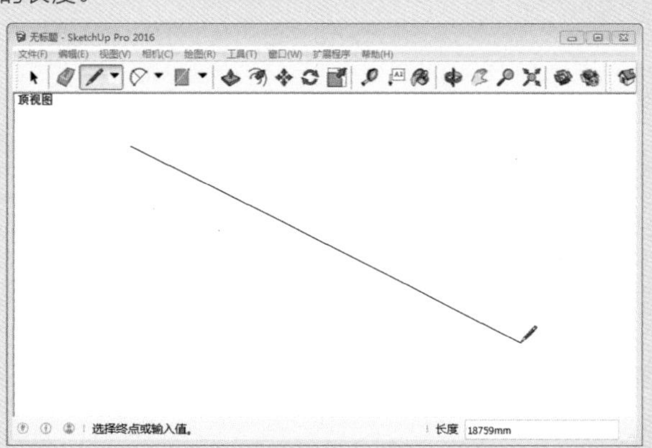

图 3-6 输入精确长度

2. 通过对齐关系绘制直线

利用 SketchUp 强大的几何体参考引擎，用户可以使用“直线”工具直接在三维空间中绘制，在绘图窗口中显示的参考点和参考线，表达了要绘制的线段与模型中几何体的精确对齐关系，如“平行”“垂直”

等；如果要绘制的线段平行于坐标轴，那么线段会以坐标轴的颜色亮显，并显示“在红色轴线上”“在绿色轴线上”或“在蓝色轴线上”等提示，如图 3-7 所示。

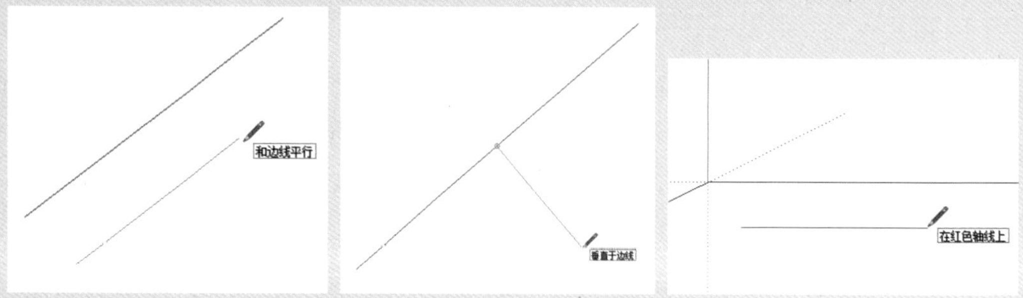

图 3-7　通过对齐关系绘制直线

在绘制直线的过程中，所绘制直线与坐标轴平行，则可按住 Shift 键，此时线条会变粗，且被锁定在该轴上，会显示“限制在直线”的提示。无论鼠标怎么移动，都只会沿该轴绘制直线，如图 3-8 所示。

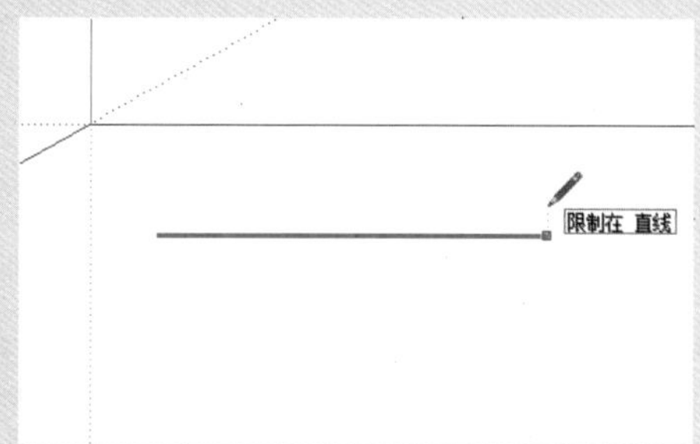

图 3-8　限制直线

3. 分割线段

如果用户在一条线段上开始绘制直线，SketchUp 会自动将原来的线段从新直线的起点处断开。例如，如果要将一条线分为两段，就以该线上的任意位置为起点，绘制一条新的直线，再次选择原来的线段时，即可发现该线段已经被分为两段，如图 3-9、图 3-10 所示。如果将新绘制的线段删除，则已有线段又重新恢复成一条完整的线段。

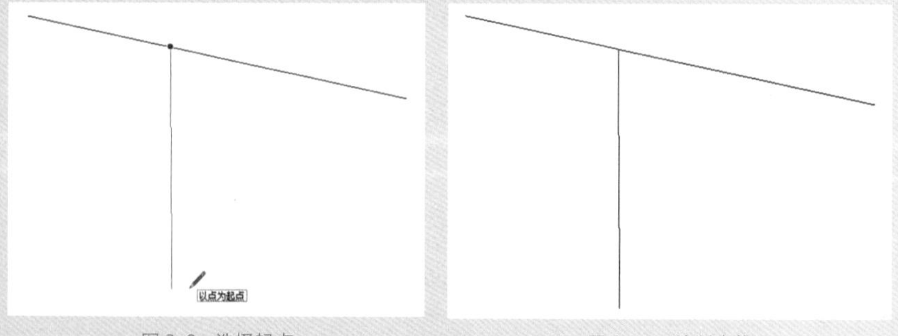

图 3-9　选择起点　　图 3-10　绘制直线

4. 分割平面

在 SketchUp 中可以通过绘制一条起点和端点都在平面边线上的直线来分割这个平面，在已有平面的一条边上选择单击一个点作为直线的起点，再向另一条边上拖动鼠标，选择好终点单击鼠标完成直线的绘制，可以看到已有平面就变成个两个，如图 3-11、图 3-12 所示。

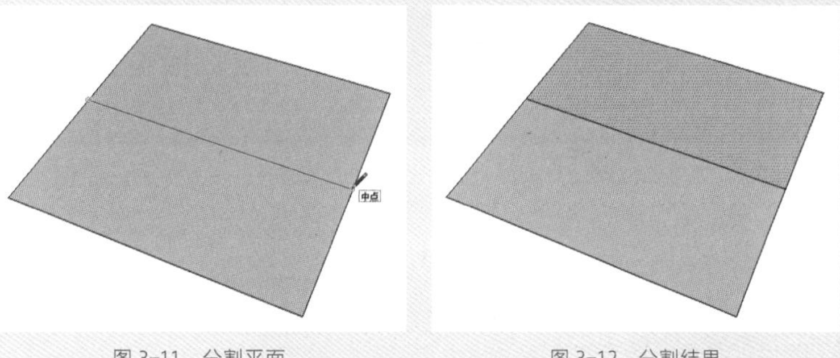

图 3-11　分割平面　　图 3-12　分割结果

有时候，交叉线不能按照用户的需要进行分割。在打开轮廓线的情况下，所有不是表面周长一部分的线都会显示为较粗的线。如果出现这样的情况，用“直线”工具在该线上描绘一条新的线来进行分割，SketchUp 就会重新分析几何图形并重新整合这条线。

> **知识拓展**
>
> SketchUp 的捕捉与追踪功能是自动开启的，在实际工作中，精确作图的每一步要么用数值输入，要么就用捕捉功能。

5. 直线的捕捉与追踪功能

与 CAD 相比，SketchUp 的捕捉与追踪功能显得更加简便、更易操作。在绘制直线时，多数情况下都需要使用到捕捉功能。

所谓捕捉就是在定位点时，自动定位到特殊点的绘图模式。SketchUp 自动打开了 3 类捕捉，即端点捕捉、中点捕捉和交点捕捉，如图 3-13 所示。在绘制几何物体时，光标只要遇到这 3 类特殊的点，就会自动捕捉到，这是软件精确作图的表现之一。

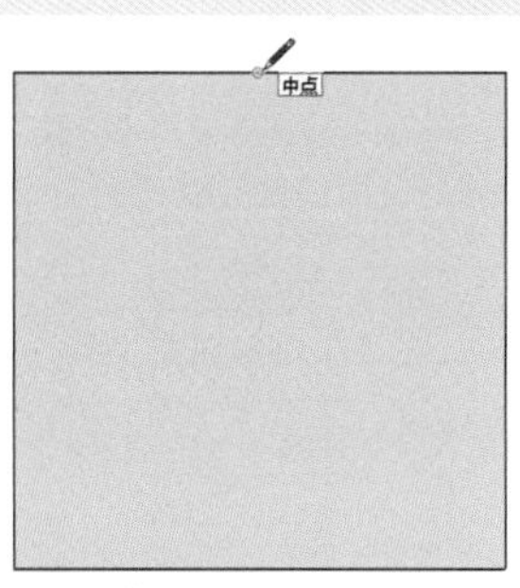

图 3-13　捕捉定位

6. 等分线段

SketchUp 中的线段可以等分为若干段。在线段上右击，在关联菜单中选择等分选项后，在线段上移动鼠标，系统会自动计算分段数量以及长度，如图 3-14、图 3-15 所示。

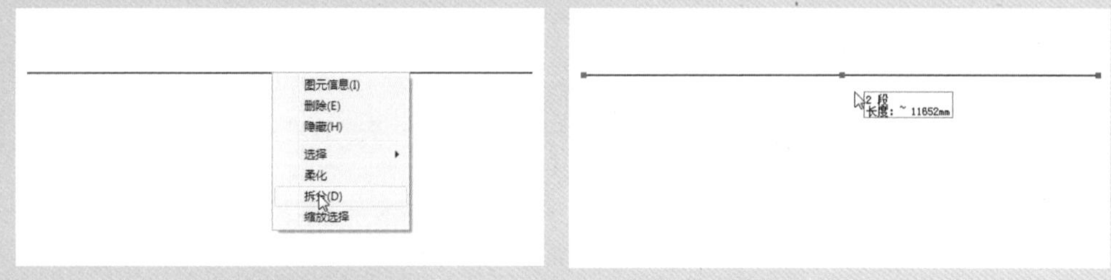

图 3-14　选择菜单选项

图 3-15　等分线段结果

■ 3.2.2　“矩形”工具

“矩形”工具通过定位两个对角点来绘制规则的平面矩形，并且自动封闭成一个面。用户可以通过以下几种方式激活“矩形”工具。

- 在菜单栏中执行“绘图”｜“形状”｜“矩形”命令。
- 在“绘图”工具栏中单击“矩形”按钮▨。
- 在键盘上按 R 键。

1. 通过输入参数创建精确尺寸的矩形

绘制矩形时，它的尺寸会在数值控制框中动态显示，用户可以在确定第一个角点或者刚绘制完矩形后，通过键盘输入精确尺寸，如图 3-16 所示。除了输入数字外，用户还可以输入相应的单位，例如英制的（1’6”）或者 mm、m 等，如图 3-17 所示。

图 3-16　输入精确尺寸

图 3-17　输入带单位的尺寸

2. 根据提示绘制矩形

在绘制矩形时，如果长宽比满足黄金分割比例，则在拖动鼠标定位时会在矩形中出现一条虚线表示的对角线，在鼠标指针旁会出现“黄金分割”的文字提示，如图 3-18 所示，此时绘制的矩形满足黄金分割比，是最协调的。如果长宽相同，矩形中同样会出现一条虚线表示的对角线，鼠标指针旁会出现“正方形”的文字提示，如图 3-19 所示，这时矩形为正方形。

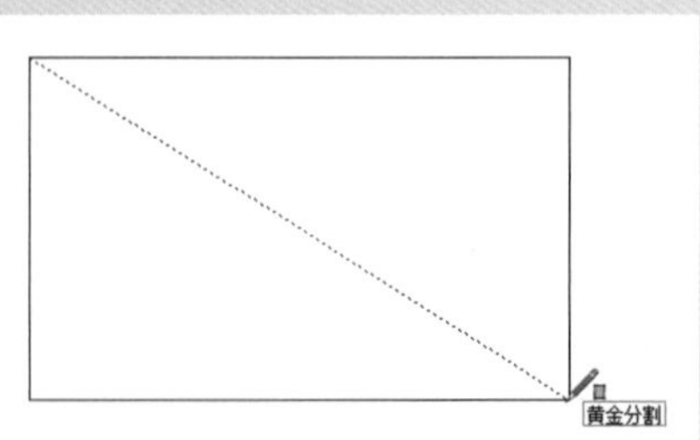

图 3-18　鼠标提示信息

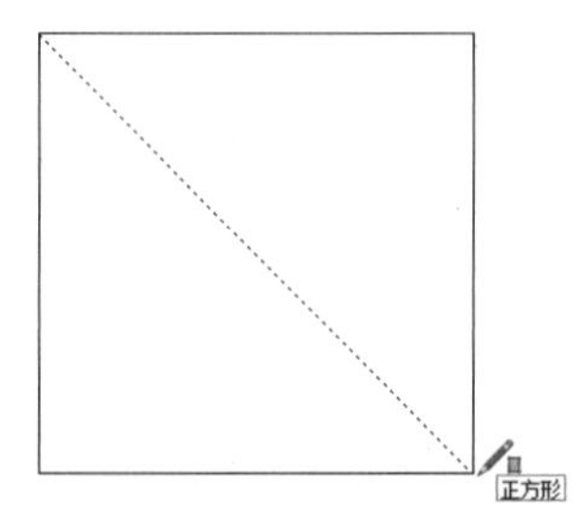

图 3-19　正方形提示信息

知识拓展

在原有的面上绘制矩形可以完成对面的分割，这样做的好处是在分割之后的任意一个面上都可以进行三维的操作，这种绘图方法在建模中经常用到。

知识拓展

一般来说，不用去修改圆的片段数，使用默认值即可。如果片段数过多，会引起面的增加，这样会使场景的显示速度变慢。在将 SketchUp 模型导入到 3ds Max 中时，应尽量减少场景中的圆形，因为导入到 3ds Max 中会产生大量的三角面，在渲染时会占用大量的系统资源。

3.2.3 “圆”工具

圆形作为一个几何形体，在各类设计中是一个出现得非常频繁的构图要素。在 SketchUp 中，圆形工具可以用来绘制圆形以及生成圆形的“面”。用户可以通过以下几种方式激活“圆”工具。

- 在菜单栏中执行“绘图”｜“形状”｜“圆”命令。
- 在“绘图”工具栏中单击“圆”按钮。
- 在键盘上按 C 键。

在 SketchUp 中的圆形实际上是由正多边形所组成的，操作时并不明显，但是当导出到其他软件后就会发现。所以在 SketchUp 中绘制圆形时可以调整圆的片段数（即多边形的边数）。在激活“圆”工具后，在数值控制栏中输入片段数“s”，如“8s”表示片段数为 8，也就是此圆用正八边形来显示，“16s”表示正十六边形，如图 3-20、图 3-21、图 3-22 所示。要注意，在制作圆形物体时尽量不要使用片段数低于 16 的圆。

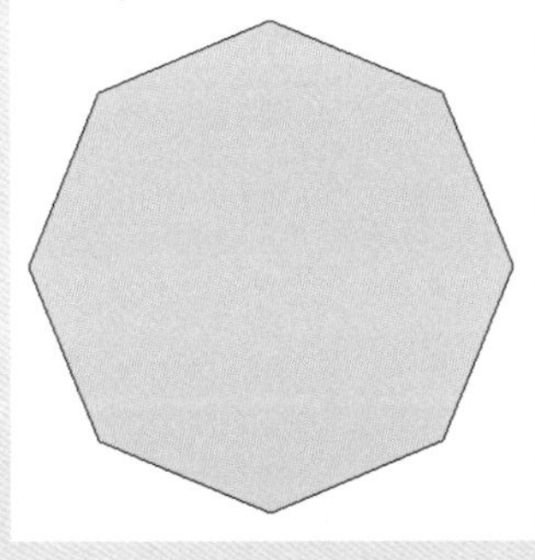
图 3-20　8s 圆形

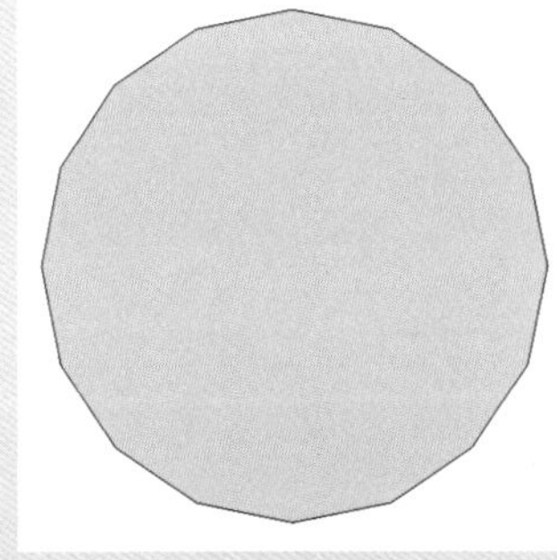
图 3-21　16s 圆形

图 3-22　50s 圆形

3.2.4 “圆弧”工具

“圆弧”工具用于绘制圆弧实体，和圆一样，都是由多个直线段连接而成的，可以像圆弧曲线那样进行编辑，是圆的一部分。用户可以通过以下几种方式激活“圆弧”工具。

- 在菜单栏中执行“绘图”｜“圆弧”命令。
- 在“绘图”工具栏中单击“圆弧”按钮。
- 在键盘上按 A 键。

1. 根据圆心和两点绘制圆弧

该工具通过指定圆弧的圆心、半径及角度来绘制圆弧。激活该工具后，光标位置会显示一个量角器，在绘图区内单击指定圆心，然后分别指定圆弧的起点和终点，即可绘制圆弧，如图 3-23、图 3-24 所示。

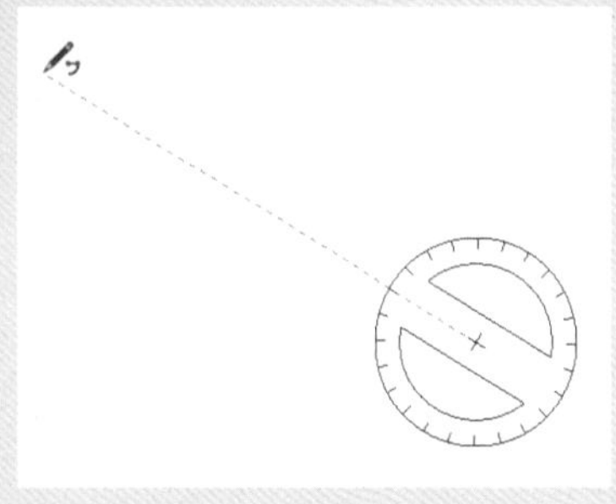

图 3-23　指定圆弧起点

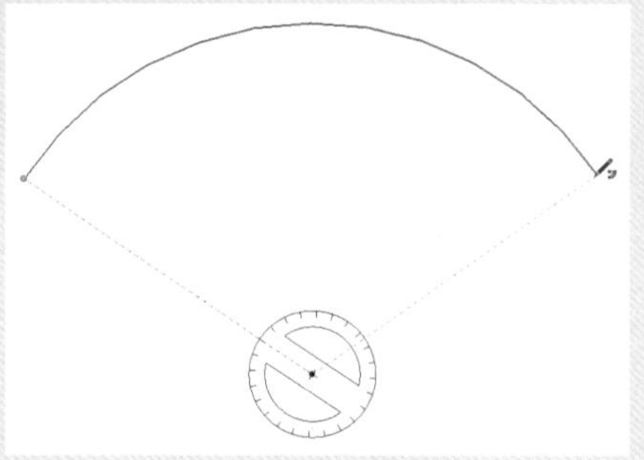

图 3-24　指定圆弧终点

2. 根据两点和凸起高度绘制圆弧

该工具通过指定圆弧的起点、端点及凸起高度来绘制圆弧，是默认的圆弧绘制方式。激活该工具后，分别指定圆弧的起点和端点，然后拖动鼠标指定弧的高度，也可通过数值控制框输入精确数值，完成圆弧的绘制，如图 3-25、图 3-26 所示。

图 3-25　指定圆弧起点和终点

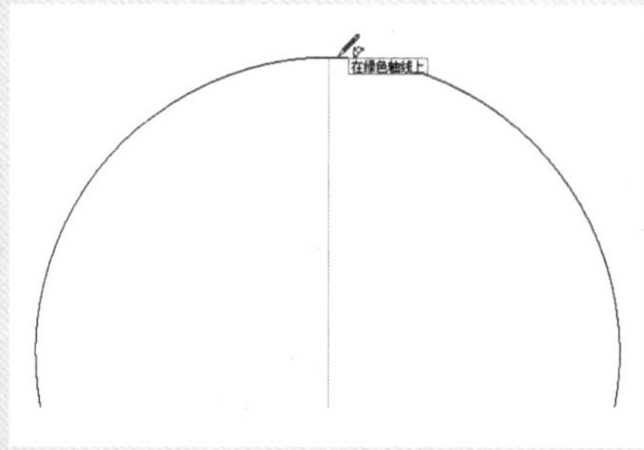

图 3-26　指定圆弧高度

3. 三点画弧和扇形

三点画弧就是通过指定圆弧上的三个点确定圆弧，扇形的绘制方法同圆心、两点画弧，但绘制的结果是一个封闭的圆弧，且自动成面，如图 3-27、图 3-28 所示。

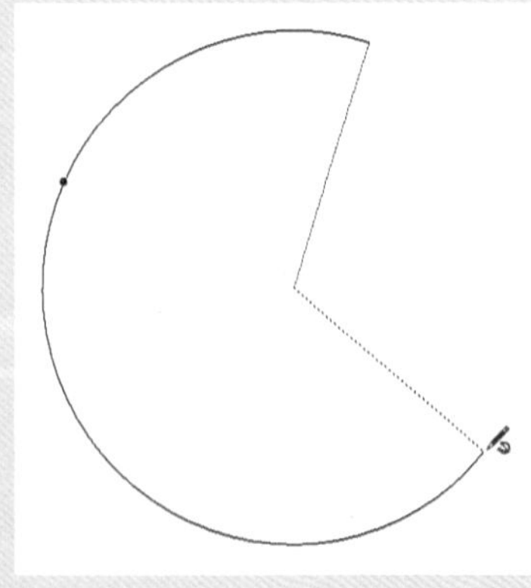

图 3-27　三点画弧

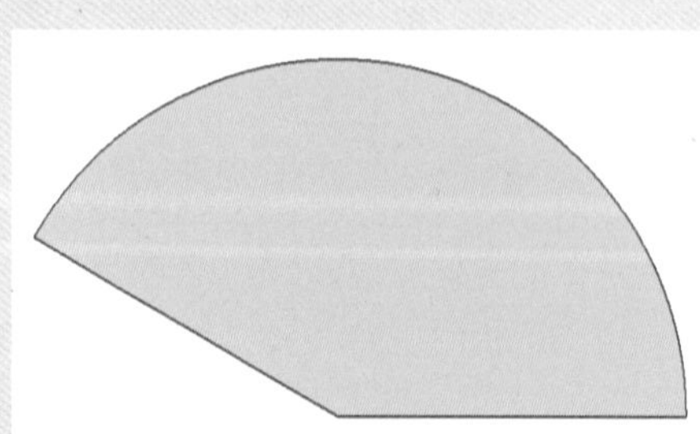

图 3-28　绘制扇形

■ 3.2.5 “多边形”工具

在 SketchUp 中，多边形的绘制方法与圆形的绘制方法基本相同。激活“多边形”工具后，在数值控制框中输入多边形的边数，按 Enter 键后即可指定圆心和半径进行绘制，这里不再赘述。

■ 3.2.6 “手绘线”工具

知识拓展

一般情况下很少用到“徒手画笔”工具，因为这个工具绘制曲线的随意性比较强，非常难以掌握。建议操作者在 AutoCAD 中绘制完成这样的曲线，再导入到 SketchUp 中进行操作。将 AutoCAD 文件导入到 SketchUp 的方法在本书后面的章节中有介绍。

“手绘线”工具常用来绘制不规则的、共面的曲线形体。曲线图元由多条连接在一起的线段构成，这些曲线可作为单一的线条，用于定义和分割平面，但它们也具备连接性，选择其中一段即选择了整个图元。单击“徒手画笔”工具，在视口中的一点单击并按住鼠标左键不放，移动光标以绘制所需要的曲线，绘制完毕后释放鼠标即可，如图 3-29 所示为手绘线绘制的小海豚形象。

图 3-29 “徒手画笔”工具的应用

3.3 编辑工具

SketchUp 的“编辑”工具栏包含了移动、推 / 拉、旋转、路径跟随、缩放以及偏移 6 种工具，如图 3-30 所示。其中移动、旋转、缩放及偏移 4 个工具用于对对象位置、形态的变换与复制，而推 / 拉和路径跟随两个工具主要用于将二维图形转变成三维实体。

图 3-30 “编辑”工具栏

■ 3.3.1 “移动”工具

使用“移动”工具可以对图形对象进行移动、复制、拉伸操作。

用户可以通过以下几种方式激活“移动”工具。

- 在菜单栏中执行“工具”｜“移动”命令。
- 在“编辑”工具栏中单击“移动”按钮。
- 在键盘上按 M 键。

1. 移动物体

选择需要移动的图形对象，激活“移动”工具，指定移动基点，接着移动光标到指定目标点，即可对图形对象进行移动操作。

在移动图形对象时，会出现一条参考线，且在数值控制框中会动态显示移动距离，如图 3-31 所示。用户也可以直接输入移动数值或者三维坐标值进行精确移动。在移动之前或者移动过程中，按住 Shift 键可以锁定参考，避免参考捕捉时受到其他干扰。

2. 复制物体

选择图形对象，激活“移动”工具，在按住 Ctrl 键时光标旁边会出现一个“ + ”号，单击确定移动起点，再移动光标到指定点，即可移动复制图形对象，如图 3-32 所示。

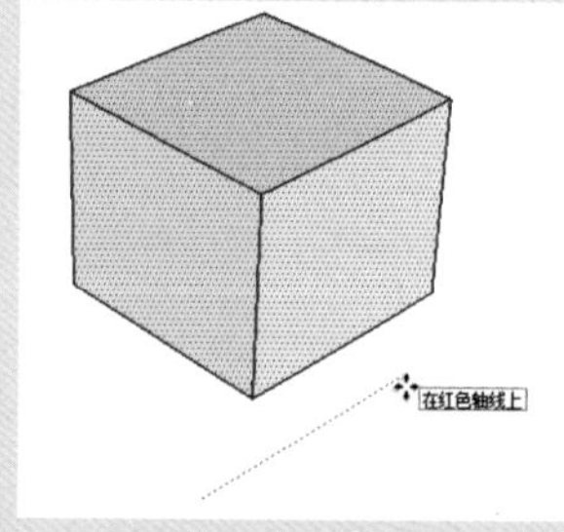

图 3-31　移动物体

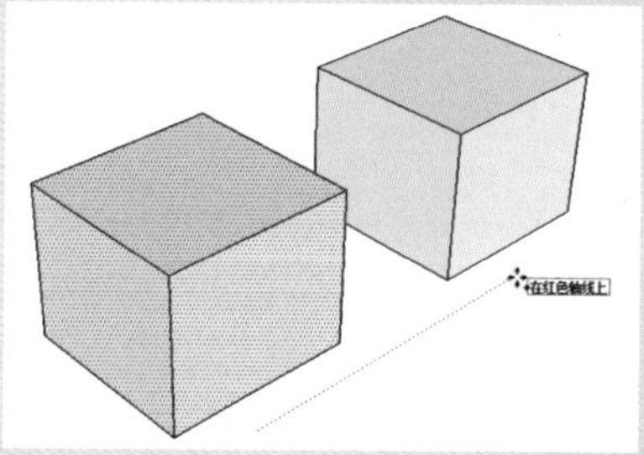

图 3-32　复制物体

完成一个对象的复制后，如果在数值控制框中输入“ × 5”字样，即表示以前面复制物体的相同间距阵列复制出 5 份，如图 3-33 所示。

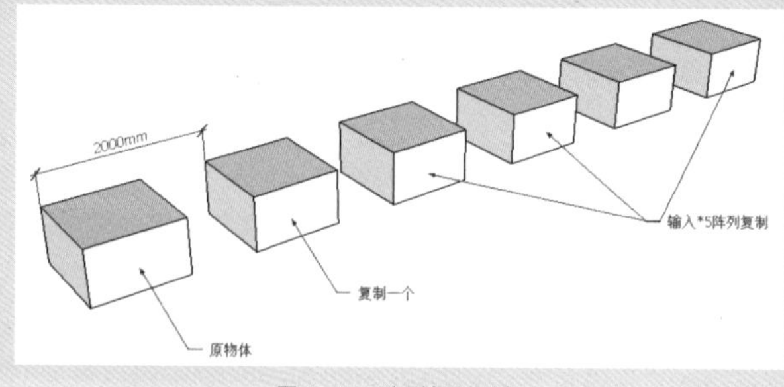

图 3-33　阵列复制对象

3. 拉伸对象

在光标移动到物体的点、边线或面时，这些对象元素即被激活，移动鼠标即可改变对象的形状，如图 3-34、图 3-35、图 3-36 所示。

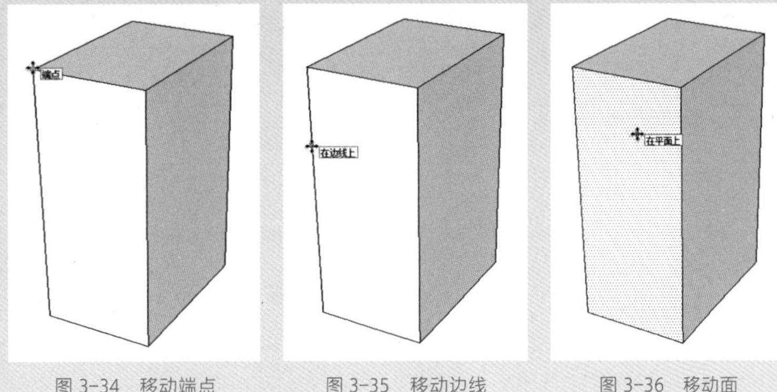

图 3-34　移动端点　　图 3-35　移动边线　　图 3-36　移动面

按住 Alt 键的同时使用“移动”工具，可以强制拉伸线或面，从而生成不规则几何体，如图 3-37、图 3-38、图 3-39 所示。

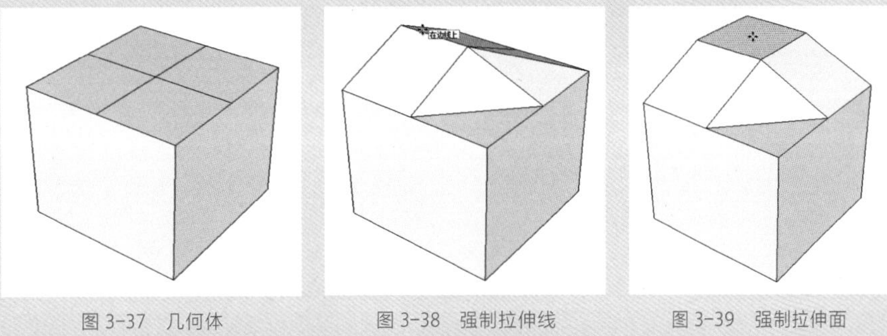

图 3-37　几何体　　图 3-38　强制拉伸线　　图 3-39　强制拉伸面

3.3.2　“推 / 拉”工具

“推 / 拉”工具是二维平面生成三维实体模型最为常用的工具，可以将图形的表面以自身的垂直方向拉伸出想要的高度。用户可以通过以下几种方式激活“推 / 拉”工具。

- 在菜单栏中执行“工具” | “推 / 拉”命令。
- 在“编辑”工具栏中单击“推 / 拉”按钮。
- 在键盘上按 P 键。

激活“推 / 拉”工具，将光标移动到已有的面上，可以看到已有的面会显示为被选择状态，单击鼠标并沿垂直方向拖动，已有的面就会随着光标的移动转换为三维实体，如图 3-40、图 3-41 所示。

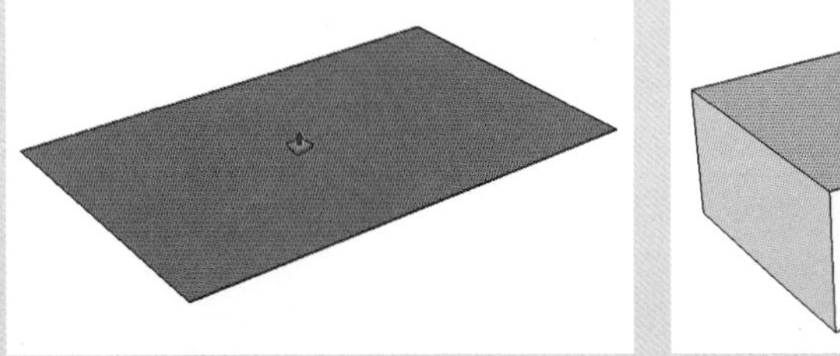

图 3-40　选择面

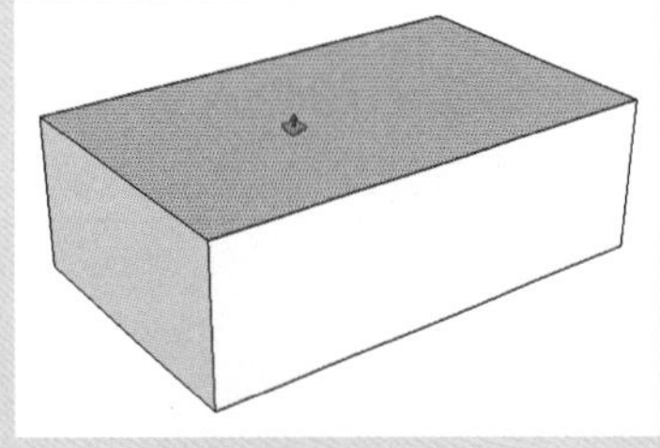

图 3-41　推拉效果

1. 重复推拉

将一个面推拉出一定高度后，如果紧接着在另一个面上双击，即可将该面拉伸同样的高度。

2. 复制推拉

结合Ctrl键可以在推拉面的时候复制一个新的面并进行推拉操作，如图 3-42、图 3-43 所示。

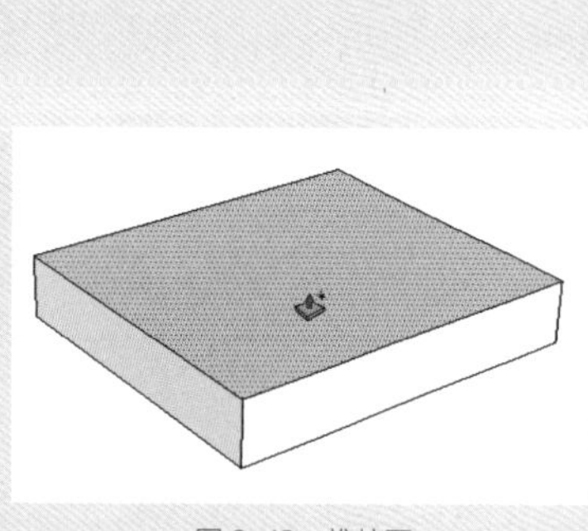

图 3-42　推拉面

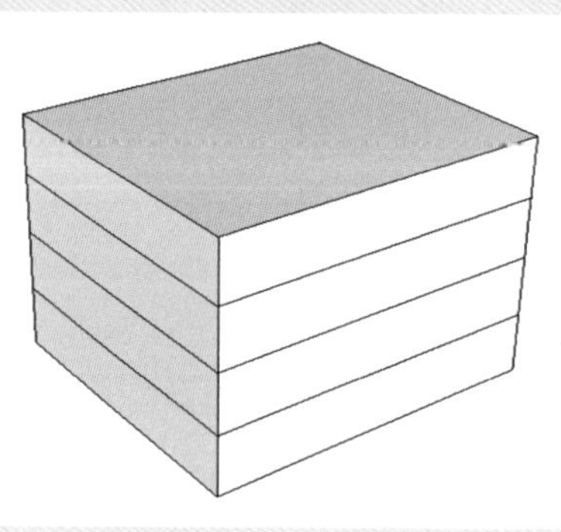

图 3-43　复制推拉效果

小试身手——制作简易小屋模型

本案例中将利用矩形、移动、推 / 拉等工具进行简易小屋模型的制作。

01 激活“矩形”工具，绘制一个尺寸为 4000mm×3000mm 的矩形，如图 3-44 所示。

02 激活“推 / 拉”工具，将矩形向上推出 3000mm，如图 3-45 所示。

03 激活“直线”工具，捕捉顶部中点绘制一条直线，如图 3-46 所示。

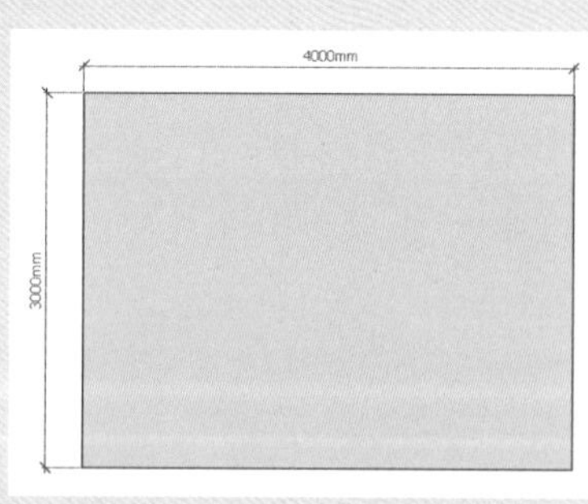

图 3-44　绘制矩形

图 3-45　推拉模型

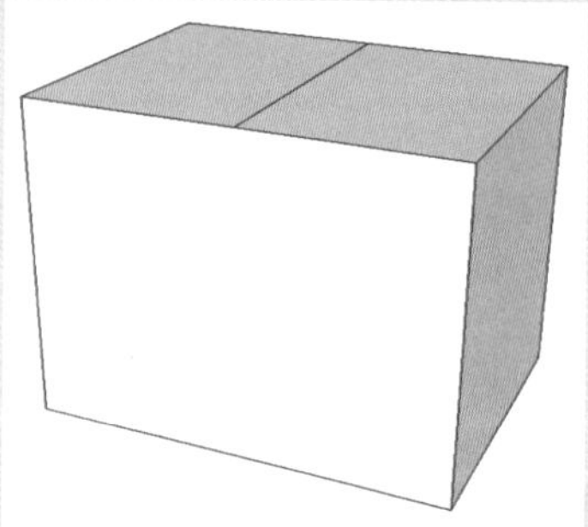

图 3-46　绘制中线

04 激活“移动”工具，将中心线沿 z 轴向上移动 800mm，制作出屋脊造型，如图 3-47 所示。

05 激活“移动”工具，将顶部边线向下移动复制 150mm，如图 3-48 所示。

06 激活“推 / 拉”工具，推出 200mm 的屋檐造型，如图 3-49 所示。

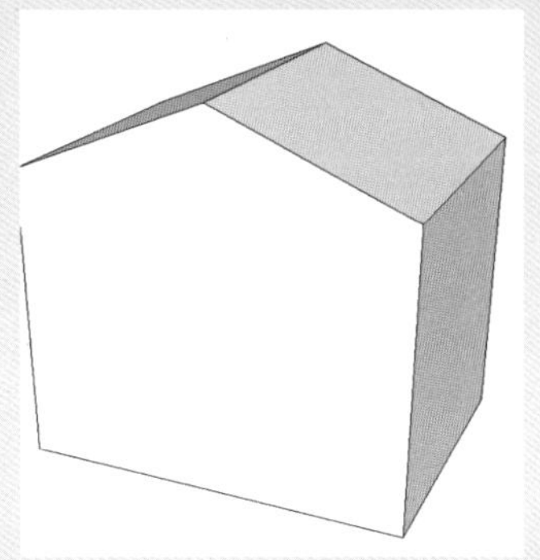

图 3-47 制作屋脊

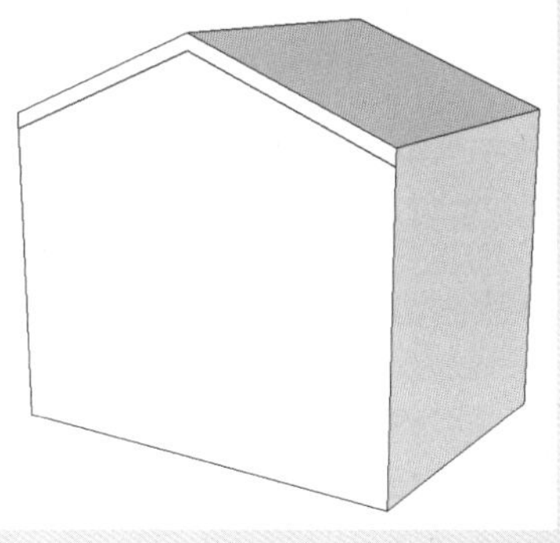

图 3-48 复制边线

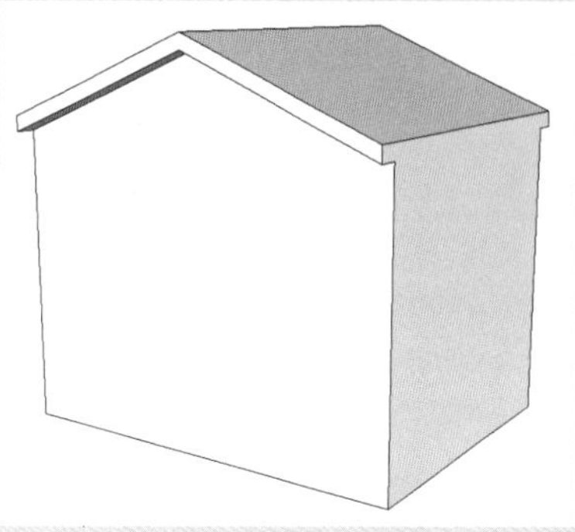

图 3-49 拉伸屋檐

07 利用“矩形”“直线”工具，绘制出门窗轮廓，如图 3-50 所示。

08 激活“推 / 拉”工具，将门窗向内推出 50mm，完成小屋模型的制作，如图 3-51 所示。

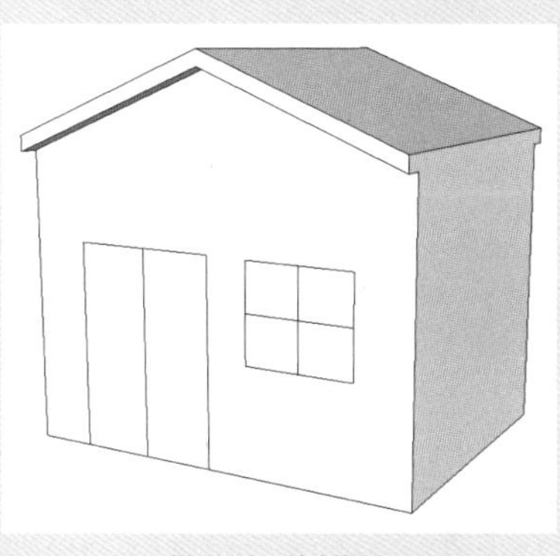

图 3-50 绘制门窗

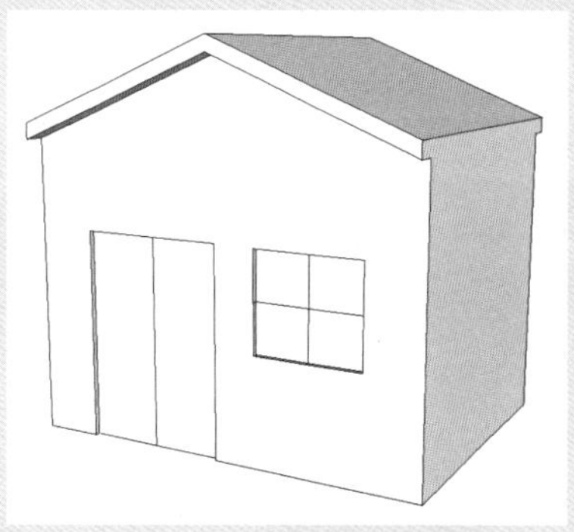

图 3-51 完成制作

> **绘图技巧**
>
> 在“旋转”命令的执行过程中，光标上的量角器符号颜色会随着选择面的不同而变化。量角器颜色为蓝色时，是在 xy 平面旋转；颜色为红色时，是在 yz 平面旋转；颜色为绿色时，是在 xz 平面旋转。不同的旋转平面，得到的旋转效果也不同。

3.3.3 “旋转”工具

“旋转”工具用于旋转对象，可以对单个物体或者多个物体进行旋转，也可以对物体中的某一个部分进行旋转，还可以在旋转的过程中对物体进行复制。用户可以通过以下几种方式激活“旋转”工具。

- 在菜单栏中执行“工具”|“旋转”命令。
- 在“编辑”工具栏中单击“旋转”按钮。
- 在键盘上按 Q 键。

选择图形对象，激活“旋转”工具，确定旋转中心和旋转轴线，拖动鼠标指定旋转起点和终点即可对图形对象进行旋转操作，如图 3-52、图 3-53 所示。

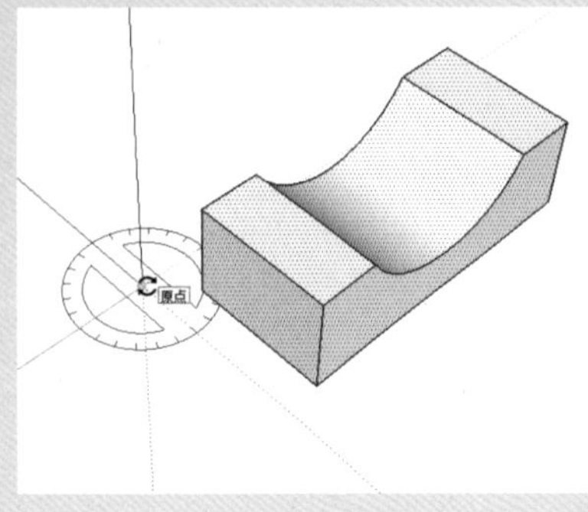

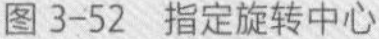
图 3-52　指定旋转中心

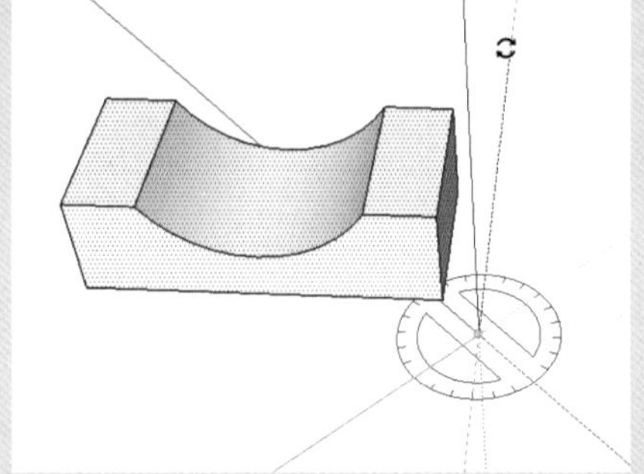

图 3-53　指定旋转终点

使用“旋转”工具配合 Ctrl 键可以在旋转的同时复制物体，如果在数值控制框中输入“*3”或“*5”字样即可按照上一次的旋转角度对物体进行再次旋转复制 3 或 5 次，类似于 AutoCAD 中的环形阵列效果，如图 3-54、图 3-55 所示。

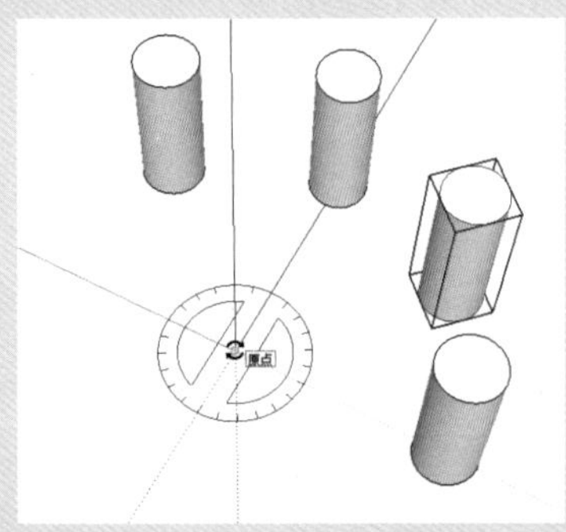

图 3-54　旋转 *3 效果

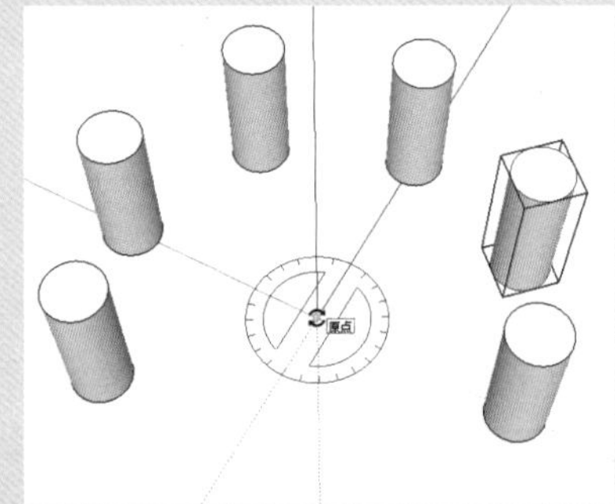

图 3-55　旋转 *5 效果

3.3.4　“路径跟随”工具

路径跟随是指将一个界面沿着某一指定线路进行拉伸的建模方式，与 3ds Max 中的“放样”命令有些相似，是一种很传统的从二维到三维的建模工具。用户可以通过以下几种方式激活“路径跟随”工具。

- 在菜单栏中执行“工具”｜“路径跟随”命令。
- 在“编辑”工具栏中单击“路径跟随”按钮。

1. 手动放样

绘制路径边线和截面，激活“路径跟随”工具，单击截面并按住鼠标沿着路径移动，此时路径边线会变成红色，到达端点时释放鼠标即可完成操作，如图 3-56、图 3-57 所示。

2. 自动放样

选择路径，再激活“路径跟随”工具，单击截面，即可自动生成三维模型，如图 3-58、图 3-59 所示。

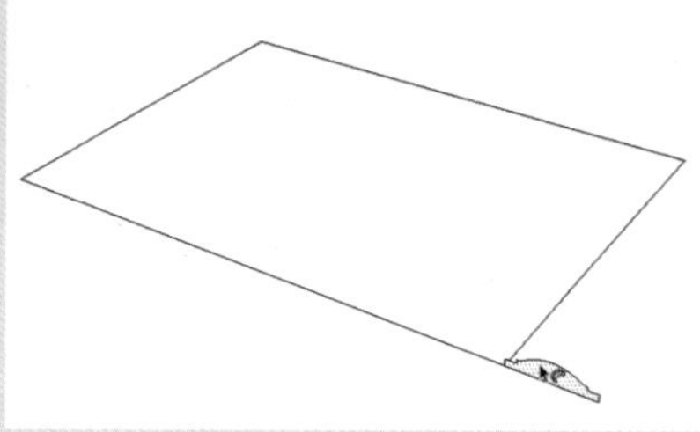
图 3-56 单击截面

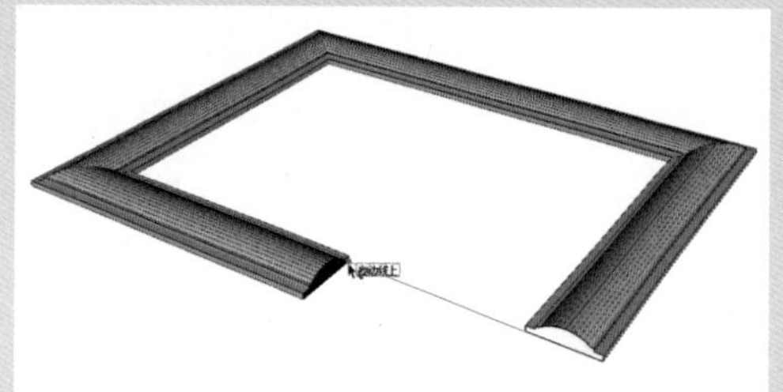
图 3-57 沿路径移动

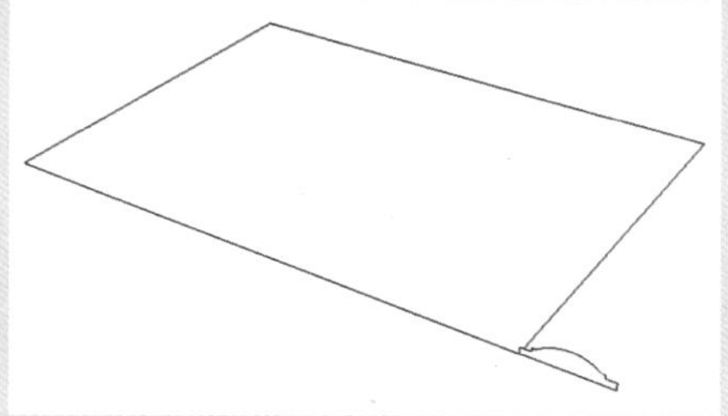
图 3-58 选择路径

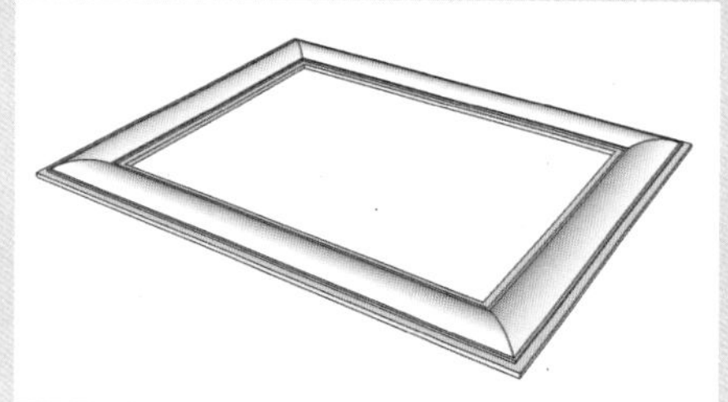
图 3-59 生成三维模型

绘图技巧

利用“路径跟随”工具还可以创建球体模型，但是在放样过程中，由于路径线与截面相交，导致放样出的模型会被路径线分割，如图 3-60、图 3-61 所示。只要使路径和截面不相交，即能够创建出无分割的球体模型，如图 3-62、图 3-63 所示。

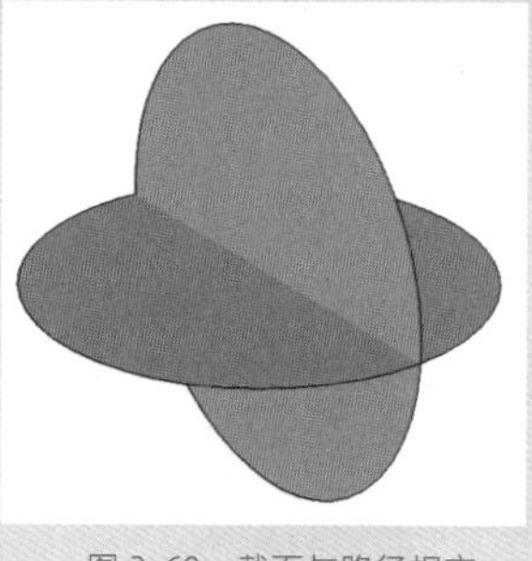
图 3-60 截面与路径相交

图 3-61 分割球体效果

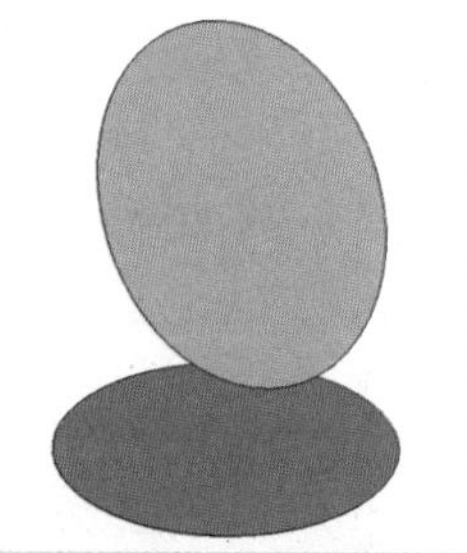
图 3-62 截面与路径分离

图 3-63 无缝球体效果

3.3.5 “缩放”工具

“缩放”工具主要用于对图形对象进行放大或缩小，可以是在X、Y、Z这三个轴同时进行等比缩放，也可以是锁定任意两个或单个轴向的非等比缩放。用户可以通过以下几种方式激活“缩放”工具。

- 在菜单栏中执行“工具” | “缩放”命令。
- 在“编辑”工具栏中单击“缩放”按钮。
- 在键盘上按S键。

1. 精确缩放

在进行缩放操作的时候，数值控制框会显示缩放比例，用户可以在完成缩放后输入一个比例值。

2. 中心缩放

在缩放对象时，配合Ctrl键即可对其进行中心缩放，如图3-64所示。

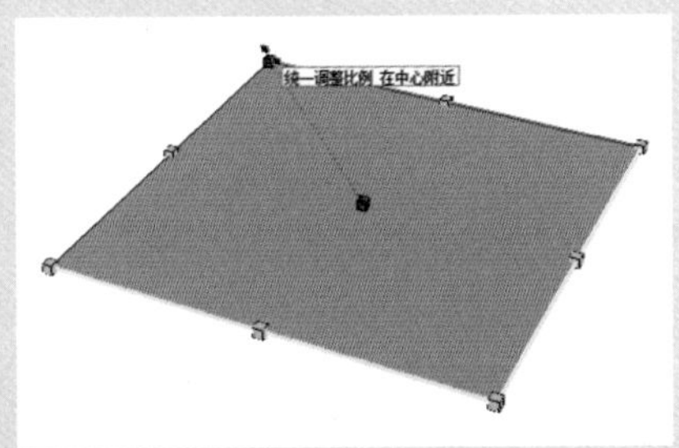

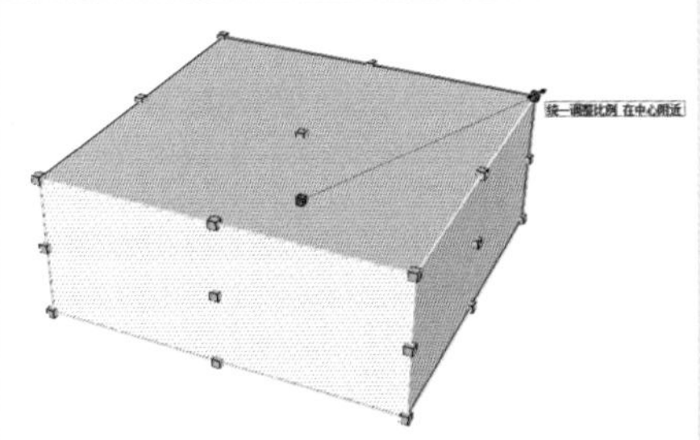

图3-64 中心缩放

3. 镜像物体

使用“缩放”工具还可以镜像缩放物体，只需要往反方向拖动缩放夹点即可。也可以输入负数值完成镜像缩放，或者在夹点上单击鼠标右键，在弹出的快捷菜单中选择“翻转方向”命令并指定镜像沿轴即可，如图3-65、图3-66所示。

> 知识拓展
>
> 如果要使镜像后的物体大小不变，只需要移动一个夹点，在数值控制框中输入“-1”即可对物体进行原大小镜像。

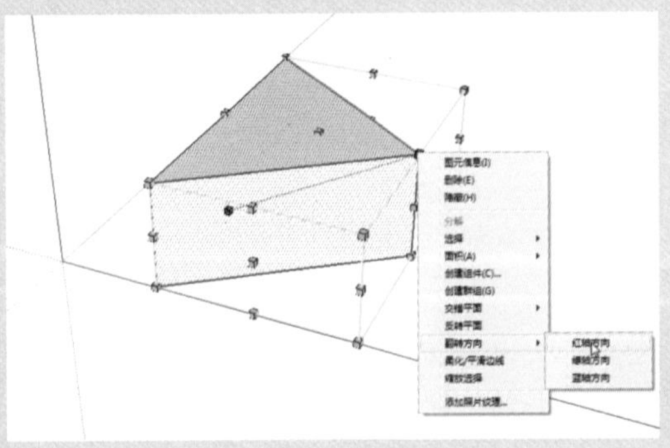

图3-65 镜像缩放

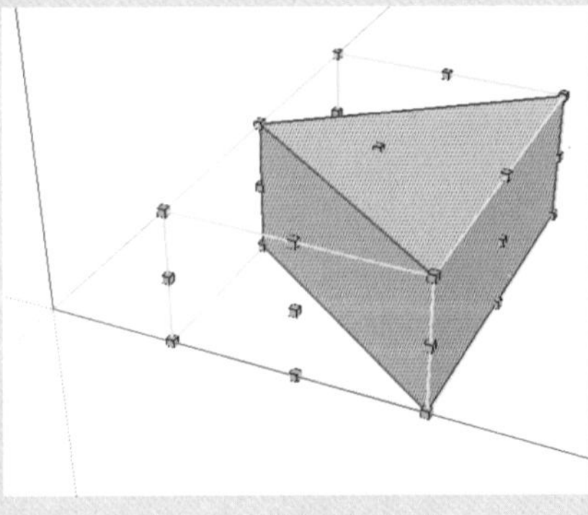

图3-66 镜像缩放的效果

3.3.6 “偏移”工具

“偏移”工具可以将在同一平面中的线段或者面域沿着一个方向偏移一个统一的距离，并复制出一个新的物体。偏移的对象可以是面域、两条或两条以上首尾相接的线形物体集合、圆弧、圆或者多边形。用户可以通过以下几种方式激活“偏移”工具。

- 在菜单栏中执行“工具”｜“偏移”命令。
- 在“编辑”工具栏中单击“偏移”按钮。
- 在键盘上按 O 键。

知识拓展

线的偏移方法和面的偏移方法大致相同，但是要注意的是，选择线的时候必须选择两条以上的连线，且所有的线处于同一个平面上，如图 3-67、图 3-68 所示。使用“偏移”工具一次只能偏移一个面或者一组共面的线。

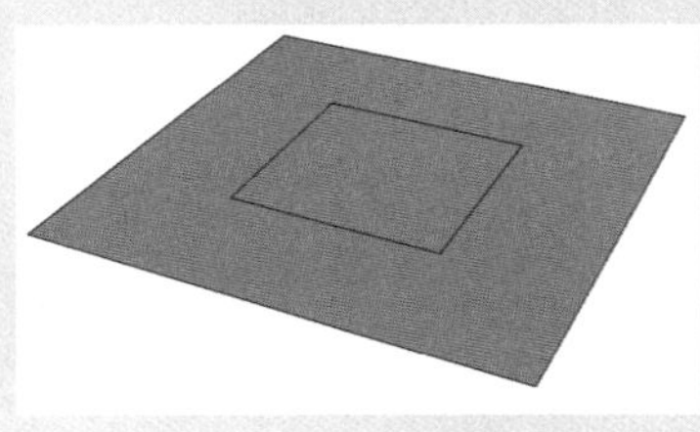

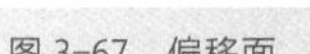

图 3-67 偏移面

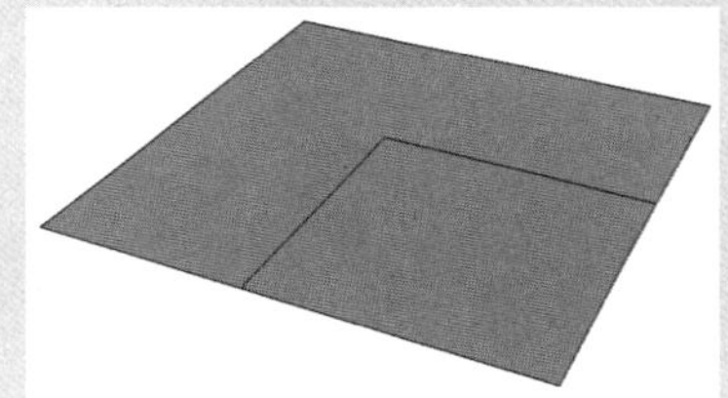

图 3-68 偏移线

小试身手——制作树池模型

树池相当于城市绿化树木的保护区，不仅可以保护绿化树木根部免受践踏，还可以防止主根附近的土壤被压实。实践中人们创造了多种形式的树池处理方式，不但具有良好的景观效果，还具有休息、照明等实用功能。

01 激活“矩形”工具，绘制尺寸为 2400mm×2400mm 的矩形，如图 3-69 所示。

02 激活“推 / 拉”工具，将矩形向上推出 450mm 的厚度，成为一个长方体，如图 3-70 所示。

图 3-69 绘制矩形

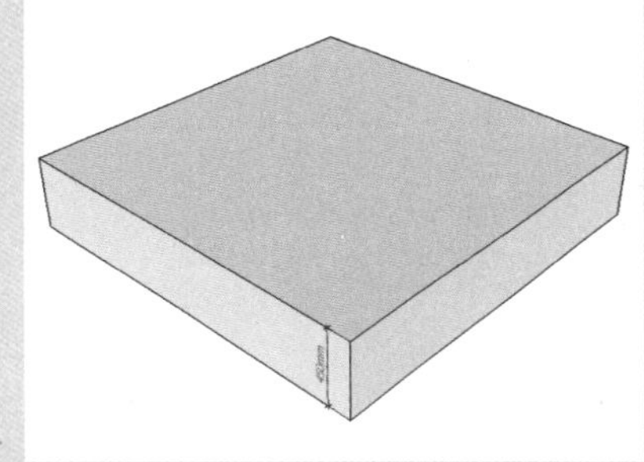

图 3-70 推拉矩形

03 激活“偏移”工具，将上方的边线向内偏移 400mm，如图 3-71 所示。

04 激活“移动”工具，选择上方边线，按住 Ctrl 键向下进行复制，移动距离分别为 50mm、90mm，如图 3-72 所示。

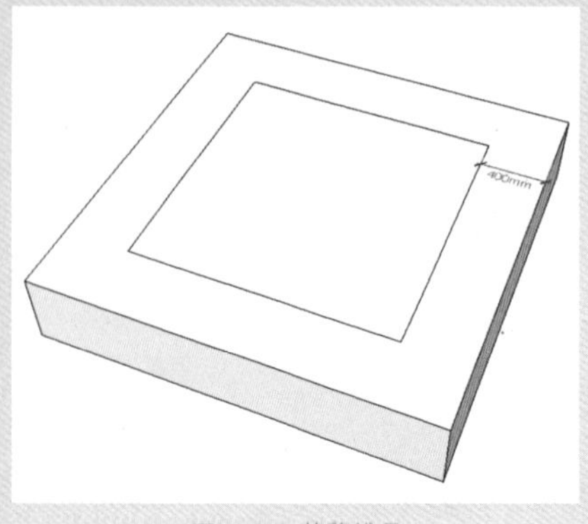

图 3-71 偏移线条

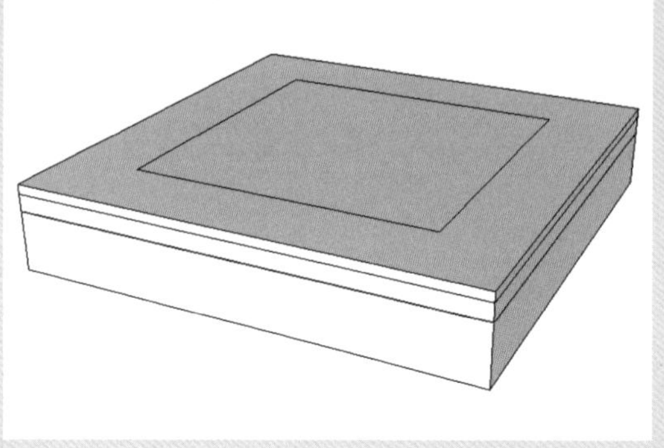

图 3-72 复制线条

05 激活“推 / 拉”工具，将 90mm 高度的面向内推进 20mm，如图 3-73 所示。

06 激活“圆弧”工具，利用两点画弧的方法绘制直径为 40mm 的圆弧，使其成为一个半圆的面，如图 3-74 所示。

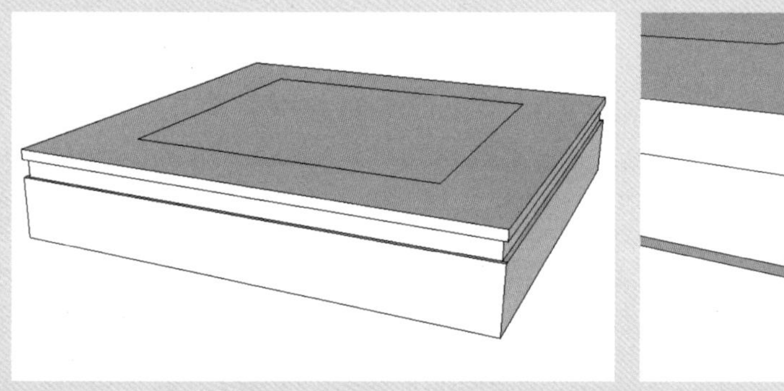

图 3-73 推拉造型

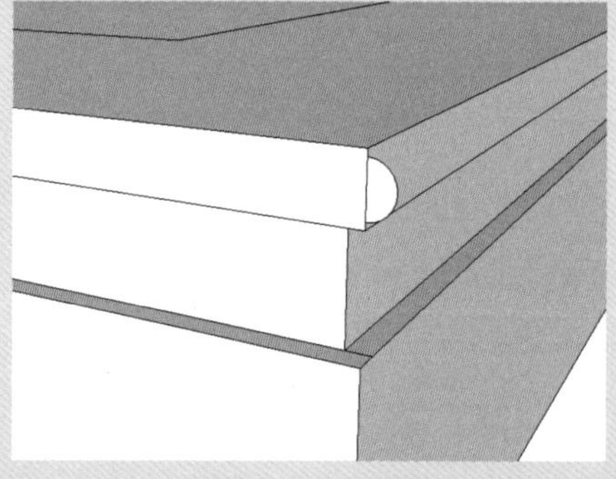

图 3-74 绘制半圆

07 激活“路径跟随”工具，选择半圆，沿顶部的边线一圈制作出造型，如图 3-75 所示。

08 激活“推 / 拉”工具，向下推出 100mm 的深度，如图 3-76 所示。

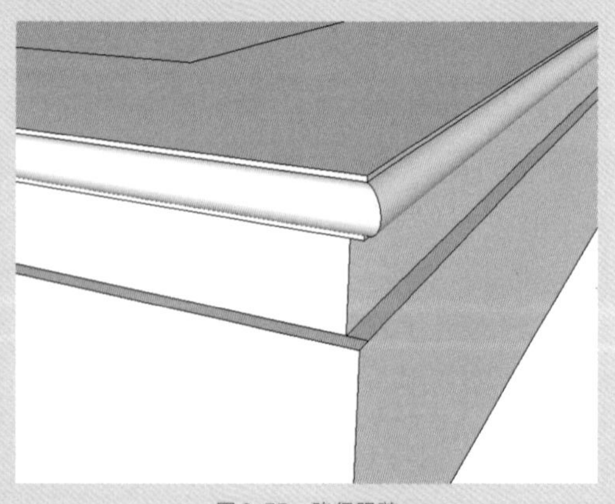

图 3-75 路径跟随

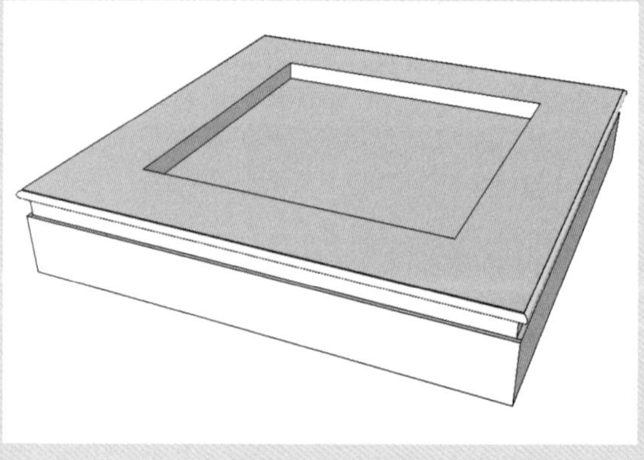

图 3-76 推拉造型

09 添加树木模型及草皮、石材等材质，最后的效果如图 3-77 所示。

图 3-77　树池效果

小试身手——制作园林桥模型

园林中的桥是风景桥，是园林景观中的一个重要组成部分。本案例中将利用矩形、圆、移动、偏移、推/拉、路径跟随等工具进行模型的制作。

01 激活“矩形”工具，绘制一个尺寸为 4500mm×1800mm 的矩形，如图 3-78 所示。

02 激活“移动”工具，按住 Ctrl 键对边线进行复制，如图 3-79 所示。

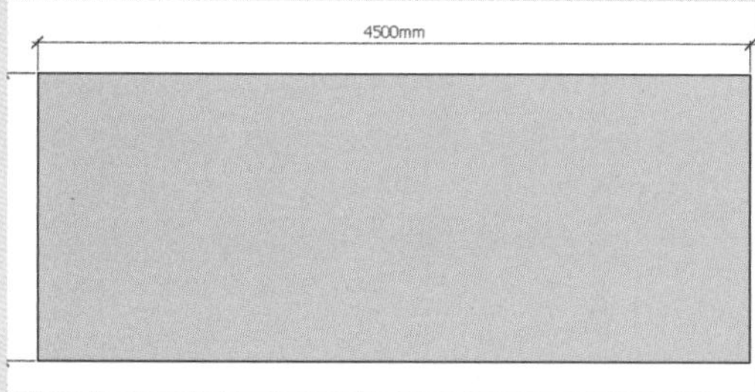

图 3-78　绘制矩形

图 3-79　复制边线

03 继续复制边线，如图 3-80 所示。

04 激活“推/拉”工具，拉伸出 150mm 的踏步和 570mm 的侧挡，如图 3-81 所示。

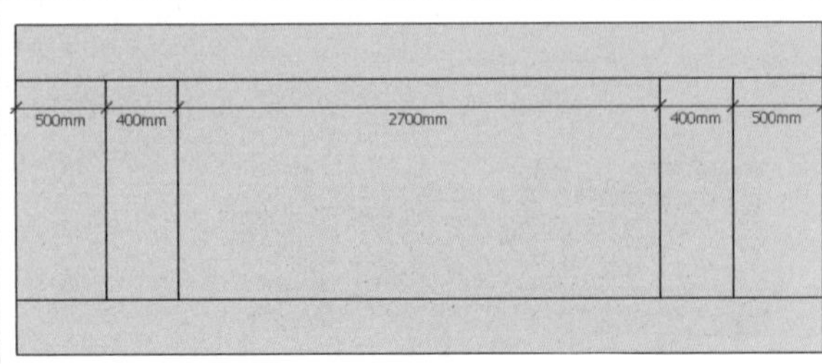

图 3-80　继续复制边线

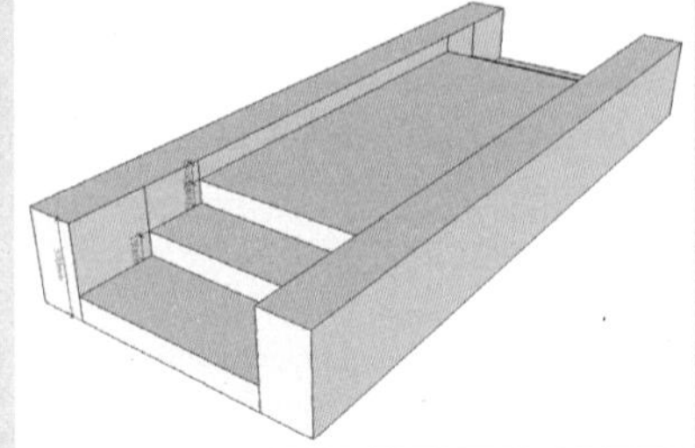

图 3-81　拉伸模型

05 在侧挡上绘制一条斜线，距踏步台面 120mm，如图 3-82 所示。

06 激活“推 / 拉”工具，将面向外推出，制作出斜面造型，如图 3-83 所示。

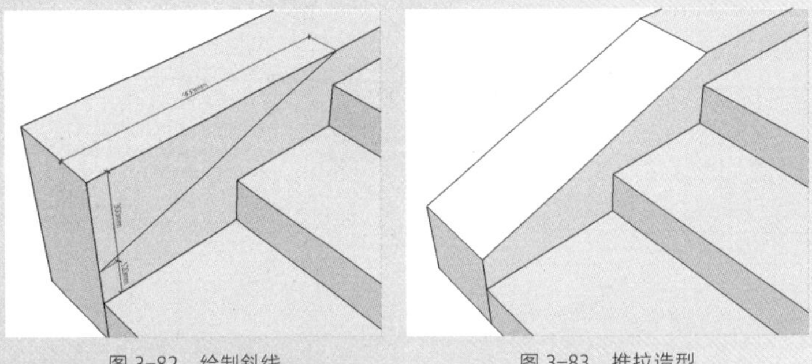

图 3-82　绘制斜线　　图 3-83　推拉造型

07 照此方法制作其他三个位置的造型，将模型创建成组，如图 3-84 所示。

08 利用“圆”“推 / 拉”工具，创建一个半径为 100mm、高度为 600mm 的圆柱体，如图 3-85 所示。

09 激活“偏移”工具，将顶部的圆边向内偏移 20mm，如图 3-86 所示。

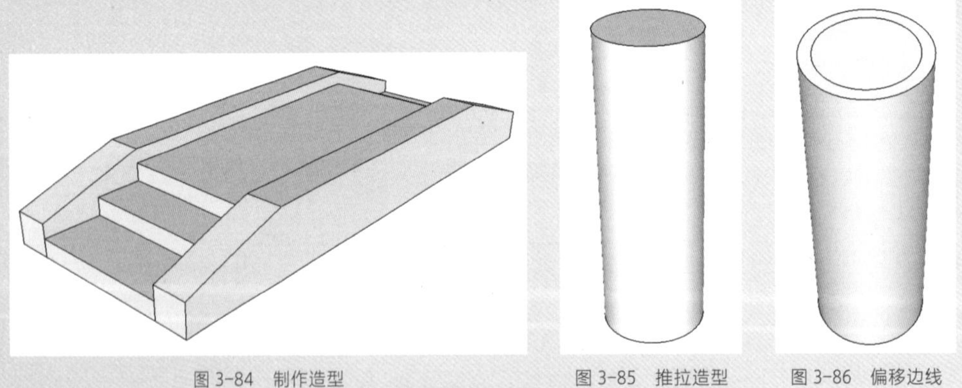

图 3-84　制作造型　　图 3-85　推拉造型　　图 3-86　偏移边线

10 再激活“推 / 拉”工具，将内部的圆向上推出 20mm，如图 3-87 所示。

11 利用前面的操作方法，继续向外偏移 20mm 并向上推拉 30mm，再删除多余的边线，如图 3-88 所示。

12 按住 Ctrl 键，继续向上推出 50mm，如图 3-89 所示。

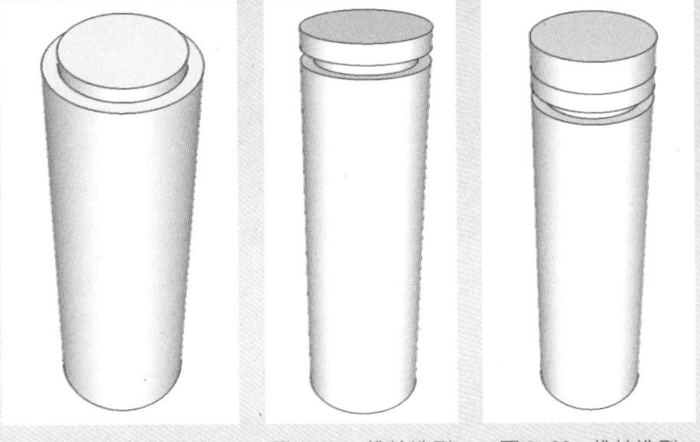

图 3-87　推拉造型　　图 3-88　推拉造型　　图 3-89　推拉造型

13 选择最顶部的边和面，激活“缩放”工具，按住 Ctrl 键进行中心缩放，制作出柱子模型，并将其创建成组，如图 3-90 所示。

14 复制模型到合适位置，如图 3-91 所示。

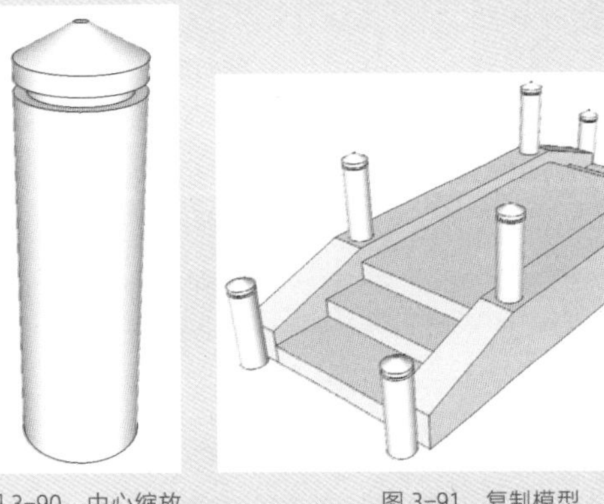

图 3-90　中心缩放　　图 3-91　复制模型

15 激活“直线”工具，捕捉柱子顶部绘制直线，再绘制一个半径为 50mm 的圆，如图 3-92 所示。

16 激活“路径跟随”工具，制作栏杆扶手模型并进行复制，完成园林桥模型的制作，如图 3-93 所示。

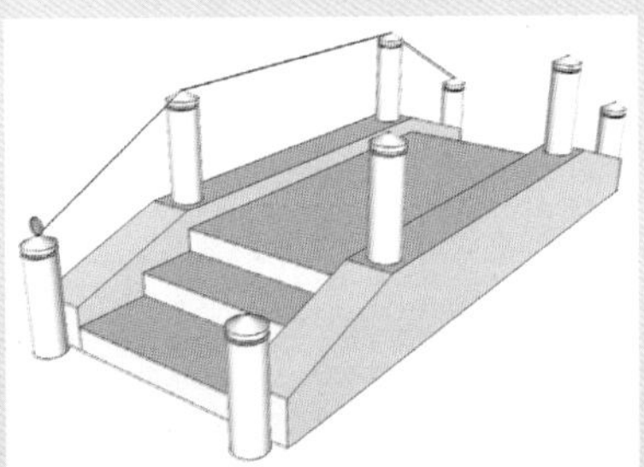

图 3-92　绘制直线和圆

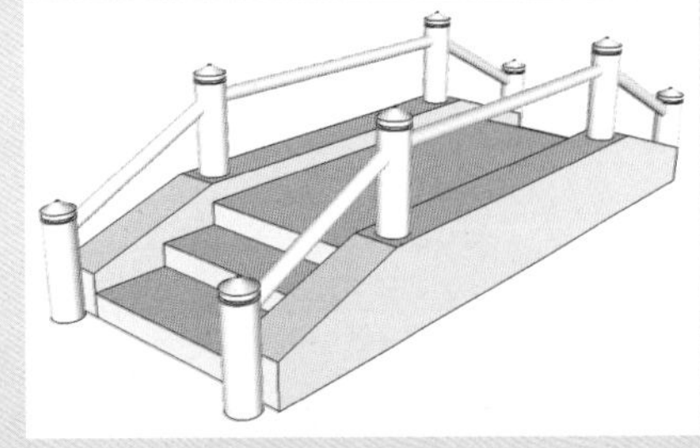

图 3-93　完成模型的制作

3.4 课堂练习——制作客厅场景模型

本案例中将利用矩形、移动、推 / 拉等工具制作客厅场景模型。

01 复制第 1 章中绘制的小三室平面布置图，在 AutoCAD 中删除多余的图形，如图 3-94 所示。

02 执行“文件” | “导入”命令，打开“导入”对话框，选择 AutoCAD 文件，单击“导入”按钮，如图 3-95 所示。

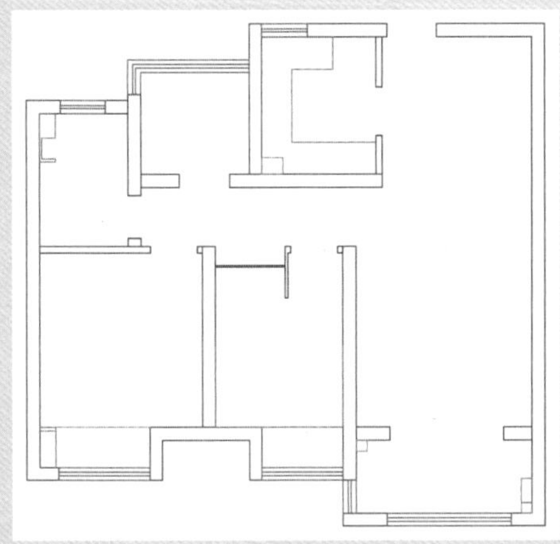

图 3-94　删除多余的图形

图 3-95　“导入”对话框

03 将平面图导入 SketchUp，激活“直线”工具，捕捉绘制墙体，如图 3-96 所示。

04 激活“擦除”工具，删除多余的线条，如图 3-97 所示。

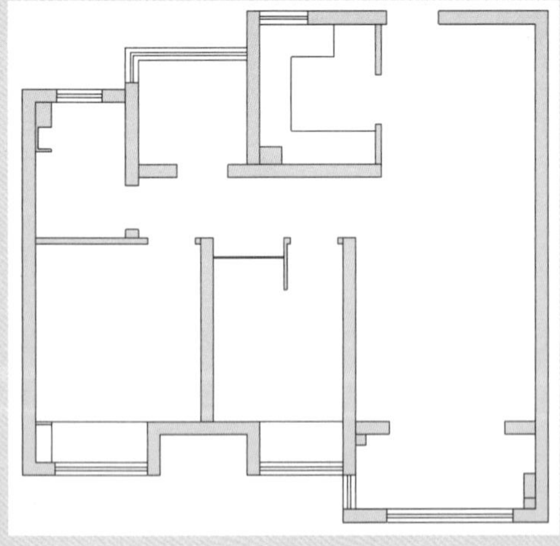

图 3-96　绘制墙体

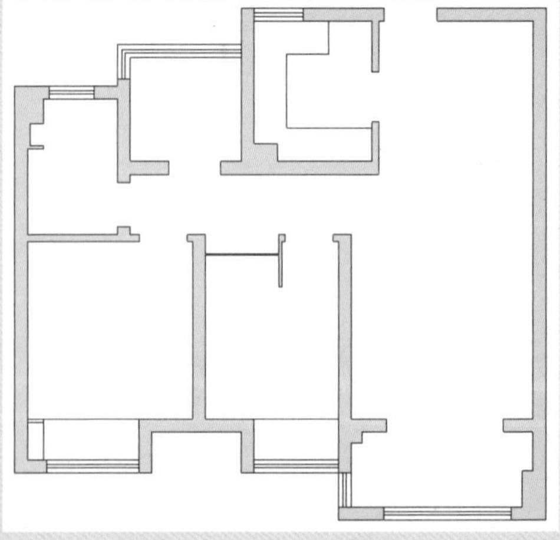

图 3-97　删除多余的线条

05 激活“推 / 拉”工具，推出高度为 2750mm 的墙体，如图 3-98 所示。

06 激活“擦除”工具，删除墙体上多余的线条，如图 3-99 所示。

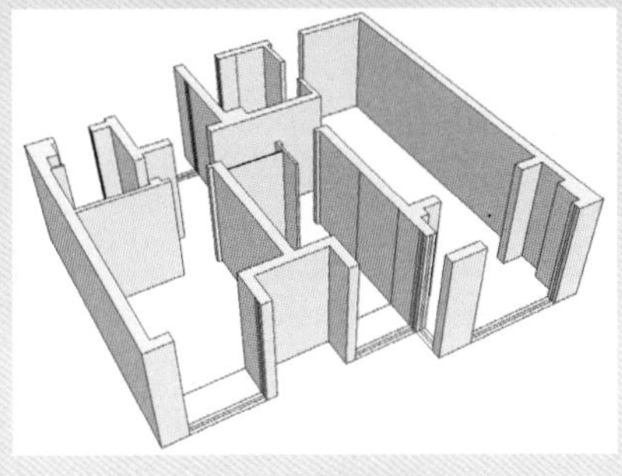
图 3-98　推拉墙体

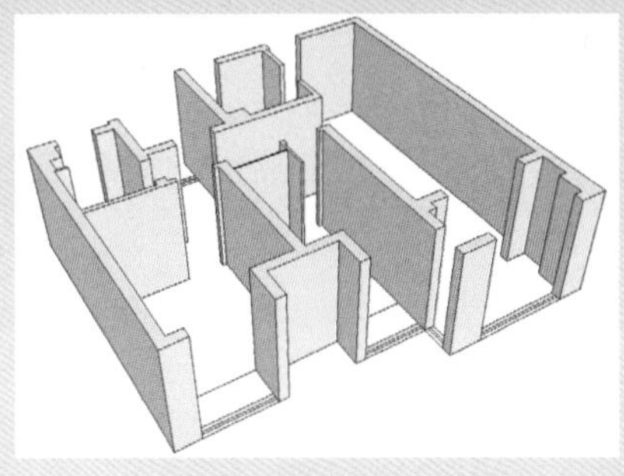
图 3-99　删除多余的线条

07 接下来制作门洞和窗洞。选择入户门处底部的边线，激活“移动”工具，按住 Ctrl 键向上复制，设置移动距离为 2100mm，如图 3-100 所示。

08 激活“推 / 拉”工具，封闭门洞上方的墙体，再删除多余的线条，如图 3-101 所示。

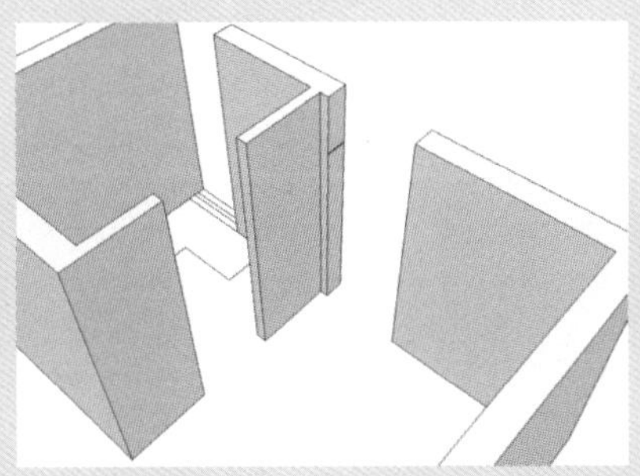
图 3-100　复制边线

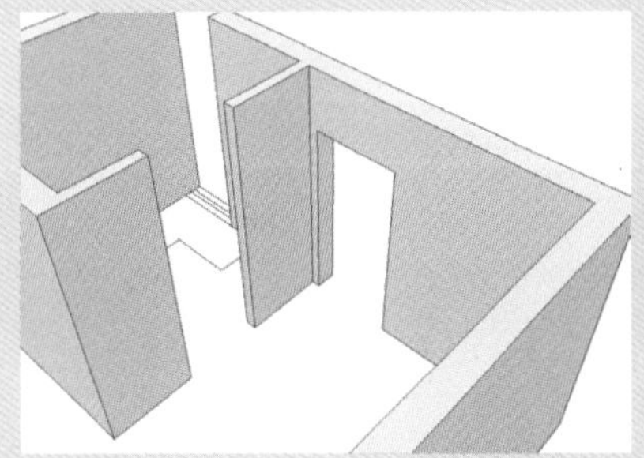
图 3-101　制作门洞

09 照此方法制作其他房间的门洞，厨房门洞高度为 2200mm，阳台门洞高度为 2400mm，其余同入户门，如图 3-102 所示。

10 选择厨房窗户底部的线条，激活“移动”工具，向上分别进行移动复制 900mm、1480mm，如图 3-103 所示。

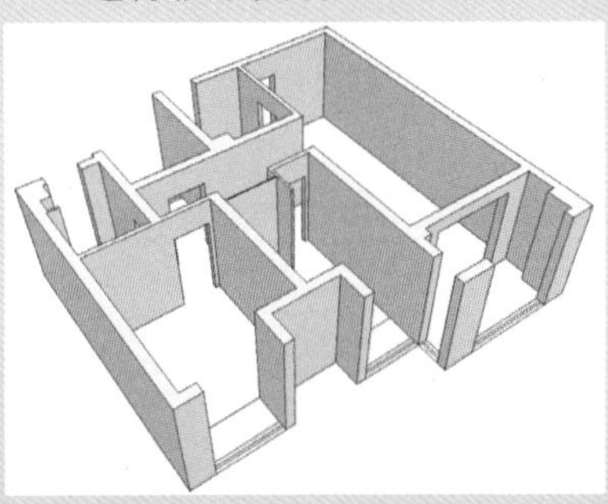
图 3-102　制作其他门洞

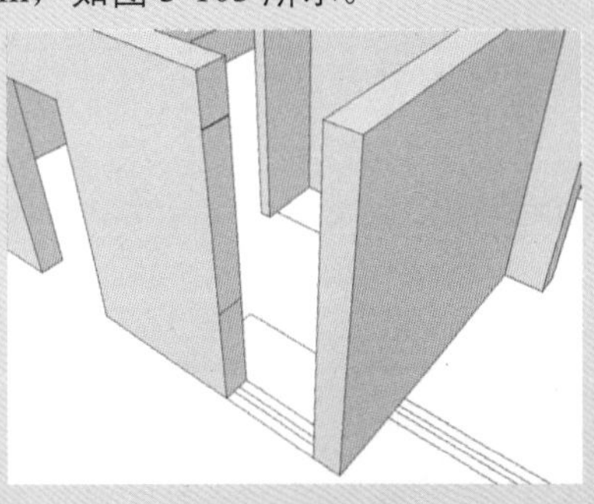
图 3-103　复制边线

11 激活“推 / 拉”工具，封闭墙体制作出窗洞，再删除多余的线条，如图 3-104 所示。

12 照此方法制作其他位置的窗洞，再将模型创建成组，如图 3-105 所示。

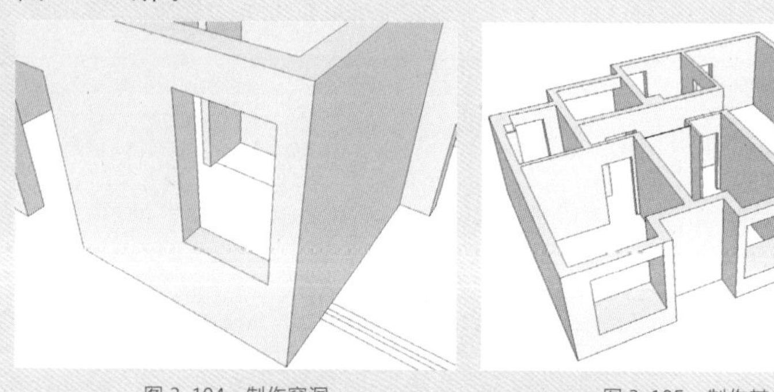

图 3-104　制作窗洞

图 3-105　制作其他窗洞

13 制作窗户模型。激活“矩形”工具，捕捉窗洞绘制一个矩形并创建成组，如图 3-106 所示。

14 双击矩形进入编辑模式，激活“偏移”工具，将矩形边线向内偏移 50mm，如图 3-107 所示。

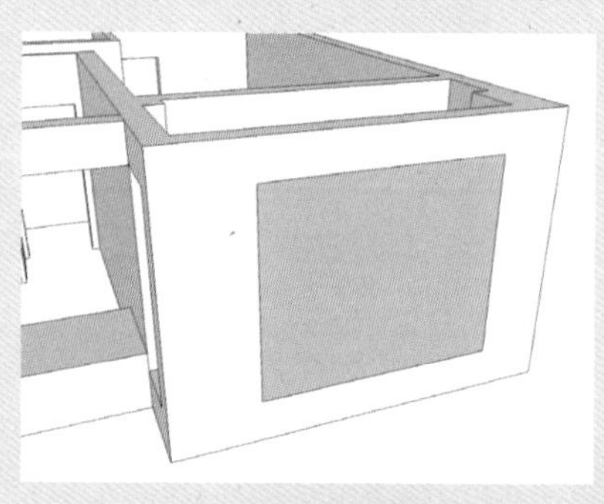

图 3-106　绘制矩形

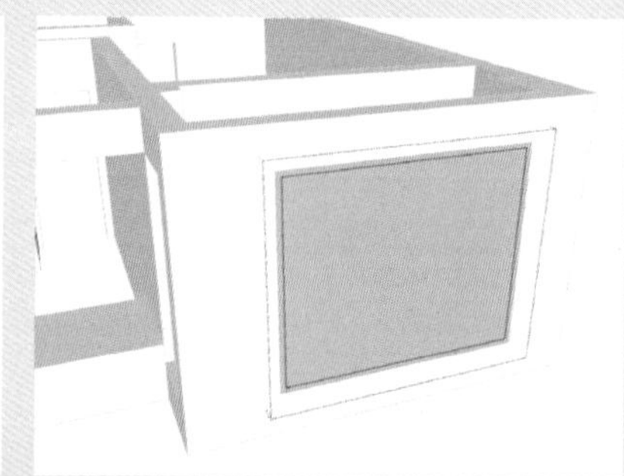

图 3-107　偏移图形

15 激活“移动”工具，按住 Ctrl 键复制边线，制作出宽度为 50mm 的窗框轮廓，如图 3-108 所示。

16 删除多余的线条，如图 3-109 所示。

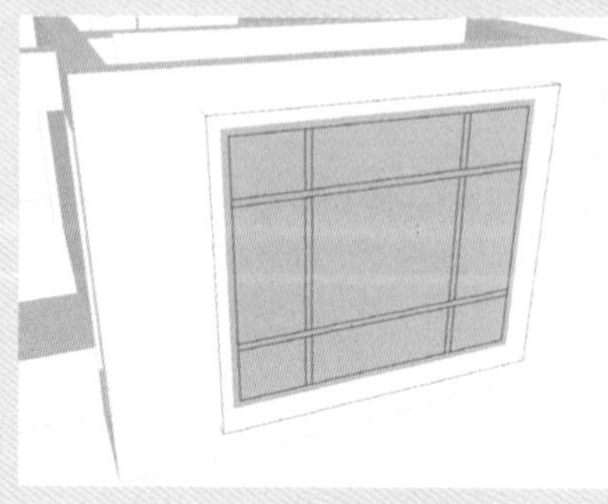

图 3-108　制作造窗框轮廓

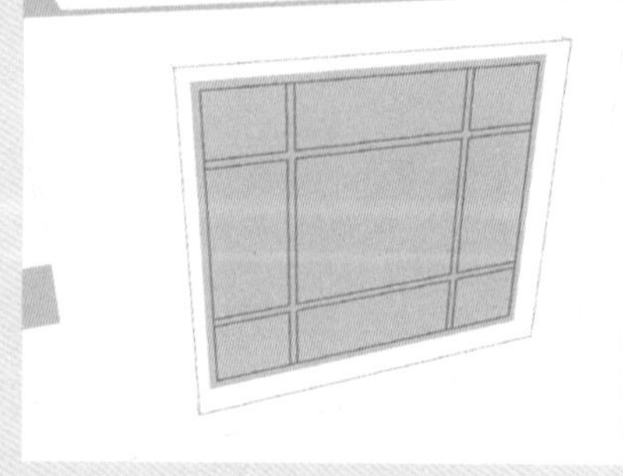

图 3-109　删除多余线条

17 激活“偏移”工具，偏移出宽度为 30mm 的窗框，如图 3-110 所示。

18 激活“推 / 拉”工具，推拉出窗户模型，如图 3-111 所示。

图 3-110　偏移图形

图 3-111　推拉出窗户模型

19 激活“缩放”工具，设置缩放比例为 -1，镜像窗户模型，如图 3-112 所示。

20 激活“直线”工具，捕捉模型底部轮廓绘制成面，再激活“推 / 拉”工具，将面向下推出 50mm，制作出地面，如图 3-113 所示。

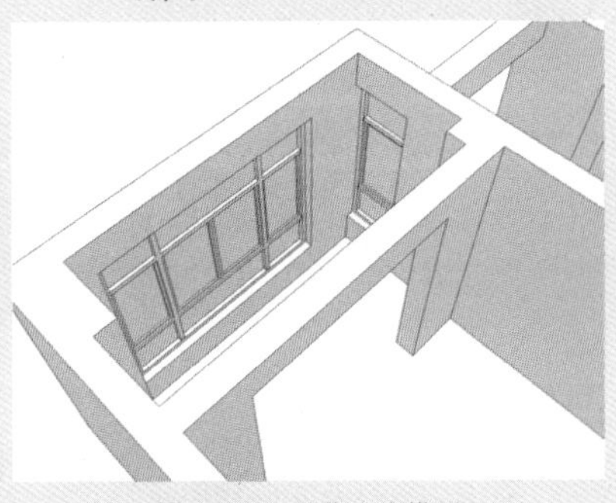

图 3-112　镜像窗户模型

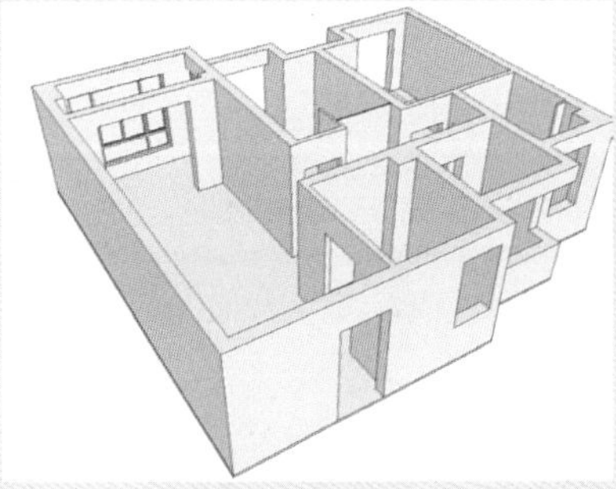

图 3-113　制作地面

21 利用“直线”“圆弧”工具绘制门套截面造型，如图 3-114 所示。

22 激活“直线”工具，捕捉门洞绘制路径，再激活“路径跟随”工具，制作门套线造型，并将其创建成组，如图 3-115 所示。

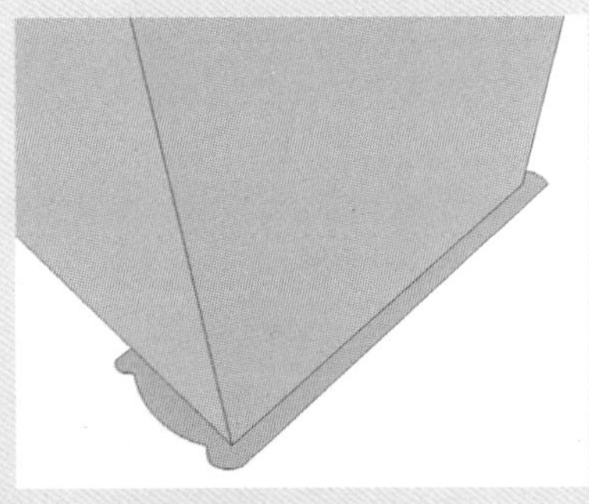

图 3-114　绘制门套截面

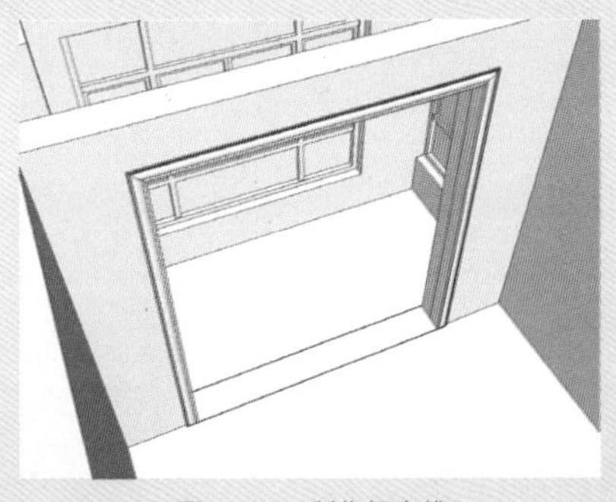

图 3-115　制作门套线

23 激活“矩形”工具，绘制1800mm×600mm的矩形，如图3-116所示。

24 激活“推/拉”工具，将矩形向上推出40mm，如图3-117所示。

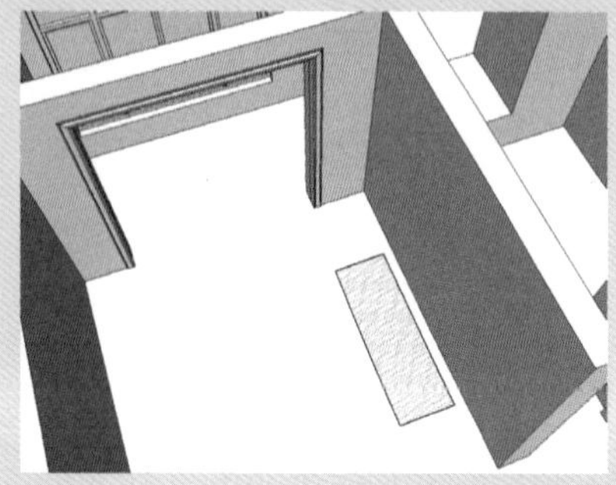
图3-116 绘制矩形

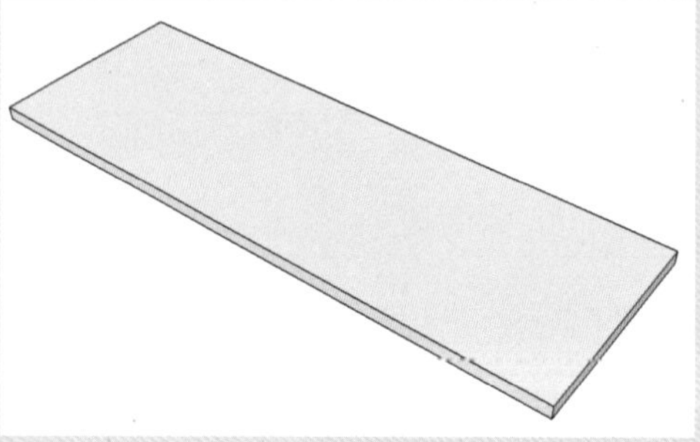
图3-117 推拉模型

25 激活“矩形”工具，绘制一个80mm×70mm的矩形，再利用“直线”“清除”工具，制作造型，如图3-118所示。

26 激活“推/拉”工具，将造型推出600mm，如图3-119所示。

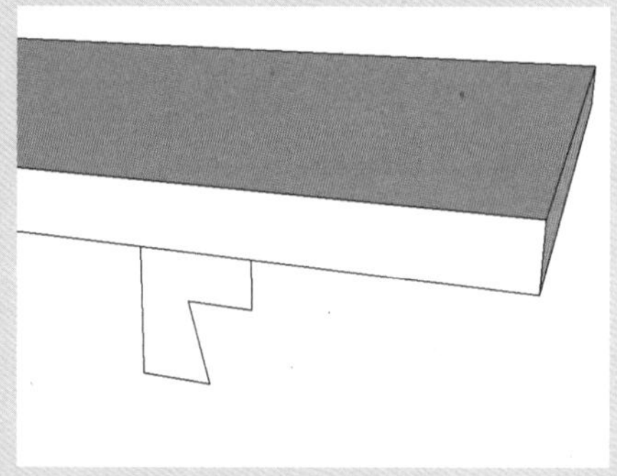
图3-118 制作造型

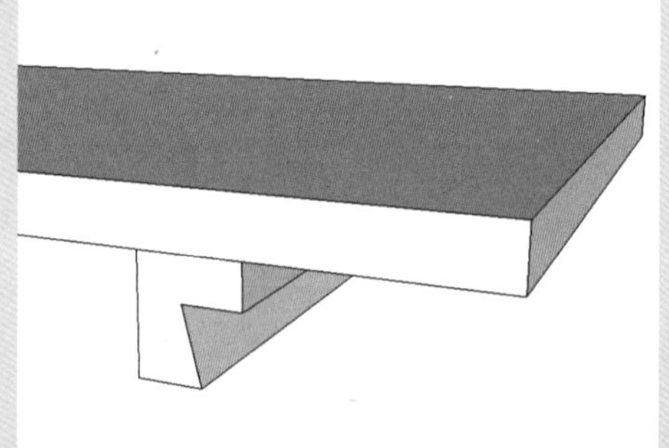
图3-119 推拉模型

27 利用“矩形”“推/拉”“旋转”等工具，制作30mm×40mm×700mm的长方体，旋转并移动到合适的位置，作为桌子腿，如图3-120所示。

28 复制桌子腿并进行镜像，如图3-121所示。

图3-120 创建并旋转长方体

图3-121 复制并镜像模型

29 利用“矩形”“推 / 拉”工具制作长方体并放置到合适的位置，完成桌子一侧支架的制作，如图 3-122 所示。

30 复制支架，完成桌子模型的制作，如图 3-123 所示。

图 3-122　制作支架

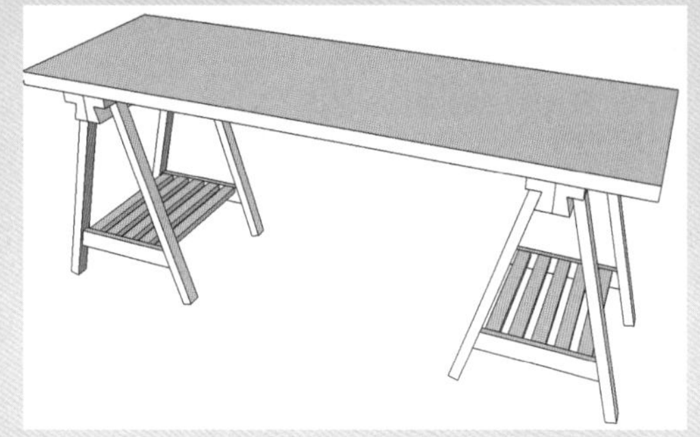
图 3-123　完成模型的制作

31 将桌子模型移动到客厅合适的位置，如图 3-124 所示。

32 插入其他成品模型，如沙发、茶几、落地灯、窗帘、座椅、书籍等装饰品，如图 3-125 所示。

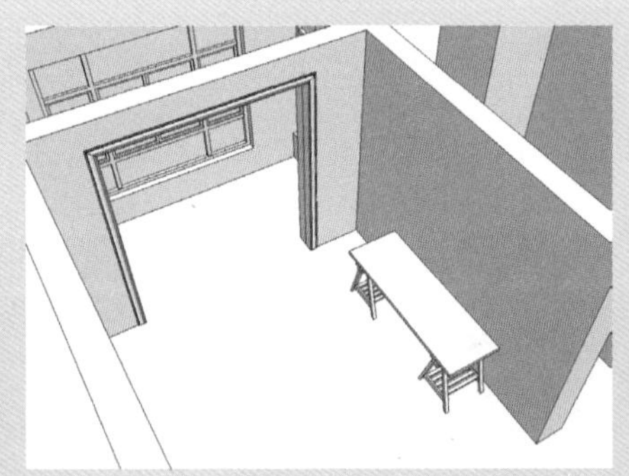
图 3-124　移动模型

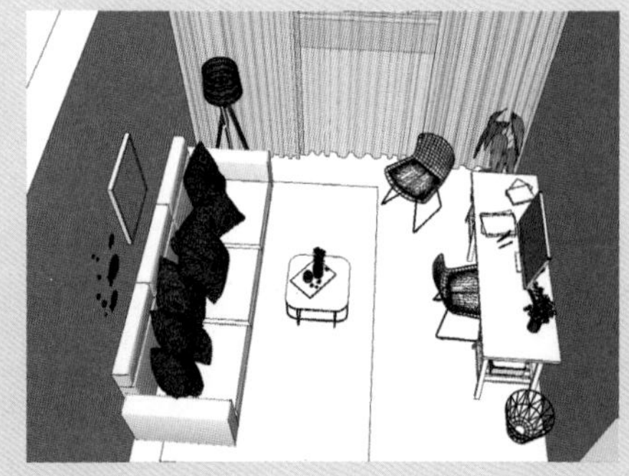
图 3-125　添加模型

33 激活“矩形”工具，捕捉阳台顶部绘制矩形，再激活“推 / 拉”工具，将矩形向下推出 150mm，作为阳台顶部，如图 3-126 所示。

34 继续绘制其他空间的顶面，除客厅、餐厅外其余空间顶部均向下推拉 50mm，如图 3-127 所示。

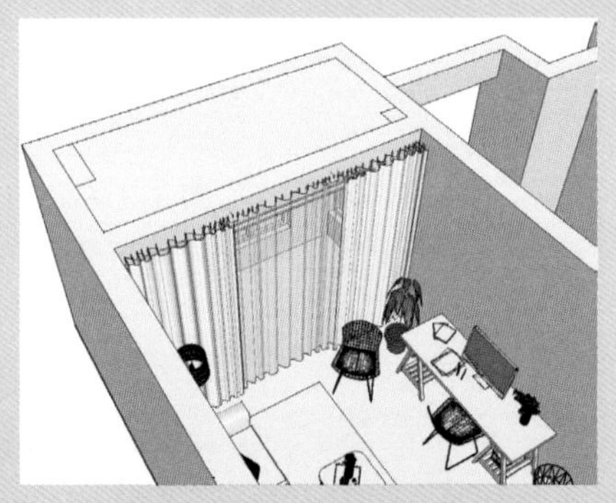
图 3-126　制作阳台顶部

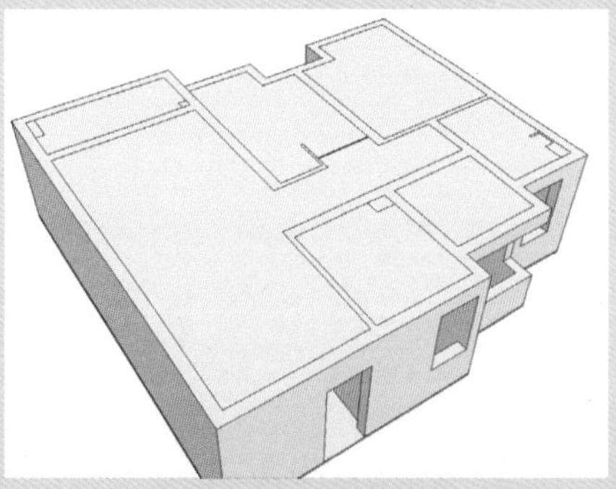
图 3-127　绘制顶面

35 隐藏除客厅顶部以外的模型，将顶面创建成组，双击进入编辑模式，绘制并复制边线，绘制出240mm的梁，如图3-128所示。

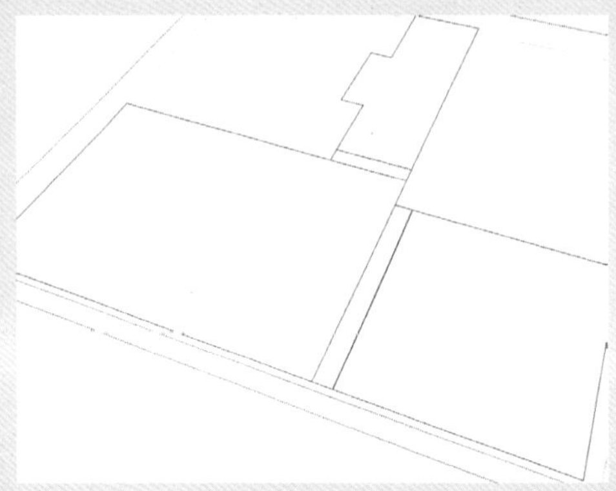

图 3-128　绘制梁

36 翻转所有的面，激活“偏移”工具，将客厅顶部的边线分别向内偏移400mm、20mm，如图3-129所示。

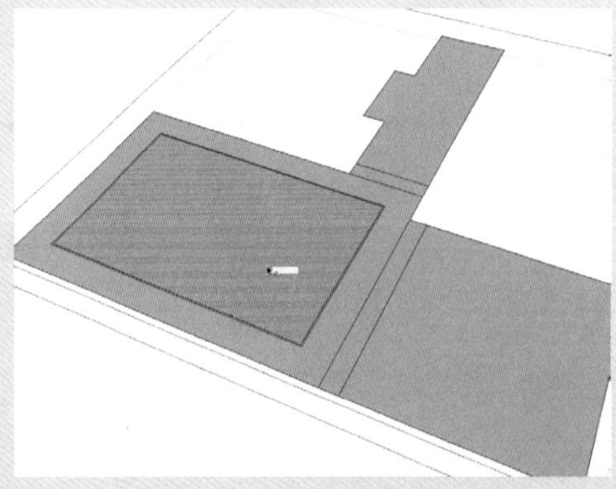

图 3-129　偏移图形

37 激活“推 / 拉”工具，将顶部的面向下进行拉伸，制作出吊顶造型，如图3-130所示。

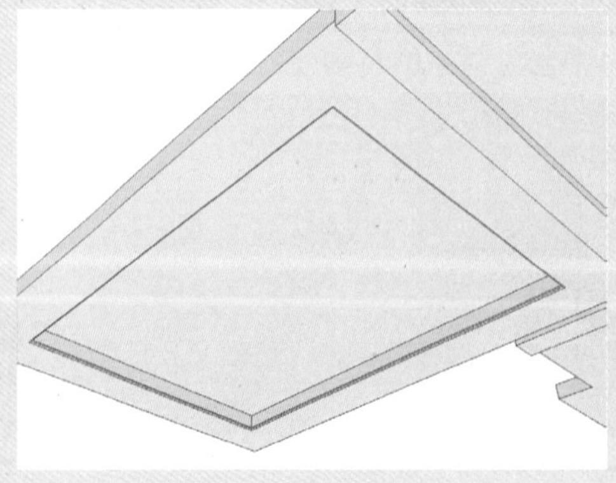

图 3-130　制作吊顶造型

38 将一侧的边线向内移动 200mm，如图 3-131 所示。

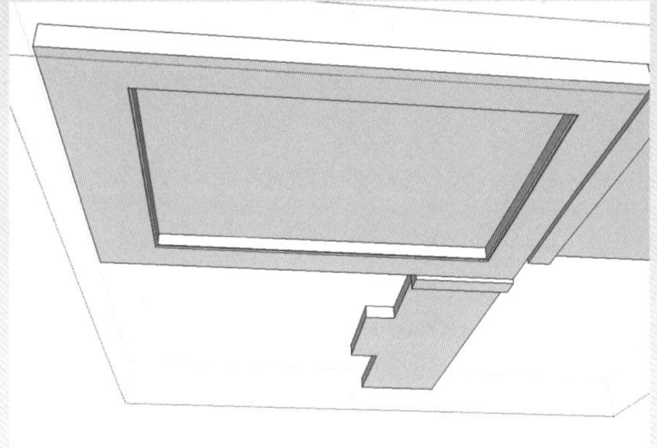

图 3-131　移动边线

39 利用“移动”“推 / 拉”工具，制作出宽 200mm、高 150mm 的窗帘盒轮廓，如图 3-132 所示。

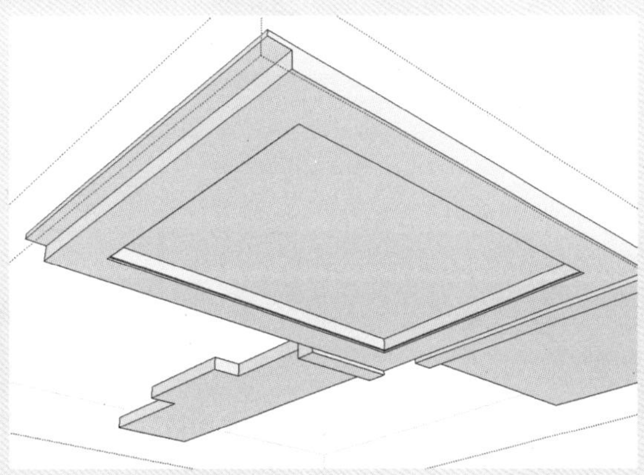

图 3-132　制作窗帘盒

40 取消隐藏所有模型，调整视口，再添加吸顶灯模型，制作好的客厅场景效果如图 3-133 所示。

图 3-133　完成场景的制作

强化训练

为了更好地掌握本章所学的知识，在此列举几个针对本章的拓展案例，以供读者练手。

1. 制作床头柜模型

利用矩形、圆、推 / 拉、移动等命令制作如图 3-134 所示的床头柜模型。

图 3-134　床头柜模型

操作提示：

01 利用矩形、移动、推 / 拉等工具制作柜体。

02 利用圆、推 / 拉、缩放等命令制作拉手模型。

2. 制作花架模型

利用矩形、偏移、推 / 拉、移动等命令制作如图 3-135 所示的花架模型。

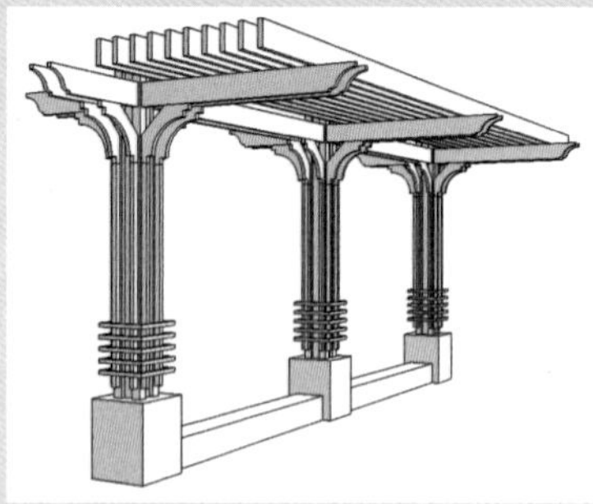

图 3-135　花架模型

操作提示：

01 利用矩形、偏移、推 / 拉等命令制作花架立柱模型。

02 利用矩形、推 / 拉等命令制作支架，再复制模型。

03 制作花架顶部造型。

CHAPTER 04

SketchUp 高级工具

本章概述 SUMMARY

SketchUp 作为三维建模软件，绘制二维图形只是铺垫，其最终目的还是建立三维模型。前面的章节中已经介绍了 SketchUp 的基本建模和辅助工具的操作方法，接下来本章将要介绍一些高级建模功能和场景管理工具的使用方法，以便于读者进一步深入掌握 SketchUp 的建模技巧。

■ 学习目标

√ 掌握“曲面起伏”工具的使用。
√ 掌握“曲面投射”工具的使用。
√ 掌握“柔化 / 平滑边线”功能的使用。
√ 掌握“照片匹配”功能的使用。

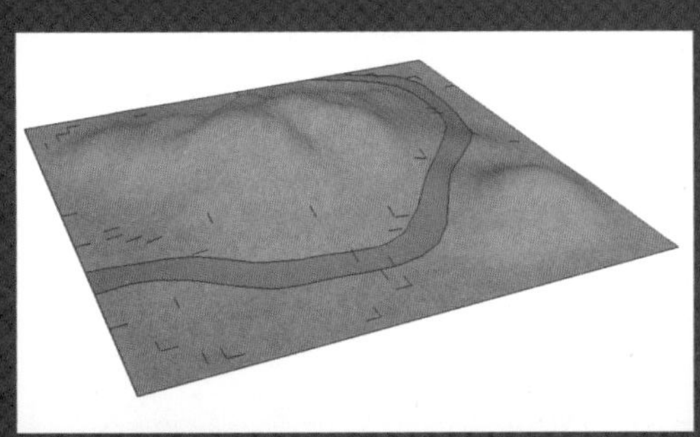

◎曲面投射

◎根据照片制作场景效果

4.1 “沙盒”工具

“沙盒”工具是 SketchUp 中内置的一个地形工具，用于制作三维地形效果。“沙盒”工具栏中包含“根据等高线创建”“根据网格创建”“曲面起伏”“曲面平整”“曲面投射”“添加细部”“对调角线”7 个工具，如图 4-1 所示。

图 4-1 “沙盒”工具栏

4.1.1 根据等高线创建

“根据等高线创建”工具的功能是封闭相邻的等高线以形成三角面。其等高线可以是直线、圆弧、圆形或者曲线等，将自动封闭闭合或者不闭合的线形成面，从而形成有等高差的坡地。下面利用该工具制作一个简单的坡地造型。

使用“手绘线”工具绘制等高线，并删除内部的面，沿 z 轴调整等高线的高度，如图 4-2、图 4-3 所示。选择等高线，在“沙盒”工具栏中单击“根据等高线创建”工具，即可自动生成一个地形模型，如图 4-4 所示。

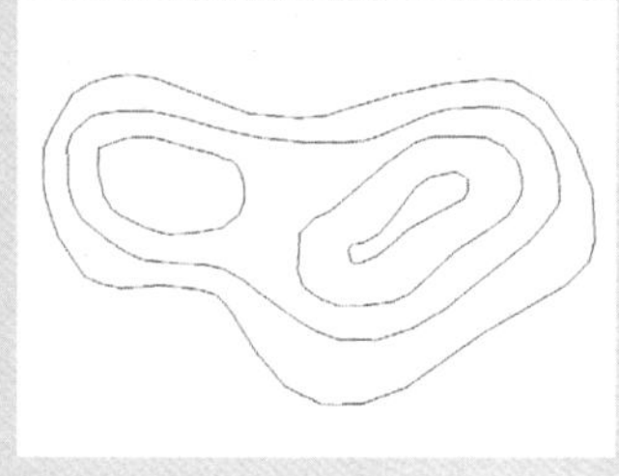

图 4-2 绘制等高线

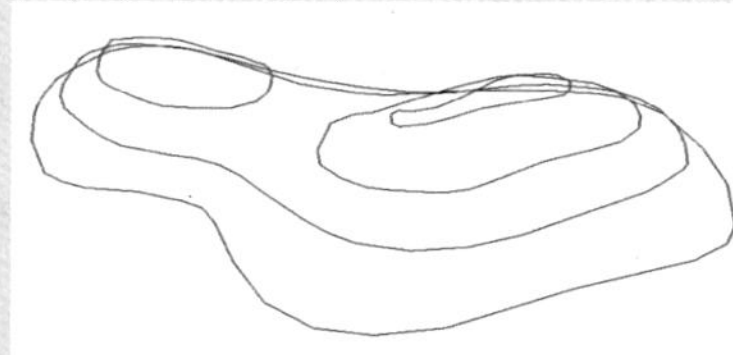

图 4-3 调整等高线

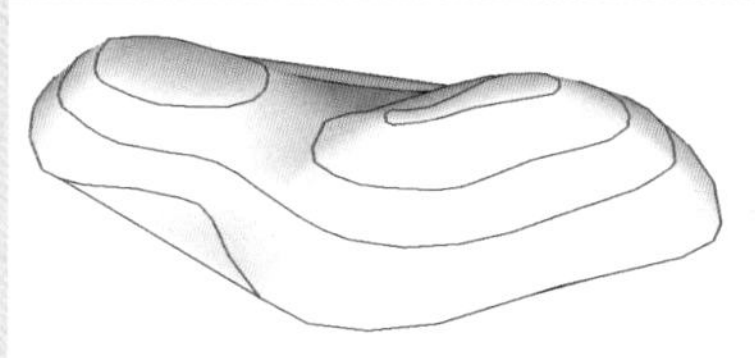

图 4-4 生成地形模型

4.1.2 根据网格创建

使用“根据网格创建”工具，可以创建细分网格地形，并能进行细节的刻画，以制作出真实的地形效果。具体操作步骤如下。

激活“根据网格创建”工具，在视口中单击选择一点作为绘制起点，拖动鼠标绘制网格一边的宽度，单击鼠标确认，再横向拖动鼠标绘制出网格另一边的宽度，单击确认即可完成网格的绘制，如图 4-5、图 4-6、图 4-7 所示。

方格网并不是最终的效果，设计者还可以利用“沙盒”工具栏中的其他工具配合制作出需要的地形。

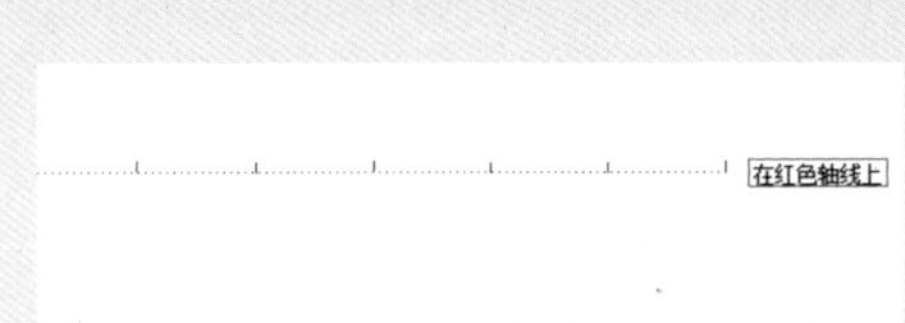

图 4-5　绘制网格的一边

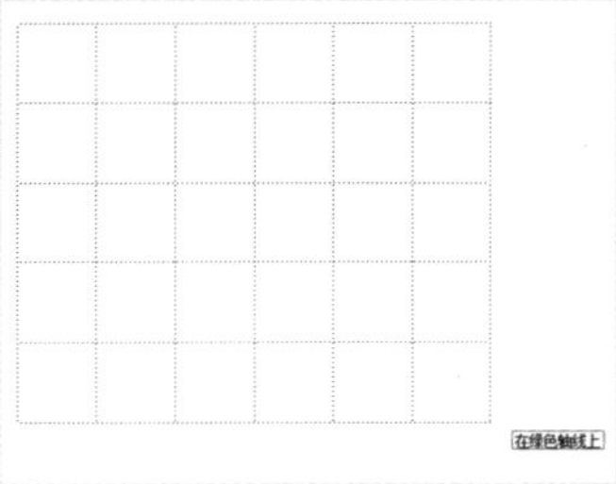

图 4-6　绘制网格另一边

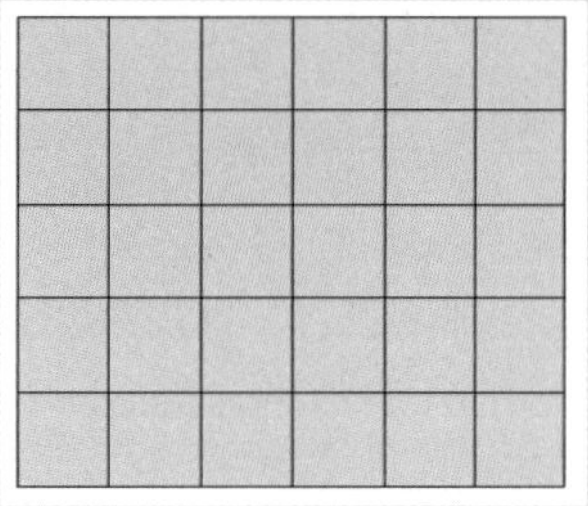

图 4-7　完成网格的绘制

4.1.3　曲面起伏

从该工具开始，后面的几个工具都是围绕上述两个工具的执行结果进行修改的工具，其主要作用是修改地形 z 轴的起伏程度，拖出的形状类似于正弦曲线。需要说明的是，此工具不能对组与组件进行操作。“曲面起伏”工具的具体使用方法如下。

01 双击视图中绘制好的网格，进入编辑状态，激活“曲面起伏”工具，将鼠标指针移动到网格上，再输入数值来确定图中所示圆的半径，也就是要拉伸点的辐射范围，如图 4-8 所示。

02 单击选择该点，再上下移动鼠标来确定拉伸的 z 轴高度，如图 4-9 所示。

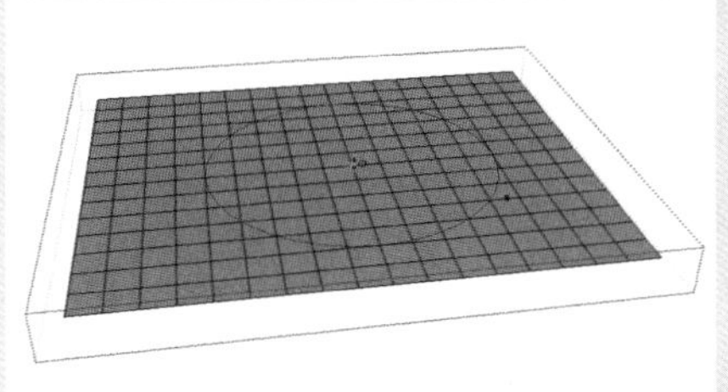

图 4-8　激活“曲面起伏”工具

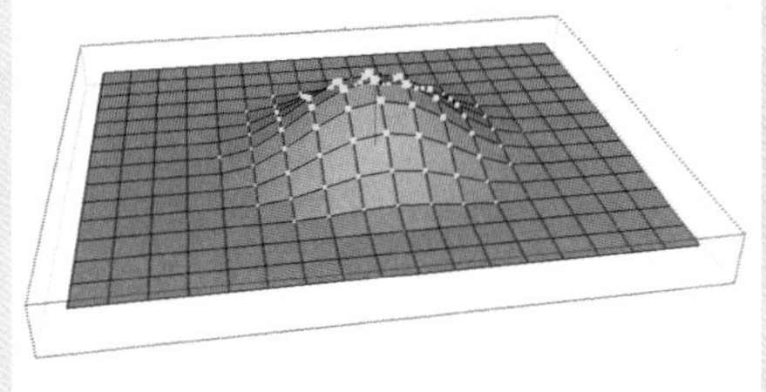

图 4-9　拉伸高度

绘图技巧

（1）用等高线生成和用网格生成的是一个组，此时要注意，在组的编辑状态下才可以执行此命令。

（2）此命令只能沿系统默认的 z 轴进行拉伸，所以如果想要多方位拉伸时，可以结合旋转工具（先将拉伸的组旋转到一定的角度后，再进入编辑状态进行拉伸）。

（3）如果用户想只对个别的点（线、面）进行拉伸的话，先将圆的半径设置为比一个正方形网格单位小的数值（或者设置成最小单位 1mm）。设置完成后，先退出此命令状态，再开始选择点、线（两个顶点）、面（面边线所有的顶点），然后单击此命令，进行拉伸即可。

4.1.4 曲面平整

使用“曲面平整”工具可以在复杂的地形表面上创建建筑基面和平整场地，使建筑物与地面更好地结合。当房子建在斜面上时，房子的位置必须是水平的，也就是需要平整场地。该工具就是将房子沿底面偏移一定的距离放置在地形上。“曲面平整”工具的具体使用方法如下。

01 将房子模型放置至正确的位置，如图 4-10 所示。

02 激活“曲面平整”工具，光标会变成，单击房子模型，房子下方会出现红色的边框，如图 4-11 所示。

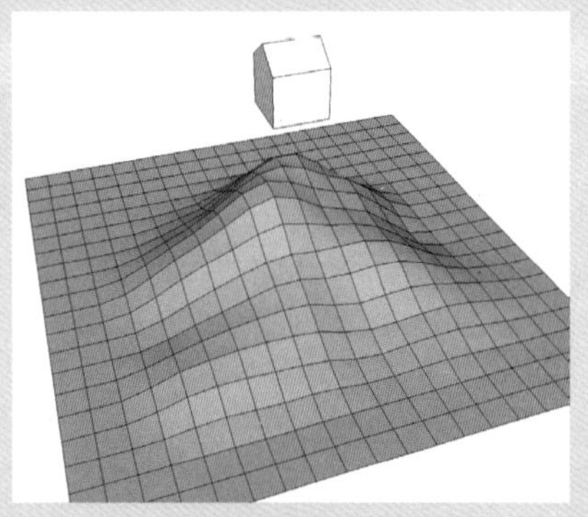

图 4-10 调整模型位置

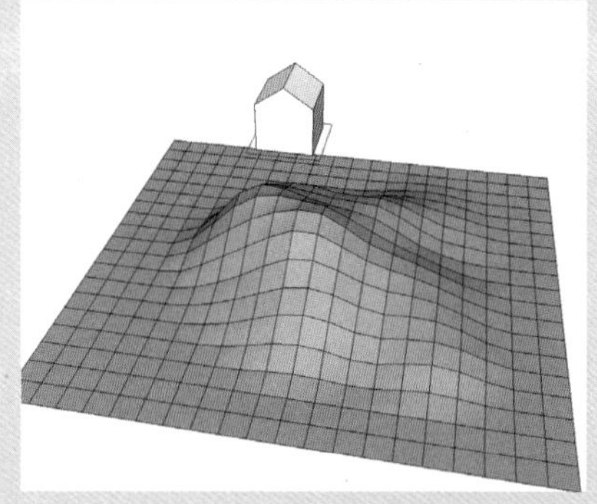

图 4-11 单击房子模型

03 继续单击山地，在山地对应房子的位置将会挤出一块平整的场地，高度可随着鼠标移动进行调整，如图 4-12 所示。

04 将房屋模型移动到山顶的平面，即完成本次的操作，如图 4-13 所示。

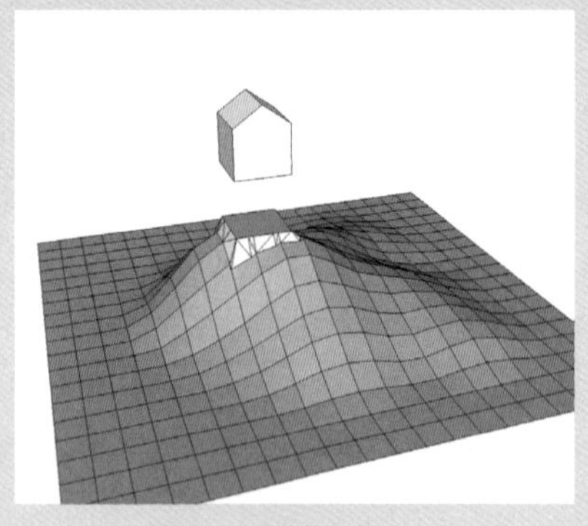

图 4-12 调整平整地面

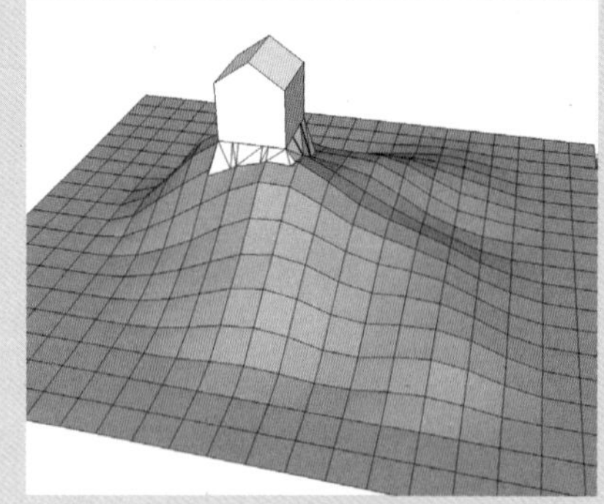

图 4-13 移动模型

4.1.5 曲面投射

使用“曲面投射”工具可以将物体的形状投影到地形上，如图 4-14、图 4-15 所示为利用“曲面投射”工具制作的山坡上的道路。该工具与“曲面平整”工具的区别在于，“曲面平整”工具是在地形上建立一个基地平面使建筑物与地面结合，而“曲面投射”工具则是在地形上划分一个投影物体的形状。

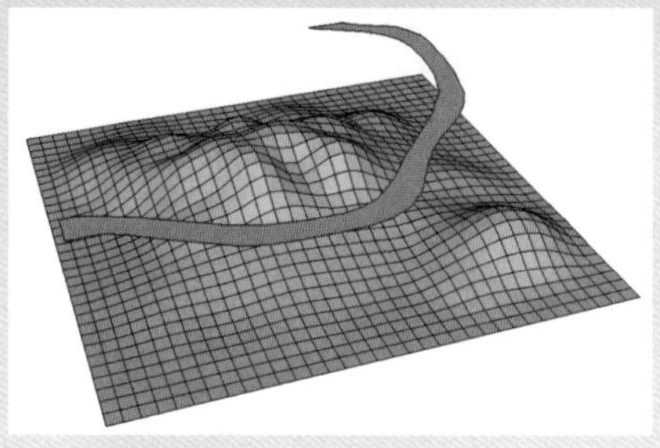
图 4-14　山地和道路

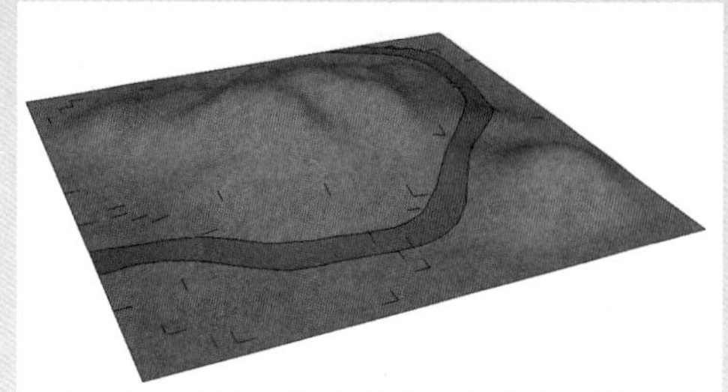
图 4-15　用“曲面投射”工具制作道路

4.1.6　添加细部

使用“添加细部”工具，可以在根据网格创建的地形不够精确的情况下，对网格进行进一步修改。细节的原则是将一个网格分成 4 块，共形成 8 个三角面，但破面的网格细部会有所不同，如图 4-16、图 4-17 所示为添加细部前后的对比。

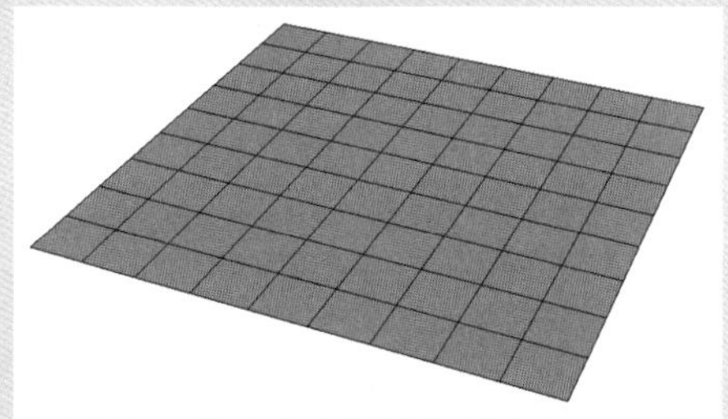
图 4-16　创建网格

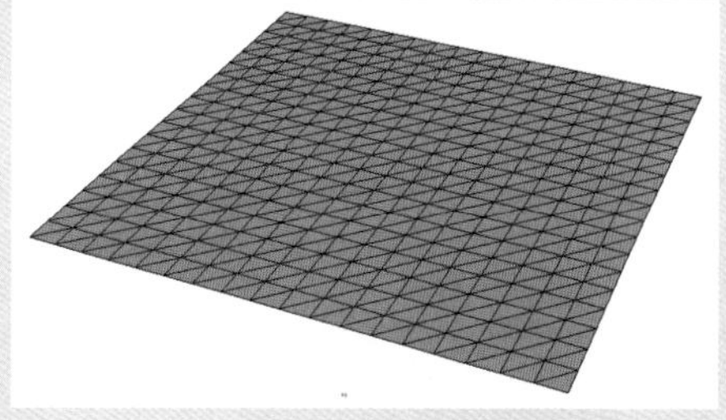
图 4-17　添加细部

如果要对模型的局部进行细分，只需要先选择需要添加细部的部分，再激活“添加细部”工具即可，如图 4-18、图 4-19 所示。

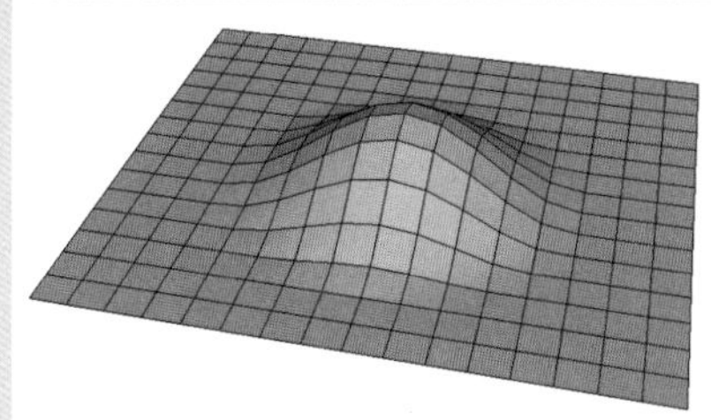
图 4-18　山地网格

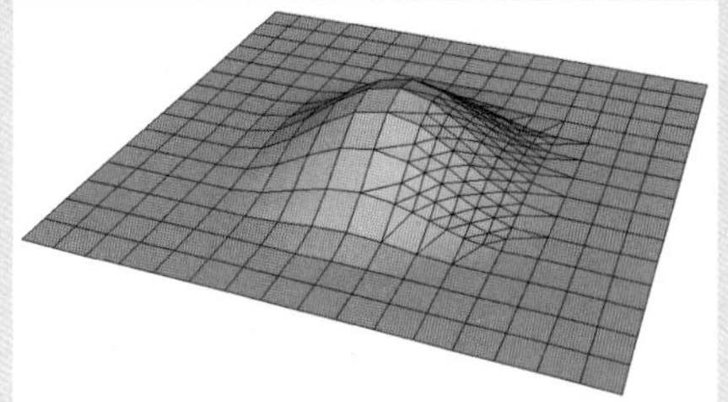
图 4-19　局部添加细部

4.1.7　对调角线

使用“对调角线”工具，可以人为地改变地形网格边线的方向，对地形的局部走向进行调整。在某些情况下，对于一些地形的起伏不能顺势而下，利用“对调角线”工具改变边线凹凸的方向就可以很好地解决此问题，如图 4-20、图 4-21 所示。

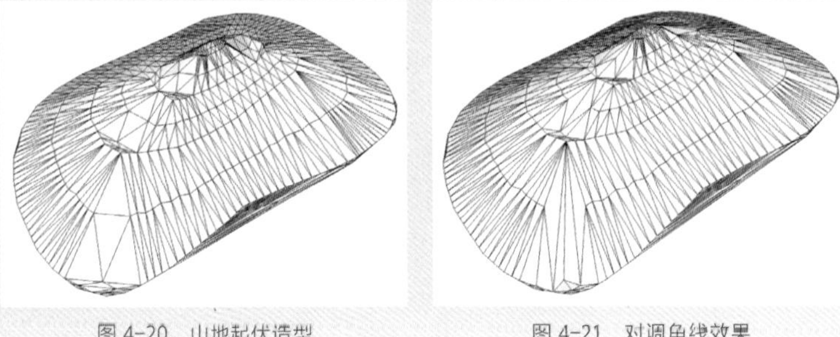

图 4-20　山地起伏造型　　　　图 4-21　对调角线效果

4.2　“柔化 / 平滑边线”功能

SketchUp 的边线可以进行柔化和平滑处理，从而使有棱角的形体看起来更光滑。对柔化的边线进行平滑处理可以减少曲面的可见折线，使用更少的面表现曲面，也可以使相邻的表面在渲染中能均匀过渡渐变。

柔化处理的边线会自动隐藏，但实际上还存在于模型中，执行“视图”|“隐藏物体”命令，当前不可见的边线就会显示出来。柔化边线有以下几种方法。

- 按住 Ctrl 键的同时使用“擦除”工具，可以柔化边线而不是删除边线。
- 在边线上单击鼠标右键，在弹出的快捷菜单中选择“柔化”命令。
- 选中多条边线，然后在选择集上单击鼠标右键，在弹出的快捷菜单中选择“柔化 / 平滑边线”命令，将会打开“柔化边线”设置面板，如图 4-22 所示。
- 在边线上单击鼠标右键，在弹出的快捷菜单中选择“图元信息”命令，即可打开“图元信息”设置面板，从中可勾选“软化”“平滑”复选框，如图 4-23 所示。
- 执行“窗口”|“默认面板”|“柔化边线”命令也可以打开“柔化边线”设置面板。

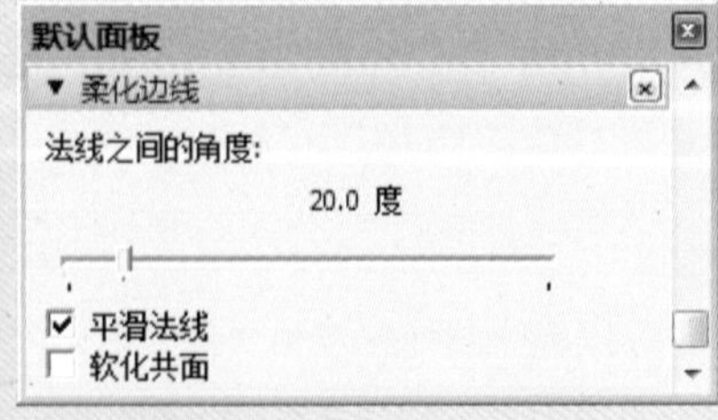

图 4-22　“柔化边线”设置面板

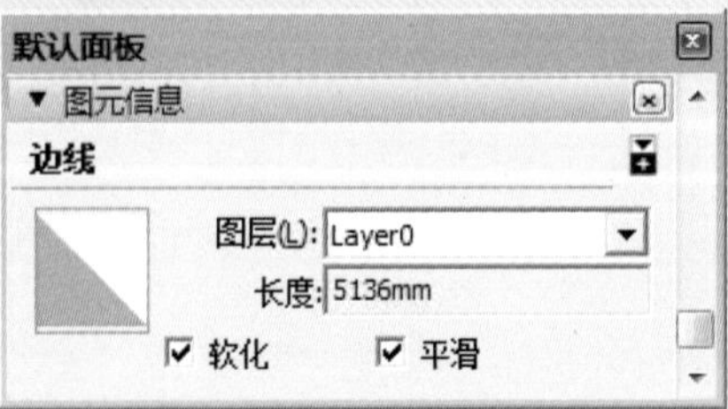

图 4-23　“图元信息”设置面板

4.3 “照片匹配”功能

“照片匹配”功能可以根据实景照片计算出相机的位置和视角，然后再创建与照片相似的环境，此功能最适合制作构筑物（包含表示平行线的部分）图像模型，如方形窗户的顶部和底部。

关于照片匹配的命令有两个，分别是“新建照片匹配”命令和“编辑照片匹配”命令，这两个命令都可以在“相机”菜单中找到，如图 4-24 所示。选择“新建照片匹配”命令，将会打开“选择背景图像文件”对话框，选择一个图片文件后，该图片即会成为SketchUp中的背景图像，且同时会打开“照片匹配”设置面板，如图 4-25 所示。

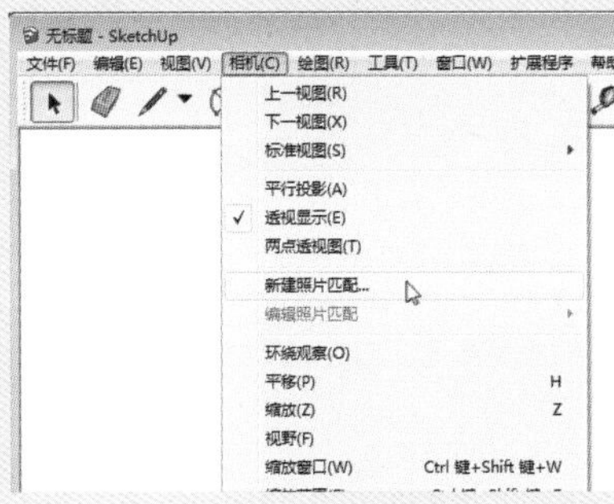

图 4-24 “新建照片匹配”命令

图 4-25 “照片匹配”设置面板

4.4 课堂练习——根据照片创建场景

本案例中将结合前面所学知识，根据实景照片创建一个室外场景。主要运用到“沙盒”工具及照片匹配、柔化边线等功能。具体绘制步骤介绍如下。

01 执行“相机”｜“新建照片匹配”命令，打开“选择背景图像文件”对话框，选择合适的参照图片，如图 4-26 所示。

02 单击“打开”按钮，将照片导入到背景中，可以看到背景上多出了红、绿、蓝三色的轴线，如图 4-27 所示。

图 4-26 “选择背景图像文件”对话框

图 4-27 背景效果

03 同时系统会自动打开“照片匹配”设置面板，这里选择“外部”样式和“红轴/绿轴”平面，其余设置默认，如图 4-28 所示。

04 拖动调整红色绿色消失线，确定 x 轴、y 轴及 z 轴方向，如图 4-29 所示。

图 4-28 “照片匹配”设置面板

图 4-29 调整图片

05 单击“照片匹配”设置面板中的“完成”按钮，进入绘图区，如图 4-30 所示。

06 激活“直线”工具，捕捉建筑左侧轮廓绘制一个矩形的面，如图 4-31 所示。

图 4-30 绘图区

图 4-31 绘制矩形面

07 激活“偏移”工具，将矩形边线向内进行偏移，与照片中的墙体对齐，如图 4-32 所示。

08 激活“直线”工具，继续捕捉绘制墙体线，再删除部分线条，将部分墙体轮廓分割出来，如图 4-33 所示。

图 4-32　偏移边线

图 4-33　分割墙体轮廓

09 激活“推 / 拉”工具，推出墙体造型，如图 4-34 所示。

10 继续激活“推 / 拉”工具，推出窗台造型，如图 4-35 所示。

图 4-34　推出墙体造型

图 4-35　推出窗台造型

11 利用“直线”“推 / 拉”工具，继续制作墙体模型，如图 4-36 所示。

12 按住鼠标中键旋转视口，利用“直线”“推 / 拉”工具制作建筑底部的墙体，如图 4-37 所示。

图 4-36　制作墙体

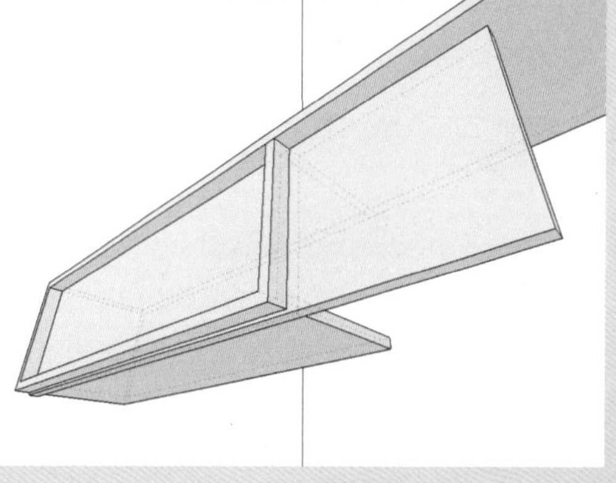

图 4-37　制作底部墙体

13 切换到场景，激活“直线”工具，捕捉绘制矩形墙面，如图 4-38 所示。

14 旋转视口，激活“推 / 拉”工具，将地面高度向上推出与墙面对齐，如图 4-39 所示。

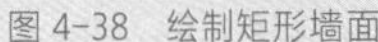

图 4-38　绘制矩形墙面

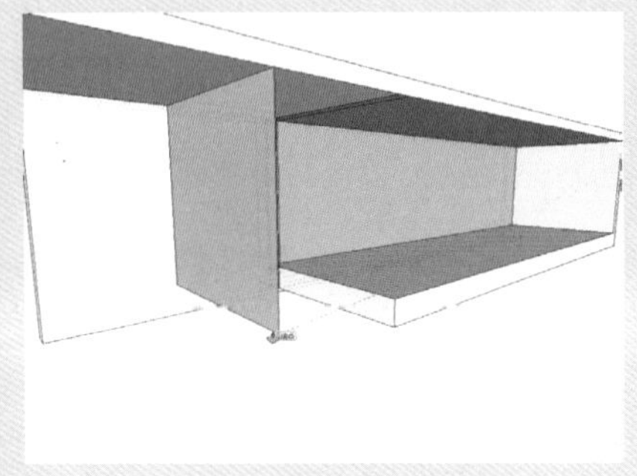

图 4-39　推拉地面高度

15 返回到场景，继续利用“推 / 拉”工具，将地面向外推出，如图 4-40 所示。

16 激活“偏移”工具，将内墙的边线向内偏移出厚度，如图 4-41 所示。

图 4-40　推拉地面长度

图 4-41　偏移图形

17 利用“移动”工具，绘制出门套、窗套并调整造型，如图 4-42 所示。

18 激活“推 / 拉”工具，推出门框、窗框效果，如图 4-43 所示。

图 4-42　绘制门套、窗套轮廓

图 4-43　推出门框、窗框

19 利用“直线”“推 / 拉”工具，创建墙体、踏步模型，如图 4-44 所示。

20 继续制作水泥平台模型，如图 4-45 所示。

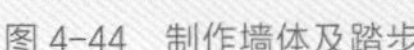

图 4-44　制作墙体及踏步

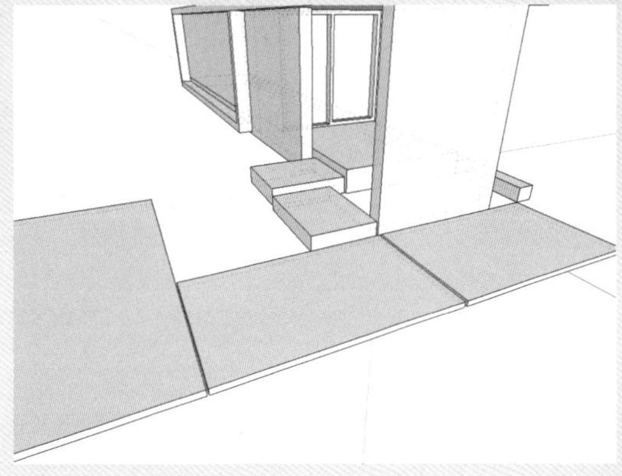

图 4-45　制作水泥平台

21 将模型各自成组，再制作门模型并添加把手，如图 4-46 所示。

22 再制作阳台窗户造型，如图 4-47 所示。

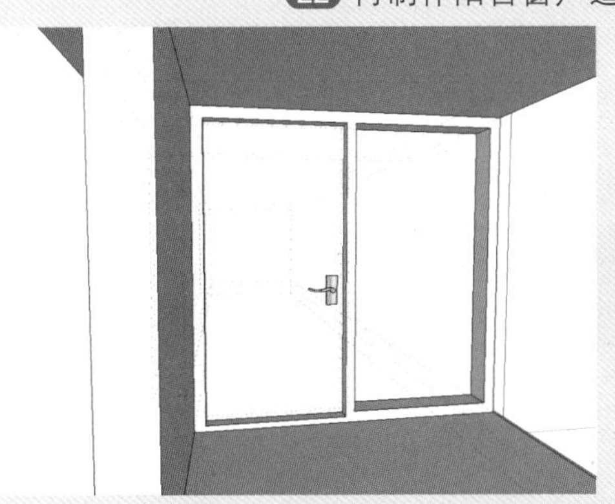

图 4-46　制作门模型

图 4-47　制作阳台窗户造型

23 完善整体建筑模型，如图 4-48 所示。

24 激活“根据网格创建”工具，创建网格，如图 4-49 所示。

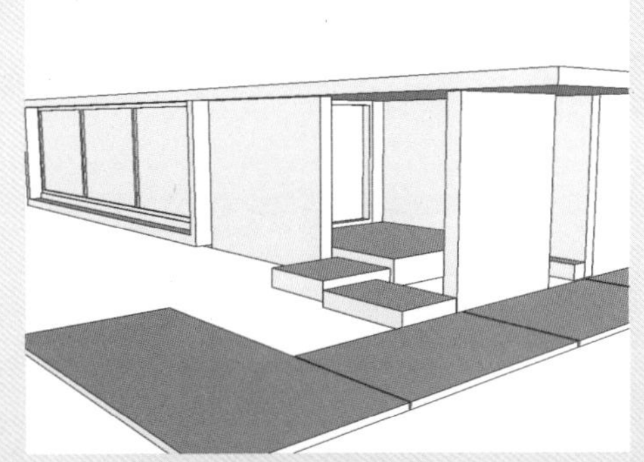

图 4-48　完善模型

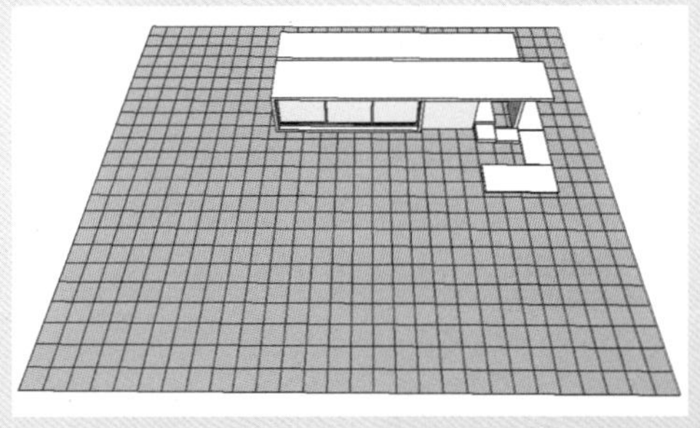

图 4-49　创建网格

25 双击网格进入编辑状态，激活“曲面起伏”工具，创建山地起伏，如图 4-50 所示。

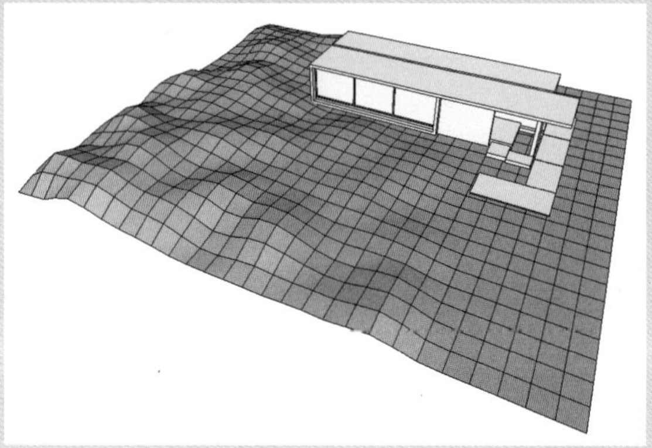

图 4-50 创建山地起伏

26 激活“添加细部”工具，为山地网格添加细部，如图 4-51 所示。

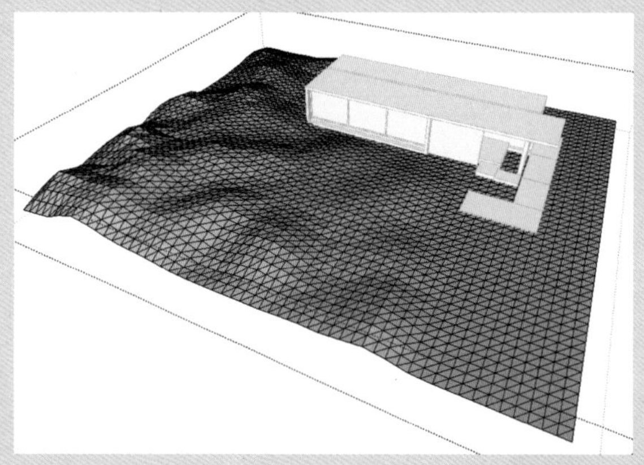

图 4-51 添加细部

27 打开“柔化边线”设置面板，设置柔化参数，如图 4-52 所示。

28 柔化效果如图 4-53 所示。

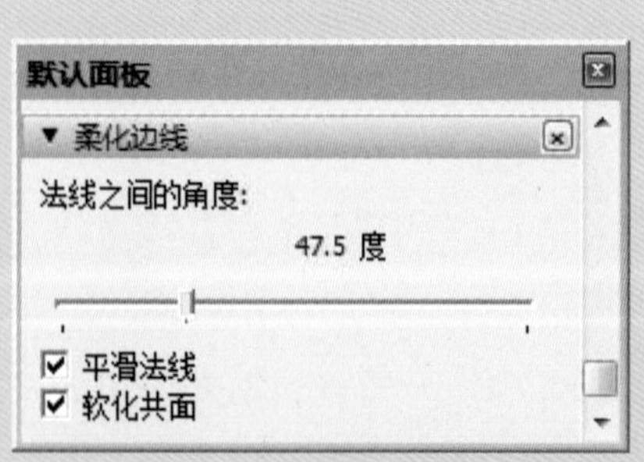

图 4-52 设置柔化参数

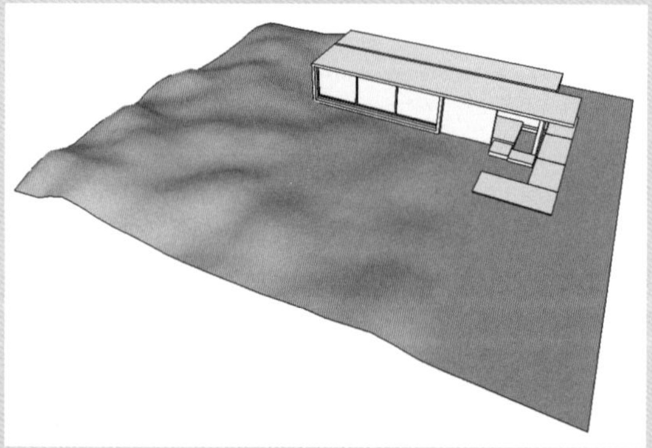

图 4-53 柔化效果

29 最后为场景添加花草树木等模型，为建筑及山地模型添加材质贴图，设置天空颜色，创建好的场景效果与背景照片对比如图 4-54、图 4-55 所示。

图 4-54　模型场景效果

图 4-55　照片效果

强化训练

为了更好地掌握本章所学的知识，在此列举几个针对本章的拓展案例，以供读者练手。

1. 制作单体别墅模型

利用“照片匹配”功能制作如图 4-56 所示的单体别墅模型。

图 4-56　单体别墅

操作提示：

01 新建照片匹配，根据照片调整轴线。
02 沿轴创建别墅模型。
03 添加植物材质等完善场景。

2. 制作山地梯田模型

根据如图 4-57 所示的照片制作山地梯田效果。

图 4-57　山地梯田

操作提示：

01 利用“沙盒”工具制作山地模型，并进行柔化。
02 利用手绘线、偏移、推 / 拉等命令制作梯田模型。
03 将山地模型和梯田模型合并到一处。

CHAPTER 05

SketchUp/V-Ray 材质与贴图

本章概述 SUMMARY

SketchUp 的自带材质库中拥有较多的材质资源，应用材质后，该材质就会被添加到材质列表，这个列表中的材质会和模型一起被保存在 .skp 文件中，这是 SketchUp 最大的优势之一。除了 SketchUp 自带的材质库外，用户还可以利用 V-Ray 材质编辑器创建更具质感的纹理材质，制作出逼真的场景效果。本章向读者介绍 SketchUp 自带材质的相关知识以及 V-Ray 材质的创建与应用知识，使读者能够掌握相关材质的设置技巧。

■ 学习目标

√ 掌握材质浏览器与编辑器的使用。

√ 掌握纹理贴图的应用与编辑。

√ 掌握 V-Ray 材质编辑器的使用。

√ 掌握主要参数设置的使用。

◎卫生间小场景

◎客厅场景效果

5.1 SketchUp 材质

SketchUp 的材质库中拥有十分丰富的资源，其属性包括颜色、透明度、纹理贴图及尺寸大小等。另外，还提供了不同的工具来应用、填充或替换材质，也可以从某一实体上提取材质。

5.1.1 材质浏览器与材质编辑器

在 SketchUp 中，一般使用材质浏览器与材质编辑器工具来赋予或调整材质，材质浏览器的主要功能就是让用户选择需要的材质，如图 5-1 所示。单击“编辑”按钮，即可切换到材质编辑器，如图 5-2 所示。

图 5-1 材质浏览器

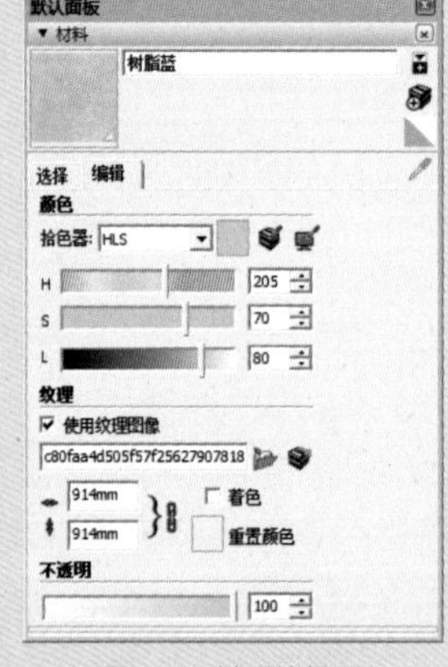

图 5-2 材质编辑器

在材质编辑器里可以看到很多选项，其中包括材质名称、材质预览、拾色器、纹理、不透明等，具体介绍如下。

1. 材质名称

对材质的指代，使用中文、英文或阿拉伯数字都可以，方便认识即可。要注意的是，如果需要将模型导出到 3ds Max 或 Artlantis 等软件，则尽量不要使用中文的材质名称，以避免不必要的麻烦。

2. 材质预览

用于显示调整的材质效果。这是一个动态的窗口，随着每一步的调整进行相应的改变。

3. 拾色器

用于调整材质贴图的颜色。在该功能区中，用户可进行以下几种操作。

- 还原颜色更改：还原颜色到默认状态。
- 匹配模型中对象的颜色：在保持贴图纹理不变的情况下，用模型中其他材质的颜色与当前材质混合。

- 匹配屏幕上的颜色：在保持贴图纹理不变的情况下，用屏幕中的颜色与当前材质混合。
- 着色：勾选后可以去除颜色与材质混合时产生的杂色。
- 色轮：使用色轮可从中选择任意一种颜色。同时，用户可以沿色轮拖曳鼠标，快速浏览许多不同的颜色。
- HLS：HLS 吸取器从灰度级颜色中取色。使用灰度级颜色吸取器取色，调节出不同的黑色。
- HSB：像色轮一样，HSB 颜色吸取器可以从 HSB 中取色。HSB 将会提供给用户一个更加直观的颜色模型。
- RGB：RGB 颜色吸取器可以从 RGB 中取色。RGB 颜色是电脑屏幕上最传统的颜色，代表着人类眼睛所能看到的最接近的颜色。RGB 有一个很宽的颜色范围，是 SketchUp 最有效的颜色吸取器。

知识拓展

SketchUp 的材质无法控制材质反射、折射等特性，因此其制作的材质不具有写实性，使用 V-Ray 渲染器的材质，可以弥补 SketchUp 在材质细节上的不足。

4. 纹理

如果材质使用了外部贴图，这里可以调整贴图的大小，即贴图横向及纵向的尺寸。在该功能区中，用户可进行以下几种操作。

- 调整大小：在贴图卷展栏下方，通过调整长宽数据来调整贴图在纵横方向上的大小。
- 重设大小：点击纵横方向的图标即可使贴图大小还原到默认的状态。
- 单独调整大小：点击锁链图标，使其断开，即可单独调整纵横方向的大小。
- 浏览：单击“浏览”按钮，可以从外部选择图片替换掉当前模型中材质的纹理贴图。
- 在外部编辑器中编辑纹理图像：可以打开默认的图片编辑软件对当前模型中的贴图纹理进行编辑。

知识拓展

透明度是通过材质编辑器来调整的，如果没有为物体赋予材质，那么物体使用的就是默认材质，是无法改变透明度的。

5. 不透明

用于制作透明材质，最常见的就是玻璃。当不透明度数值为 100 时，材质没有透明效果；当透明度为 0 时，材质完全透明。如图 5-3、图 5-4 所示为不同透明度的玻璃材质效果。

图 5-3　不透明度为 15

图 5-4　不透明度为 90

5.1.2 纹理贴图的应用与编辑

在材质编辑器中用户可以使用 SketchUp 自带的材质库，也可以手动从外部获得纹理贴图，以满足建模需求。

在材质编辑器的“纹理”选项组中勾选“使用纹理图像”复选框（或者单击“浏览”按钮），此时会弹出“选择图像”对话框用于选择贴图并导入，如图 5-5 所示。从外部获得的贴图应尽量控制大小，如有必要，可以使用压缩的图像格式来减小文件量，如 JPEG 或 PNG 格式。

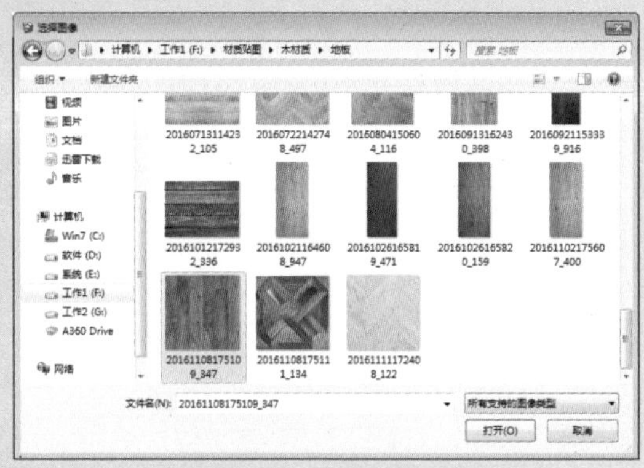

图 5-5 获取外部贴图

用户也可以对使用的材质库中的贴图进行修改编辑，在材质编辑器的“纹理”选项组中单击“在外部编辑器中编辑纹理图像”按钮，即可打开该材质所使用的贴图文件，如图 5-6、图 5-7 所示。

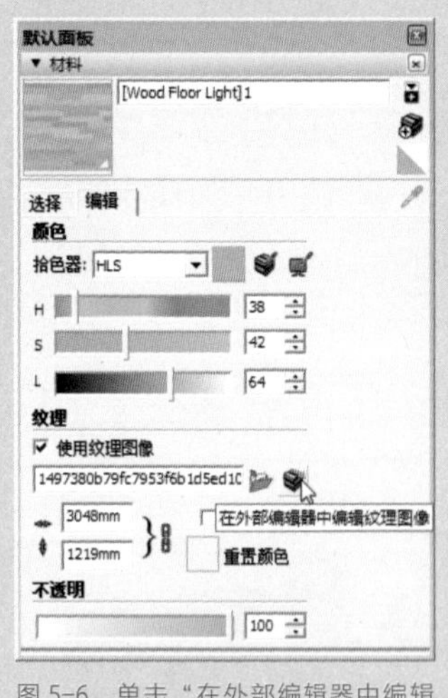

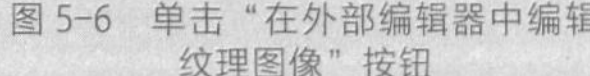
图 5-6 单击“在外部编辑器中编辑纹理图像”按钮

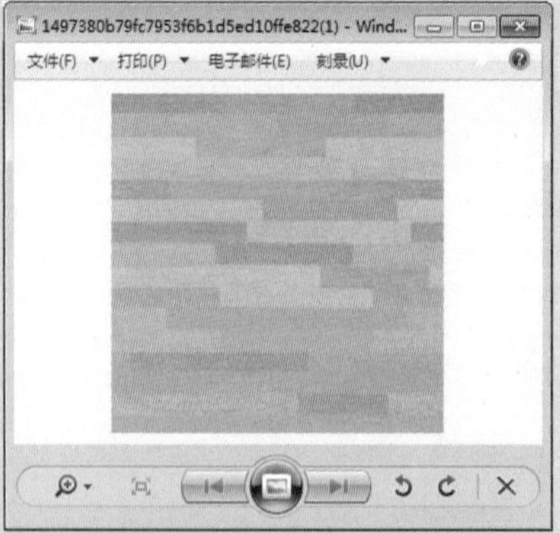

图 5-7 打开贴图文件

在贴图上单击鼠标右键，在弹出的快捷菜单中可以选择合适的图形编辑工具，这里利用 Photoshop 对贴图进行进一步的调整，设置完毕后保存操作，可以看到材质编辑器中的纹理贴图随之发生了变化，如图 5-8、图 5-9 所示。

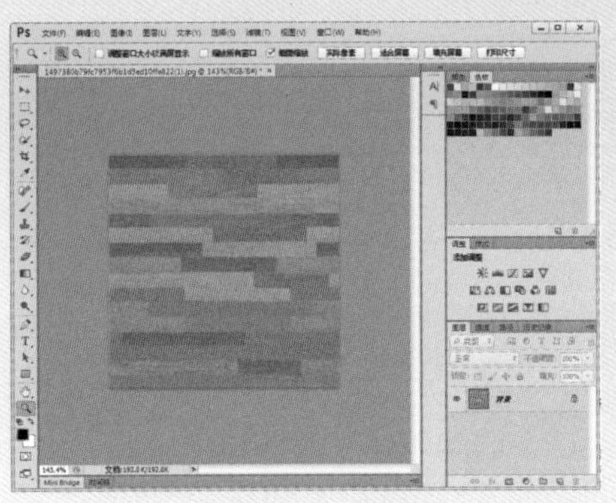

图 5-8 用 Photoshop 编辑贴图文件

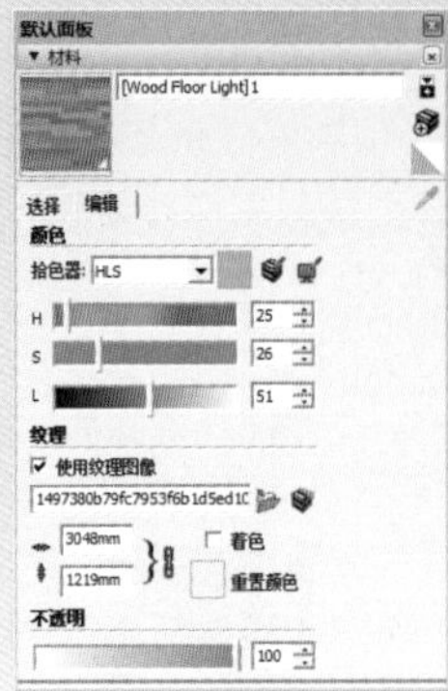

图 5-9 材质编辑器

5.2 V-Ray 材质

SketchUp 仅为用户提供了 4 类材质，即单色、纹理、透明及镂空，这 4 类材质远不能满足用户实现照片级的渲染效果。V-Ray for SketchUp 为用户提供了更多可能，与 V-Ray for 3ds Max 不同的是，它充分考虑了草图大师的工作特点，所采用的材质编辑方式更适合设计师的工作流程和不同设计深度的需求。通过给原有的 SketchUp 材质添加“层”的方式，即可实现大多数的质感效果。

5.2.1 V-Ray 材质编辑器

V-Ray 安装完毕后，打开 SketchUp，工作界面上会出现浮动的 V-Ray 主工具栏，如图 5-10 所示。

单击 V-Ray 主工具栏左侧第一个按钮即可打开 V-Ray 材质编辑器，如图 5-11 所示为 V-Ray 材质编辑器朴素的界面，左侧是材质预览和场景材质列表，右侧是参数设置面板。对新手来说，会对 V-Ray 材质编辑器很陌生，但是如果用户使用过 V-Ray for 3ds Max，就会发现它们其实是差不多的。

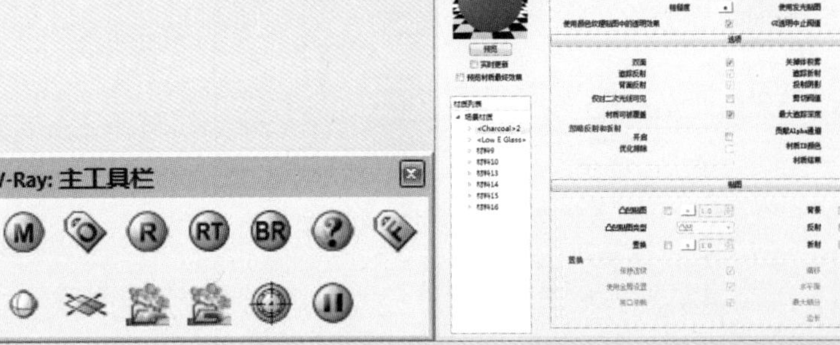

图 5-10 V-Ray 主工具栏

图 5-11 V-Ray 材质编辑器

1. 材质预览

单击材质预览视窗下的“预览”按钮，材质编辑器将根据材质参数的设置，形成材质的大概效果，以便观察材质是否合适。

2. 场景材质管理

右击“场景材质”选项，会出现场景材质管理菜单，如图 5-12 所示。

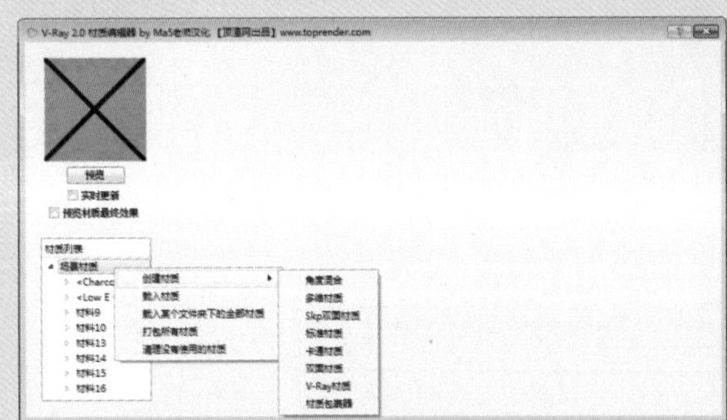

图 5-12　场景材质管理菜单

- 创建材质：该选项用于创建新的材质，有 8 种材质类型可供选择。选择一种材质类型后，该材质会出现在材质管理列表的最下方。
- 载入材质：该选项可以将保存在磁盘上的材质读入到场景中，如果有重名材质，将会自动在材质名后加上序号。
- 载入某个文件夹下的全部材质：该选项可将某文件夹内的材质全部读入到场景中。
- 打包所有材质：该选项可将场景中所有材质打包并保存到磁盘。
- 清理没有使用的材质：该选项可将场景中没有使用到的材质全部清除，以免浪费电脑资源。

3. 材质管理

在材质名称上单击鼠标右键，会打开材质管理菜单，用户可通过该菜单对材质进行创建层、保存、打包、复制、更名、删除、导入等操作，如图 5-13 所示。

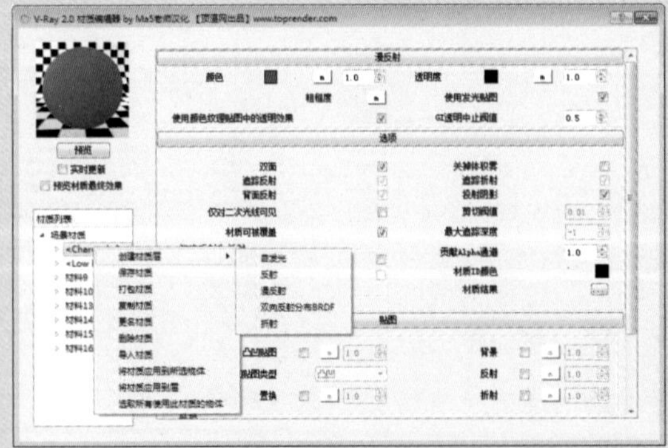

图 5-13　材质管理菜单

- 创建材质层：在 V-Ray 材质中，物体的属性是分层管理的，除了基本的漫反射、选项及贴图层外，还可以手动创建漫反射、反射、折射、自发光及双向反射分布 BRDF 层，以创建出具有不同属性的各类材质。
- 复制材质：从当前材质复制一个，其名称后会自动添加序号。
- 更名材质：对材质重新命名，方便管理。
- 将材质应用到层：将当前材质赋予到所选图层的全部物体。
- 选取所有使用此材质的物体：选择场景中所有使用此材质的物体。

V-Ray 材质列表中的材质与 SketchUp 材质窗口中的材质是一样的，无论在哪个界面选择材质，材质编辑器都会显示被选择材质的属性。

5.2.2 主要参数的设置

材质编辑器中主要控制材质表现的 3 个参数分别是漫反射、反射及折射。漫反射表现物体的固有色；反射表现物体的光滑度；折射表现物体的透明与穿透。

1. 漫反射

通过“漫反射”卷展栏可以设定材质的颜色、纹理及透明度，卷展栏如图 5-14 所示。

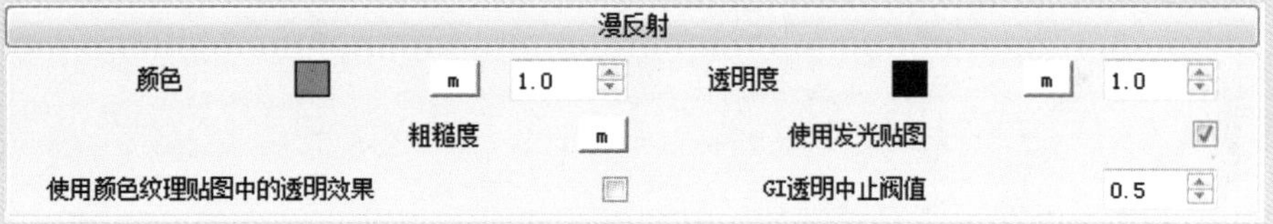

图 5-14 “漫反射”卷展栏

单击颜色色块，可以任意设置材质表面的颜色，如图 5-15、图 5-16 所示。

图 5-15 蓝色漫反射效果　　图 5-16 玫红色漫反射效果

单击颜色色块后的 m 按钮，可以为漫反射通道添加贴图模拟表面纹理效果，如图 5-17、图 5-18 所示。

图 5-17　木纹贴图效果　　　　图 5-18　仿古砖贴图效果

调整透明度色块，可以设置材质的透明效果，如图 5-19、图 5-20 所示。但是该设置并不能产生现实中折射的细节效果。

图 5-19　50 灰度值效果　　　　图 5-20　120 灰度值效果

2. 反射

通过“反射”卷展栏可以轻松制作出现实中的反射、高光、高光反射等细节，卷展栏如图 5-21 所示。

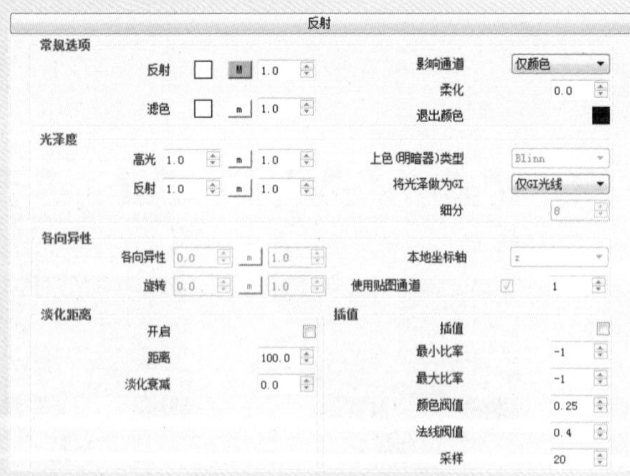

图 5-21　“反射”卷展栏

单击反射颜色色块，调整该颜色灰度值可以控制反射效果的强弱，颜色越亮反射能力越强，如图 5-22 所示。单击色块后的 m 按钮，可以为反射通道添加贴图，以精确控制材质表面各个区域的反射能力，如图 5-23 所示。

图 5-22　纯白色全反射效果

图 5-23　贴图反射效果

另外，设置高光与反射参数值也可以有不同的效果，前者用于控制高光的强弱，数值越小高光越散淡；后者则用于控制反射模糊的强度，数值越小反射效果就越模糊，如图 5-24、图 5-25 所示。

图 5-24　反射“高光”值 0.6

图 5-25　反射“反射”值 0.8

3. 折射

“折射”卷展栏可以控制透明对象的颜色、光泽度、透明度等细节，卷展栏如图 5-26 所示。

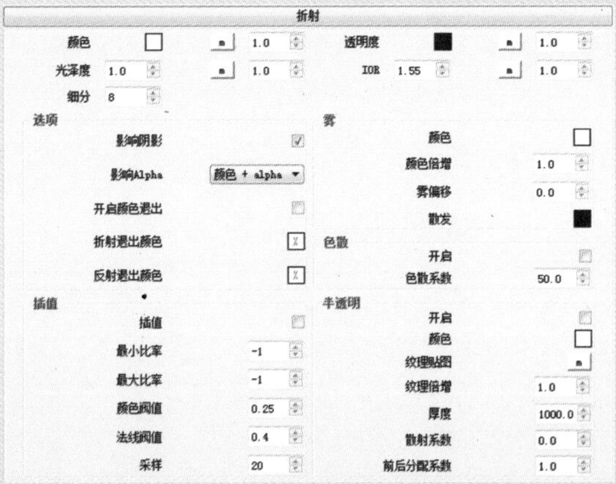

折射
颜色 1.0　透明度 1.0
光泽度 1.0 1.0　IOR 1.55 1.0
细分 8
选项
影响阴影
影响Alpha 颜色 + alpha
开启颜色退出
折射退出颜色
反射退出颜色
插值
插值
最小比率 -1
最大比率 -1
颜色阈值 0.25
法线阈值 0.4
采样 20
雾
颜色
颜色倍增 1.0
雾偏移 0.0
散发
色散
开启
色散系数 50.0
半透明
开启
颜色
纹理贴图
纹理倍增 1.0
厚度 1000.0
散射系数 0.0
前后分配系数 1.0

图 5-26　“折射”卷展栏

单击颜色色块，可以调整透明对象的色彩效果，如图5-27、图5-28所示。值得注意的是，SketchUp中材质的透明度由“漫反射”卷展栏中的“透明”参数控制，调整雾颜色也可以更改透明对象的颜色。

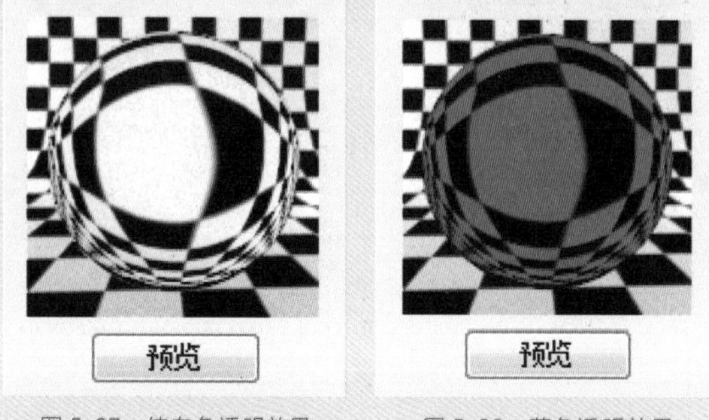

图5-27　纯白色透明效果　　图5-28　蓝色透明效果

调整光泽度参数，可以控制模糊折射的强度，从而轻松制作出磨砂玻璃的效果，IOR（折射率）则是制作透明对象折射效果的一个重要参数，如图5-29、图5-30所示。

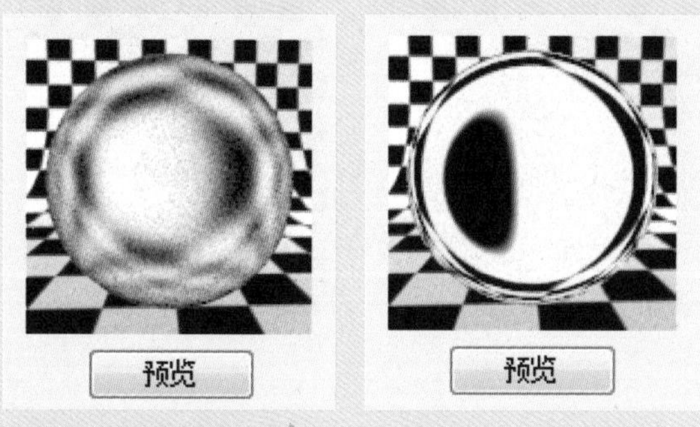

图5-29　折射光泽度0.85　　图5-30　折射率1.31

5.3　常用材质的制作

通过前面知识的学习，读者对材质的基本参数已经有了一定的了解。本节对一些生活中常用材质的设置方法进行介绍，如玻璃、不锈钢、皮革等。

小试身手——制作玻璃材质

通透、折射、焦散是玻璃特有的物理特性，经常用于窗户、器皿等物体，在材质的设置过程中要注意折射参数的设置，漫反射颜色可以根据实际情况进行调整。下面介绍玻璃材质的制作步骤。

01 打开场景素材文件，如图5-31所示。

02 渲染场景，如图5-32所示。

图 5-31　场景素材

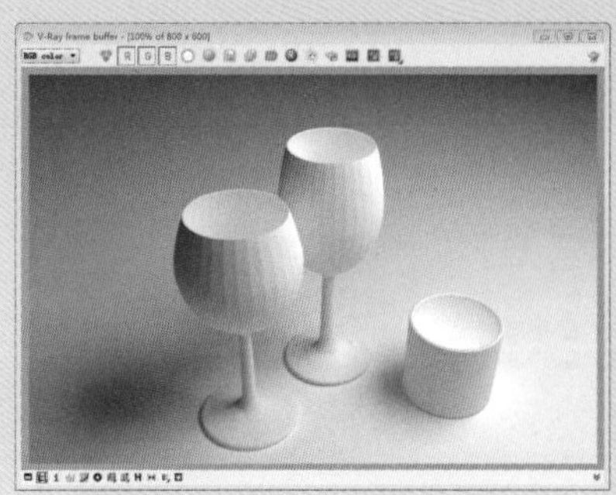

图 5-32　渲染效果

03 激活“材质”工具，打开材质浏览器，单击“样本颜料”按钮，在场景模型中获取一个材质，再打开 V-Ray 材质编辑器，可以看到场景中当前模型的材质，如图 5-33 所示。

04 在“漫反射”卷展栏中单击透明度色块，设置颜色灰度为 245，如图 5-34 所示。

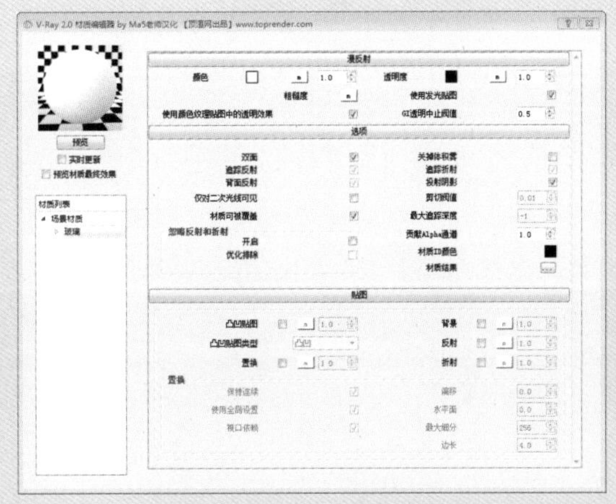

图 5-33　V-Ray 材质编辑器

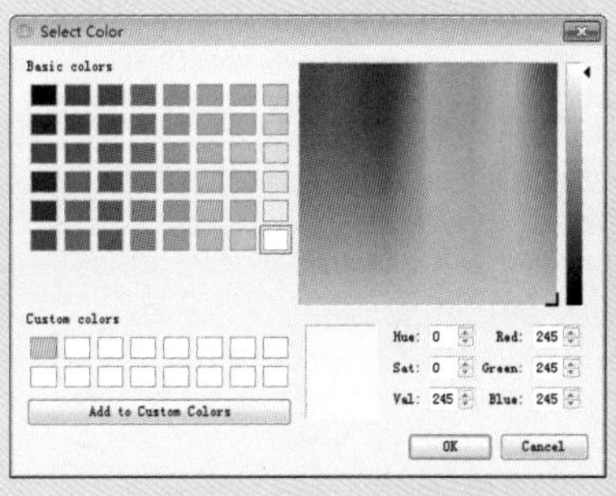

图 5-34　设置透明度颜色

05 可以看到场景中的模型效果已经发生了变化，如图 5-35 所示。

06 为了便于快速渲染，这里采用区域渲染方式。在渲染帧窗口中单击“区域渲染”按钮，框选区域，对场景进行渲染，效果如图 5-36 所示。

图 5-35　场景效果

图 5-36　区域渲染

07 在 V-Ray 材质编辑器的材质列表中右击“玻璃”材质，为玻璃材质创建“反射”层，如图 5-37 所示。

08 再次进行渲染，效果如图 5-38 所示。

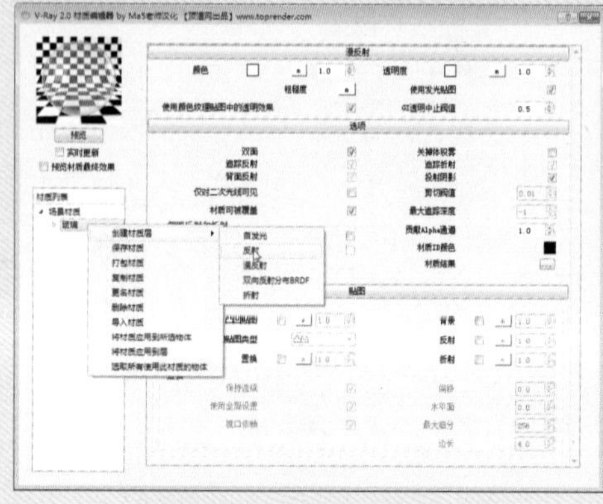

图 5-37　创建“反射”层

图 5-38　区域渲染

09 继续为玻璃材质添加“折射”层，并设置折射率为 1.67，如图 5-39 所示。

10 继续进行渲染，效果如图 5-40 所示。

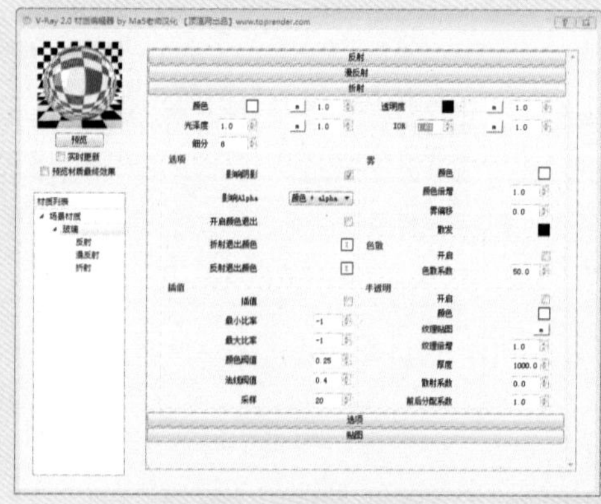

图 5-39　设置折射率

图 5-40　区域渲染

11 进行最终渲染，效果如图 5-41 所示。

图 5-41　最终效果

小试身手——制作不锈钢及白瓷材质

金属材质是反光度很高的材质，高光部分很精彩，有很多的环境色都会体现在高光中。同时它的镜面效果也很强。高精度抛光的金属和镜子的效果相差无几。金属材质都有很好的反射，是一种反差效果很强的物质，主要用于建筑材料、厨房用具等。陶瓷在室内的装饰、装修中使用非常频繁，几乎处处可见，如装饰花瓶、餐具、洁具、瓷砖等。其材质具有明亮的光泽、表面光洁均匀、晶莹剔透。下面利用一个卫生间小场景介绍不锈钢材质和白瓷材质的制作步骤。

01 打开场景素材文件，如图 5-42 所示。

02 渲染场景，如图 5-43 所示。

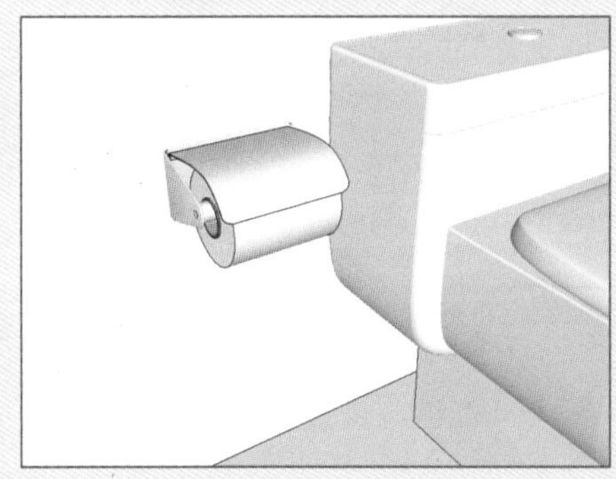

图 5-42　场景素材

图 5-43　渲染效果

03 激活“材质”工具，打开材质浏览器，单击“样本颜料”按钮，在场景模型中获取一个材质，再打开 V-Ray 材质编辑器，可以看到场景中当前模型的材质，如图 5-44 所示。

图 5-44　V-Ray 材质编辑器

04 在 V-Ray 材质编辑器的材质列表中右击“不锈钢”材质，为不锈钢材质创建“反射”层，并预览材质，如图 5-45 所示。

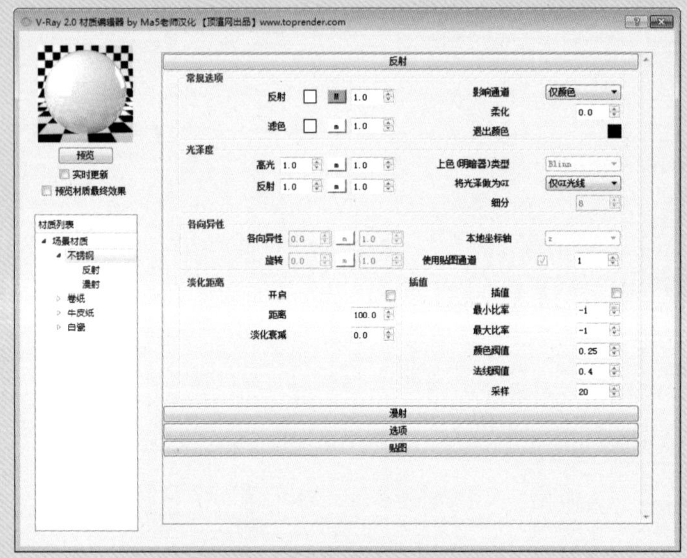

图 5-45　创建“反射”层

05 在渲染帧窗口中单击“区域渲染”按钮，框选区域，对场景进行渲染，效果如图 5-46 所示。

06 单击“反射”卷展栏中的 M 按钮，打开贴图编辑器，把默认的“菲涅尔”改为“无”，如图 5-47 所示。

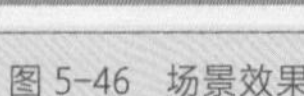

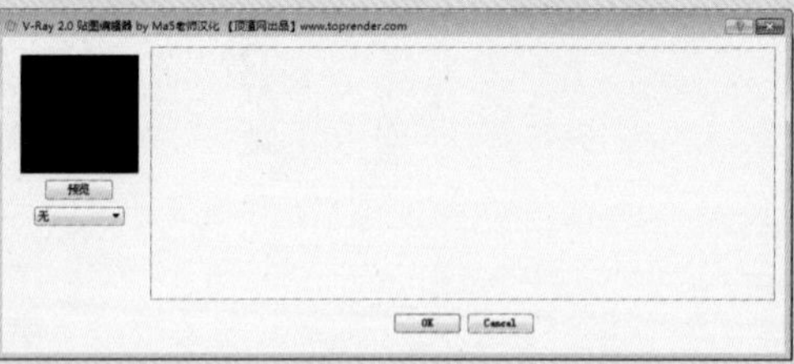

图 5-46　场景效果

图 5-47　调整参数

07 返回“反射”卷展栏，设置反射光泽度为 0.95，反射细分值为 30，如图 5-48 所示。

08 效果如图 5-49 所示。

09 接下来制作白瓷材质，在材质列表中为白瓷材质创建一个“反射”层，参数保持默认，再创建其他材质，如图 5-50 所示。

10 渲染全部场景，效果如图 5-51 所示。

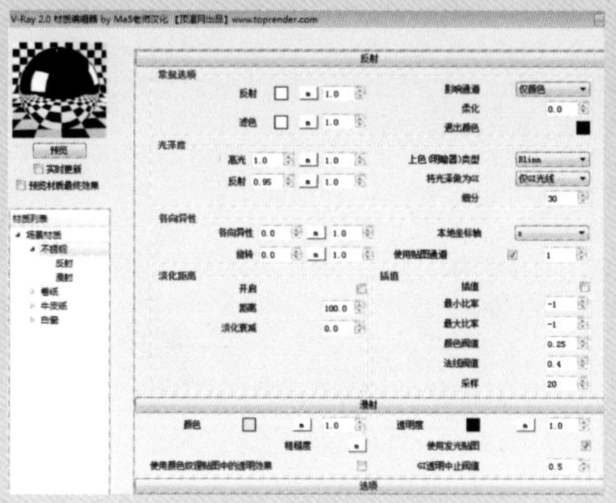
图 5-48　放置反射参数

图 5-49　区域渲染

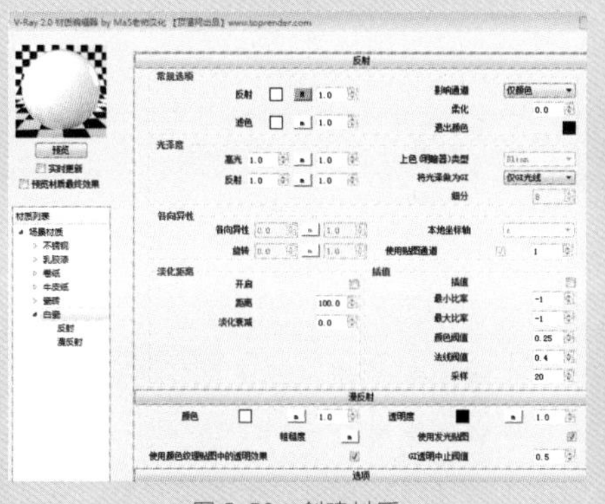
图 5-50　创建材质

图 5-51　渲染场景

11 当前场景效果偏暗，重新调整灯光强度，进行最终渲染，效果如图 5-52 所示。

图 5-52　最终效果

小试身手——制作水体材质

水是效果图中经常出现的一种材质类型，在制作餐厅、浴室、游泳池、户外建筑表现时都经常会用到水材质。其材质的特点是具有一定的通透性，同时又有比较强的反射效果。下面介绍水体材质的制作步骤。

01 打开场景素材文件，如图 5-53 所示。

02 渲染场景，可以看到场景中除了水体外已经赋予的材质，如图 5-54 所示。

图 5-53　场景素材

图 5-54　渲染效果

03 打开材质浏览器，单击“样本颜料”按钮，在场景模型中获取浴缸中水体的材质，再打开 V-Ray 材质编辑器，如图 5-55 所示。

04 在“漫反射”卷展栏中设置漫反射颜色，再设置透明度颜色为灰度 230，如图 5-56 所示。

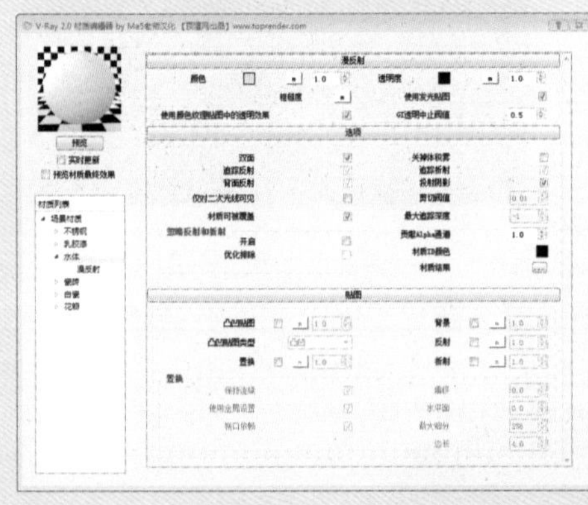
图 5-55　V-Ray 材质编辑器

Select Color

Basic colors

Custom colors

Add to Custom Colors

Hue: 181	Red: 168
Sat: 61	Green: 219
Val: 220	Blue: 220

OK　Cancel

图 5-56　设置透明度颜色

05 场景效果如图 5-57 所示。

06 渲染场景，效果如图 5-58 所示。

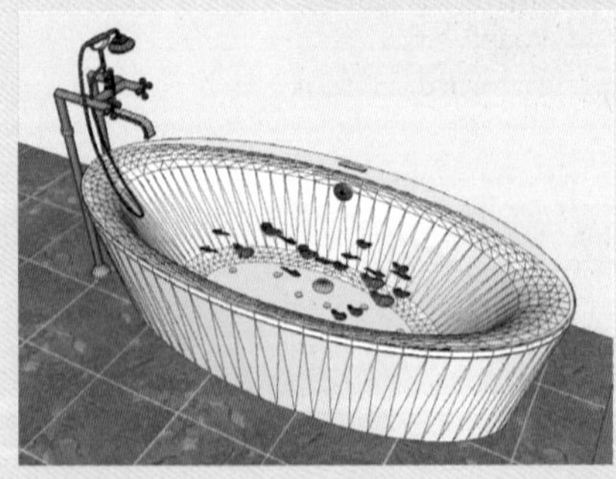
图 5-57　场景效果

图 5-58　渲染场景

07 为水体材质创建“反射”层，反射参数保持默认，如图 5-59 所示。

08 局部渲染水体区域，效果如图 5-60 所示。

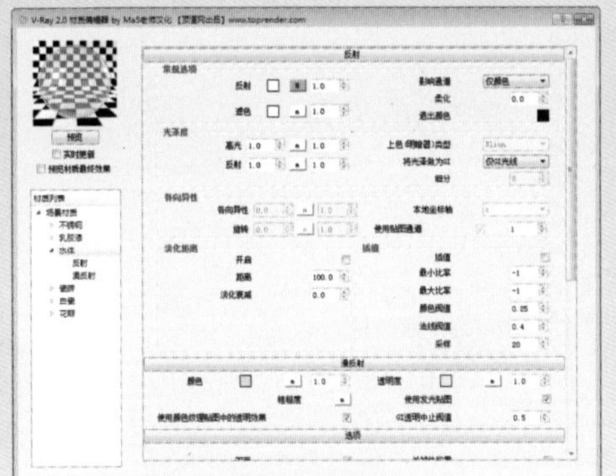
图 5-59　创建“反射”层

图 5-60　区域渲染

09 继续为水体材质创建一个“折射”层，设置折射率为 1.33，再设置雾颜色及颜色倍增值，如图 5-61 所示。

10 雾颜色设置如图 5-62 所示。

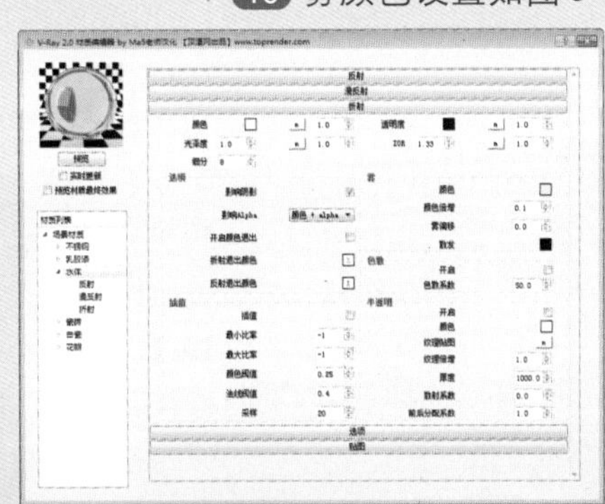
图 5-61　创建“折射”层

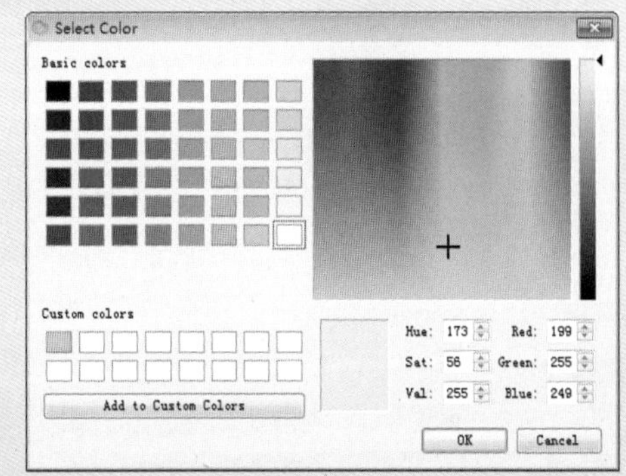

图 5-62　设置雾颜色

11 继续进行区域渲染，效果如图 5-63 所示。

12 在“贴图”卷展栏为凹凸贴图通道添加“噪波”贴图，打开贴图编辑器，保持默认尺寸，效果如图 5-64 所示。

图 5-63　区域渲染

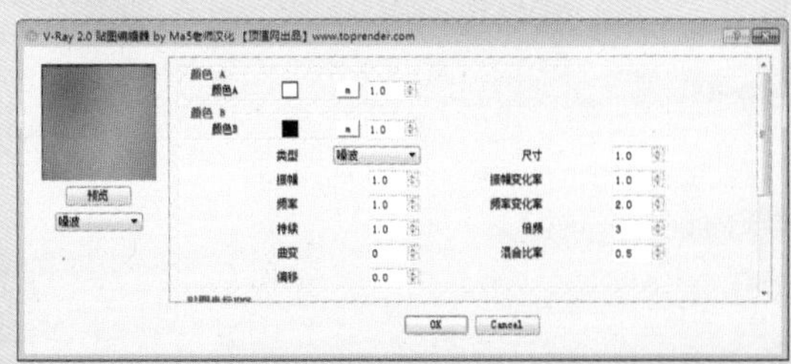
图 5-64　设置“噪波”贴图

13 返回“贴图”卷展栏，设置凹凸强度为 0.05，如图 5-65 所示。

14 渲染最终效果如图 5-66 所示。

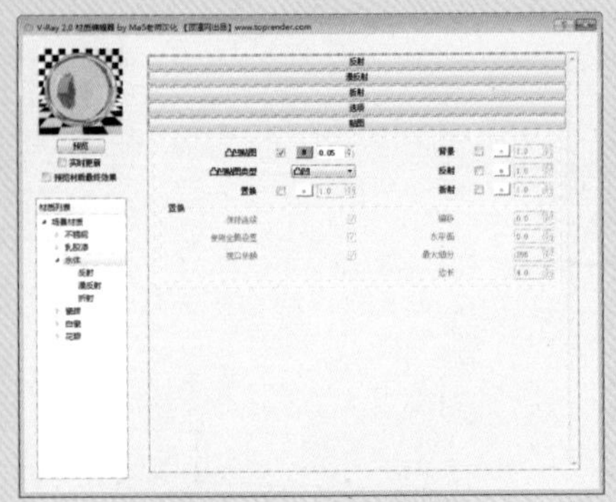

图 5-65 设置凹凸强度

图 5-66 最终效果

5.4 课堂练习——为客厅场景创建材质

本节以第 3 章中的实例模型为基础，介绍客厅场景材质的制作过程，主要包括乳胶漆、木地板、沙发布、地毯、白色混油漆、木纹理、灯罩、不锈钢、陶瓷等材质的制作。具体操作步骤如下。

01 打开初始模型文件，如图 5-67 所示。

02 利用 SketchUp 自带材质创建乳胶漆、地板、地毯、沙发布等材质，并赋予到场景中的模型，如图 5-68 所示。

图 5-67 打开初始模型

图 5-68 创建自带材质列表

03 场景效果如图 5-69 所示。

04 渲染场景，效果如图 5-70 所示。

05 首先来制作木地板材质，激活“材质”工具，按住 Alt 键在场景模型中获取地板材质，再打开 V-Ray 材质编辑器，为地板材质创建“反射”层，设置高光值为 0.6，反射值为 0.7，细分值为 20，如图 5-71 所示。

06 打开“贴图”卷展栏，勾选“凹凸贴图”复选框，即可打开贴图编辑器，为凹凸通道添加位图贴图，如图 5-72 所示。

图 5-69　场景效果

图 5-70　渲染效果

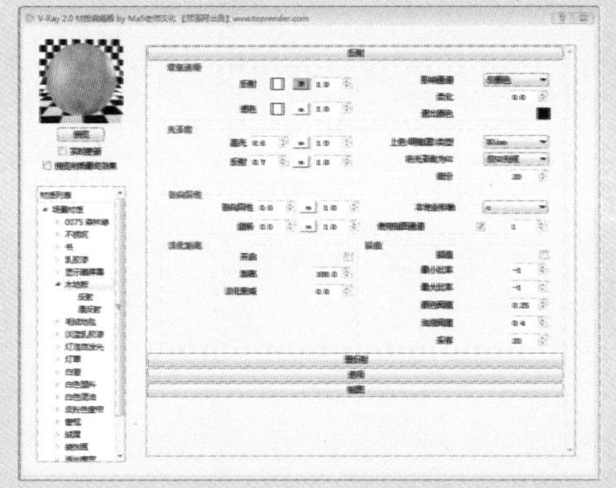

图 5-71　创建“反射”层

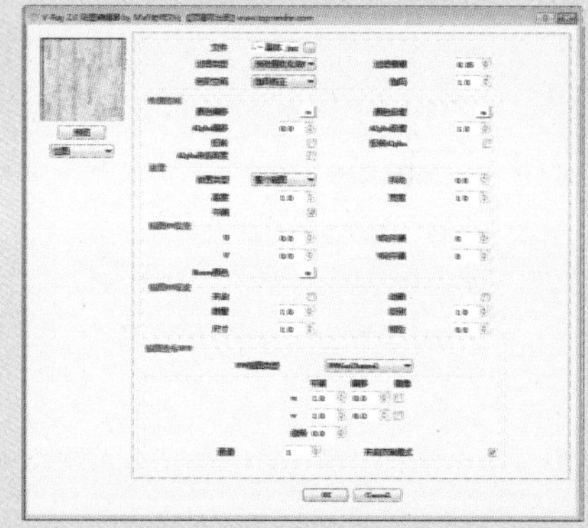

图 5-72　添加位图贴图

07 返回“贴图”卷展栏，设置凹凸强度为 0.2，如图 5-73 所示。

08 区域渲染木地板，效果如图 5-74 所示。

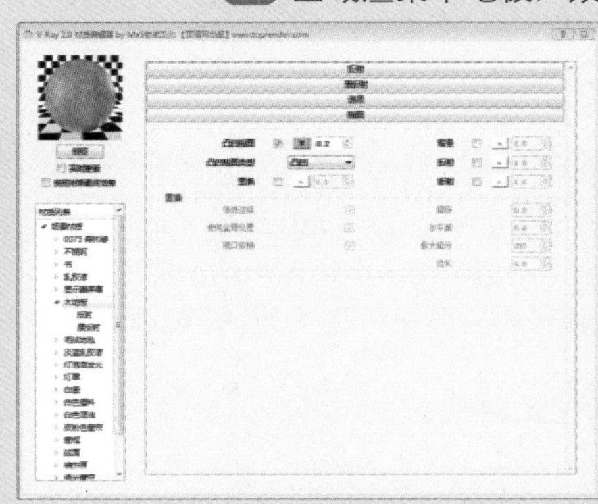

图 5-73　设置凹凸强度

图 5-74　区域渲染

09 制作地毯贴图。在 V-Ray 材质编辑器中打开“地毯”材质，打开漫反射通道的贴图编辑器，将位图贴图更改为衰减贴图，在衰减贴图编辑器中为颜色 1 添加位图贴图，并调整贴图角度，为颜色 2 添加颜色贴图，如图 5-75 所示。

10 颜色 2 参数如图 5-76 所示。

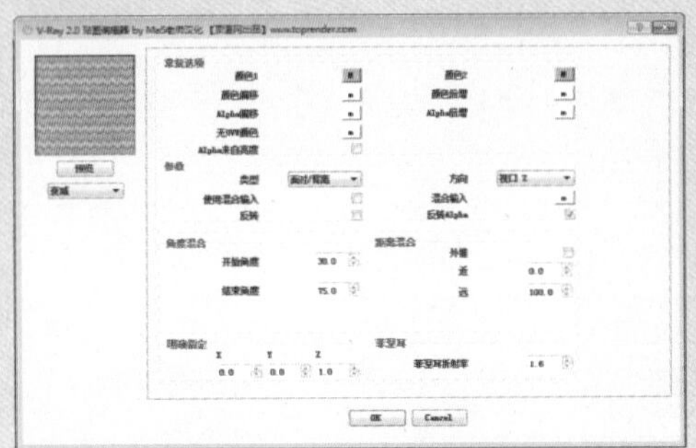

图 5-75 设置衰减贴图

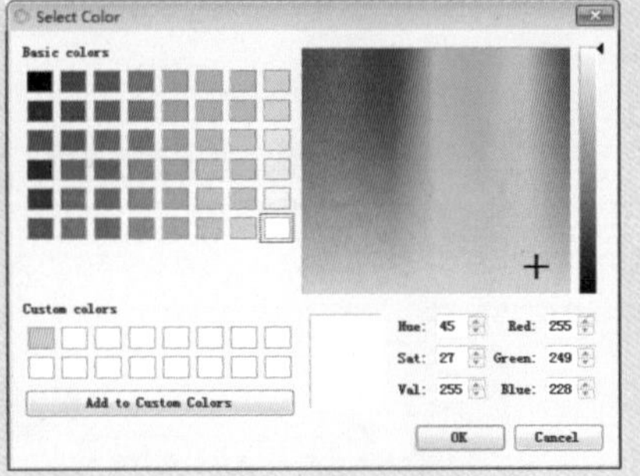

图 5-76 设置衰减颜色

11 在“贴图”卷展栏中添加位图贴图，并设置凹凸强度为 0.5，预览材质效果，如图 5-77 所示。

12 制作沙发布材质。沙发布的材质创建方法与地毯类似，设置衰减颜色 2 的颜色为白色，在“贴图”卷展栏中设置凹凸强度为 0.1，材质预览效果如图 5-78 所示。

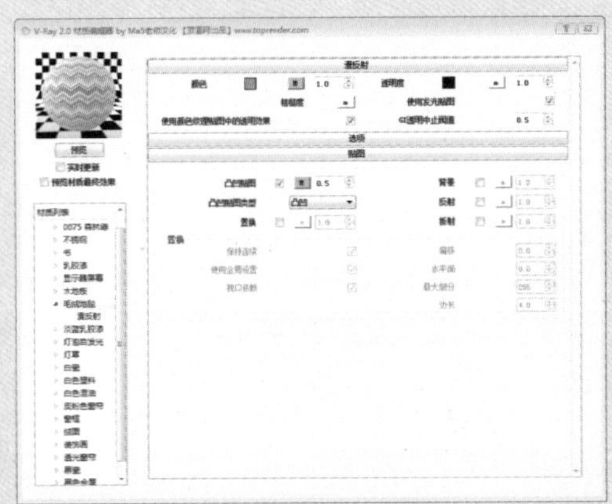

图 5-77 设置凹凸强度

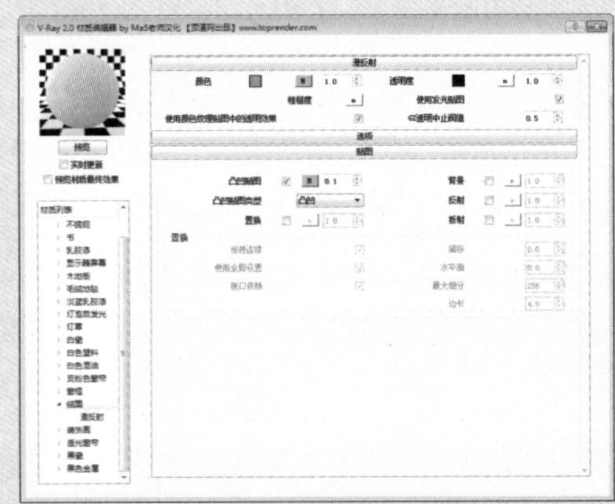

图 5-78 制作沙发布材质

13 渲染场景，观察沙发与地毯材质，如图 5-79 所示。

14 制作混油白漆材质。为混油白漆材质创建“反射”层，设置反射颜色灰度值为 30，高光值为 0.85，反射值为 0.9，细分值为 15，如图 5-80 所示。

图 5-79 渲染场景

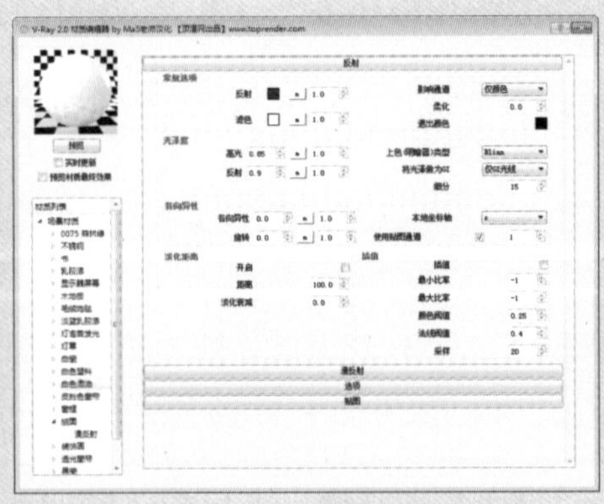

图 5-80 制作混油白漆材质

15 制作金属材质。为金属材质创建“反射”层，设置反射颜色灰度值为 180，再设置反射光泽度为 0.8，设置漫反射颜色，如图 5-81 所示。

16 漫反射颜色参数如图 5-82 所示。

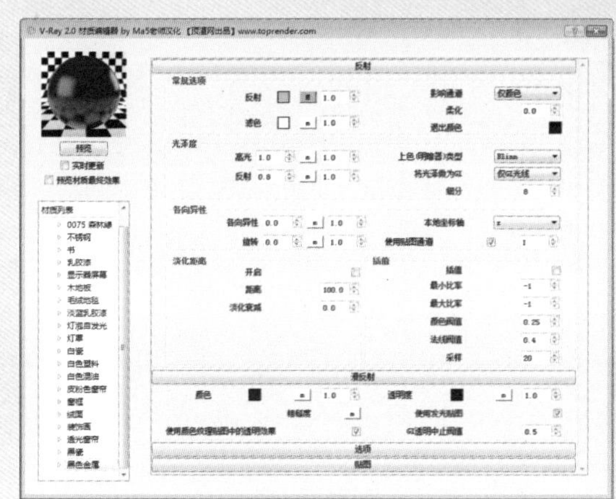

图 5-81　制作金属材质

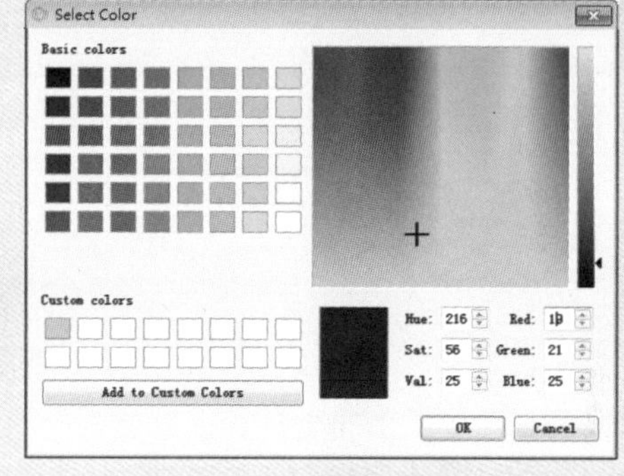

图 5-82　设置漫反射颜色

17 分别为白瓷和黑瓷材质创建“反射”层，渲染小场景并观察效果，如图 5-83 所示。

18 制作不锈钢材质。为不锈钢材质创建“反射”层，设置漫反射颜色为黑色，再设置反射颜色灰度值为 205，高光值为 0.75，反射值为 0.83，细分值为 20，预览材质，如图 5-84 所示。

图 5-83　渲染场景

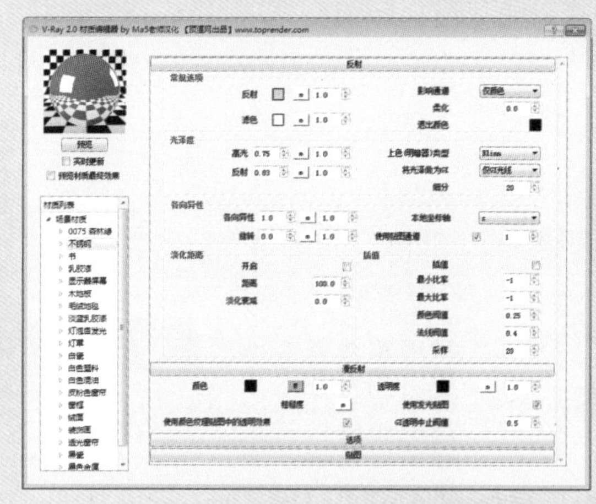

图 5-84　制作不锈钢材质

19 制作显示器壳材质。为塑料材质创建“反射”层，设置反射颜色灰度值为 50，高光值和反射值为 0.9，预览材质，如图 5-85 所示。

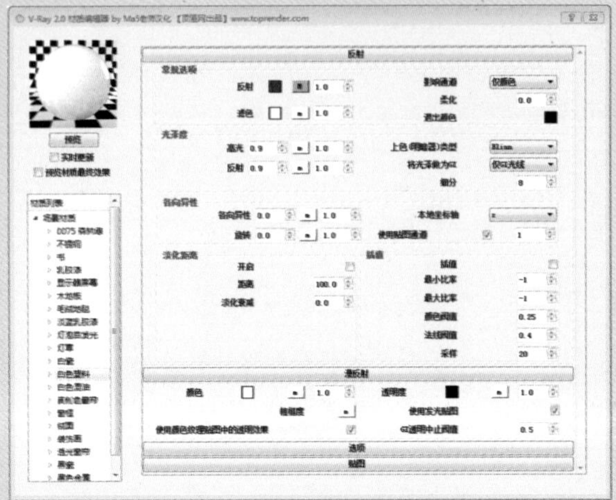

图 5-85　制作显示器壳材质

20 最后制作不透光窗帘材质。为漫反射通道添加衰减贴图，再为衰减颜色 1 和颜色 2 添加颜色贴图，如图 5-86 所示。

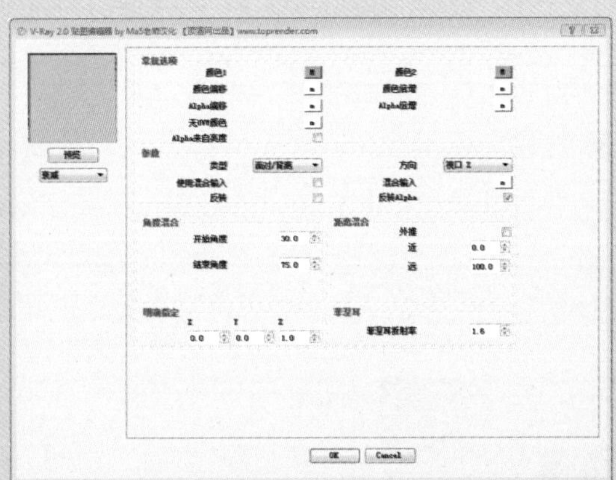

图 5-86　制作不透光窗帘材质

21 颜色 1 的参数设置如图 5-87 所示。

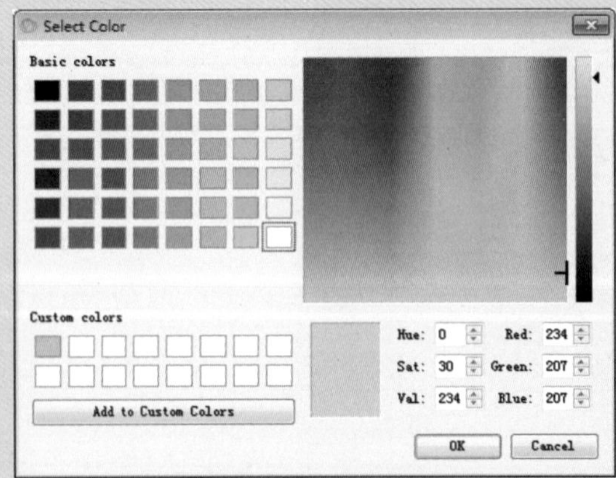

图 5-87　设置颜色参数

22 预览窗帘材质，如图 5-88 所示。

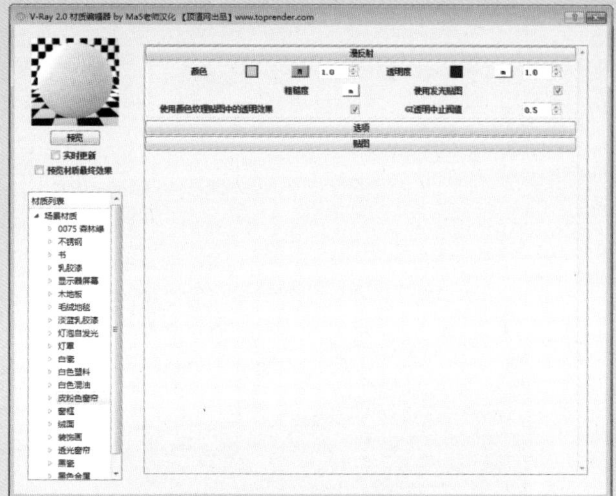

图 5-88　预览窗帘材质

23 创建其余材质，如纸箱、植物、窗框、书籍等，渲染场景，最终效果如图 5-89 所示。

图 5-89　最终效果

强化训练

为了更好地掌握本章所学的知识，在此列举几个针对本章的拓展案例，以供读者练手。

1. 为场景添加基本材质

利用 SketchUp 自带材质库为如图 5-90 所示的建筑模型添加材质。

图 5-90　为建筑模型添加材质

操作提示：

01 创建外墙砖材质，指定给建筑外墙。

02 创建灰绿色玻璃材质，指定给场景中的玻璃模型。

03 选择草皮植被材质，指定给场景中的草皮区域。

2. 完善场景材质

为如图 5-91 所示的室内场景创建材质。

图 5-91　为室内场景添加材质

操作提示：

01 制作木地板及木饰面材质。

02 制作塑钢窗框材质。

03 制作皮革及不锈钢材质。

CHAPTER 06

SketchUp/V-Ray 光影解析

本章概述 SUMMARY

照明是效果表现阶段最易独立出来的工作节点，因为材质、纹理与模型的关系都很密切。照明则是根据光源物体进行的再创作，结合场景所处环境以及周围光源数量、距离等因素进行模拟。本章中将介绍 SketchUp 自带的阴影与雾化效果的应用以及 V-Ray 自带的灯光的创建与应用。通过对本章内容的学习，读者可以综合性地掌握光源基础知识及光源创建技巧。

■ 学习目标

√ 掌握阴影效果的使用。
√ 掌握雾化效果的使用。
√ 掌握 V-Ray 点光源的使用。
√ 掌握 V-Ray 面光源的使用。
√ 掌握光域网（IES）光源的使用。

◎台灯照明效果

◎客厅照明效果

6.1　SketchUp 光影效果

物体在光线的照射下都会产生光影效果，通过阴影效果和明暗对比可以衬托出物体的立体感。SketchUp 的阴影与雾化设置虽然很简单，但是其功能还是比较强大的。

6.1.1　阴影效果

SketchUp 的阴影特性能够让设计者更准确地把握模型的尺寸，也可以评估一幢建筑的日照情况，其阴影能够自动对模型和照相机视角的改变做出回应。通过“阴影”工具栏可以对时区、日期、时间等参数进行十分细致的调整，从而模拟出十分准确的光影效果，如图 6-1 所示。

图 6-1　“阴影”工具栏

1．设置阴影

执行“窗口”|“默认面板”|“阴影”命令，打开“阴影”设置面板，如图 6-2 所示。“阴影”设置面板中第一个参数设置是 UTC 调整，UTC 是协调世界时的英文缩写。在中国统一使用北京时间（东八区）为本地时间，因此以 UTC 为参考标准，北京时间应该是 UTC+08:00，如图 6-3 所示。

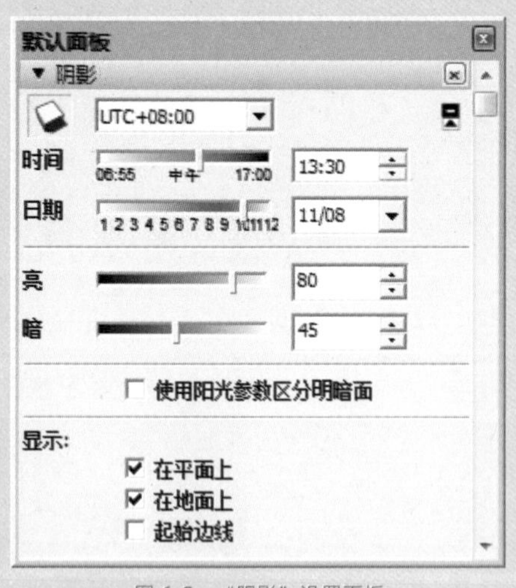

图 6-2　“阴影”设置面板

图 6-3　中国时区

设置好 UTC 时间后，拖动面板中“时间”后面的滑块来进行调整，在相同的日期不同的时间将会产生不同的阴影效果，如图 6-4 ~ 图 6-7 所示为一天中不同的 4 个时辰阴影的效果。

图 6-4　7:00 阳光投影效果

图 6-5　10:00 阳光投影效果

图 6-6　13:00 阳光投影效果

图 6-7　16:00 阳光投影效果

而在同一时间下，不同日期也会产生不同的阴影效果，如图 6-8 ~ 图 6-11 所示为同一时间一年中不同的 4 个月份不同的阴影效果。

图 6-8　1 月 30 日阳光投影效果

图 6-9　4 月 30 日阳光投影效果

图 6-10　7 月 30 日阳光投影效果

图 6-11　12 月 30 日阳光投影效果

在其他参数不变的情况下，调整亮暗参数的滑块，也可以改变场景中阴影的明暗对比，如图 6-12、图 6-13 所示。

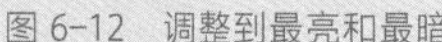

图 6-12　调整到最亮和最暗

图 6-13　重新调整参数

2．阴影的显示切换

在 SketchUp 中，用户可以通过“阴影”工具栏中的“显示 / 隐藏阴影”按钮对整个场景的阴影进行显示与隐藏，如图 6-14 所示。

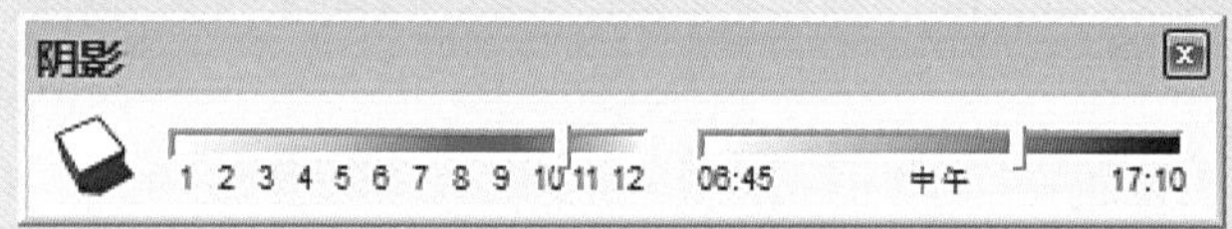

图 6-14　“阴影”工具栏

6.1.2　雾化效果

在 SketchUp 中还有一种特殊的“雾化”效果，可以烘托环境的氛围，增加一种雾气朦胧的效果，主要用于模拟场景的雾气环境效果，如图 6-15、图 6-16 所示为开启雾化效果前后。

图 6-15　开启雾化效果前

图 6-16　开启雾化效果后

执行“窗口”|“默认面板”|“雾化”命令，即可打开“雾化”设置面板，如图 6-17 所示。在该面板中用户可以控制雾化的显示与关闭，以及雾效在场景中开始出现的位置和完全不透明的位置。

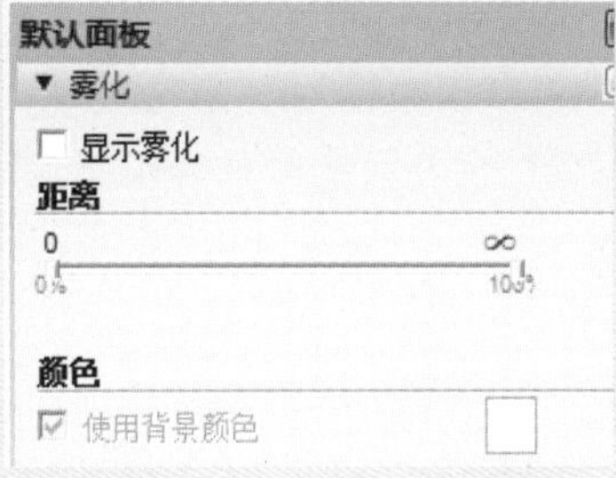

图 6-17 “雾化”设置面板

小试身手——制作冬日傍晚场景

本案例利用阴影及雾化功能制作一个冬日傍晚的场景。案例是日本乡野小屋的场景，因此在设置时区时要调整到 UTC+09:00。

01 打开素材场景文件，如图 6-18 所示。

02 执行“窗口”|“默认面板”|“阴影”命令，打开“阴影”设置面板，单击“显示阴影”按钮，如图 6-19 所示。

图 6-18 打开场景

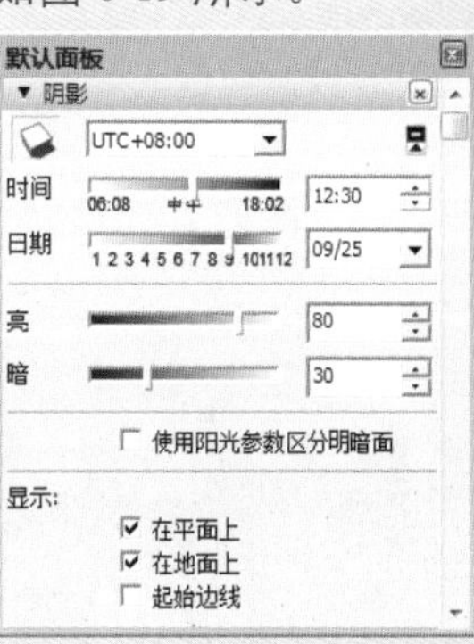

图 6-19 开启阴影

03 显示阴影后的效果如图 6-20 所示。

04 在“阴影”设置面板中调整时区、时间、日期及亮暗，如图 6-21 所示。

图 6-20 阴影效果

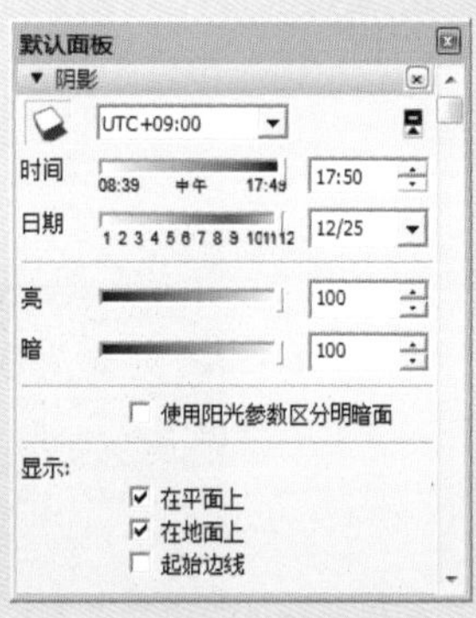

图 6-21 调整阴影参数

05 调整后的效果如图 6-22 所示。

06 执行“窗口”|“默认面板”|“风格”命令，打开“风格”设置面板，设置背景颜色及天空颜色，如图 6-23 所示。

图 6-22　调整效果

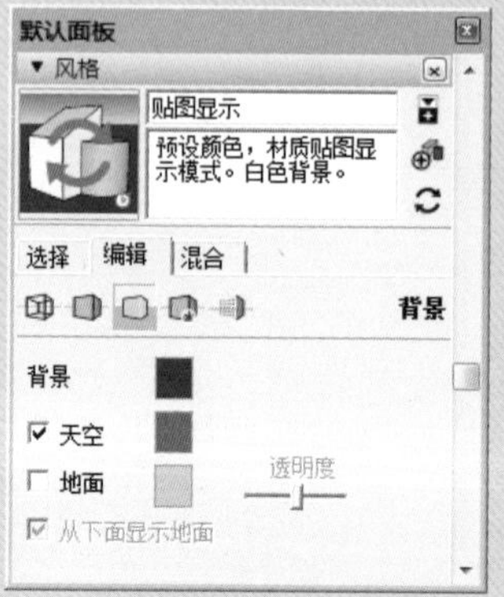

图 6-23　设置背景颜色与天空颜色

07 设置后的效果如图 6-24 所示。

08 最后执行“窗口”|“默认面板”|“雾化”命令，打开“雾化”设置面板，勾选“显示雾化”复选框，再调整雾化距离，如图 6-25 所示。

图 6-24　设置后效果

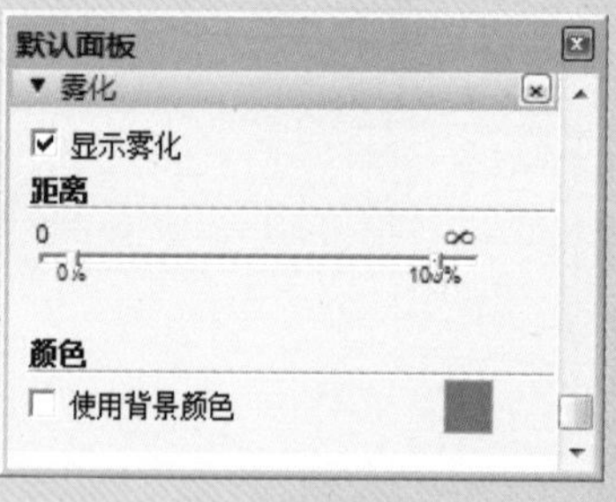

图 6-25　开启雾化

09 调整的最终效果如图 6-26 所示。

图 6-26　雾化效果

6.2 V-Ray 灯光

所谓打灯，就是为场景添加光源。一般可以用 V-Ray 灯光和 HDRI 贴图来照亮场景，有时候也可以使用自发光。建筑的打光方法参照现实生活中的光源即可，只要正确认识现实中的光照关系，基本上可以实现良好的光照效果。

本章中主要介绍的是 V-Ray 光源工具栏，如图 6-27 所示。该工具栏包含了“点光源”“面光源”“聚光灯”“穹顶光源”“球体光源”“光域网（IES）光源”共 6 种灯光工具，这里仅介绍常用的几种。

图 6-27 V-Ray 光源工具栏

6.2.1 V-Ray 点光源

点光源是一种没有体积的光源，常用于模拟太阳光，来形成不同的气候条件，也可以模拟夜景、室内灯光的照明效果。

在 V-Ray 光源工具栏中单击“点光源”按钮，在绘图区中单击即可创建点光源。右击点光源，在弹出的快捷菜单中选择 V-Ray for SketchUp|“编辑光源”命令，即可打开 V-Ray 光源编辑器，对点光源参数进行设置，如图 6-28、图 6-29 所示。

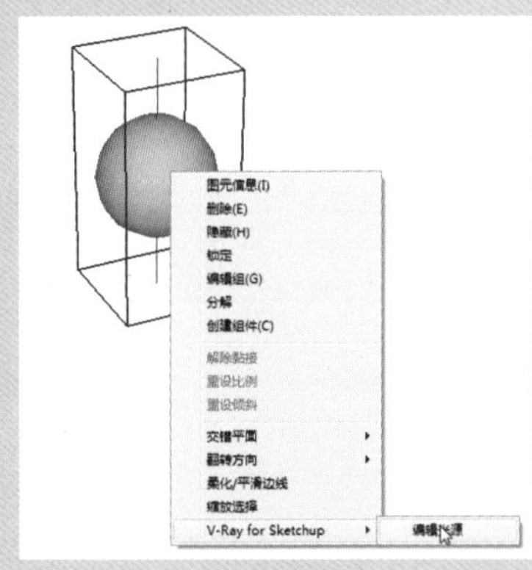

图 6-28 右键菜单

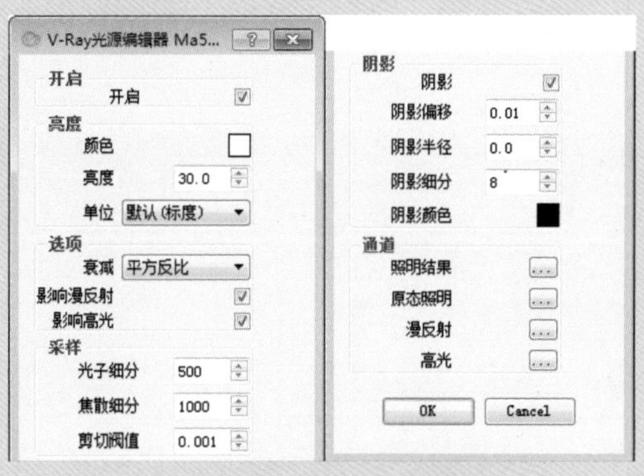

图 6-29 V-Ray 光源编辑器

V-Ray 光源编辑器中点光源主要参数的具体含义介绍如下。

- 颜色：灯光的颜色。
- 亮度：点光源发光的强度，默认强度为 1.0，强度值越高，灯光亮度越大。
- 阴影半径：默认为 0.0，表示绝对清晰的阴影，但是过于清晰的阴影会显得不自然，所以一般设置大于0.0，越大则越模糊，具体数值要根据实际情况进行调整。

- 阴影细分：阴影的精细程度，一般保持默认即可。若阴影因为半径较大而产生明显的噪点，可适当提高细分值。
- 影响漫反射：勾选后，场景中的对象将会被照亮。
- 影响高光：勾选后，场景中的对象将会受该灯光影响而产生高光效果。

知识拓展

V-Ray灯光的阴影可由每盏灯光单独控制，取消勾选灯光参数中的“阴影”复选框，渲染图像时将不显示该灯光的阴影效果。

小试身手——制作床头台灯照明效果

本案例利用V-Ray点光源制作台灯照明效果。具体操作步骤介绍如下。

01 打开素材模型，目前场景中的光源来自窗外天光，如图6-30所示。

02 渲染场景，效果如图6-31所示。

图6-30　素材模型

图6-31　渲染场景

03 在V-Ray光源工具栏中单击“点光源”按钮，创建点光源，并移动到台灯灯罩中，如图6-32所示。

04 继续渲染场景，效果如图6-33所示。

图6-32　创建点光源

图6-33　继续渲染场景

05 右击点光源，在弹出的快捷菜单中选择 V-Ray for SketchUp |“编辑光源”命令，打开 V-Ray 光源编辑器，设置灯光颜色、亮度及阴影细分值，如图 6-34 所示。

06 再次渲染场景，效果如图 6-35 所示。

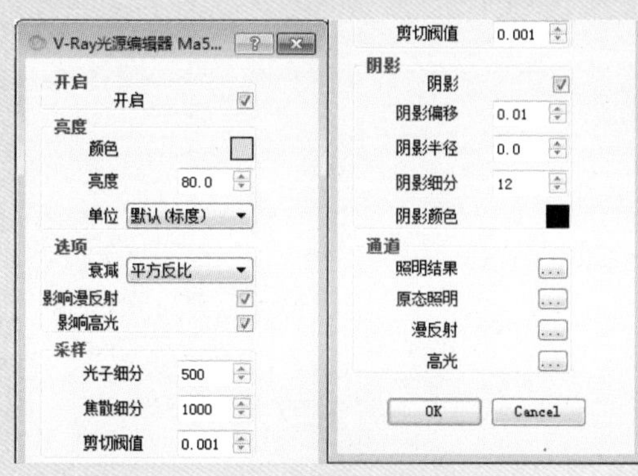

图 6-34　设置灯光参数

图 6-35　再次渲染场景

6.2.2　V-Ray 面光源

V-Ray 面光源是工作中最为常用的灯光之一，用户可以使用其进行区域照明、补光，也可以用来模拟灯带照明。

在 V-Ray 光源工具栏中单击“面光源”按钮，在绘图区中拖动鼠标即可创建面光源。右击面光源，在弹出的快捷菜单中选择 V-Ray for SketchUp|“编辑光源”命令，即可打开 V-Ray 光源编辑器，对面光源参数进行设置，如图 6-36、图 6-37 所示。

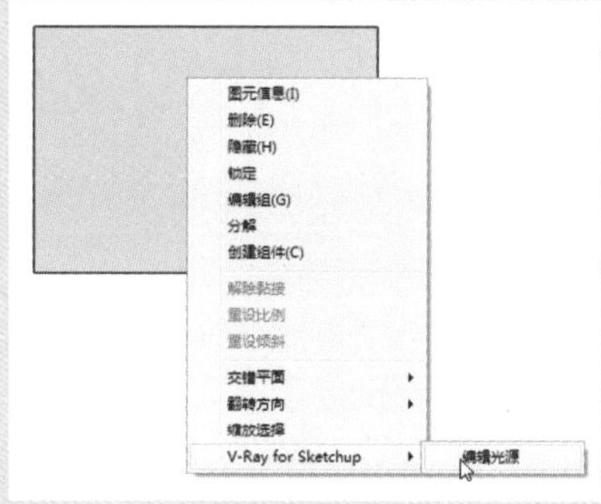

图 6-36　右键菜单

图 6-37　V-Ray 光源编辑器

V-Ray 光源编辑器中面光源主要参数的具体含义介绍如下。

- 亮度：灯光的强度，一般强度值设置为 50.0 才会看见较为明显的光照效果，具体数值由实际情况决定。
- 双面：面光源有正反面之分，默认只有正面发光，若勾选该选项，则正反面都会发光。
- 隐藏：勾选此项即可在渲染时隐藏灯光。

小试身手——制作天光照明效果

本案例利用 V-Ray 面光源制作天光照明效果。具体操作步骤介绍如下。

01 打开素材模型，目前场景中没有灯光，如图 6-38 所示。

02 渲染场景，效果如图 6-39 所示。

图 6-38 素材模型

图 6-39 渲染场景

03 在 V-Ray 光源工具栏中单击“面光源”按钮，创建面光源，并移动到模型上方，如图 6-40 所示。

04 继续渲染场景，效果如图 6-41 所示。

图 6-40 创建面光源

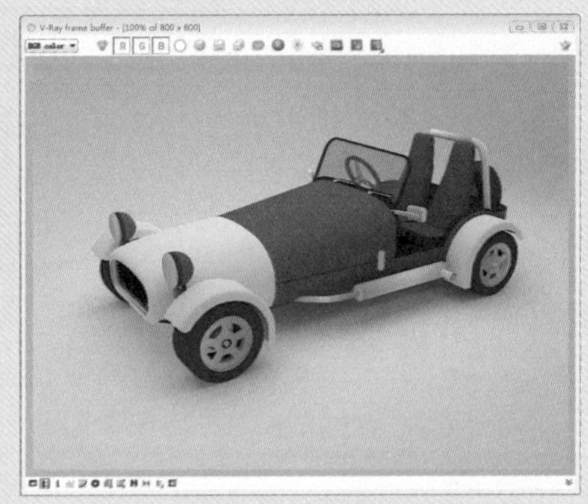

图 6-41 继续渲染场景

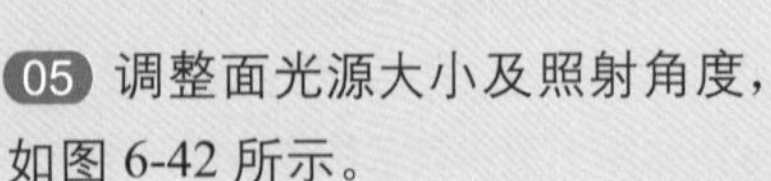

05 调整面光源大小及照射角度，如图 6-42 所示。

图 6-42 调整面光源

06 右击面光源，在弹出的快捷菜单中选择 V-Ray for SketchUp|“编辑光源”命令，打开 V-Ray 光源编辑器，设置灯光亮度、采样细

分值，再勾选“隐藏”复选框，如图 6-43 所示。

07 再次渲染场景，效果如图 6-44 所示。

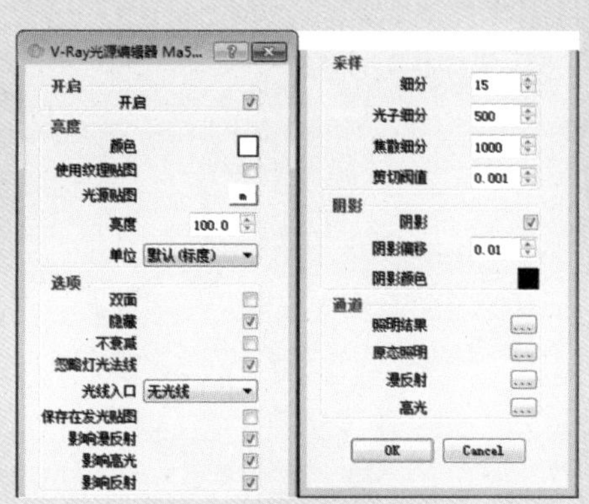

图 6-43　设置光源参数

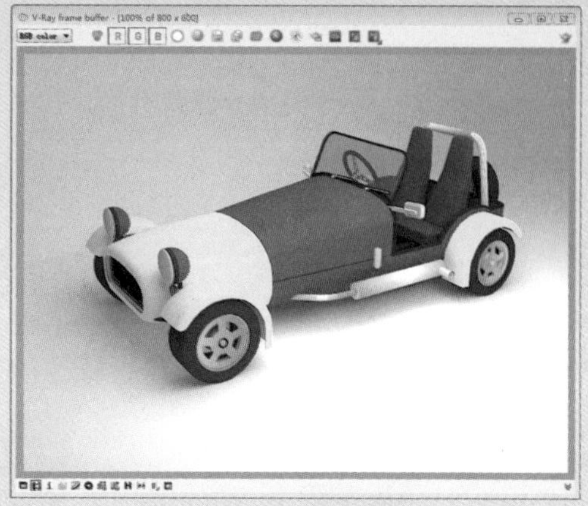

图 6-44　再次渲染场景

6.2.3　聚光灯

聚光灯有着良好的方向性，但是也有局限性，就像手电筒发出的光，常用于制作舞台灯光中的射灯光源。

在 V-Ray 光源工具栏中单击“聚光灯”按钮，在绘图区中单击即可创建聚光灯。右击聚光灯，在弹出的快捷菜单中选择 V-Ray for SketchUp|“编辑光源”命令，即可打开 V-Ray 光源编辑器，并对聚光灯参数进行设置，如图 6-45 所示。

图 6-45　设置聚光灯参数

V-Ray 光源编辑器中聚光灯主要参数的具体含义介绍如下。

- 颜色：灯光的颜色。
- 亮度：一般设置到 20.0 就会有明显的光照效果，具体数值由实际情况决定。
- 光锥角度：光锥的夹角大小。

- 半影角度：默认为 0.0，效果不太自然，一般会给予大于 0.0 的值，如图 6-46、图 6-47 所示为不同的半影角度值渲染出来的效果。

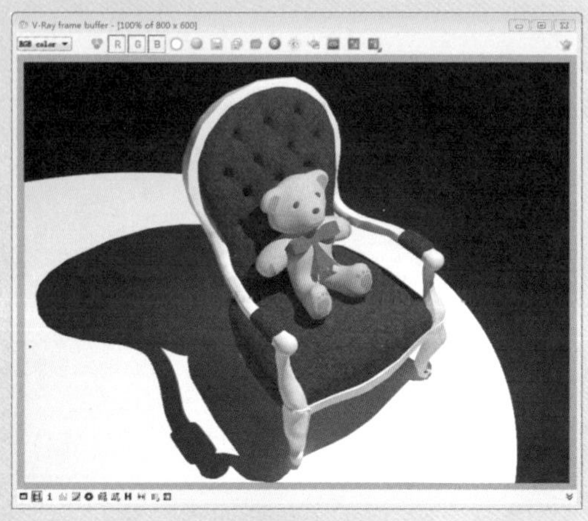

图 6-46　半影角度为 0.0

图 6-47　半影角度为 0.2

6.2.4　球体光源

球体光源，顾名思义就是模拟从一个圆球上发出的光线，用它来代替点光源、模拟灯泡的照明最适合不过了。如图 6-48、图 6-49 所示为点光源和球体光源模拟的台灯效果对比，可以看到球体光源模拟的光源效果更为柔和、真实。

图 6-48　点光源模拟效果

图 6-49　球体光源模拟效果

在 V-Ray 光源工具栏中单击“球体光源”按钮，在绘图区中拖动鼠标指定圆心和半径即可创建球体光源。右击球体光源，在弹出的快捷菜单中选择 V-Ray for SketchUp|“编辑光源”命令，即可打开 V-Ray 光源编辑器，对球体光源参数进行设置，如图 6-50 所示。

图 6-50　设置球体光源参数

可以看到球体光源的参数设置同前面几种光源的参数类似，这里就不多做介绍了。

■ 6.2.5　光域网（IES）光源

光域网（IES）光源可以加载多种光域网文件，从而模拟出不同形状的光斑，多用于表现射灯或筒灯光源。

在 V-Ray 光源工具栏中单击“光域网（IES）光源”按钮，在绘图区中单击即可创建光域网（IES）光源。右击光域网（IES）光源，在弹出的快捷菜单中选择 V-Ray for SketchUp|“编辑光源”命令，即可打开 V-Ray 光源编辑器，添加光域网文件，并对光域网（IES）光源参数进行设置，如图 6-51 所示。如图 6-52 所示为光域网（IES）光源添加了光域网文件后的渲染效果。

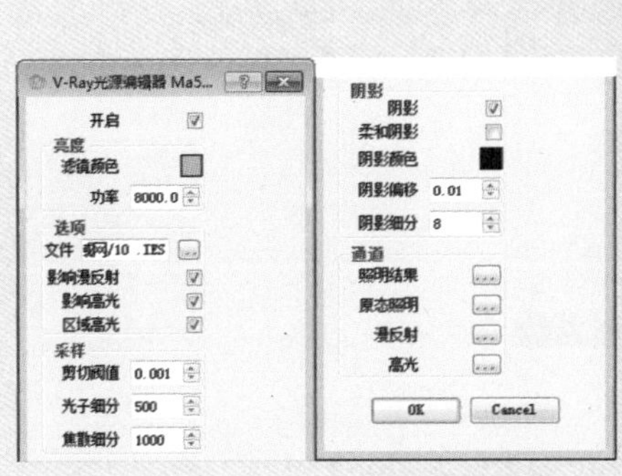

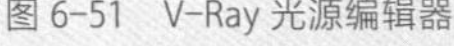
图 6-51　V-Ray 光源编辑器

图 6-52　园林地灯效果

V-Ray 光源编辑器中光域网（IES）光源主要参数的具体含义介绍如下。

- 滤镜颜色：灯光的颜色。
- 功率：灯光的强度。

与一般灯光不同的是，IES 灯光通过 ies 文件来决定灯光的分布方式，从而模拟射灯的效果。用户可以百度搜索 ies 文件进行下载。

6.3 课堂练习——为客厅场景添加光源

本节以上一章中制作好材质的客厅场景模型为基础，为其添加天光、太阳光、落地灯、射灯等光源效果。具体操作步骤介绍如下。

01 打开素材模型，观察材质效果，如图 6-53 所示。

02 首先来制作天光与太阳光光源。从 V-Ray 主工具栏打开 V-Ray 渲染设置面板，展开“环境”卷展栏，开启全局照明，此时系统会自动为这两个通道添加天空贴图，如图 6-54 所示。

图 6-53 打开场景

图 6-54 开启全局照明

03 渲染场景，可以看到在仅有天光的情况下的效果，如图 6-55 所示。

04 为全局照明和反射 / 折射背景各自添加一张 HDRI 天空贴图，在“纹理控制”选项组中勾选“反转 Alpha”复选框，在“贴图坐标 UVW”选项组中设置 UVW 贴图类型为 UVWGenEnvironment，贴图类型为“球形”，再设置 UV 变换平铺尺寸，如图 6-56 所示。

图 6-55 开启全局照明后的效果

图 6-56 添加 HDRI 天空贴图

05 返回“环境”卷展栏，设置反射/折射背景值为5.0，如图6-57所示。

06 继续渲染场景，效果如图6-58所示。

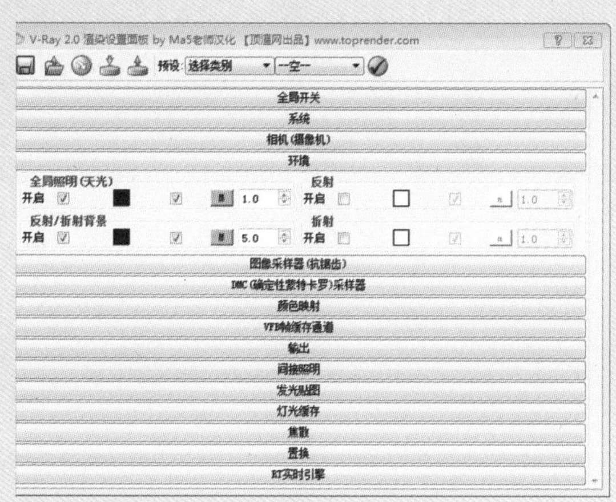

图6-57 设置参数

图6-58 渲染效果

07 激活“球体光源”工具，在场景中创建一盏球体灯光，调整到合适的位置，用来模拟太阳光，如图6-59所示。

08 右击球体灯光，在弹出的快捷菜单中选择V-Ray for SketchUp|“编辑光源”命令，打开V-Ray光源编辑器，设置灯光亮度、采样细分值，并勾选“不衰减”复选框，如图6-60所示。

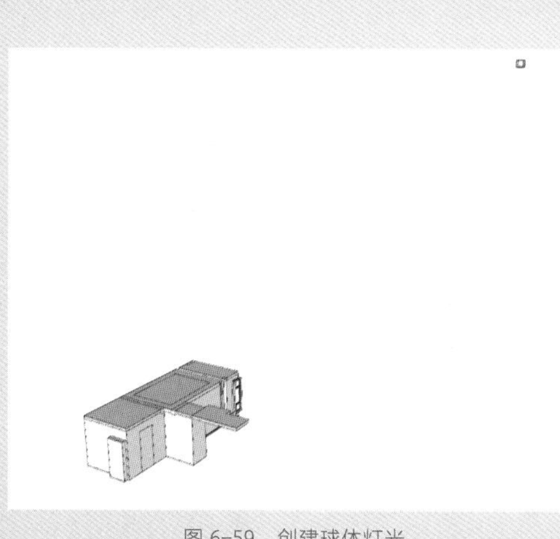

图6-59 创建球体灯光

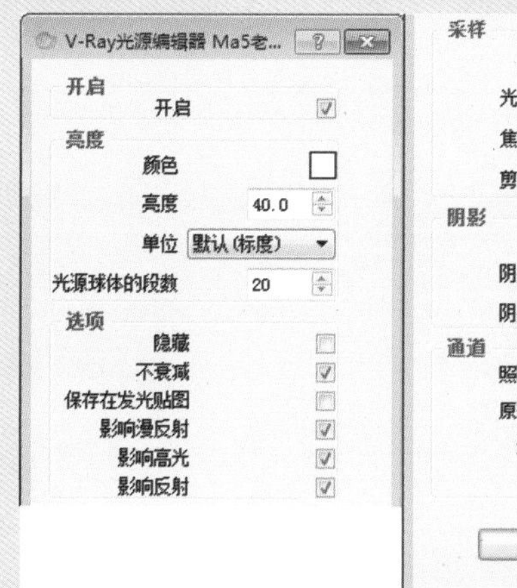

图6-60 设置球体灯光参数

09 渲染场景，效果如图6-61所示。

10 激活“面光源”工具，在阳台窗户外创建两个面光源，调整到合适的位置，作为室外补光，如图6-62所示。

图 6-61 太阳光效果

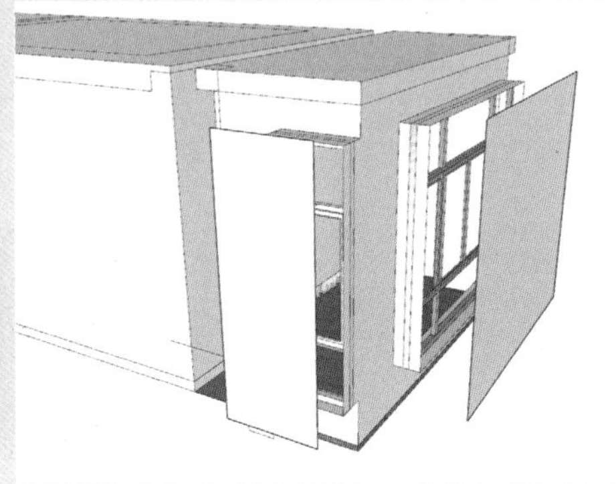

图 6-62 创建面光源

11 打开 V-Ray 光源编辑器，设置灯光亮度、颜色、采样细分值，并勾选“隐藏”复选框，如图 6-63 所示。

12 灯光颜色设置为浅蓝色，具体参数如图 6-64 所示。

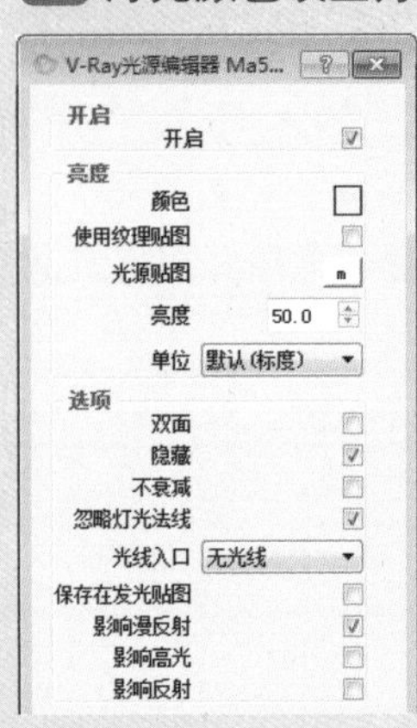

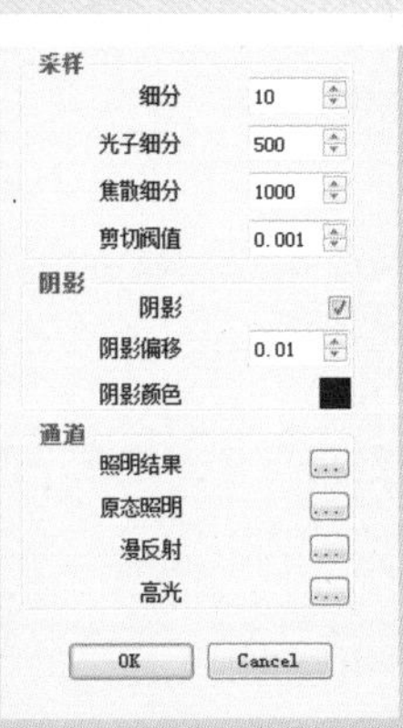

图 6-63 设置面光源参数

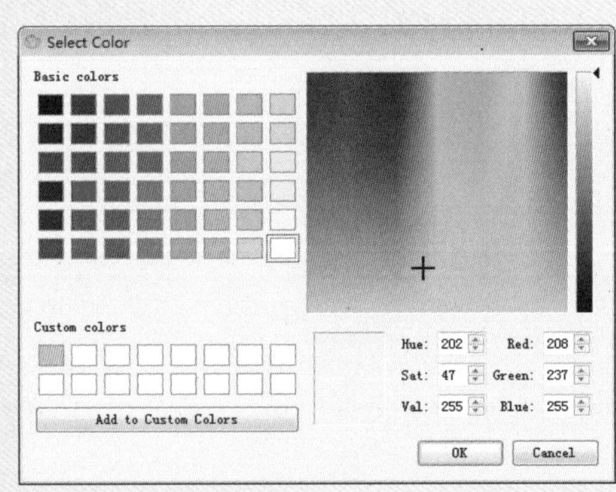

图 6-64 灯光颜色参数

13 在阳台内再创建一个面光源，作为补光，如图 6-65 所示。

14 打开 V-Ray 光源编辑器，采用默认灯光亮度及颜色，设置采样细分值，并勾选“隐藏”复选框，如图 6-66 所示。

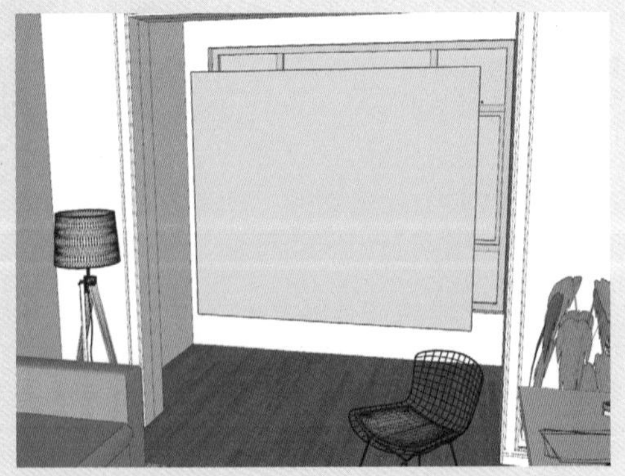

图 6-65 创建面光源

图 6-66 面光源参数设置

15 渲染场景，效果如图 6-67 所示。

16 创建室内灯光。激活“球体光源”工具，在场景中创建一盏球体灯光，将其移动到落地灯灯罩中，用来模拟落地灯光源，如图 6-68 所示。

图 6-67 补光效果

图 6-68 创建球体灯光

17 打开 V-Ray 光源编辑器，调整灯光亮度、颜色及采样细分值，如图 6-69 所示。

18 灯光颜色设置如图 6-70 所示。

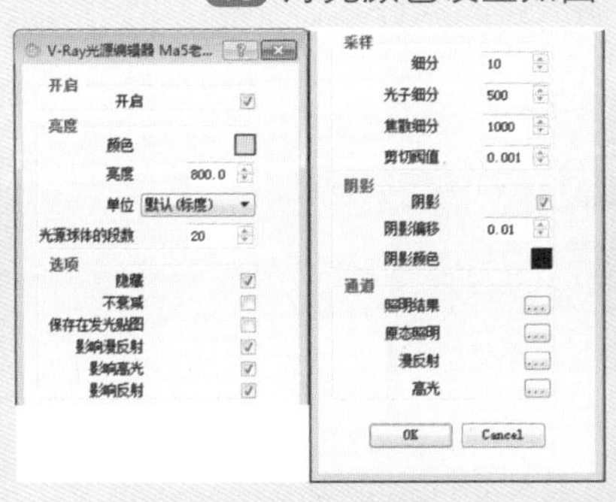

图 6-69 设置球体灯光参数

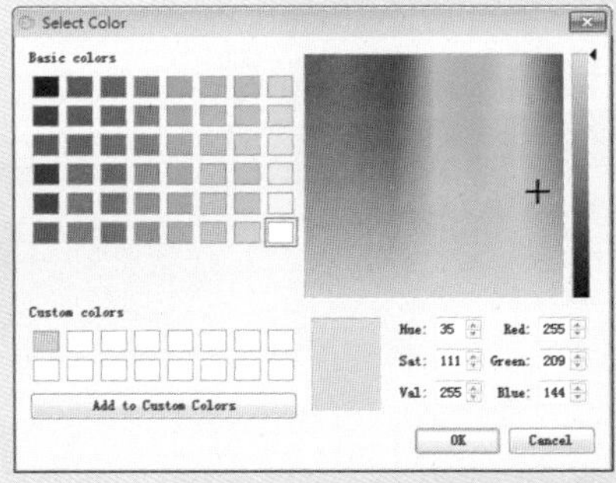

图 6-70 灯光颜色参数

19 渲染场景，效果如图 6-71 所示。

20 复制球体灯光到吸顶灯的位置，调整灯光颜色为白色，再继续进行复制，如图 6-72 所示。

图 6-71 落地灯光源效果

图 6-72 复制灯光

21 渲染场景，效果如图 6-73 所示。

图 6-73　吸顶灯光源效果

22 创建面光源，将其移动到吸顶灯下方，作为补光，如图 6-74 所示。

图 6-74　创建面光源

23 打开 V-Ray 光源编辑器，调整灯光亮度并勾选“隐藏”复选框，如图 6-75 所示。

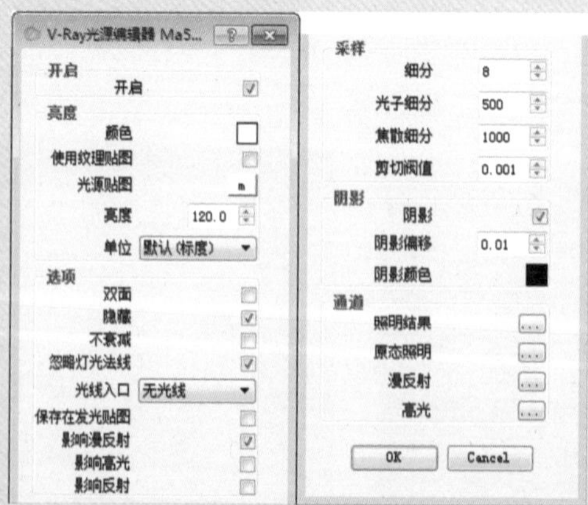

图 6-75　设置面光源参数

24 渲染场景，效果如图 6-76 所示。

图 6-76 补光效果

25 接下来创建射灯光源。激活“光域网（IES）光源”工具，在场景中创建一盏光域网灯光，将其移动到射灯模型下，用来模拟射灯光源，如图 6-77 所示。

图 6-77 创建光域网灯光

26 打开 V-Ray 光源编辑器，为其添加光域网文件，再设置功率大小及灯光颜色，如图 6-78 所示。

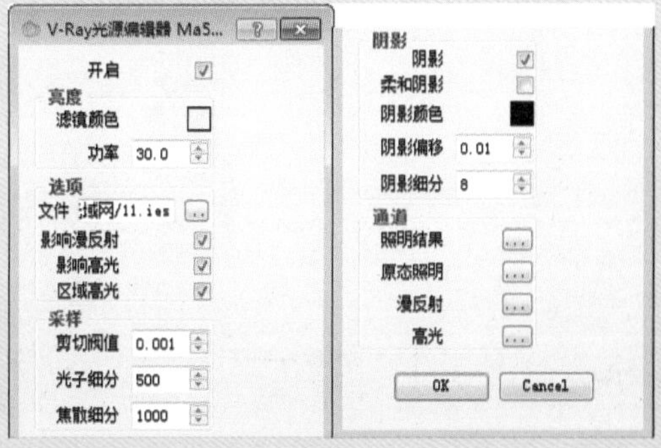

图 6-78 设置光域网灯光参数

27 灯光颜色参数设置如图 6-79 所示。

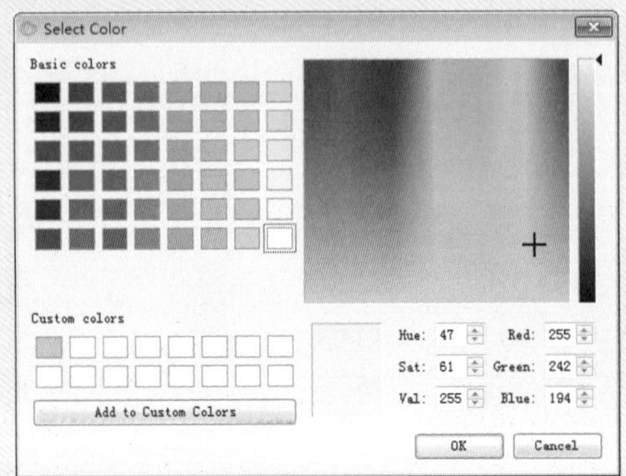

图 6-79　灯光颜色参数

28 复制光域网灯光，如图 6-80 所示。

图 6-80　复制光域网灯光

29 渲染场景，效果如图 6-81 所示。

图 6-81　射灯照明效果

30 可以看到场景光源亮度依然偏暗，这里在餐厅及过道位置创建面光源作为补光，如图 6-82 所示。

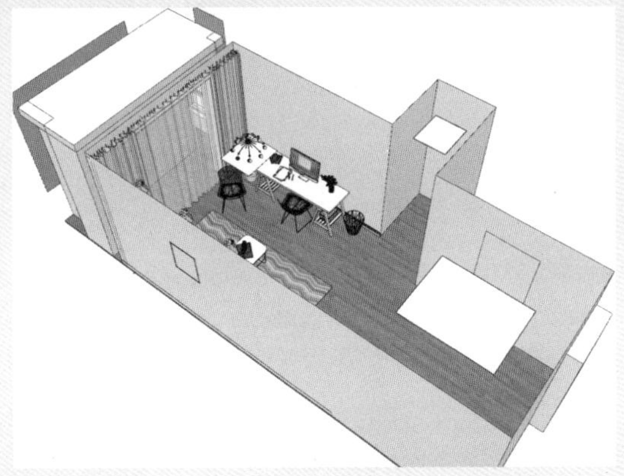

图 6-82　创建面光源

31 灯光参数设置面板如图 6-83 所示。

图 6-83　灯光参数设置面板

32 再次渲染场景，最终的灯光效果如图 6-84 所示。

图 6-84　最终灯光效果

强化训练

为了更好地掌握本章所学的知识，在此列举几个针对本章的拓展案例，以供读者练手。

1. 为场景添加阴影和雾化效果

为场景制作清晨雾气及阳光效果，如图 6-85 所示。

图 6-85 雾气及阳光效果

操作提示：

01 开启阴影，调整时间到早晨 7 点多，秋日的任意时期。

02 再开启雾化效果，调整雾气显示的远近。

2. 为场景添加灯光效果

利用面光源为已有的场景添加光源效果，如图 6-86 所示。

图 6-86 添加光源效果

操作提示：

01 在建筑顶部创建浅蓝色面光源，作为天光。

02 在房间内创建黄色面光源，作为室内照明。

CHAPTER 07

V-Ray 渲染设置

本章概述 SUMMARY

V-Ray for SketchUp 是将 V-Ray 内核整合于 SketchUp 之内的渲染插件，沿用了 SketchUp 的日照和贴图习惯，使得方案表现有了最大限度的延续性。有参数较少、材质调节灵活、灯光简单而强大等特点。只要掌握了正确的方法，很容易做出照片级的效果图。本章介绍 V-Ray for SketchUp 的发展、特征以及渲染设置面板。通过对本章内容的学习，读者可以快速掌握场景渲染参数的设置技巧。

■ 学习目标

√ 掌握全局开关的参数设置方法。
√ 掌握图像采样器的参数设置方法。
√ 掌握颜色映射的参数设置方法。
√ 掌握发光贴图的参数设置方法。
√ 掌握灯光缓存的参数设置方法。

◎材质覆盖渲染效果

◎渲染设置面板

7.1 V-Ray for SketchUp 渲染器介绍

V-Ray for SketchUp 是由 CHAOS GROUP 公司出品的一款高质量渲染软件，是目前业界最受欢迎的渲染引擎。

7.1.1 V-Ray for SketchUp 的发展

虽然直接从 SketchUp 导出的图片已经具有比较好的效果，但是如果想要获得更具有说服力的效果图，就需要在模型的材质以及空间的光影关系方面进行更加深入的刻画。

以往处理效果图的方法通常是将 SketchUp 模型导入 3ds Max 中调整材质，然后再借助 V-Ray for Max 获得高质量的效果图。但是这一环节限制了设计师对细节的掌控和完善，V-Ray for SketchUp 的诞生完美地解决了这个问题。

V-Ray 作为一款功能强大的全局光渲染器，可以直接安装在 SketchUp 软件中，从而辅助 SketchUp 渲染出照片级别的效果图。其应用在 SketchUp 中的时间不长，2007 年推出了第一个正式版本 V-Ray for SketchUp 1.0，其后根据用户反馈意见不断进行完善，现已升级到 V-Ray for SketchUp 2.0。

7.1.2 V-Ray for SketchUp 的特征

与一般渲染器相比，V-Ray for SketchUp 具有以下几个特征。

1. 优秀的全局照明（GI）

传统的渲染器在应付复杂的场景时，必须花费大量的时间来调整不同位置的多个灯光，以得到均匀的照明效果。全局照明则不同，它用一个类似于球状的发光体包裹整个场景，让场景的每一个角落都能够受到光线的照射。V-Ray 支持全局照明，而且与同类渲染程序相比效果更好、速度更快。不放置任何灯光的场景，V-Ray 利用 GI 就可以计算出比较自然的光照效果。

2. 超强的渲染引擎

V-Ray for SketchUp 提供了 4 种渲染引擎：发光贴图、光子贴图、确定性蒙特卡罗和灯光缓冲。每个渲染引擎都有各自的特性，计算方法不同，渲染效果也不一样。用户可以根据场景的大小、类型、出图像素要求以及出图品质要求来选择合适的渲染引擎。

3. 支持高动态贴图（HDRI）

一般的 24 位图片从最暗到最亮的 256 阶无法完整表现真实世界中

的真实亮度，例如户外的太阳强光就比白色要亮上百万倍。而高动态贴图（HDRI）是一种 32 位的图片，它记录了某个场景环境的真实光线，因此 HDRI 对亮度数值的真实描述能力就可以成为渲染程序用来模拟真实环境光源的依据。

4. 强大的材质系统

V-Ray for SketchUp 的材质功能系统强大且设置灵活。除了常见的漫射、反射、折射，还有自发光的灯光材质，另外，还支持透明贴图、双面材质、纹理贴图及凹凸贴图，每个主要材质层后面还可以增加第二层、第三层，从而得到真实的材质效果。利用高光和光泽度也能设置出磨砂玻璃、磨砂金属以及其他磨砂材质的效果，更可以透过“光线分散”计算如玉石、蜡、皮肤等表面稍微透光的材质。而默认的多个程序控制的纹理贴图可以用来设置特殊的材质效果。

5. 便捷的布光方法

灯光照明在渲染出图中扮演着最为重要的角色，没有好的照明条件便得不到好的渲染品质。光线的来源分为直接光源和间接光源。V-Ray for SketchUp 的点光源、面光源、自发光物体都是直接光源，环境设置里的 GI 天光以及间接照明中的一、二次反弹等都是间接光源，利用这些，V-Ray for SketchUp 可以完美地模拟出现实世界的光照效果。

6. 超快的渲染速度

比起 Brazil、Maxwell 等渲染程序，V-Ray 的渲染速度是非常快的。关闭默认灯光、打开 GI，其他都使用 V-Ray 默认的参数，就可以得到较为逼真的折射、反射及高品质的阴影效果。值得一提的是，几个常用的渲染引擎所计算出的光照资料都可以单独存储起来，调整材质或者渲染大尺寸图片时可以直接导入而无须再次计算，可以节省很多时间，从而提高作图效率。

7. 简单易学

V-Ray for SketchUp 参数较少、材质调节灵活、灯光简单而强大。只要掌握了正确的学习方法，多思考、多练习，借助 V-Ray for SketchUp 很容易做出照片级别的效果图。

7.2 V-Ray for SketchUp 渲染设置面板

在 V-Ray 主工具栏中单击“打开 V-Ray 渲染设置面板”按钮，

即可打开 V-Ray 渲染设置面板，在该面板中包含全局开关、系统、相机（摄像机）、环境、图像采样器（抗锯齿）、DMC（确定性蒙特卡罗）采样器、颜色映射、VFB 帧缓存通道、输出、间接照明、发光贴图、灯光缓存、焦散、置换和 RT 实时引擎 15 个参数卷展栏，如图 7-1 所示。本节仅介绍渲染过程中常用的几个卷展栏，其他卷展栏中的参数在渲染时可保持默认。

图 7-1　V-Ray 渲染设置面板

7.2.1　全局开关

“全局开关”卷展栏主要决定了 V-Ray 是否产生灯光、阴影、反射、模糊反射、贴图等，如图 7-2 所示。

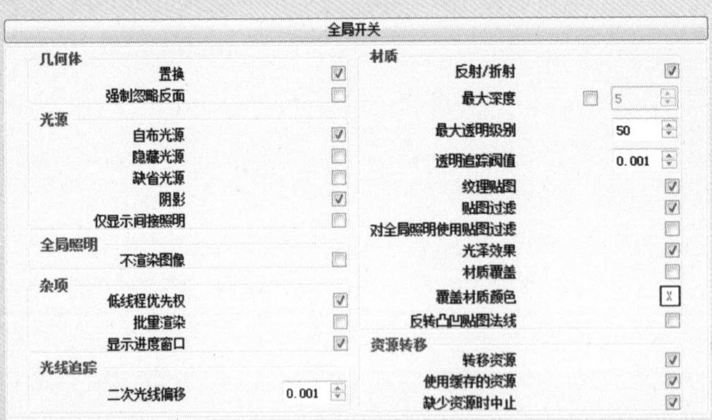

图 7-2　“全局开关”卷展栏

- 置换：决定是否使用 V-Ray 的置换贴图。
- 自布光源：决定是否使用全局的灯光，这个选项是 V-Ray 场景灯光的总开关。如果不勾选该复选框，系统将不会渲染手动设置的任何灯光，即使这些灯光处于打开状态，系统将自动使用默认光源渲染场景。
- 隐藏光源：勾选该复选框时，系统会渲染隐藏的灯光效果而不会考虑灯光是否被隐藏。

- 阴影：决定是否渲染灯光产生的阴影。
- 反射 / 折射：决定是否计算 V-Ray 贴图或材质中的光线的反射 / 折射效果。
- 材质覆盖：勾选该复选框时，允许用户通过使用一种颜色的材质来代替场景中所有物体的材质进行渲染，如图 7-3、图 7-4 所示为材质覆盖的渲染效果与原材质渲染效果。这个选项在调节复杂场景时很有用。

图 7-3　材质覆盖效果

图 7-4　原材质渲染效果

- 不渲染图像：勾选该复选框后，V-Ray 只计算相应的全局光照贴图（光子贴图、灯光贴图和发光贴图），如图 7-5、图 7-6 所示为勾选该复选框与正常渲染的效果。

图 7-5　勾选“不渲染图像”复选框时的效果

图 7-6　未勾选“不渲染图像”复选框时的效果

7.2.2 环境

“环境”卷展栏主要是在全局照明和反射 / 折射中为环境指定颜色或贴图，可以在计算全局照明的时候替代 SketchUp 的环境设置，用于模拟天空光，如图 7-7 所示。

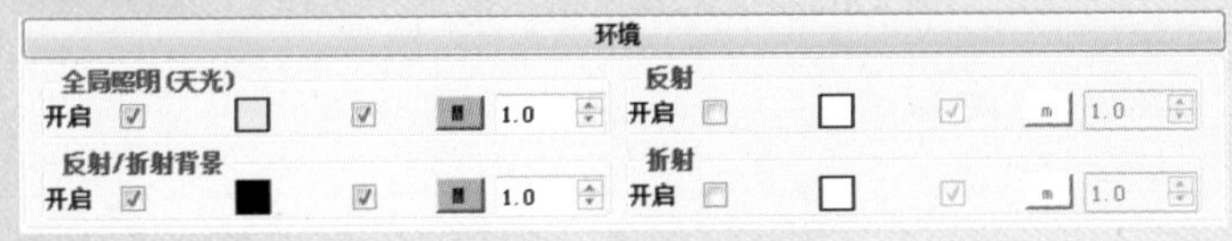

图 7-7 “环境”卷展栏

全局照明(天光)：V-Ray 天光，默认为开启状态，且使用天空贴图。用户可以使用默认的天光颜色，也可以更换贴图。在制作室外大场景效果时，就可以使用 HDRI 贴图代替天空贴图，模拟出更加真实的天空效果。

反射 / 折射背景其下参数与全局照明相同。

7.2.3 图像采样器（抗锯齿）

在 V-Ray 渲染器中，图像采样器（抗锯齿）是指采样和过滤的一种算法，并产生最终的像素数组来完成图形的渲染。V-Ray 渲染器提供了几种不同的采样类型，不同的采样类型渲染时间也不同，用户可以在“固定比率”采样器、“自适应确定性蒙特卡罗”采样器和“自适应细分”采样器中根据需要选择一种进行使用。如图 7-8 所示为“图像采样器（抗锯齿）”卷展栏。

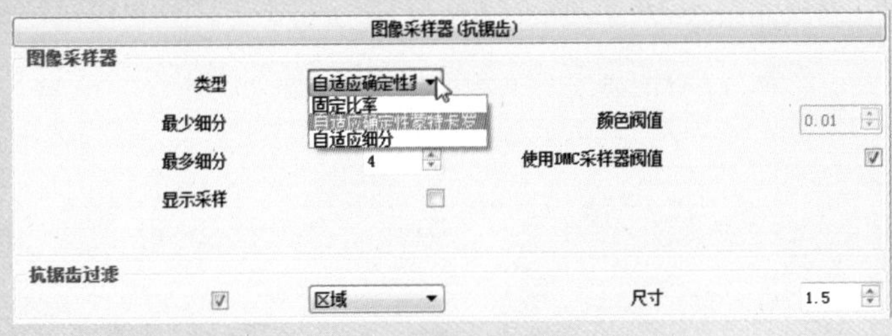

图 7-8 “图像采样器（抗锯齿）”卷展栏

1. 图像采样器类型

- 固定比率：该采样器对于每个图像像素都采用一个固定数量的采样样本，所以只提供“细分”参数，该参数值越大，采样精度越高。该采样类型适合具有高细节的纹理贴图和模糊效果时使用。
- 自适应确定性蒙特卡罗：该采样器根据每个像素和它相邻像素的亮度差异产生不同的样本，在角落部分使用较高的样本数量，在平坦的部分使用较小的样本数量，比较智能化。对于具有大量微小细节或模糊效果的场景或物体，这个采样器是首选。
- 自适应细分：该采样器具有负值采样的高级抗锯齿功能，适用于没有或者有少量模糊效果的场景，在这种情况下，渲染速度最快。但是在具有大量细节或者模糊特效的情况下会比其他两个采样器更慢，图像效果也更差。

2. 抗锯齿过滤器类型

勾选开启抗锯齿过滤器复选框后，系统将采用所选择的抗锯齿方式对场景进行抗锯齿处理，如果不勾选该复选框，渲染时将使用纹理抗锯齿过滤。

7.2.4 DMC（确定性蒙特卡罗）采样器

V-Ray渲染器中的DMC采样器，可以说是V-Ray的核心，贯穿于V-Ray的每一种“模糊”计算中（抗锯齿、景深、间接照明、面积灯光、模糊反射 / 折射、半透明、运动模糊等）。V-Ray 根据一个特定的值，使用一种独特的统一的标准框架来确定有多少以及多精确的样本被获取。这个标准框架就是 DMC 采样器。样本的实际数量是由下面 3 个因素决定的。

（1）由用户指定的特殊的模糊效果的细分值提供。

（2）取决于计算效果的最终图像采样。例如，较暗的、平滑的反射需要的样本数比明亮的要少，原因在于最终的效果中反射效果相对较弱。远处的面积灯需要的样本数量比近处的要少。这种基于实际使用的样本数量来计算最终效果的技术被称为重要性采样。

（3）从一个特定的值获取的样本的差异——如果那些样本彼此之间不是完全不同的，那么可以使用较少的样本来计算。如果是完全不同的，为了得到好的效果，就必须使用较多的样本来计算。

该参数卷展栏如图 7-9 所示。

DMC（确定性蒙特卡罗）采样器			
自适应量	0.85	最少采样	8
噪点阈值	0.01	细分倍增	1.0

图 7-9 “DMC（确定性蒙特卡罗）采样器”卷展栏

- 自适应量：用于控制重要性采样使用的范围。默认值为 1，表示在尽可能大的范围内使用重要性采样，0 则表示不进行重要性采样，换句话说，样本的数量会保持在一个相同的数量上，而不管模糊效果的计算结果如何。减少这个值会减慢渲染速度，但同时会降低噪波和黑斑。
- 最少采样：确定在使用早期终止算法之前必须获得的最少的样本数量。较高的取值将会减慢渲染速度，但同时会使早期终止算法更可靠。
- 噪点阈值：在计算一种模糊效果是否足够好的时候，控制 V-Ray 的判断能力。在最后的结果中直接转化为噪波。较小的取值表示较少的噪波、使用更多的样本并得到更好的图像质量。

- 细分倍增：在渲染过程中这个选项会倍增任何地方任何参数的细分值。可以使用这个参数来快速增加或减少任何地方的采样质量。在使用 DMC 采样器的过程中，可以将它作为全局的采样质量控制。

7.2.5 颜色映射

颜色映射是控制渲染画面明暗的调节器，也可称之为曝光控制的一种手法。V-Ray for SketchUp 中有线性相乘、指数、指数（HSV）、指数（亮度）、伽马校正、亮度伽马和莱因哈特（Reinhard）7 种类型，如图 7-10 所示。

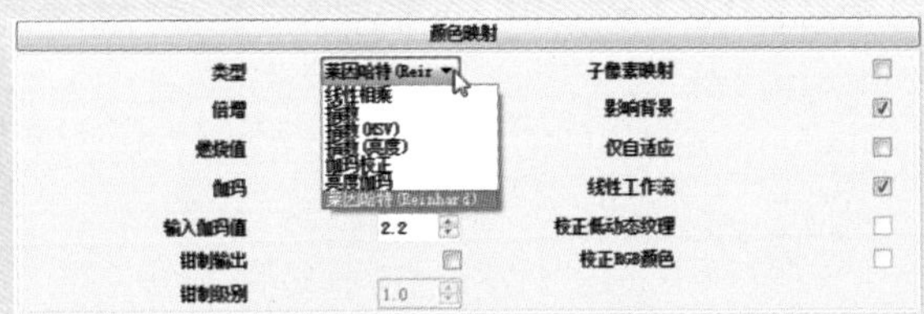

图 7-10 “颜色映射”卷展栏

- 线性相乘：基于最终色彩亮度进行相乘，可以得到明暗比较明显的效果，但也最容易曝光，这种模式将基于最终图像色彩的亮度来进行简单的相乘，太亮的颜色成分将会被限制。
- 指数：该模式将基于亮度来使图像更饱和。这对防止非常明亮的区域（例如光源的周围区域等）曝光是很有用的。该模式不限制颜色范围，而是让它们更饱和。
- 指数（HSV）：该模式与指数模式非常相似，但是它会保护色彩的色调和饱和度。
- 指数（亮度）：该模式用于调整色彩的饱和度，当图像亮度增强时，在不曝光的条件下增强色彩的饱和度。
- 伽马校正：很多显卡上都有伽马色彩校正设置，这个参数用于校正电脑系统的色彩偏差。
- 亮度伽马：该模式用于调整伽马色彩的饱和度。
- 莱因哈特：该模式可以将线性和指数曝光结合起来。

7.2.6 发光贴图

间接照明是 V-Ray 的核心部分，包含发光贴图、光子贴图、确定性蒙特卡罗、灯光缓存 4 种引擎。不同的场景材质对应不同的运算引擎，正确设置可以使计算速度更加合理，使渲染效果更加出色。

发光贴图引擎在计算场景中物体漫射表面发光的时候会采取一种有效的贴图来处理画面。在“发光贴图”卷展栏中可以调节发光贴图的各项参数，且只有在指定发光贴图为当前首次引擎的时候才会被激活，其参数卷展栏如图 7-11 所示。

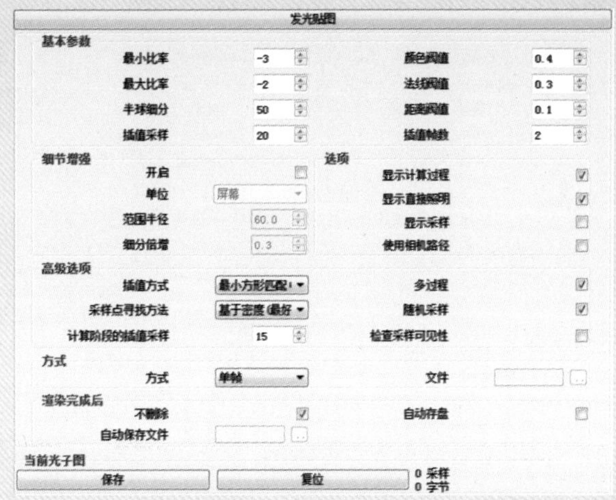

图 7-11 “发光贴图”卷展栏

- 最小比率 / 最大比率：最小比率确定 GI 首次引擎的分辨率，最大比率确定 GI 传递的最终分辨率。如果最大比率小于最小比率，则不会产生光能传递的效果。
- 颜色阈值：该参数确定发光贴图算法对间接照明变化的敏感程度。
- 法线阈值：该参数确定发光贴图算法对表面法线变化的敏感程度。
- 半球细分：该参数决定单独的 GI 样本质量。较小的取值可以获得较快的速度，但可能会产生黑斑，较大的取值可以得到平滑的图像。
- 插值采样：该参数用于插值计算的 GI 样本数量。较大的取值趋向于模糊 GI 的细节，虽然最终的效果很光滑，较小的取值会产生更光滑的细节，但是也可能产生黑斑。
- 显示计算过程：勾选该复选框后，V-Ray 在计算发光贴图时将显示发光贴图的传递，同时会减慢一点渲染计算，特别是在渲染大的图像时。
- 显示直接照明：勾选该复选框后，将促使 V-Ray 在计算发光贴图时显示直接光。
- 显示采样：勾选该复选框后，V-Ray 将在 VFB 窗口中以小圆点的形式直观地显示发光贴图中使用的样本情况。

7.2.7 灯光缓存

灯光缓存引擎与光子贴图引擎类似，它是建立在追踪从摄影机可见的许许多多的光线路径的基础上的，每一次沿路径的光线反弹都会储存照明信息，它们组成了一个 3D 结构，该引擎广泛应用于室内和室外场景的渲染计算。

把灯光缓存和发光贴图相结合，计算的速度以及渲染效果都会令人满意。其参数卷展栏如图 7-12 所示。

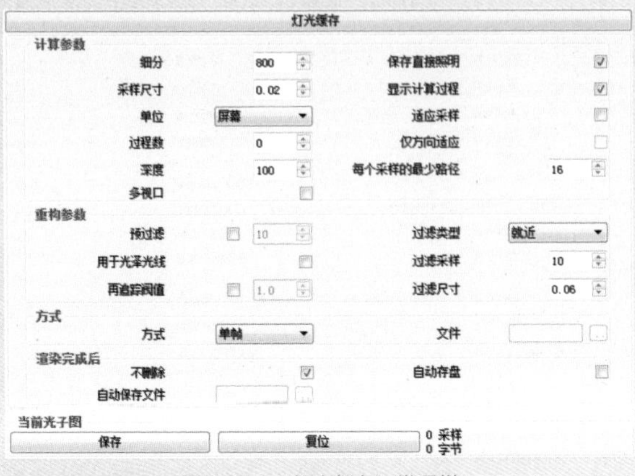

图 7-12 “灯光缓存”卷展栏

- 细分：设置灯光信息的细腻程度，一般开始作图时设置为 100 进行快速渲染测试，正式渲染时设置为 1000 ~ 1500，速度应该是很快的。
- 采样尺寸：决定灯光贴图中样本的间隔。较小的值意味着样本之间相互距离较近，灯光贴图将保护灯光锐利的细节，不过会产生噪波，并且占用较多的内存，反之亦然。该参数值设置得越小，画面越细腻，一般情况下正式出图时设置为 0.01 以下。
- 保存直接照明：在光子贴图中同时保存直接光照明的相关信息。这个选项对于有许多灯光、使用发光贴图或直接计算 GI 方法作为首次引擎的场景特别有用。因为直接光照明包含在了灯光贴图中，而不需要再对每一个灯光进行采样。

这里需要特别说明一下，勾选“存储直接光”复选框，对生成灯光缓存贴图的速度几乎没什么影响，但是在计算发光图的时候会快 1 倍多，不过角落的阴影会有些瑕疵（在靠近光源的角落有漏光现象，可以用后期软件来弥补一下）。

- 显示计算过程：勾选该复选框，V-Ray 在计算灯光贴图的时候将显示光传效果。

> **知识拓展**
>
> 由于 JPG 格式的文件为有损压缩格式，会失真，因此在保存效果图时可选择 TGA 和 TIF 格式。

7.3 课堂练习——渲染客厅场景

下面以简单的实例介绍 V-Ray 渲染功能的应用。

01 打开素材场景，如图 7-13 所示。

02 首先来进行测试渲染。打开渲染设置面板，在“图像采样器（抗锯齿）”卷展栏中设置采样器类型为“固定比率”，并取消勾选“抗锯齿过滤”复选框，如图 7-14 所示。

图 7-13　打开素材场景

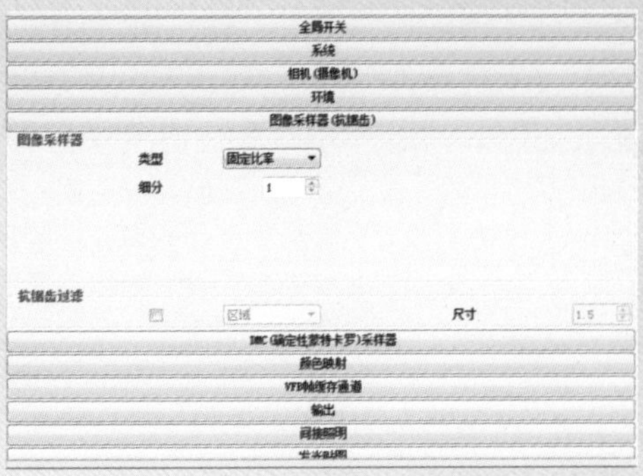

图 7-14　在“图像采样器（抗锯齿）”卷展栏中进行设置

03 在“发光贴图”卷展栏的“基本参数”选项组中设置半球细分值为 20，如图 7-15 所示。

04 在“灯光缓存”卷展栏的“计算参数”选项组中设置细分值为 200，如图 7-16 所示。

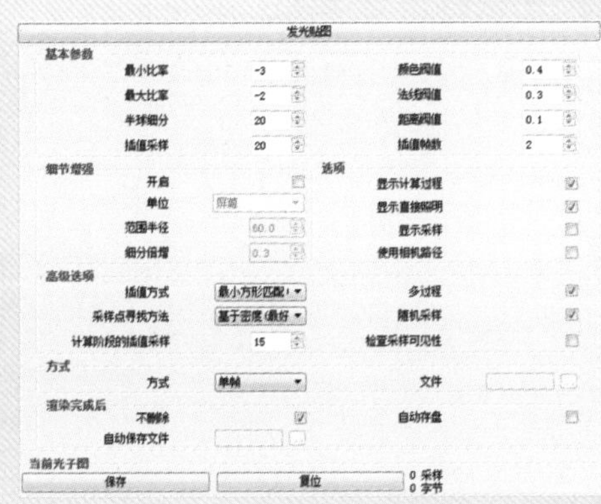

图 7-15　设置“发光贴图”卷展栏

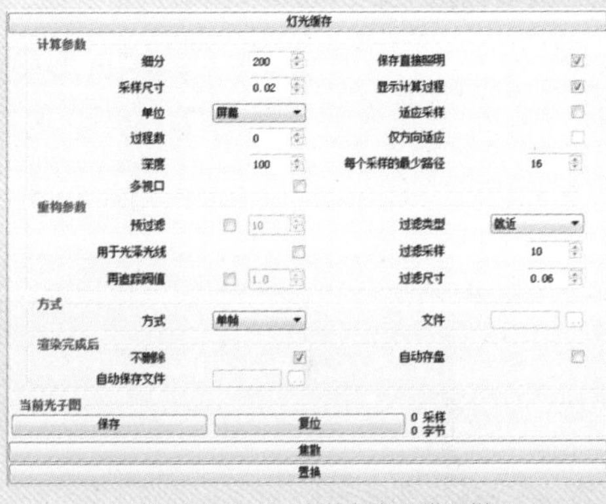

图 7-16　设置“灯光缓存”卷展栏

05 在渲染设置面板中单击“保存设置”按钮，打开 Save Visopt File 对话框，设置保存路径及名称，如图 7-17 所示。

06 保存设置后，单击“渲染”按钮，进行测试渲染，可以看到效果中有明显的锯齿，且纹理不清晰，如图 7-18 所示。

图 7-17　保存渲染设置

图 7-18　测试渲染效果

07 打开渲染设置面板，在“图像采样器（抗锯齿）”卷展栏中设置采样器类型为“自适应细分”，开启抗锯齿，设置过滤器类型为 Lanczos，再设置过滤尺寸为 2.0，如图 7-19 所示。

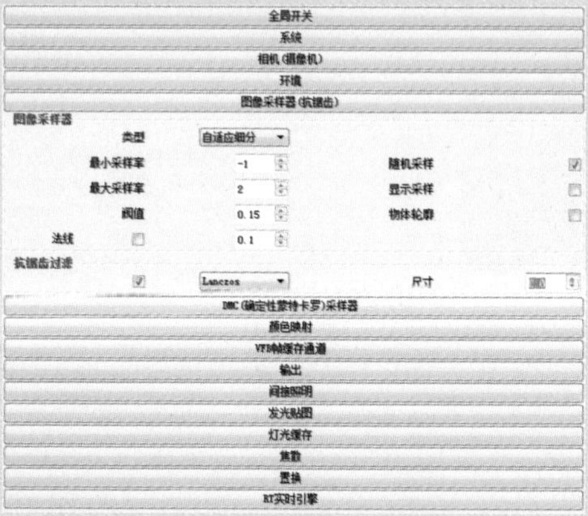

图 7-19　在“图像采样器（抗锯齿）”卷展栏中进行设置

08 在“DMC（确定性蒙特卡罗）采样器”卷展栏中设置自适应量为0.75，最少采样值为15，噪点阀值为0.002，如图 7-20 所示。

图 7-20　在“DMC（确定性蒙特卡罗）采样器”卷展栏中进行设置

09 在“颜色映射”卷展栏中设置类型为“指数”，并设置其他参数，如图 7-21 所示。

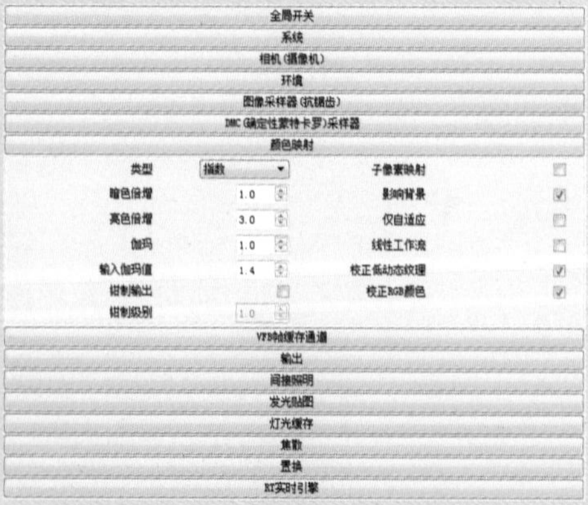

图 7-21　在“颜色映射”卷展栏中进行设置

10 在“发光贴图”卷展栏的“基本参数”选项组中设置最大比率、半球细分值等参数，如图 7-22 所示。

发光贴图
基本参数
最小比率 -3　颜色阈值 0.4
最大比率 0　法线阈值 0.3
半球细分 50　距离阈值 0.1
插值采样 20　插值帧数 2
细节增强　选项
开启　显示计算过程
单位 屏幕　显示直接照明
范围半径 60.0　显示采样
细分倍增 0.3　使用相机路径
高级选项
插值方式 最小方形匹配　多过程
采样点寻找方法 基于密度(最好　随机采样
计算阶段的插值采样 15　检查采样可见性
方式
方式 单帧　文件
渲染完成后
不删除　自动存盘
自动保存文件
当前光子图
保存　复位　共有：28631个 采样点
共占：5.3MB 内存
灯光缓存
焦散

图 7-22　在“发光贴图”卷展栏中进行设置

11 在“灯光缓存”卷展栏中设置细分值为 1000，如图 7-23 所示。

输出
间接照明
发光贴图
灯光缓存
计算参数
细分 1000　保存直接照明
采样尺寸 0.02　显示计算过程
单位 屏幕　适应采样
过程数 0　仅方向适应
深度 100　每个采样的最少路径 16
多视口
重构参数
预过滤 10　过滤类型 就近
用于光泽光线　过滤采样 10
再追踪阈值 1.0　过滤尺寸 0.06
方式
方式 单帧　文件
渲染完成后
不删除　自动存盘
自动保存文件
当前光子图
保存　复位　共有：15461个 采样点
共占：3.4MB 内存
焦散
置换

图 7-23　在“灯光缓存”卷展栏中进行设置

12 保存最终渲染设置。再渲染场景，效果如图 7-24 所示。

图 7-24　最终渲染效果

强化训练

为了更好地掌握本章所学的知识，在此列举几个针对本章的拓展案例，以供读者练手。

1. 渲染厨房场景

设置渲染参数，渲染厨房场景，如图 7-25 所示。

图 7-25　厨房场景

操作提示：

01 打开渲染设置面板，设置采样器、发光贴图、灯光缓存等参数并保存设置。

02 渲染场景。

2. 测试渲染卫生间场景

设置渲染参数，测试渲染卫生间场景，如图 7-26 所示。

图 7-26　测试渲染

操作提示：

01 打开渲染设置面板，设置测试渲染参数。

02 对场景进行测试渲染。

CHAPTER 08

书房场景效果表现

本章概述 SUMMARY

本章要创建的是一个现代风格的书房效果，主要介绍的是部分家具模型的创建、常用材质的设置以及室外光源的创建。通过本章的学习，读者可以更进一步掌握 SketchUp 的建模技巧以及 V-Ray 材质与灯光的设置方法。

■ 学习目标

√ 掌握建筑主体模型的制作。

√ 掌握门窗模型的制作。

√ 掌握场景灯光的创建。

√ 掌握 V-Ray 材质设置。

√ 掌握渲染参数设置。

◎书房模型

◎书房效果

8.1 创建场景模型

本节主要介绍的是高层建筑模型的创建。因建筑造型的重复，这里我们可以创建出单层模型，再进行复制镜像等操作即可完成场景模型的创建。

8.1.1 制作建筑主体模型

在制作模型之前，首先要将平面布置图导入，可以为后面模型的创建节省很多时间。本章要制作的是书房效果，在建模时可以只创建书房区域。具体操作步骤如下。

01 启动 SketchUp，执行“文件” | “导入”命令，导入居室平面图，如图 8-1 所示。

02 激活“直线”工具，捕捉绘制书房墙体，如图 8-2 所示。

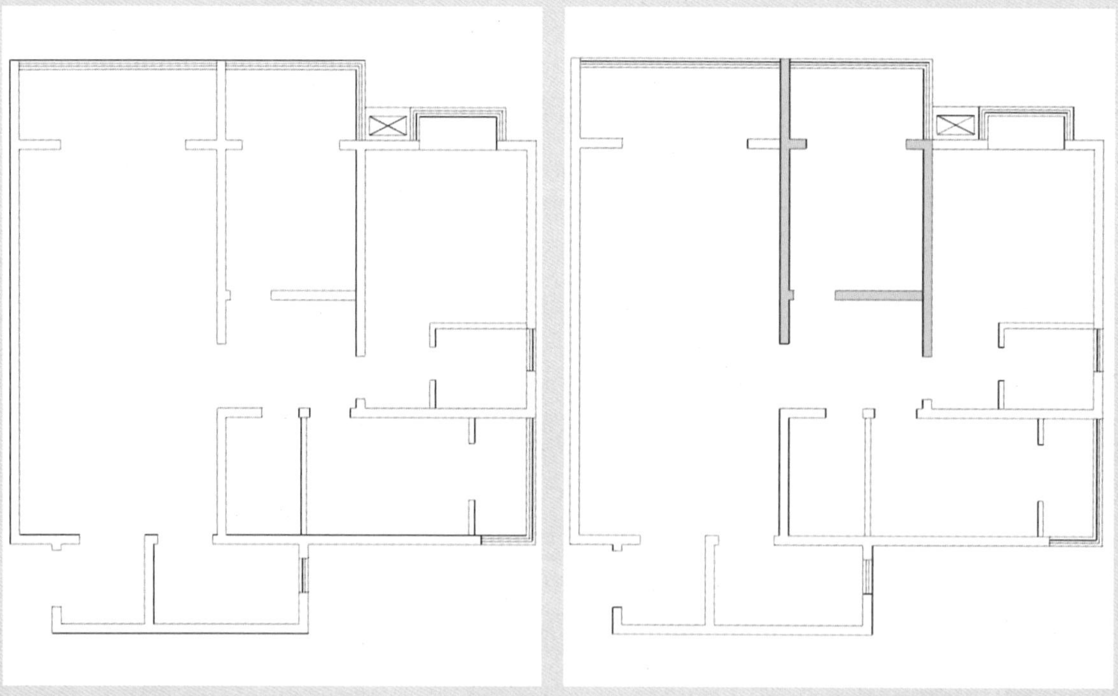

图 8-1 导入居室平面图

图 8-2 绘制墙体

03 激活“推 / 拉”工具，向上推出高度 2750mm 的墙体，如图 8-3 所示。

04 制作门洞。激活“移动”工具，选择门洞位置的边线，按住 Ctrl 键向上复制，设置距离为 2100mm，如图 8-4 所示。

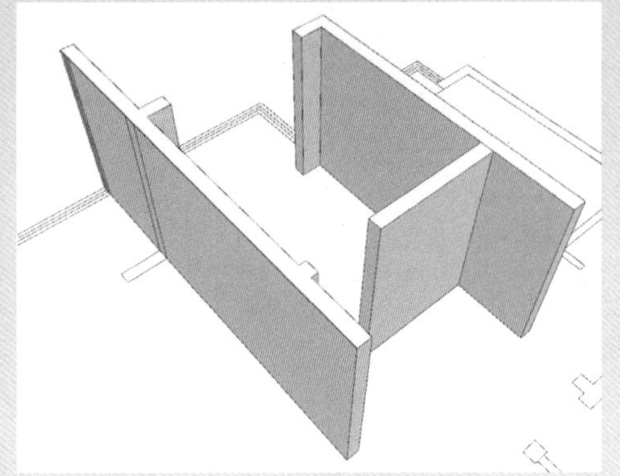
图 8-3　推拉墙体高度

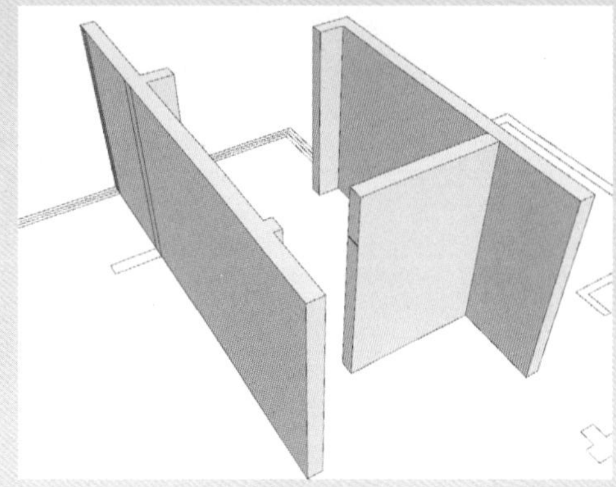
图 8-4　复制边线

05 激活“推 / 拉”工具，封闭门洞，如图 8-5 所示。

06 按照同样的方法制作 2400mm 高的阳台门洞，如图 8-6 所示。

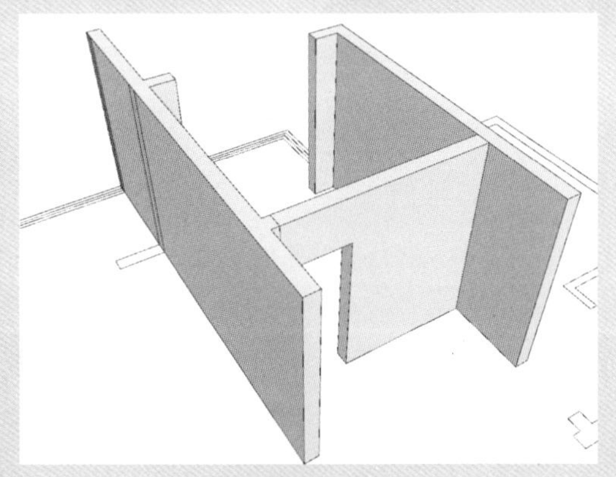
图 8-5　封闭门洞

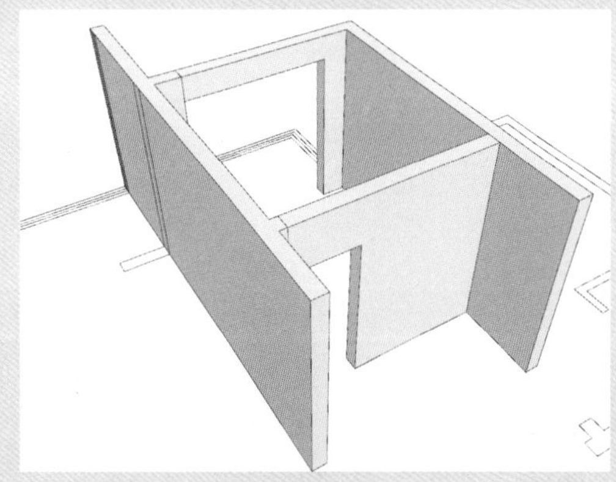
图 8-6　制作阳台门洞

07 激活“擦除”工具，清除多余的线条，如图 8-7 所示。

08 激活“直线”工具，绘制阳台窗台轮廓，再删除多余的线条，如图 8-8 所示。

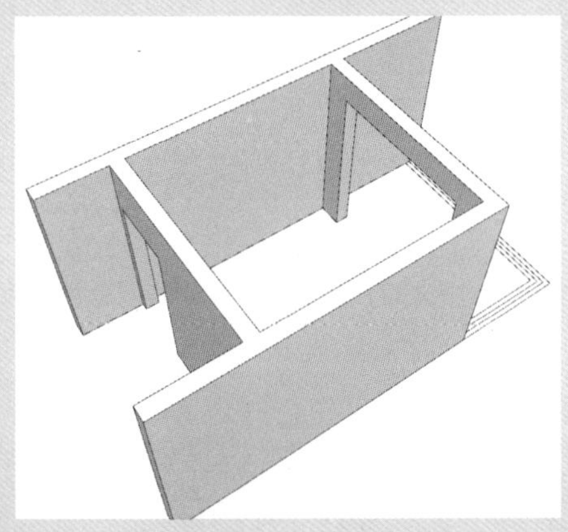
图 8-7　清除多余线条

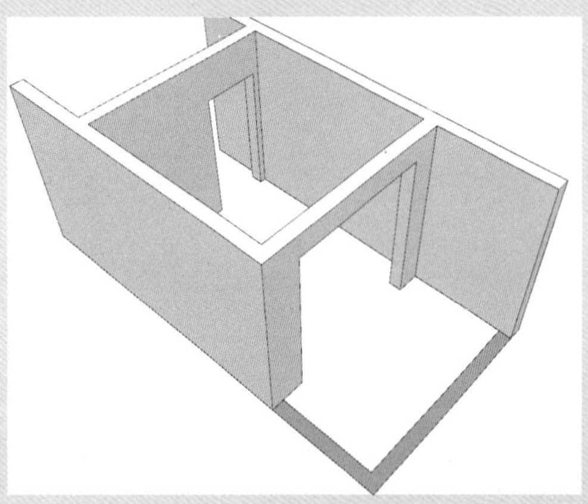
图 8-8　绘制窗台轮廓

09 翻转平面，再激活“推 / 拉”工具，推出 200mm 高的窗台，如图 8-9 所示。

10 将模型创建成组。激活“直线”工具，捕捉绘制地面，如图 8-10 所示。

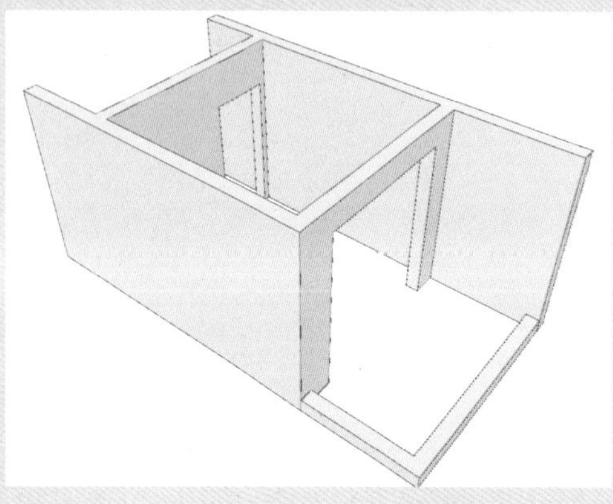
图 8-9　推拉窗台

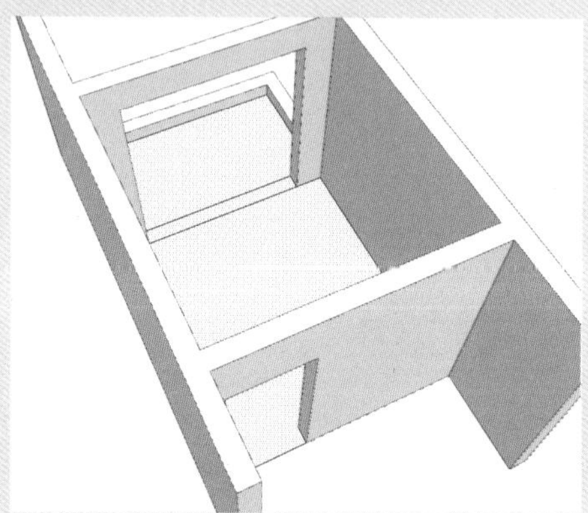
图 8-10　绘制地面

11 将地面设置为组，双击进入编辑模式，激活“推 / 拉”工具，将阳台区域的地面向上推出 35mm，将过门石区域向上推出 40mm，如图 8-11 所示。

12 制作顶面造型。激活“直线”工具，捕捉绘制顶面，如图 8-12 所示。

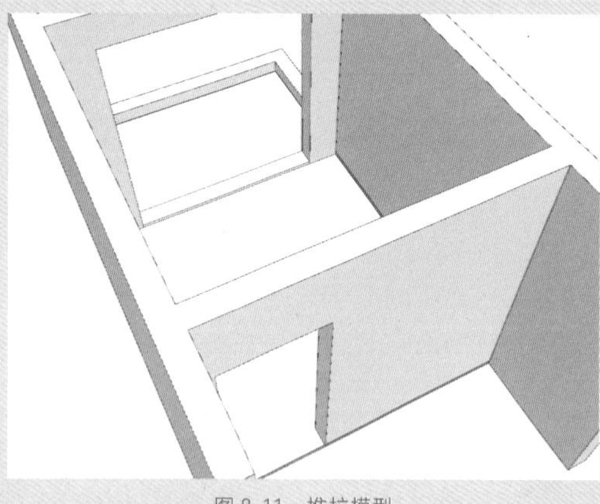
图 8-11　推拉模型

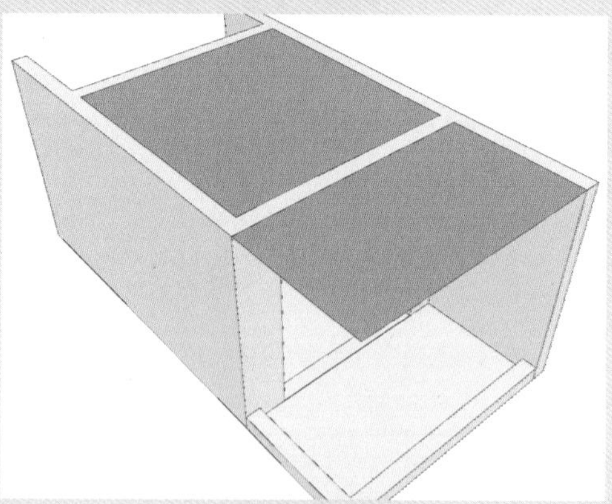
图 8-12　绘制顶面

13 将顶面创建成组。双击进入编辑模式，激活“推 / 拉”工具，将室内的顶面向下推出 280mm，将阳台的顶面向下推出 150mm，如图 8-13 所示。

14 隐藏墙体及地面模型，将视角转到顶面的下方，双击进入编辑模式。激活“偏移”工具，将吊顶边线向内偏移 150mm，如图 8-14 所示。

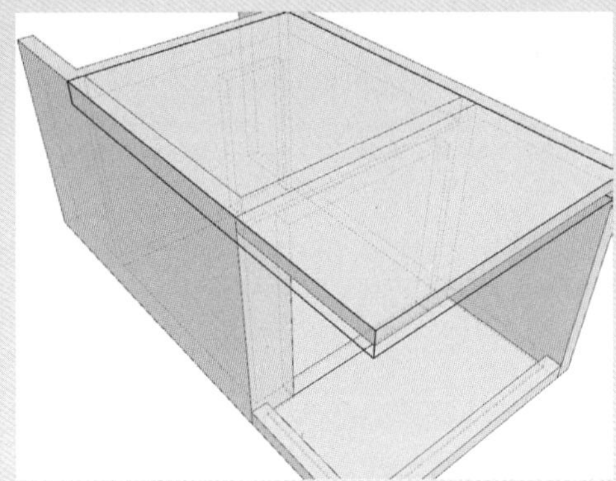

图 8-13　推拉模型

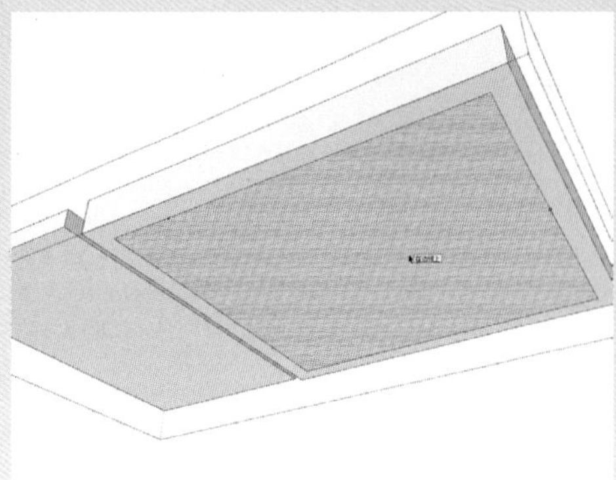

图 8-14　偏移边线

15 选择一侧边线向内移动 400mm 的距离，如图 8-15 所示。

16 激活“推 / 拉”工具，将中间的顶部向上推出 260mm，完成吊顶模型的制作，如图 8-16 所示。

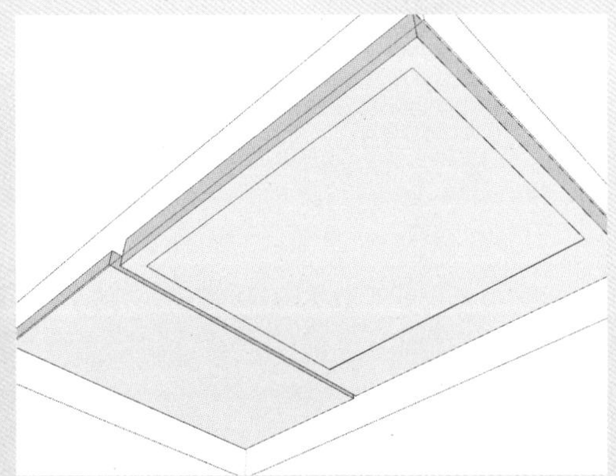

图 8-15　移动边线

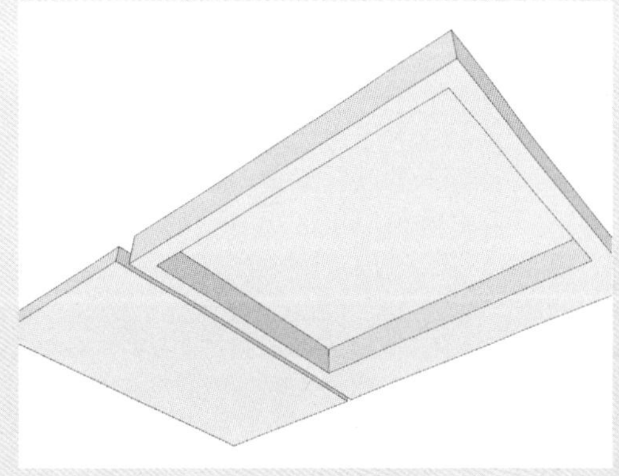

图 8-16　制作吊顶

17 激活“矩形”工具，绘制 1700mm×300mm 和 1700mm×170mm 的矩形，如图 8-17 所示。

18 激活“推 / 拉”工具，将矩形向内推出 50mm，如图 8-18 所示。

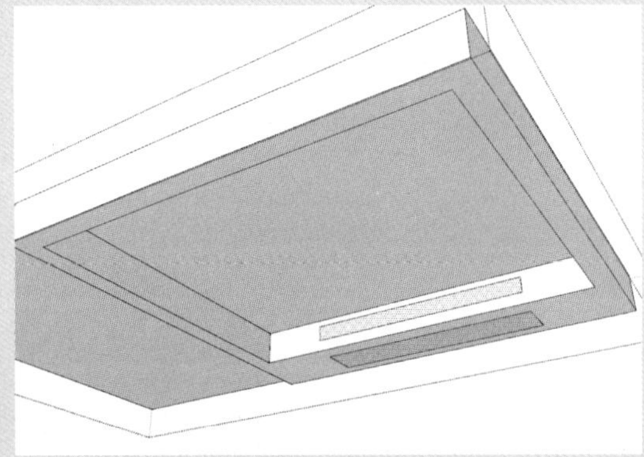

图 8-17　绘制矩形

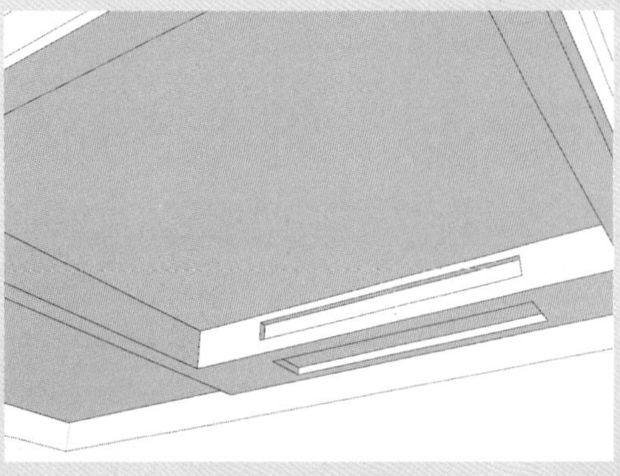

图 8-18　推拉模型

19 退出编辑模式，激活“矩形”工具，捕捉绘制矩形，如图 8-19 所示。

20 激活“偏移”工具，将边线向内偏移 30mm，如图 8-20 所示。

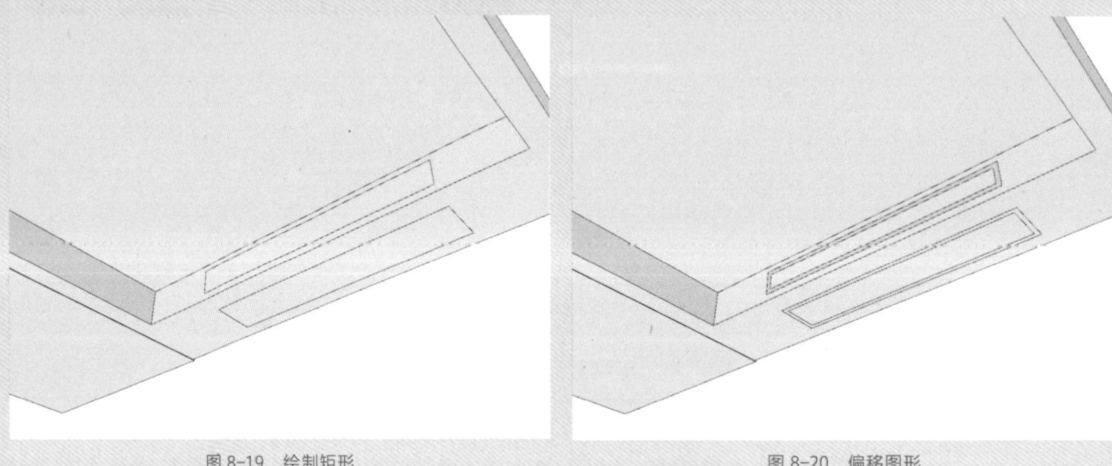

图 8-19　绘制矩形

图 8-20　偏移图形

21 激活“移动”工具，按住 Ctrl 键复制边线，如图 8-21 所示。

22 间隔删除出风口的面，再激活“推 / 拉”工具，将边框推出 5mm，出风口推出 1mm，如图 8-22 所示。

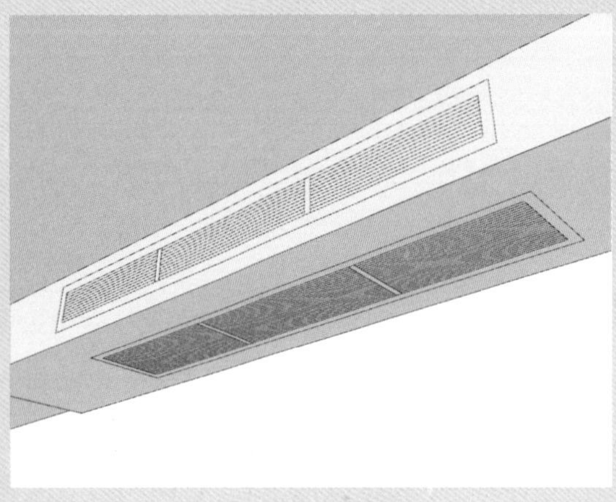

图 8-21　复制边线

图 8-22　推拉模型

8.1.2　制作门窗模型

接下来制作阳台位置的门窗模型，具体操作步骤如下。

01 取消隐藏所有模型，激活“矩形”工具，捕捉阳台模型绘制一个矩形，如图 8-23 所示。

02 激活“偏移”工具，将边线向内偏移 60mm，如图 8-24 所示。

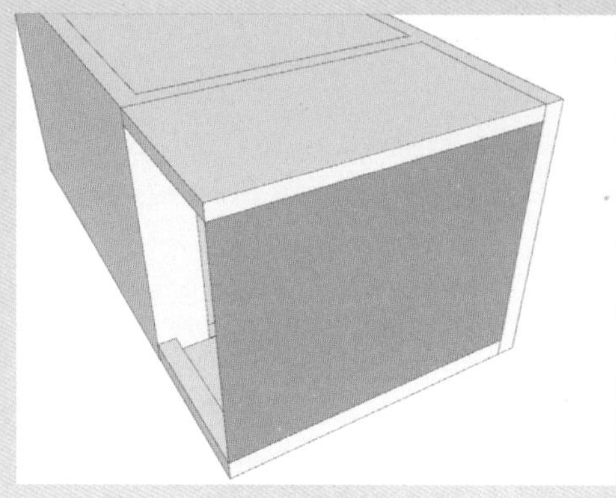
图 8-23 绘制矩形

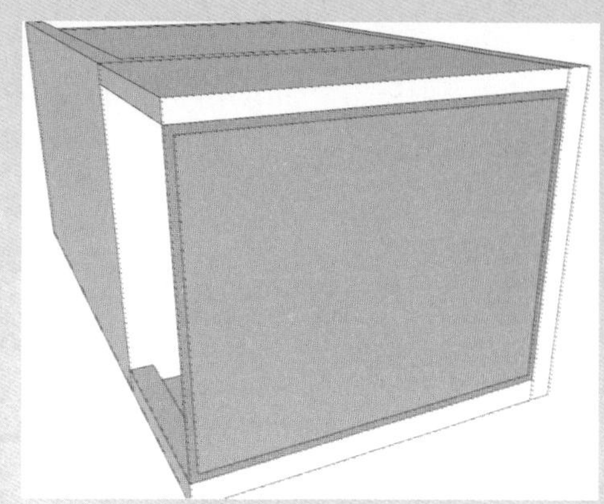
图 8-24 偏移图形

03 选择边线，激活“移动”工具，按住 Ctrl 键进行复制，具体距离如图 8-25 所示。

04 删除多余的边和面，如图 8-26 所示。

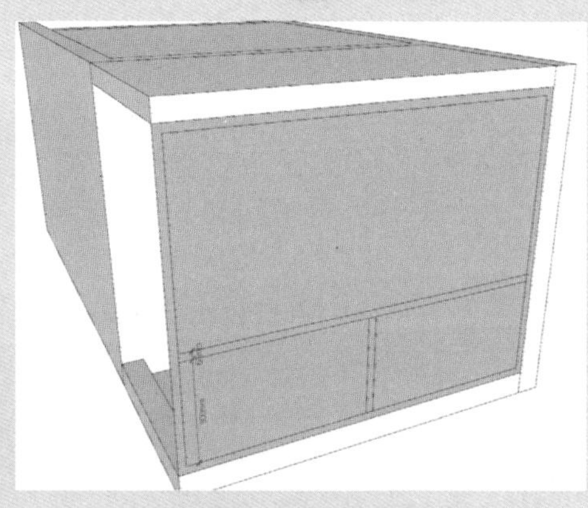
图 8-25 复制边线

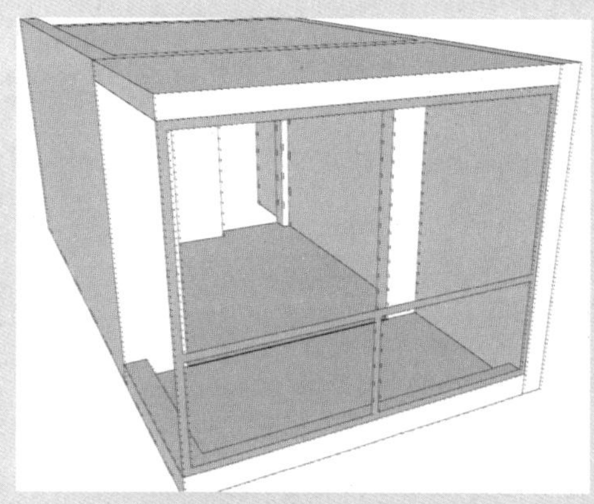
图 8-26 删除多余的边和面

05 激活“推 / 拉”工具，将面推出 60mm，制作出窗户主框架，如图 8-27 所示。

06 利用同样的方法制作 30mm×40mm 的小框架，如图 8-28 所示。

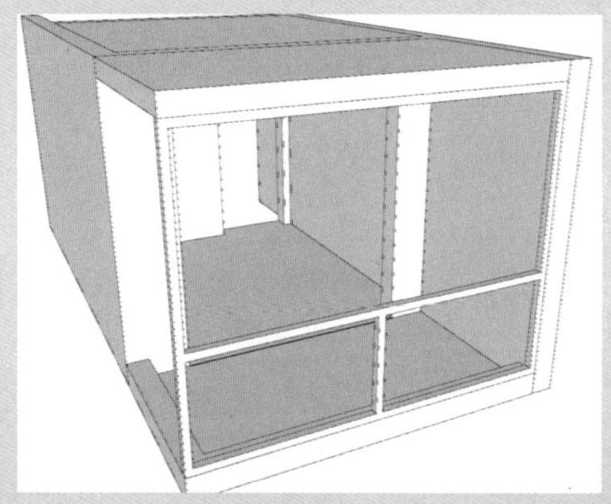
图 8-27 制作窗户主框架

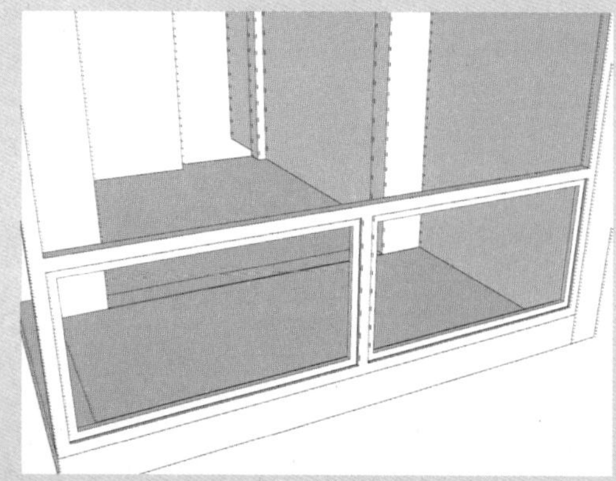
图 8-28 制作小窗框

07 利用“矩形”工具、“推 / 拉”工具创建厚度为 12mm 的长方体作为玻璃模型，如图 8-29 所示。

08 激活“矩形”工具，捕捉绘制一个矩形，如图 8-30 所示。

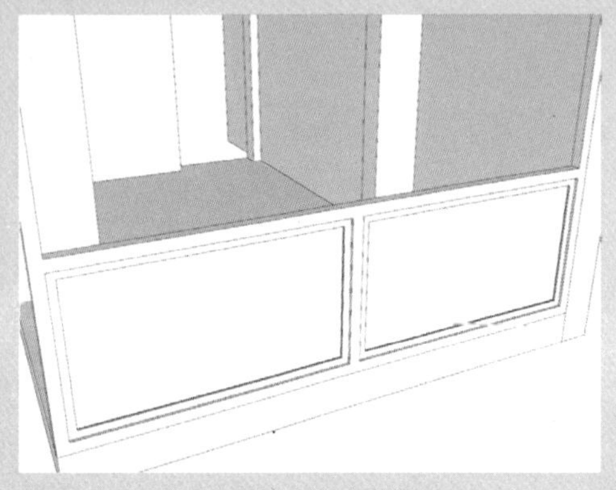

图 8-29　制作玻璃模型

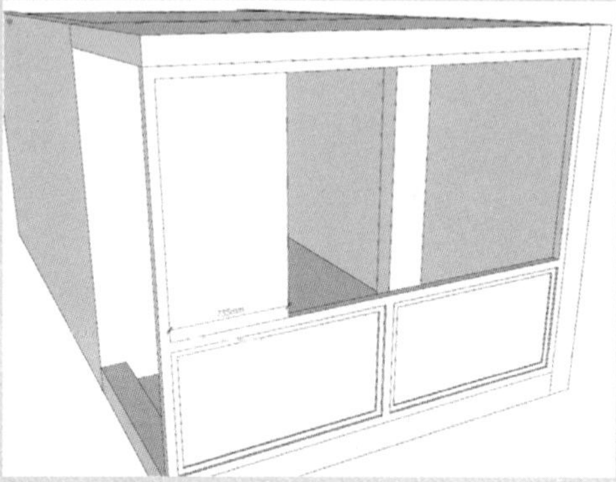

图 8-30　绘制矩形

09 利用“偏移”“推 / 拉”工具制作宽度为 40mm、深度为 30mm 的框架模型，如图 8-31 所示。

10 利用“矩形”“推 / 拉”工具制作玻璃模型，如图 8-32 所示。

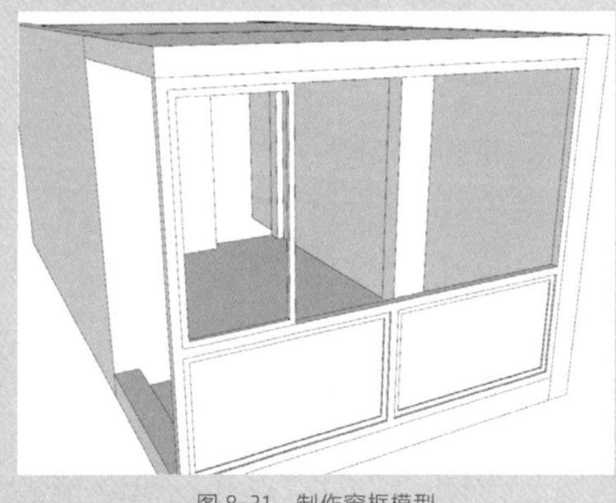

图 8-31　制作窗框模型

图 8-32　制作玻璃模型

11 复制窗扇模型并调整位置，如图 8-33 所示。

12 照此操作方法制作另一处窗户模型，如图 8-34 所示。

图 8-33　复制窗扇模型

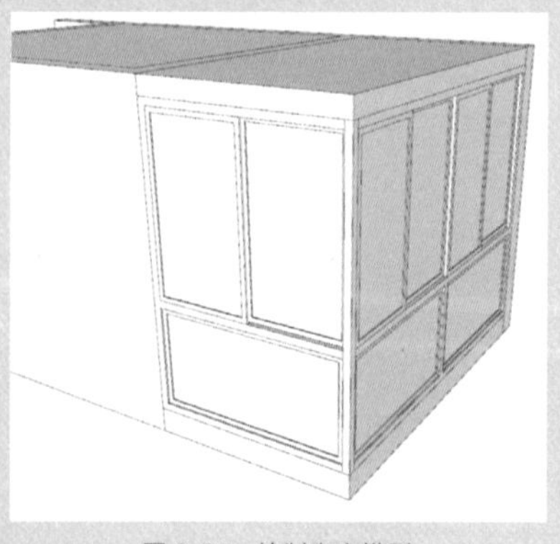

图 8-34　绘制窗户模型

13 接下来制作阳台折叠门模型。隐藏窗户和地面模型，导入门套线图形，如图 8-35 所示。

14 移动图形并复制门套线轮廓，如图 8-36 所示。

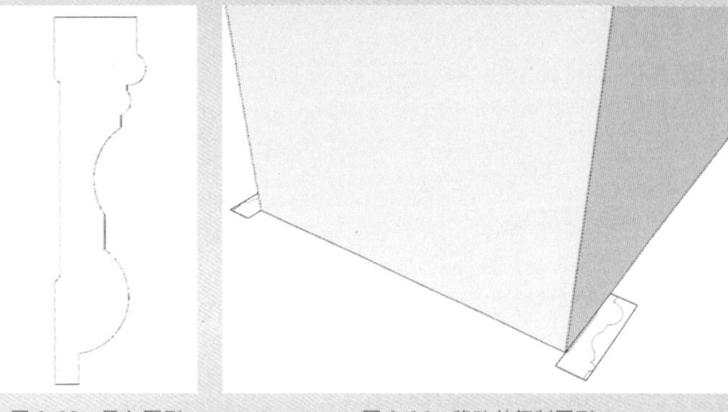

图 8-35 导入图形　　图 8-36 移动并复制图形

15 激活“直线”工具，绘制直线将两侧门套线连接起来，作为门套线截面，如图 8-37 所示。

16 继续捕捉门洞绘制直线，如图 8-38 所示。

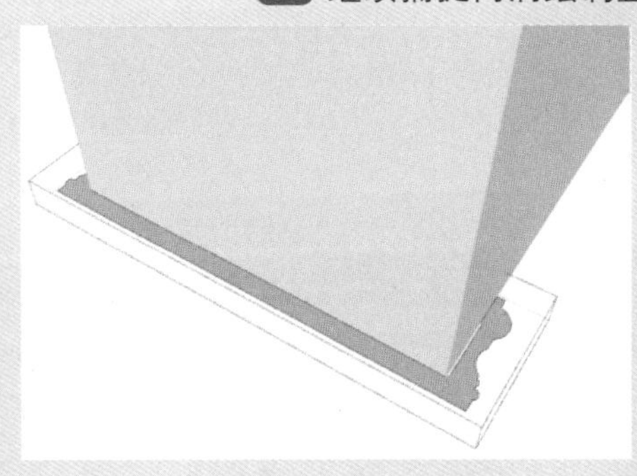

图 8-37 绘制截面

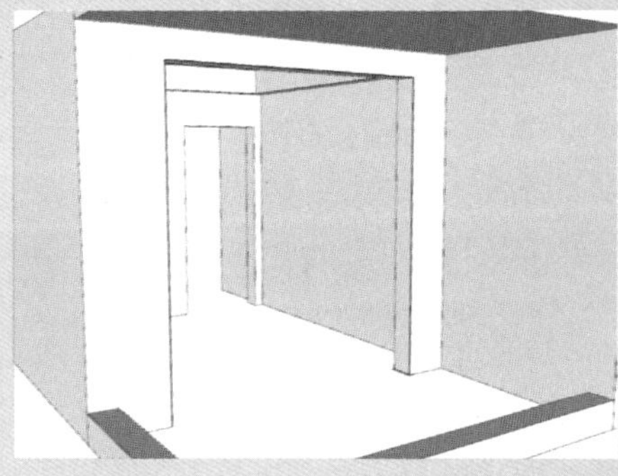

图 8-38 绘制直线

17 选择直线，激活“路径跟随”工具，单击门套线截面，制作出门套线模型，并将其创建成组，如图 8-39 所示。

18 双击门套线模型进入编辑模式，激活“移动”工具，按住 Ctrl 键复制出两条边线，如图 8-40 所示。

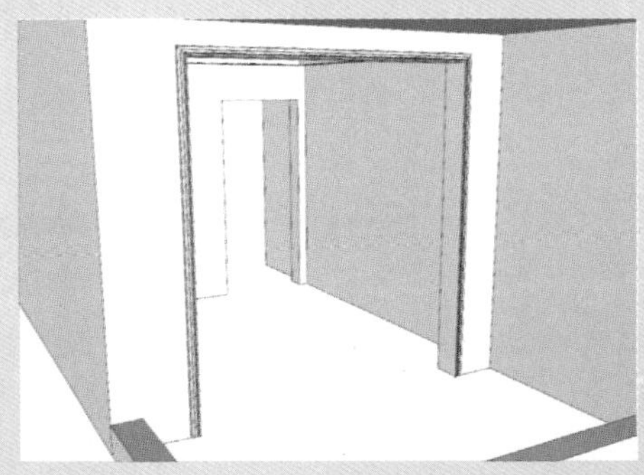

图 8-39 制作门套线

图 8-40 复制边线

19 激活“推 / 拉”工具，将门套中间的面向上推出 10mm，制作出轨道凹槽，如图 8-41 所示。

20 激活“矩形”工具，绘制 2350mm×535mm 的矩形，如图 8-42 所示。

21 激活“偏移”工具，将边线向内偏移 60mm，如图 8-43 所示。

图 8-41 制作轨道凹槽　图 8-42 绘制矩形　图 8-43 偏移矩形

22 激活“移动”工具，按住 Ctrl 键复制边线，如图 8-44 所示。

23 激活“直线”工具，绘制延长直线，如图 8-45 所示。

24 激活“推 / 拉”工具，制作 40mm 的门框厚度，如图 8-46 所示。

图 8-44 复制边线　图 8-45 绘制边线　图 8-46 推 / 拉模型

25 利用“矩形”“推 / 拉”工具，制作 30mm×5mm×415mm 的长方体，创建成组并调整位置及角度，如图 8-47 所示。

26 选择长方体，激活“移动”工具，按住 Ctrl 键向上依次复制，设置间距为 30mm，完成一个门扇模型的制作，如图 8-48 所示。

27 将模型创建成组，进行复制和旋转，如图 8-49 所示。

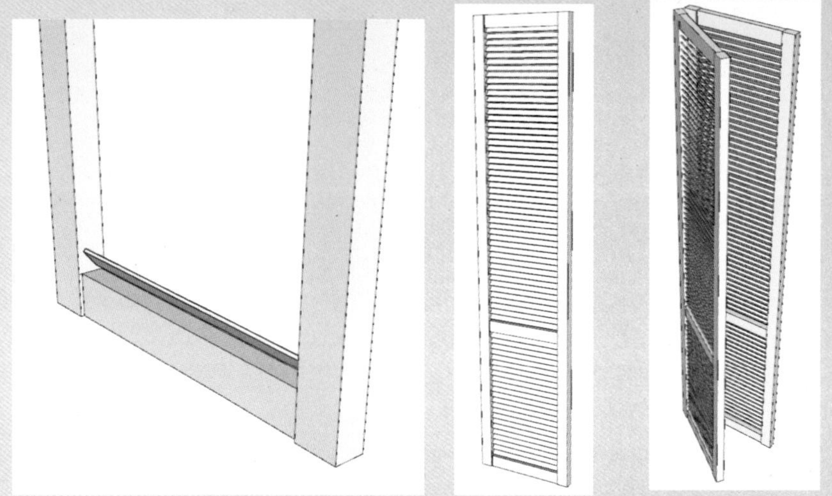

图 8-47　绘制并旋转长方体　　图 8-48　复制模型　　图 8-49　复制并旋转门模型

28 利用“圆”“推 / 拉”工具制作半径为 6mm、高度为 100mm 的圆柱体，再制作 40mm×100mm×2mm 的长方体，制作出合页模型，放置到门扇的合适位置，如图 8-50 所示。

29 复制门模型并适当调整夹角，如图 8-51 所示。

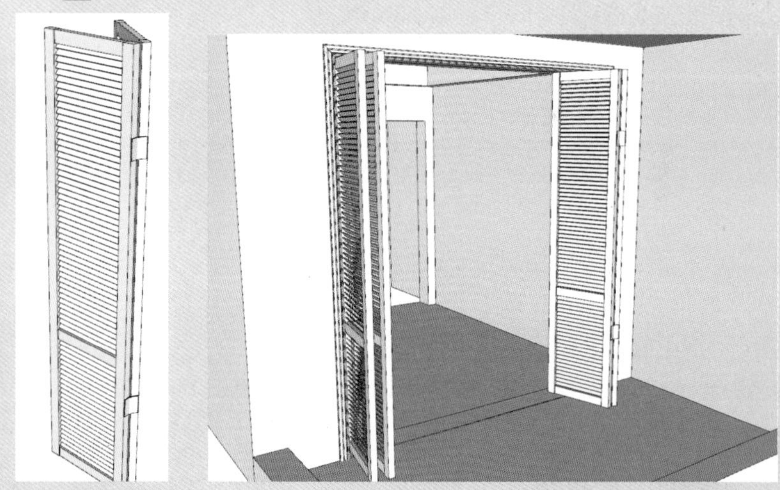

图 8-50　制作合页模型　　图 8-51　复制并调整模型

8.1.3　完善室内布局

本案例的书房场景中需要制作的造型包括阳台、木地板、书架、书桌、踢脚线等。具体操作步骤介绍如下。

01 制作木地板造型。双击地面模型进入编辑状态，选择一条边线并单击鼠标右键，在弹出的快捷菜单中选择“拆分”命令，如图 8-52 所示。

02 将边线拆分为 28 份，利用“直线”“移动”工具，捕捉绘制直线并进行复制操作，如图 8-53 所示。

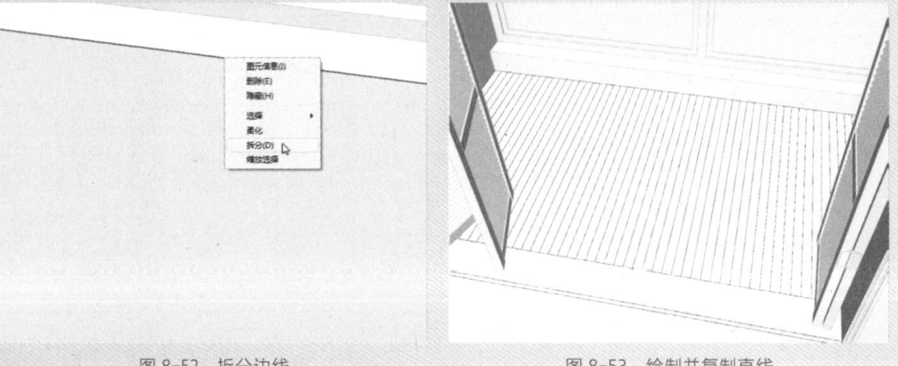

图 8-52　拆分边线　　　　图 8-53　绘制并复制直线

03 将边线向一侧进行复制，距离为 5mm，如图 8-54 所示。

04 激活“推 / 拉”工具，将面向下推出 5mm，制作出木地板凹槽，如图 8-55 所示。

图 8-54　复制边线　　　　图 8-55　制作木地板凹槽

05 制作书架模型。激活“直线”工具，沿墙体绘制高度为 2200mm 的矩形，如图 8-56 所示。

06 激活“移动”工具，按住 Ctrl 键复制边线，复制距离为 60mm，如图 8-57 所示。

图 8-56　绘制矩形　　　　图 8-57　复制边线

07 继续复制边线，绘制出 350mm 的间隔和 40mm 的隔板厚度，如图 8-58 所示。

08 删除多余的线条和面，如图 8-59 所示。

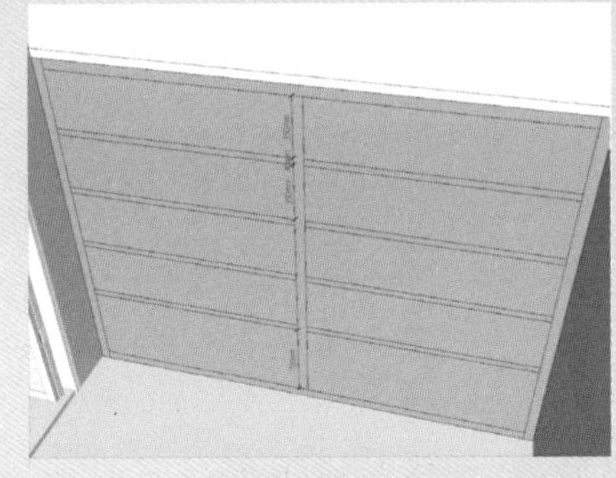

图 8-58　复制边线

图 8-59　删除多余的边和面

09 激活“推 / 拉”工具，将边框推出 300mm，将隔板推出 290mm，完成书柜模型的制作，如图 8-60 所示。

10 制作踢脚线模型。导入踢脚线线条，如图 8-61 所示。

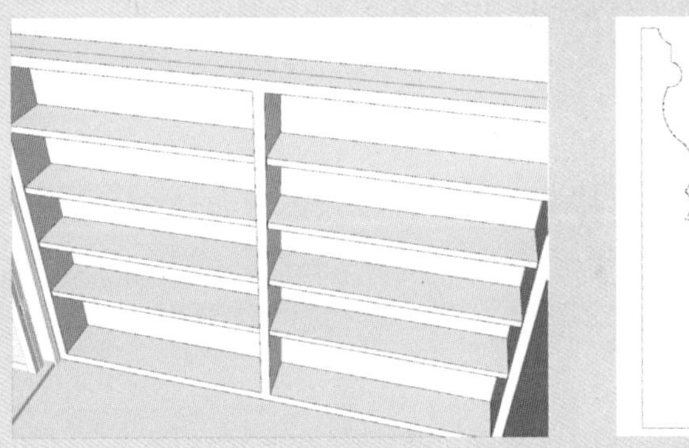

图 8-60　推拉模型

图 8-61　导入线条

11 将线条旋转并移动到墙边位置，激活“直线”工具，捕捉线条绘制一条边线，封闭线条使其成为面，作为踢脚线截面，如图 8-62 所示。

12 激活“直线”工具，捕捉墙边绘制直线，如图 8-63 所示。

图 8-62　绘制踢脚线截面

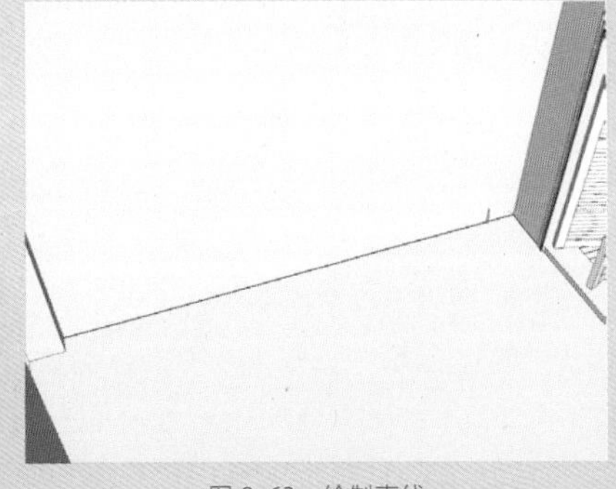

图 8-63　绘制直线

13 选择直线，激活“路径跟随”工具，再单击踢脚线截面，创建出踢脚线模型，如图 8-64 所示。

14 制作书桌模型。激活“矩形”工具，绘制 1400mm×600mm 的矩形，如图 8-65 所示。

图 8-64 创建踢脚线模型

图 8-65 绘制矩形

15 激活“推 / 拉”工具，将矩形推出 160mm 的高度，如图 8-66 所示。

16 激活“移动”工具，按住 Ctrl 键复制边线，如图 8-67 所示。

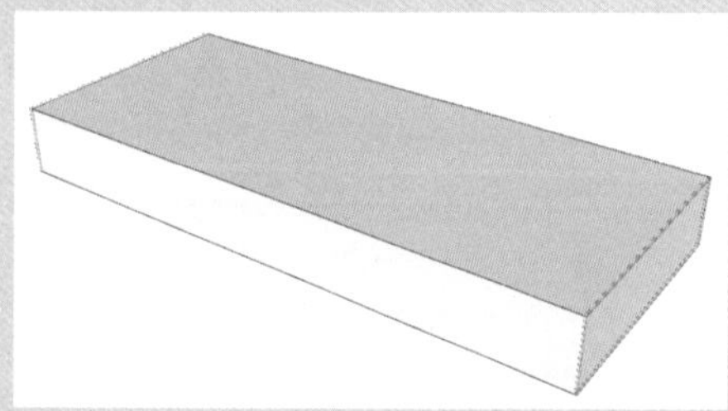

图 8-66 推拉模型

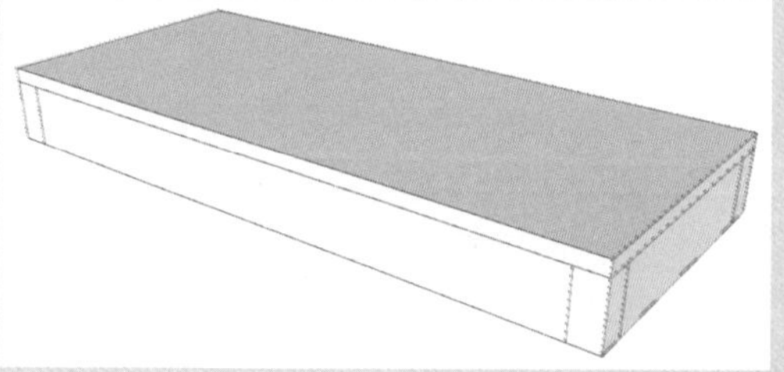

图 8-67 复制边线

17 激活“直线”工具，捕捉边线在底部绘制出矩形，如图 8-68 所示。

18 激活“推 / 拉”工具，推出 590mm 高度的桌腿及桌面造型，再删除多余的线条，如图 8-69 所示。

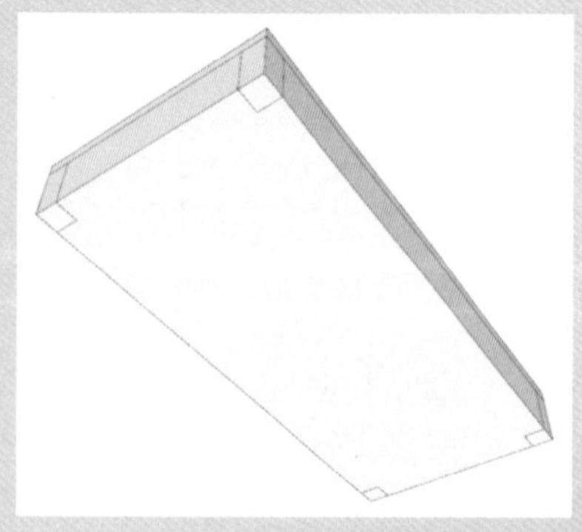

图 8-68 绘制矩形

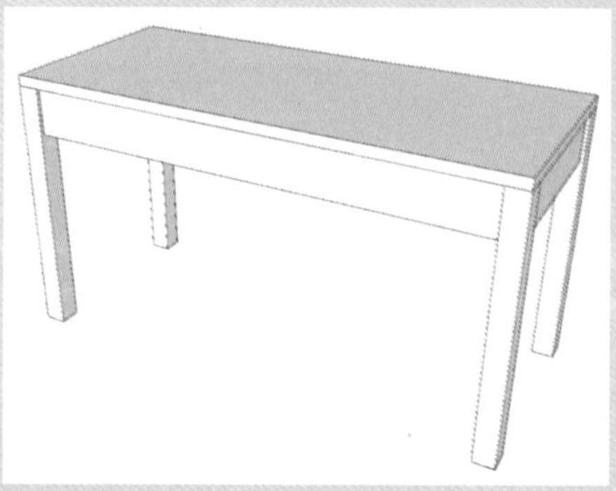

图 8-69 推拉模型

19 将书桌模型移动到室内合适的位置，如图 8-70 所示。

20 模型创建完毕后，就可以为场景添加一些成品模型，如书籍、花瓶、计算机、台灯、休闲沙发、休闲椅等，放置到合适的位置，如图 8-71 所示。

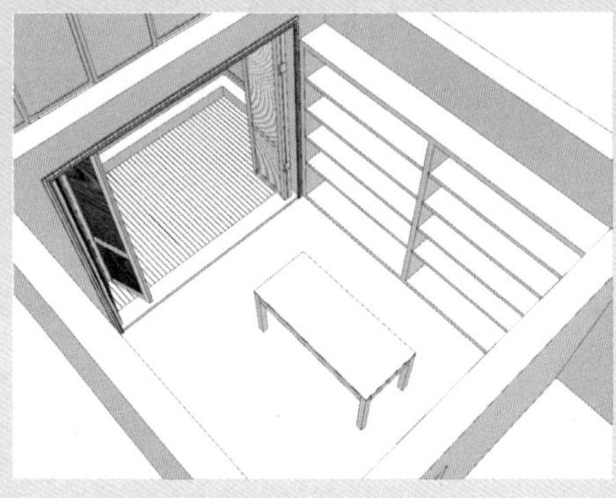

图 8-70　移动书桌模型

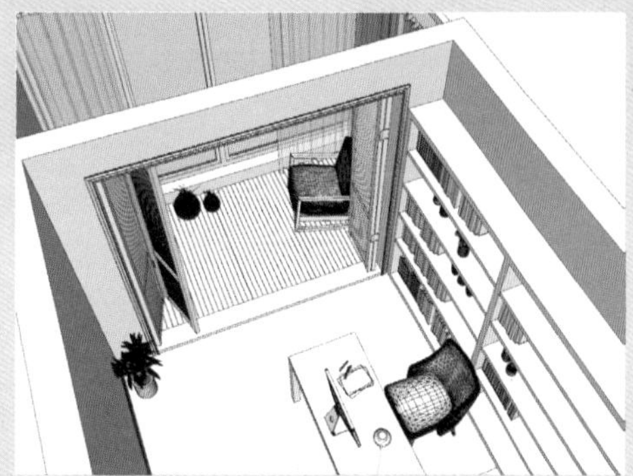

图 8-71　添加成品模型

21 为了便于视口观察，这里将一侧的墙顶地的面向外拓展，如图 8-72 所示。

22 调整视角并创建场景，如图 8-73 所示。

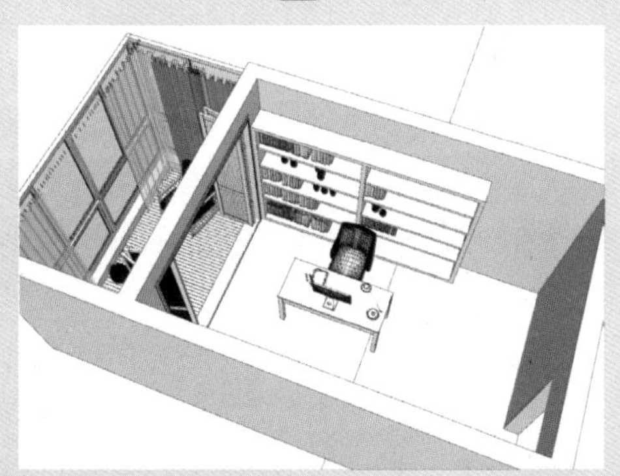

图 8-72　拓宽墙体

图 8-73　场景效果

8.2　创建场景光源

本案例中的光源来源有两个：室外自然光和室内灯光。自然光包括太阳光以及天光。在本案例中将利用球体灯光来模拟太阳光，利用面光源和 HDRI 贴图来模拟室外环境光源。具体操作步骤介绍如下。

01 打开 V-Ray 渲染设置面板，在“全局开关”卷展栏中勾选“材质覆盖”复选框，再设置覆盖材质颜色，如图 8-74 所示。

02 为防止玻璃模型和窗帘模型影响光照，这里将其移动到其他位置，渲染场景，效果如图 8-75 所示。

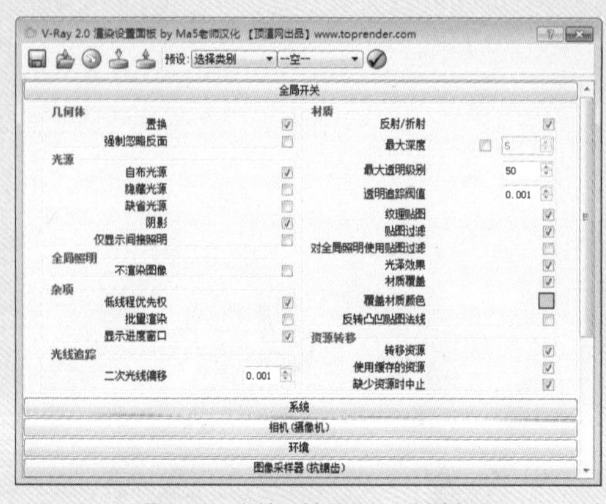

图 8-74　勾选“材质覆盖”复选框

图 8-75　渲染效果

03 在“环境”卷展栏中单击全局照明后的 M 按钮，将天空贴图改为位图贴图，为其添加一张 HDRI 贴图，在“纹理控制”选项组中勾选“反转 Alpha”复选框，在“贴图坐标 UVW”选项组中设置 UVW 贴图类型为 UVWGenEnvironment，在“方向变换”选项组中设置相关参数，同样的贴图及参数设置给予反射 / 折射背景通道，如图 8-76 所示。

04 渲染场景，可以看到由天空贴图形成的光源阴影不见了，如图 8-77 所示。

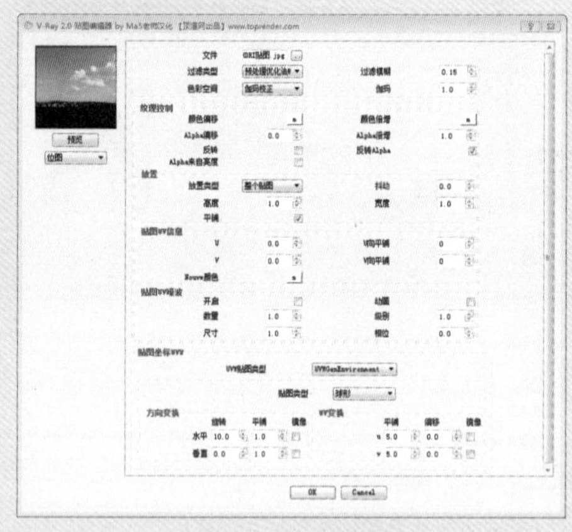

图 8-76　添加环境贴图

图 8-77　渲染效果

05 在 V-Ray 光源工具栏中单击“球体光源”按钮，在场景中创建一个球体光源用于模拟太阳，调整到合适的位置，如图 8-78 所示。

06 右击球体光源，从弹出的快捷菜单中选择 V-Ray for SketchUp|“编辑光源”命令，打开光源编辑器，设置灯光强度、颜色及采样细分值，勾选“隐藏”“不衰减”复选框，如图 8-79 所示。

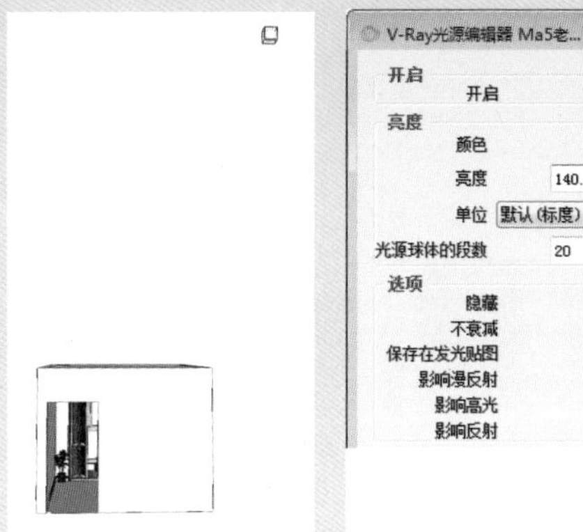

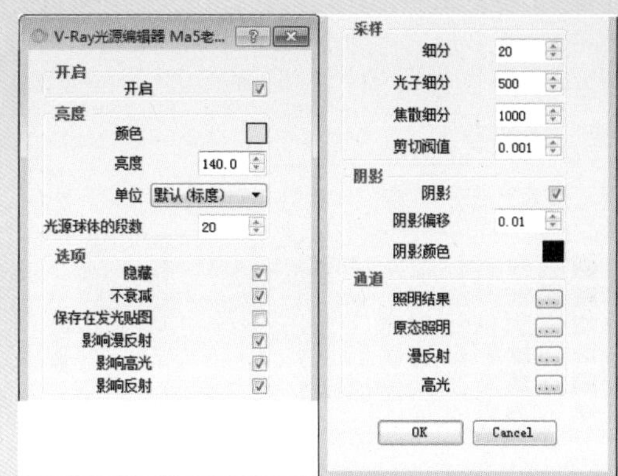

图 8-78　创建球体光源　　图 8-79　设置球体光源参数

07 灯光颜色设置如图 8-80 所示。

08 渲染场景，可以看到此时阳光偏暖色，如图 8-81 所示。

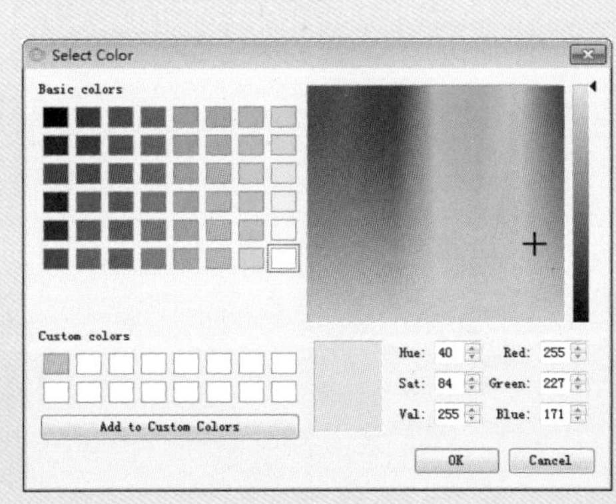

图 8-80　灯光颜色　　图 8-81　渲染效果

09 在 V-Ray 光源工具栏中单击“面光源”按钮，在阳台窗外创建两盏面光源，如图 8-82 所示。

10 在光源编辑器中设置灯光颜色、强度值、细分值及其他参数，面积较大的面光源强度为 100，面积较小的强度为 60，如图 8-83 所示。

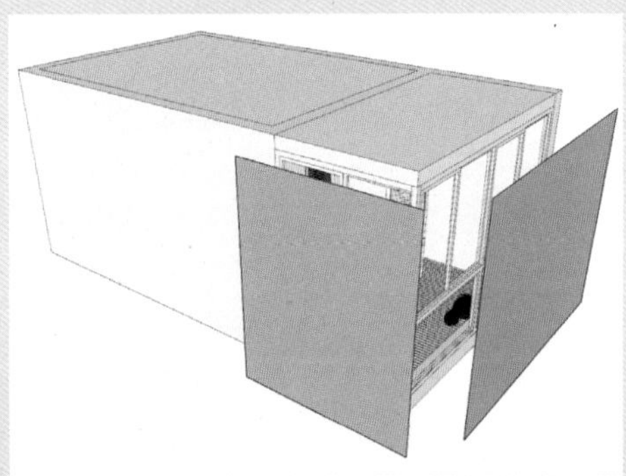

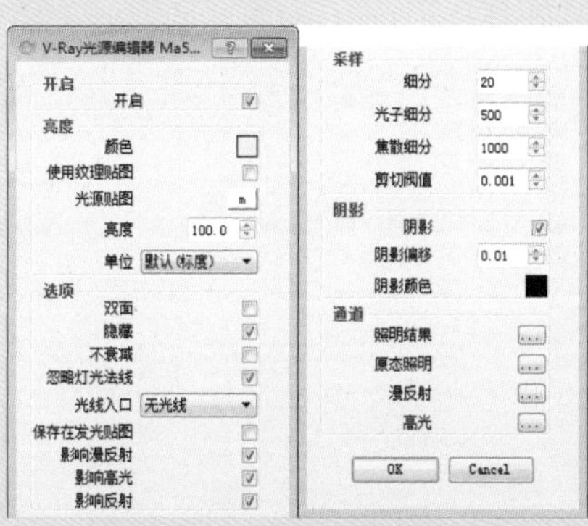

图 8-82　创建面光源　　图 8-83　设置面光源参数

11 灯光颜色设置如图 8-84 所示。

12 渲染场景，效果如图 8-85 所示。被蓝色天光中和以后，场景色调变冷。

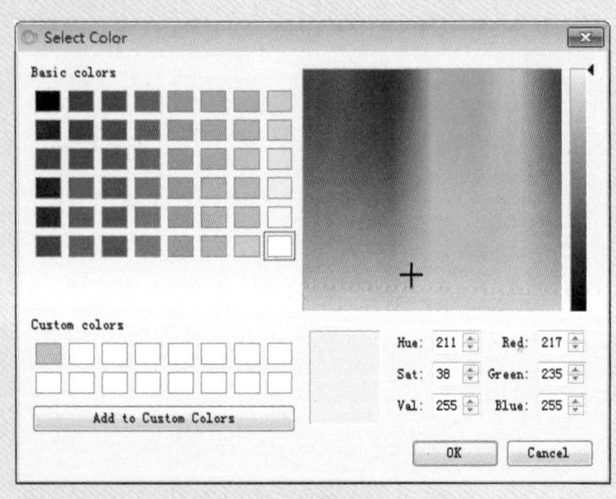

图 8-84　设置灯光颜色

图 8-85　渲染效果

13 复制面光源到阳台位置和书桌上方，激活“缩放”工具，调整面光源大小，如图 8-86 所示。

14 调整光源强度及颜色，如图 8-87 所示。

图 8-86　复制并调整面光源

图 8-87　设置光源强度及颜色

15 灯光颜色设置如图 8-88 所示。

16 渲染场景，此时场景色调趋于正常，如图 8-89 所示。

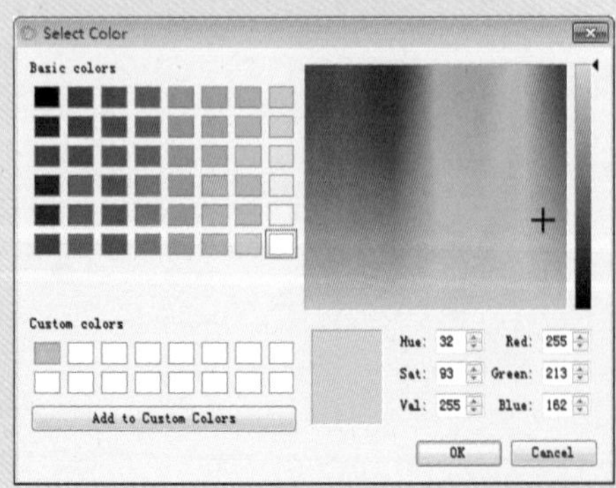

图 8-88　灯光颜色

图 8-89　渲染效果

17 在 V-Ray 光源工具栏中单击“光域网光源”按钮，在台灯罩处创建一盏灯光，如图 8-90 所示。

18 打开光源编辑器，设置灯光颜色、强度等参数，再添加光域网文件，如图 8-91 所示。

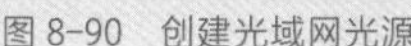

图 8-90　创建光域网光源

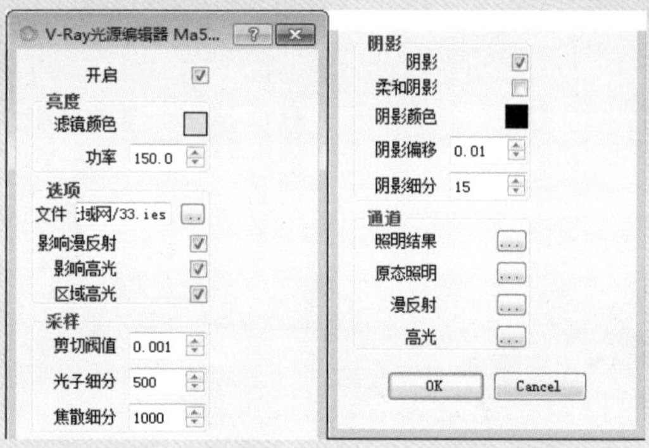

图 8-91　设置灯光参数

19 灯光颜色设置如图 8-92 所示。

20 渲染场景，灯光效果如图 8-93 所示。

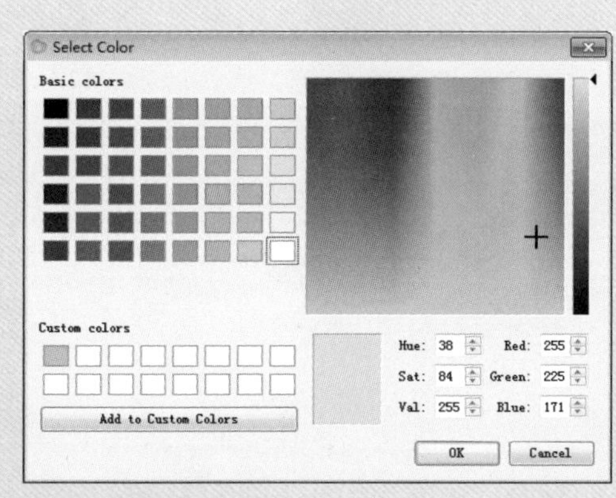

图 8-92　灯光颜色

图 8-93　渲染效果

8.3　创建场景材质

场景模型制作完毕后，就需要为其赋予材质。本场景中包含了乳胶漆、木地板、木纹理、白色混油漆、布料、不锈钢、陶瓷等材质。

8.3.1　SketchUp 自带材质

制作 V-Ray 材质之前可以先使用 SketchUp 自带的材质，再到 V-Ray 材质编辑器中进行修改编辑，读者可以观察到材质的变化过程。

01 为了便于观察场景，可以先将室内的灯光隐藏，如图 8-94 所示。

02 打开 V-Ray 渲染设置面板，在“全局开关”卷展栏中勾选“隐藏光源”复选框，这样即使将灯光隐藏，也不影响渲染效果，如图 8-95 所示。

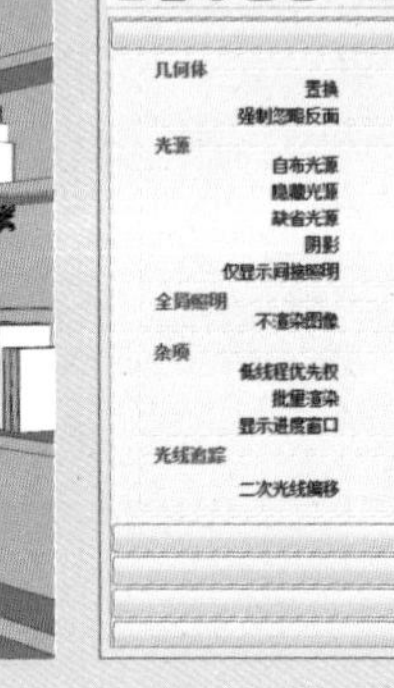

图 8-94　隐藏灯光

图 8-95　勾选“隐藏光源”复选框

03 将玻璃模型移动到原位置，激活“材质”工具，从材质浏览器中选择灰色半透明玻璃材质，赋予玻璃模型，在材质修改面板中调整材质的不透明度，如图 8-96 所示。

04 场景效果如图 8-97 所示。

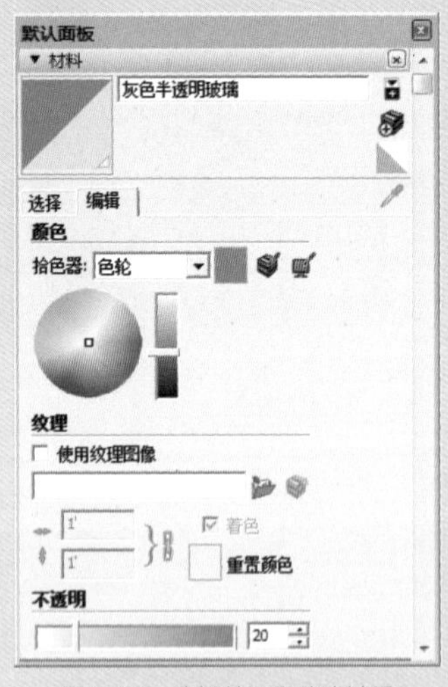

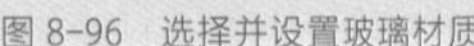

图 8-96　选择并设置玻璃材质

图 8-97　赋予玻璃材质

05 从材质浏览器中选择暗灰色材质赋予窗框模型，如图 8-98 所示。

06 另外从材质浏览器中创建乳胶漆、塑料、不锈钢、木地板和沙发布料等材质，指定给场景中的模型，场景效果如图 8-99 所示。

图 8-98　窗框效果　　　图 8-99　场景效果

07 渲染场景，效果如图 8-100 所示。

图 8-100　渲染效果

8.3.2　V-Ray 材质

对于具有反射或折射等特殊性质的材质，如玻璃、陶瓷、地板、布料、油漆等，就需要在 V-Ray 材质编辑器中进行调试，才能显现出其特质。

01 设置无色玻璃材质。打开 V-Ray 材质编辑器，选择玻璃 1 材质，在“漫反射”卷展栏中设置透明度颜色为灰度 245，如图 8-101 所示。

02 在材质列表中右击玻璃 1 材质，为其创建“反射”层，如图 8-102 所示。

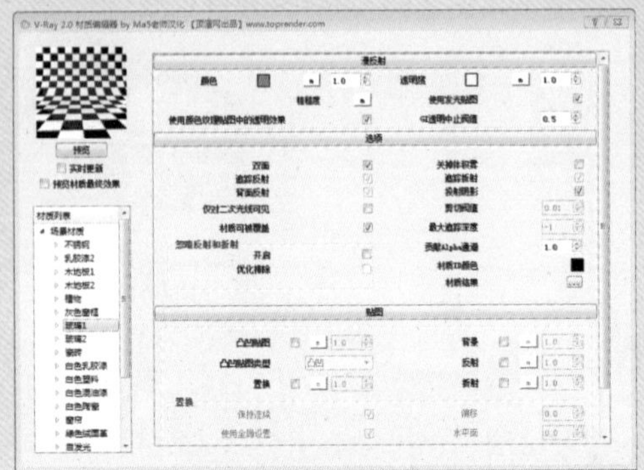

图 8-101　设置透明度颜色

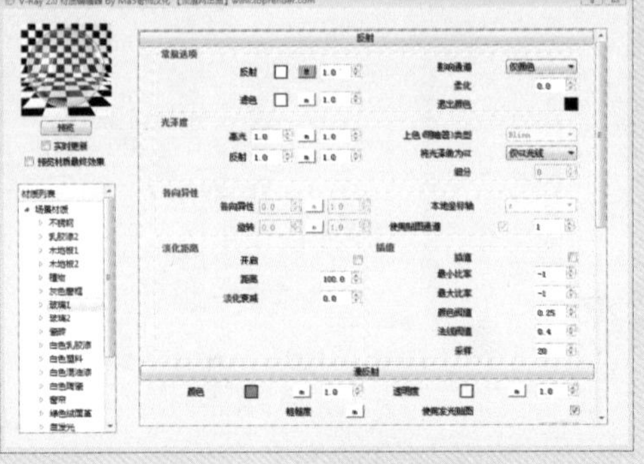

图 8-102　创建“反射”层

03 继续为玻璃 1 材质创建“折射”层，设置折射率为 1.67，即可制作出透明玻璃材质的效果，如图 8-103 所示。

04 设置带颜色的玻璃材质。选择玻璃 2 材质，为其设置透明度，创建“反射”层、“折射”层，设置折射率，其参数同上，如图 8-104 所示。

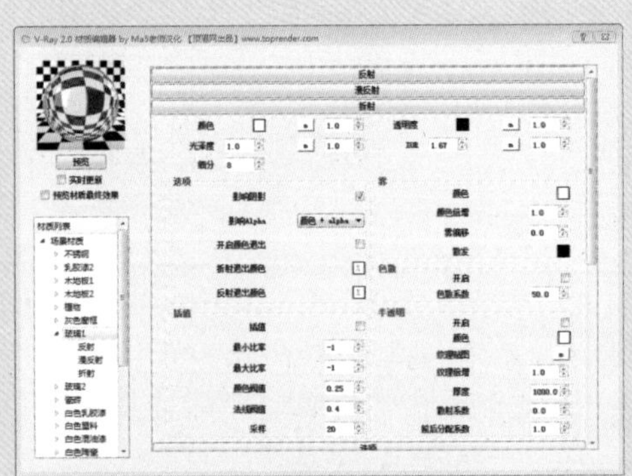

图 8-103　设置折射参数

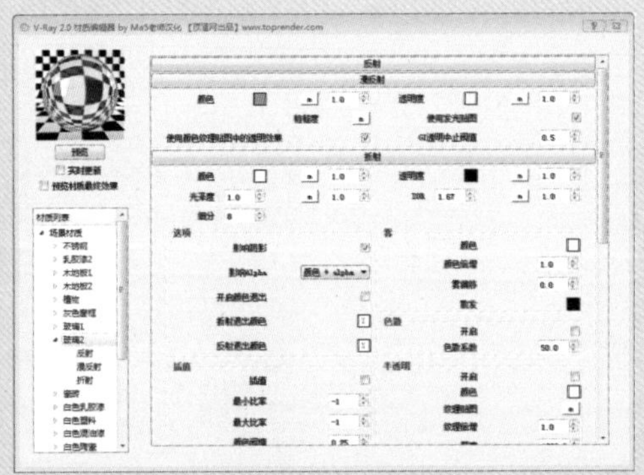

图 8-104　创建材质层

05 在“折射”卷展栏中设置雾颜色及颜色倍增值，如图 8-105 所示。

06 雾颜色设置如图 8-106 所示。

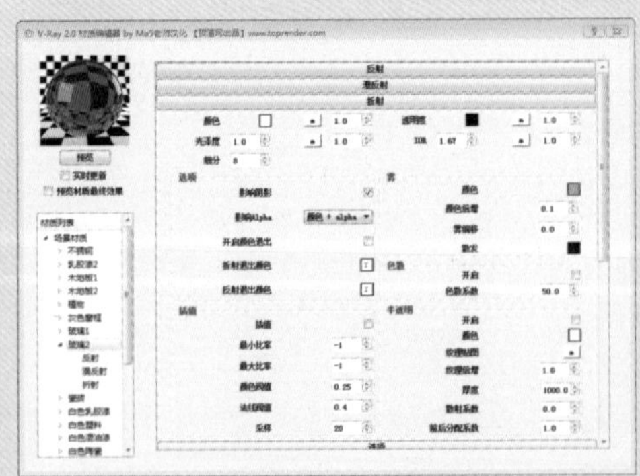

图 8-105　设置折射参数

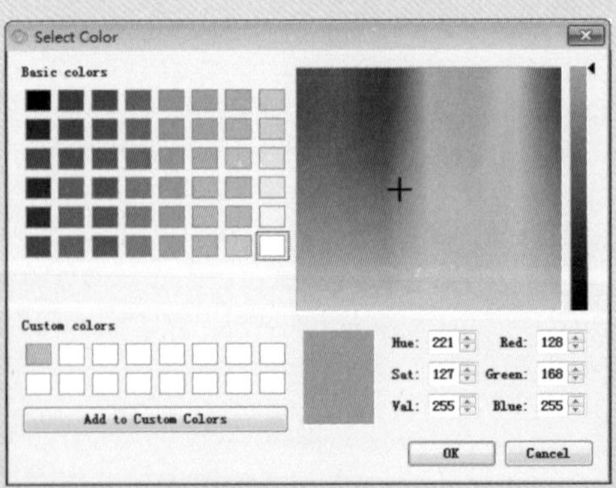

图 8-106　设置雾颜色

07 设置乳胶漆材质。选择白色乳胶漆材质，设置漫反射颜色为灰度 245，如图 8-107 所示。

08 为漫反射材质创建“反射”层，设置高光光泽度为 0.3，反射光泽度为 0.5，细分值为 20，完成白色乳胶漆材质的创建，如图 8-108 所示。

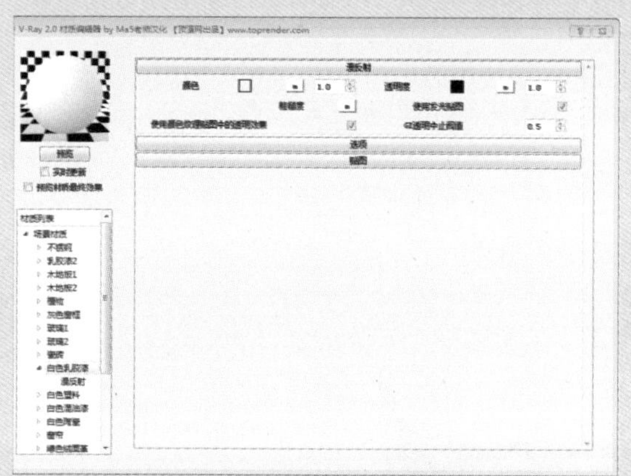

图 8-107　设置漫反射颜色

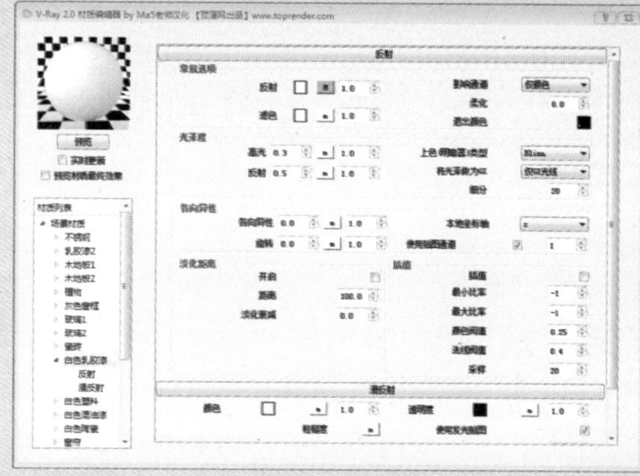

图 8-108　设置反射参数

09 按照同样的方法设置乳胶漆 2 材质，如图 8-109 所示。

10 设置木地板材质。选择室内地板材质，在 SketchUp 自带材质编辑器中为该材质更换纹理贴图并调整贴图尺寸，如图 8-110 所示。

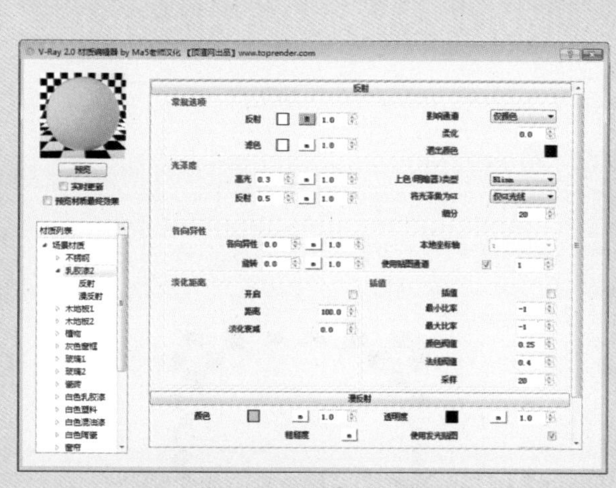

图 8-109　设置乳胶漆材质

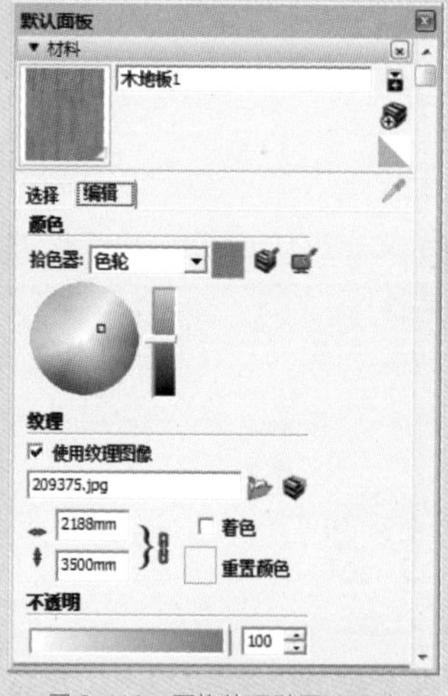

图 8-110　更换纹理贴图及尺寸

11 场景效果如图 8-111 所示。

12 为木地板材质创建“反射”层，设置高光光泽度和反射光泽度，再设置细分值，如图 8-112 所示。

图 8-111　场景效果

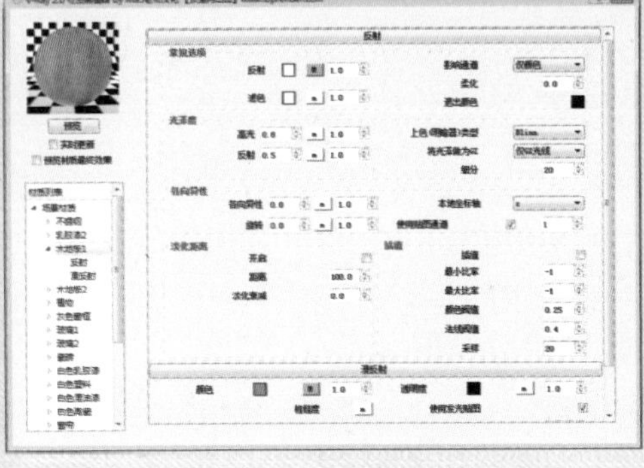

图 8-112　设置反射参数

13 选择木地板 2 材质，为其更换纹理贴图并调整贴图尺寸，如图 8-113 所示。

14 场景效果如图 8-114 所示。

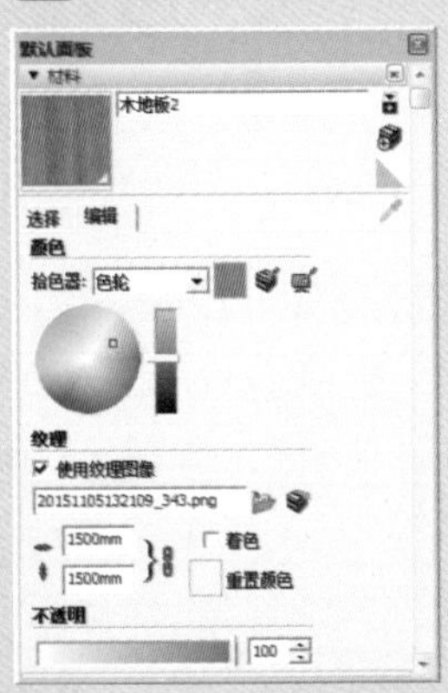

图 8-113　更换纹理贴图及尺寸

图 8-114　场景效果

15 在 V-Ray 材质编辑器中为该材质创建“反射”层，设置高光光泽度、反射光泽度及细分值，如图 8-115 所示。

16 选择过门石材质，为其创建“反射”层，保持默认参数，效果如图 8-116 所示。可以将该材质代替白色陶瓷指定给场景中的花瓶模型，再创建黑色陶瓷材质。

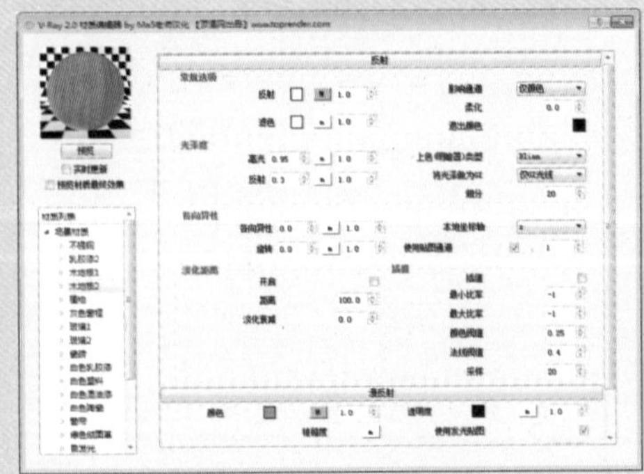

图 8-115　设置反射参数

图 8-116　过门石材质效果预览

17 渲染场景，观察木地板、乳胶漆、玻璃及陶瓷等材质的变化，如图 8-117、图 8-118 所示。

图 8-117　渲染效果

图 8-118　渲染效果

18 选择木纹理材质，为其更换纹理贴图并调整纹理尺寸，如图 8-119 所示。

19 观察书桌的贴图效果，如图 8-120 所示。

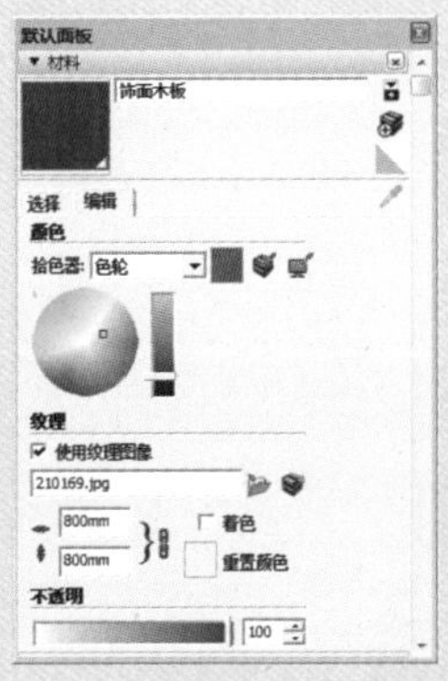

图 8-119　更换纹理贴图及尺寸

图 8-120　书桌的贴图效果

20 为木纹理材质创建“反射”层，设置高光光泽度为 0.8，反射光泽度为 0.9，细分值为 20，预览材质效果，如图 8-121 所示。

21 为了更加真实，这里可以调整纹理位置，对贴图进行旋转，如图 8-122 所示。

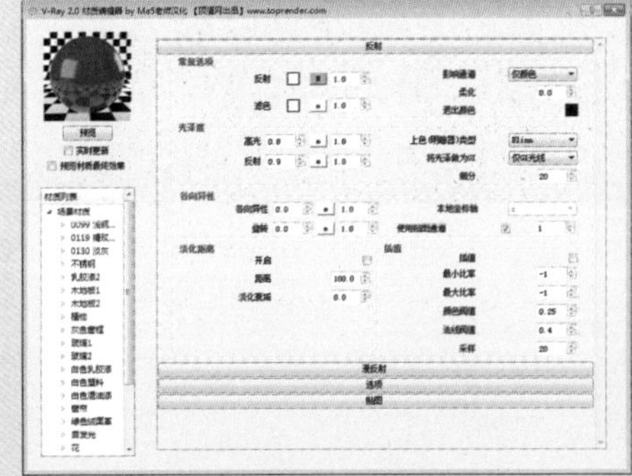
图 8-121　设置反射参数及预览材质效果

图 8-122　调整纹理位置

22 选择沙发布材质，将漫反射通道的位图贴图更换为衰减贴图，在贴图编辑器中分别为颜色 1 和颜色 2 添加颜色贴图，如图 8-123 所示。

23 设置颜色 1 的贴图颜色为墨绿色，如图 8-124 所示。设置颜色 2 的贴图颜色为白色。

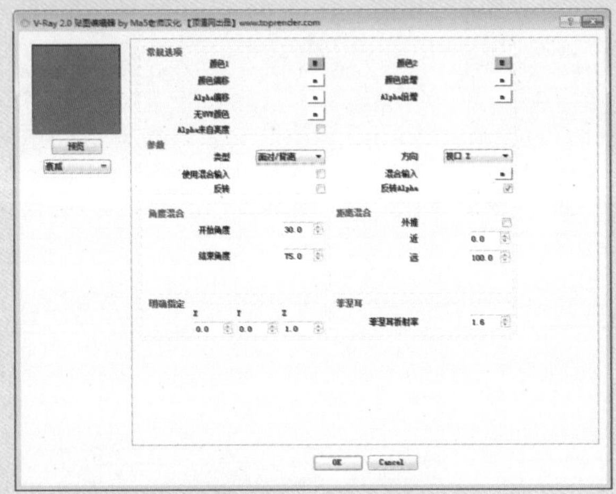

图 8-123　设置衰减贴图

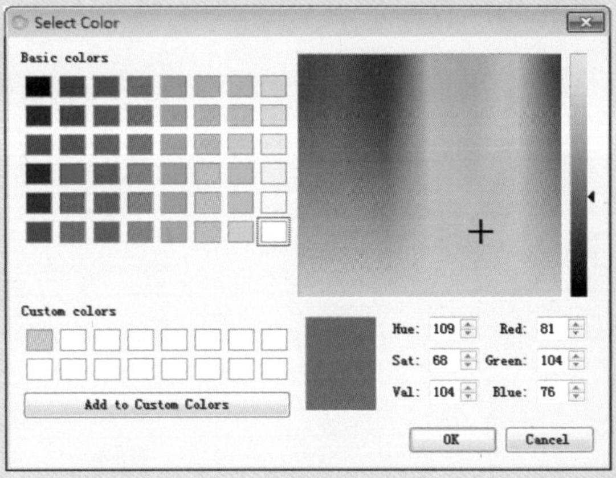

图 8-124　设置材质颜色

24 材质预览效果如图 8-125 所示。

25 渲染场景，观察木纹理材质与沙发布材质的变化，如图 8-126 所示。

图 8-125　材质预览效果

图 8-126　渲染场景效果

26 选择不锈钢材质，为其创建“反射”层，如图 8-127 所示。

27 将反射通道的菲涅尔贴图改为无，设置反射光泽度为 0.9，细分值为 20，完成不锈钢材质的创建，如图 8-128 所示。

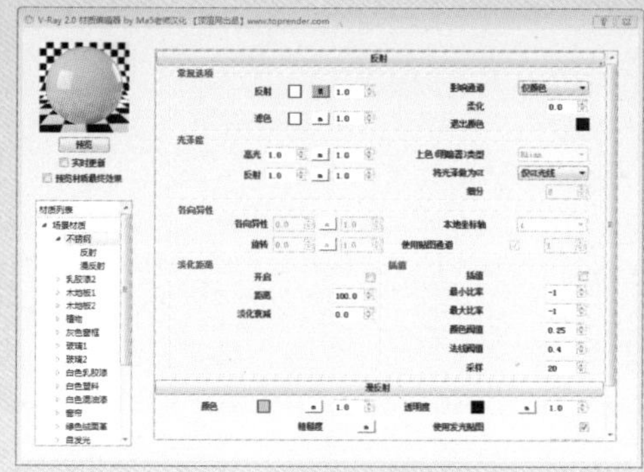

图 8-127　创建“反射”层

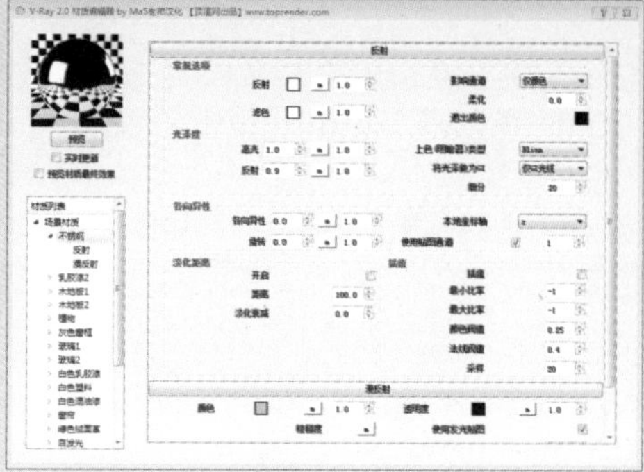

图 8-128　设置反射参数

28 选择白色混油漆材质，设置漫反射颜色为灰度 245，再创建“反射”层，设置高光光泽度、反射光泽度及细分值，如图 8-129 所示。

29 选择白色塑料材质，设置漫反射颜色为灰度 250，再创建“反射”层，设置高光光泽度、反射光泽度及细分值，如图 8-130 所示。按照同样的参数设置黑色塑料材质。

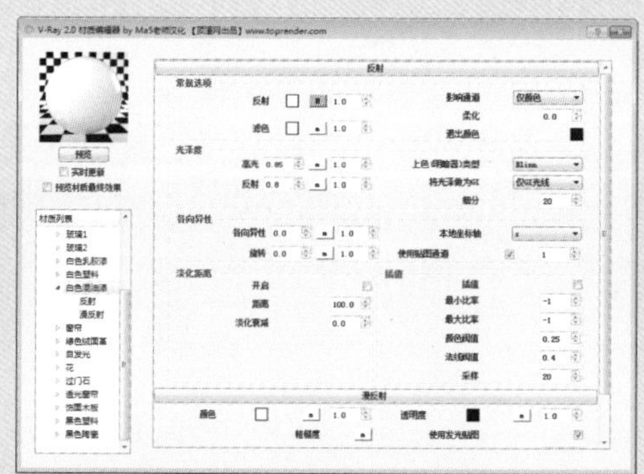

图 8-129　设置白色混油漆材质

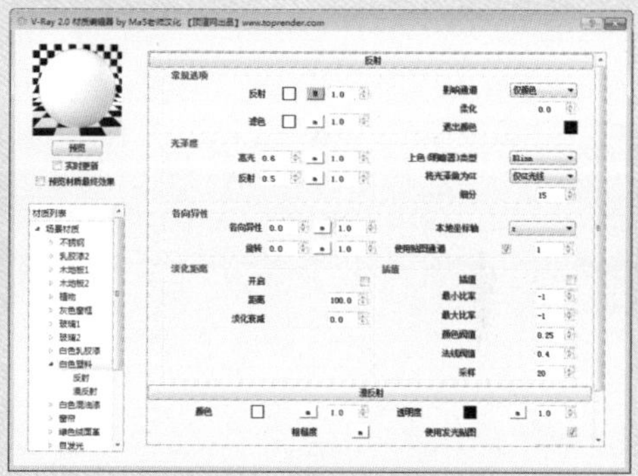

图 8-130　设置白色塑料材质

30 最后将窗帘模型移动回原位置，再设置窗帘、植物、书籍等材质，场景效果如图 8-131 所示。

图 8-131　场景效果

8.4 渲染设置

在效果图出大图之前，需要先进行测试渲染，以观察是否有遗漏或者整体光源效果是否合适。具体操作步骤介绍如下。

01 打开 V-Ray 渲染设置面板，在“图像采样器（抗锯齿）”卷展栏中设置图像采样器类型为“固定比率”，取消勾选“抗锯齿过滤”复选框，如图 8-132 所示。

02 在“发光贴图”卷展栏的“基本参数”选项组中设置半球细分值为 20，如图 8-133 所示。

图 8-132　设置“图像采样器（抗锯齿）”卷展栏

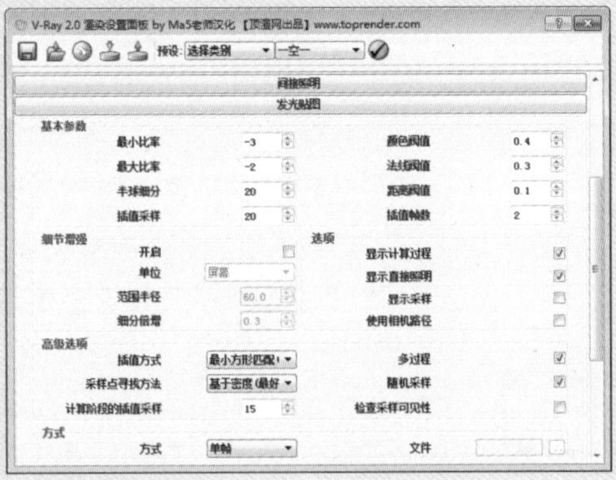

图 8-133　在“发光贴图”卷展栏中进行设置

03 在“灯光缓存”卷展栏的“计算参数”选项组中设置细分值为 200，如图 8-134 所示。

04 单击“完成”按钮，完成背景水印的添加，创建“场景 1”，如图 8-135 所示。

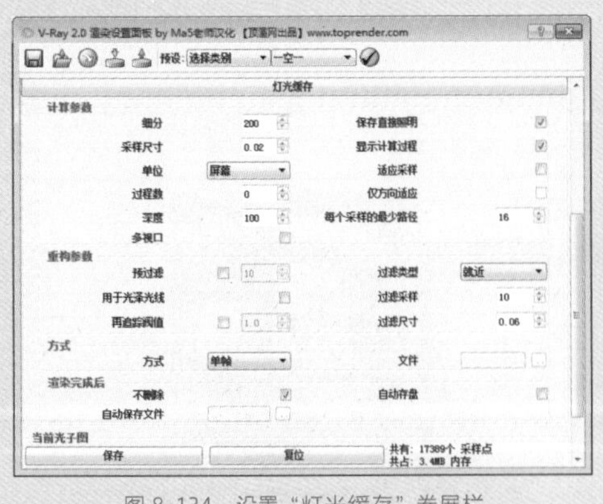

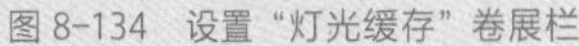

图 8-134　设置“灯光缓存”卷展栏

图 8-135　测试渲染效果

05 接下来设置最终渲染参数，在“图像采样器（抗锯齿）”卷展栏中设置图像采样器类型为“自适应确定性蒙特卡罗”，抗锯齿过滤器类型为 Lanczos，设置尺寸参数，如图 8-136 所示。

图 8-136　在“图像采样器（抗锯齿）”卷展栏中进行设置

06 在“DMC（确定性蒙特卡罗）采样器”卷展栏中设置自适应量为 0.75，最少采样值为 20，噪点阀值为 0.002，如图 8-137 所示。

图 8-137　在“DMC（确定性蒙特卡罗）采样器”卷展栏中进行设置

07 在“发光贴图”卷展栏的“基本参数”选项组中设置相关参数，如图 8-138 所示。

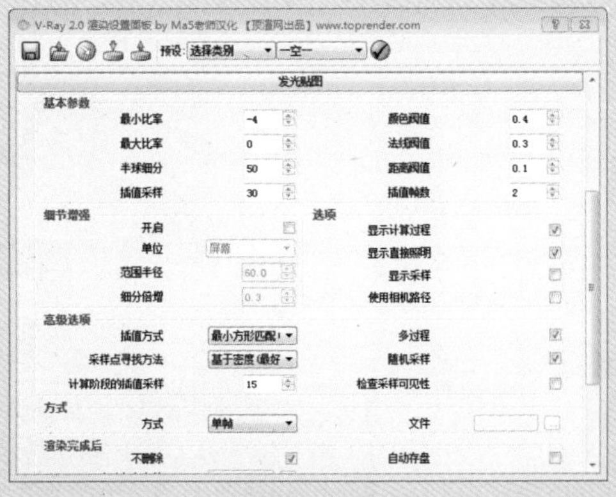

图 8-138　在“发光贴图”卷展栏中进行设置

08 在“灯光缓存”卷展栏的“计算参数”选项组中设置相关参数，如图 8-139 所示。

图 8-139　在“灯光缓存”卷展栏中进行设置

09 渲染场景，观察最终渲染效果，如图 8-140 所示。

图 8-140　最终渲染效果

10 将效果图在 Photoshop 中进行适当调整，如图 8-141 所示。

图 8-141　在 Photoshop 中调整效果图

CHAPTER 09

公寓外立面效果表现

本章概述 SUMMARY

本章利用所学的知识制作一个公寓外立面效果，场景不大，所涉及的材质及灯光也较少，主要是利用简单的资源创建出特殊的氛围。通过本章的学习，读者可以掌握模型的创建技巧及场景气氛的营造。

■ 学习目标

- √ 掌握建筑主体的创建方法。
- √ 掌握墙体材质的创建。
- √ 掌握 V-Ray 面光源的创建。
- √ 掌握渲染参数的设置。

◎场景效果

◎渲染效果

9.1 制作建筑主体

本节首先来制作模型，包括建筑模型的创建以及家具等物体模型的添加，这一步制作好，才能为后期的操作打好基础。

9.1.1 制作一层建筑

在制作模型之前，首先要将平面布置图导入，可以为后面模型的创建节省很多时间。具体操作步骤如下。

01 启动 SketchUp 应用程序，执行“文件”|“导入”命令，将公寓一层平面图导入到 SketchUp，如图 9-1 所示。

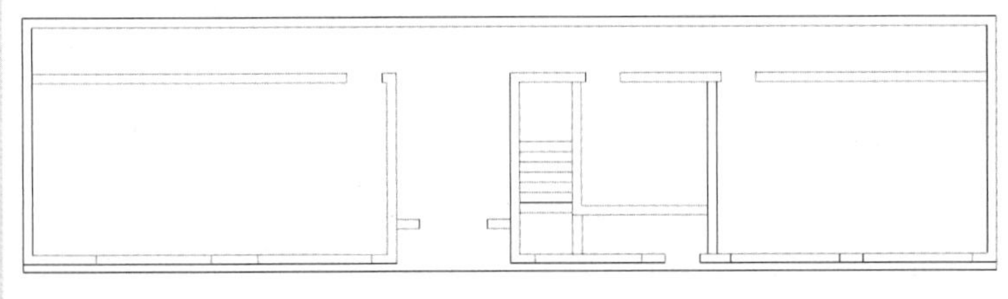

图 9-1 导入平面图

02 激活“直线”工具，捕捉绘制墙体，如图 9-2 所示。

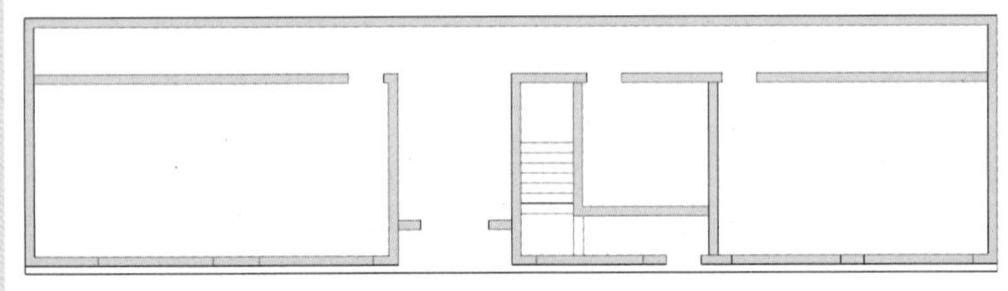

图 9-2 绘制墙体

03 激活“推 / 拉”工具，推出高度为 3000mm 的墙体，如图 9-3 所示。

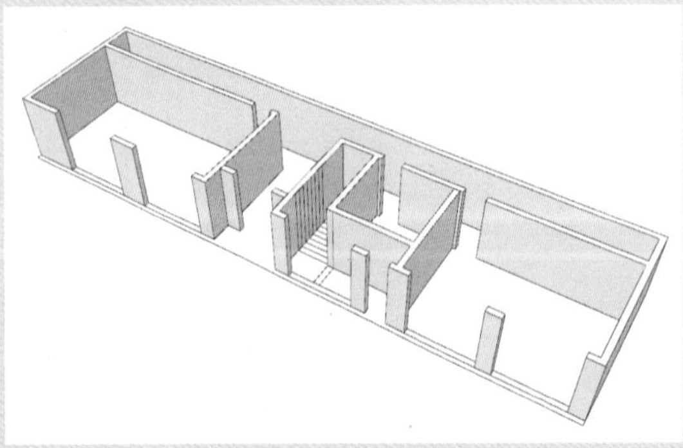

图 9-3 推 / 拉墙体

04 利用“移动”“推 / 拉”工具，制作出高度为 2200mm 和 2600mm 的门洞和高度为 2200mm 的窗洞，如图 9-4 所示。

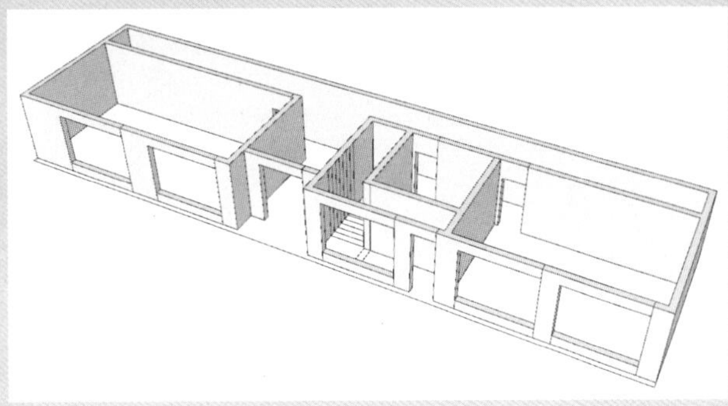

图 9-4　制作门洞和窗洞

05 激活“擦除”工具，删除门窗处多余的线条，如图 9-5 所示。

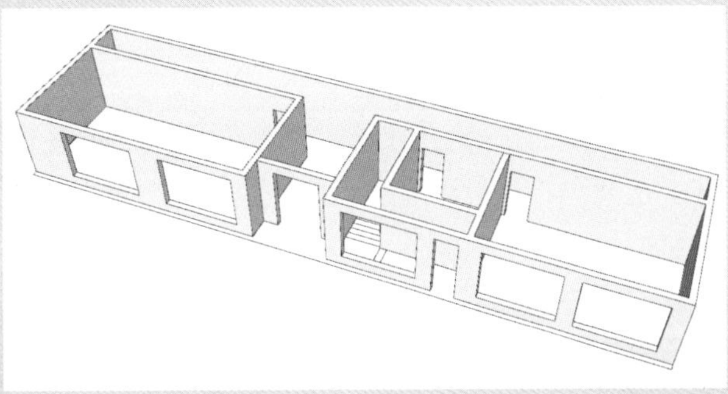

图 9-5　删除多余线条

06 将模型创建成组，双击进入编辑状态，激活“直线”工具，绘制楼梯轮廓，如图 9-6 所示。

07 激活“移动”工具，按住 Ctrl 键继续复制阶梯轮廓线，如图 9-7 所示。

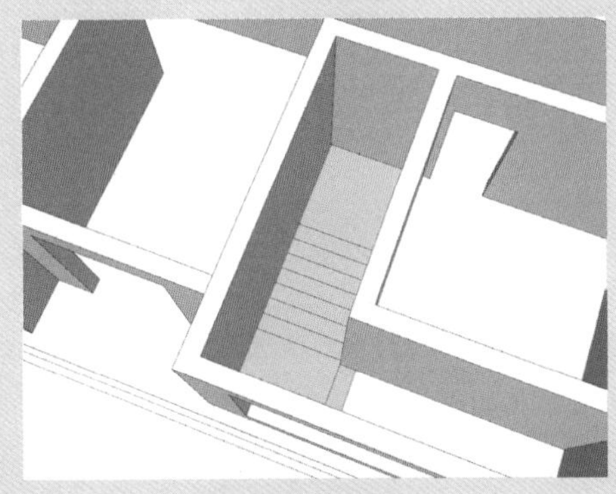

图 9-6　绘制楼梯轮廓

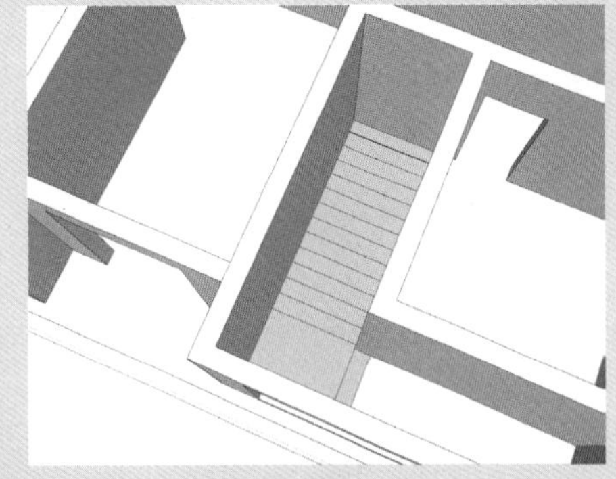

图 9-7　复制楼梯轮廓线

08 选择楼梯面，单击鼠标右键，在弹出的快捷菜单中选择“反转平面”命令，将平面进行反转操作，如图 9-8 所示。

09 激活“推 / 拉”工具，推拉出高度为 180mm 的楼梯踏步，如图 9-9 所示。

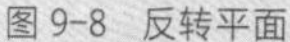

图 9-8　反转平面

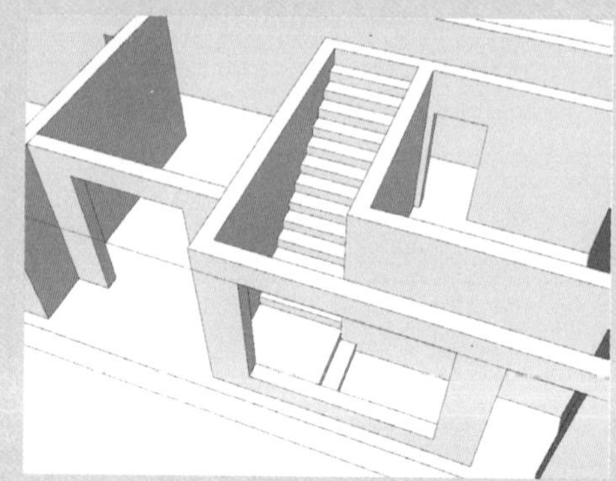

图 9-9　制作楼梯踏步

10 下面制作门模型。激活“矩形”工具，捕捉门洞绘制一个矩形，并将其创建成组，如图 9-10 所示。

11 双击矩形进入编辑状态，激活“偏移”工具，将矩形边线向内偏移 100mm，如图 9-11 所示。

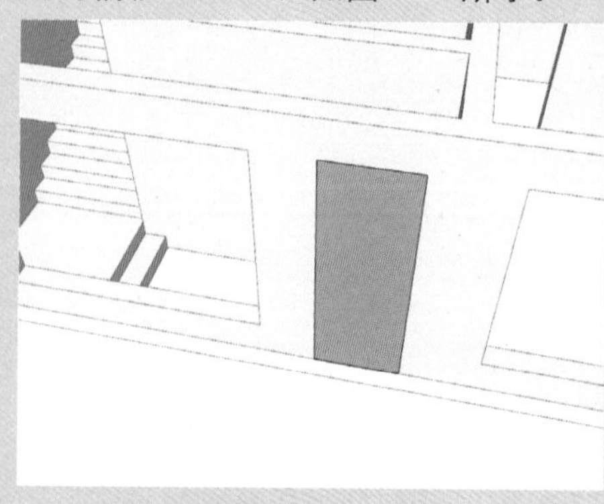

图 9-10　绘制矩形

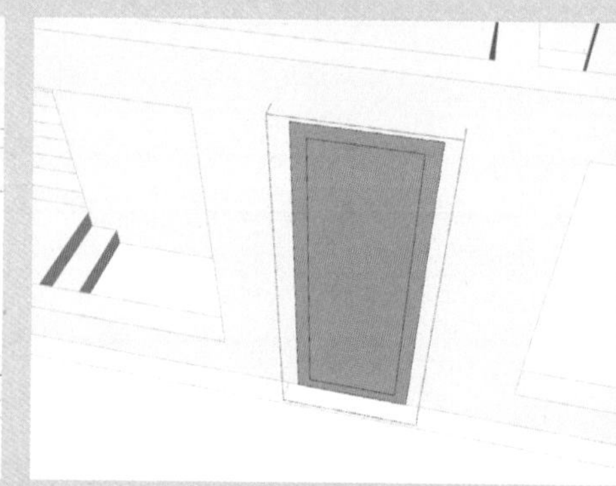

图 9-11　偏移边线

12 选择中间的面，按 Delete 键删除，如图 9-12 所示。

13 激活“推 / 拉”工具，将面推出 60mm 的厚度，如图 9-13 所示。

图 9-12　删除面

图 9-13　推 / 拉模型

14 按住 Ctrl 键，继续推拉 10mm 厚的内框，如图 9-14 所示。

15 将内框再向内推拉 10mm，如图 9-15 所示。

图 9-14　继续推拉模型　　　图 9-15　制作内框

16 激活“矩形”命令，捕捉绘制矩形，再拉伸 12mm 的厚度，作为玻璃模型，创建成组并调整到门框正中位置，如图 9-16 所示。

17 复制门模型到另外一个门洞位置，如图 9-17 所示。

图 9-16　制作玻璃模型　　　图 9-17　复制门模型

18 利用“矩形”“偏移”“推 / 拉”命令，继续捕捉窗洞绘制 40mm×60mm 的窗框，如图 9-18 所示。

19 利用“矩形”“推 / 拉”工具制作玻璃模型，如图 9-19 所示。

图 9-18　制作窗框

图 9-19　制作玻璃模型

20 复制窗户模型到其他窗洞位置并调整尺寸，如图 9-20 所示。

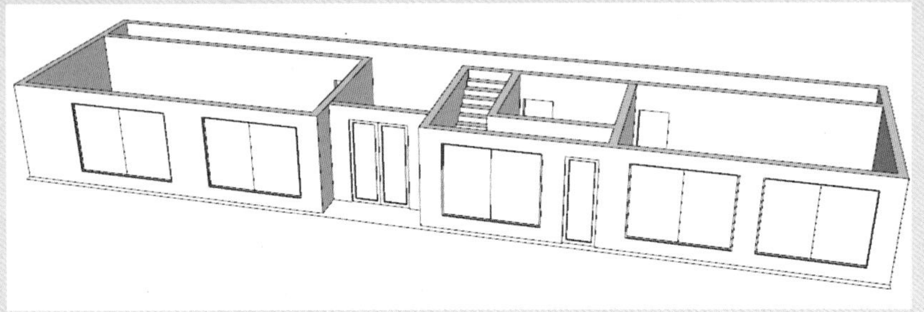

图 9-20　复制窗户模型

21 执行“窗口”|“默认面板”|“组件”命令，打开“组件”面板，从中搜索门模型并选择合适的模型进行下载，如图 9-21 所示。

22 调整门尺寸并移动到门洞位置，如图 9-22 所示。

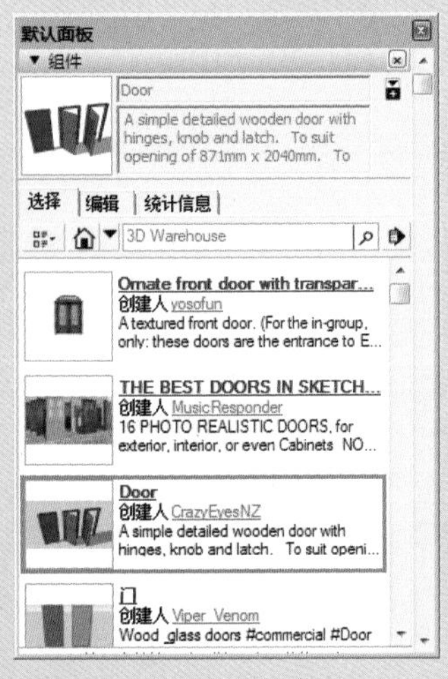

图 9-21　下载门模型

图 9-22　调整门模型

23 复制门模型及把手模型，如图 9-23 所示。

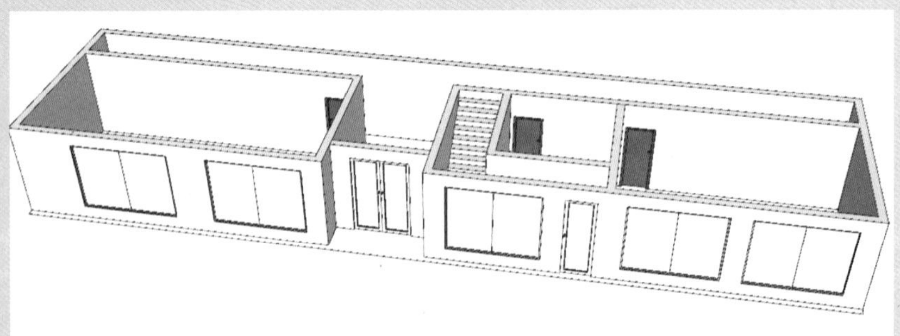

图 9-23　复制门模型及把手模型

24 再添加工作台、座椅等家具模型，如图 9-24 所示。

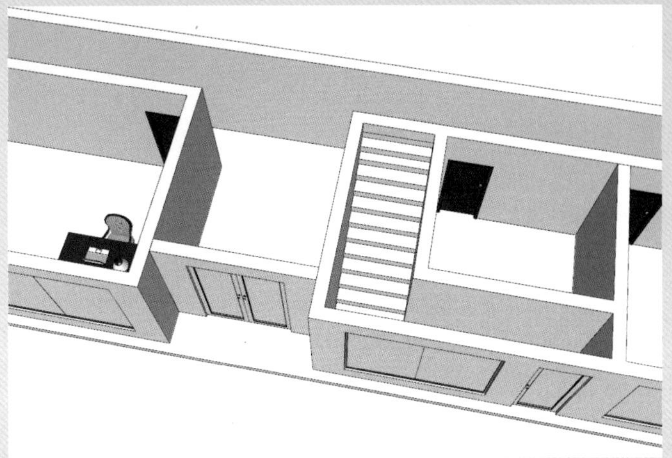

图 9-24　添加家具模型

25 利用“矩形”“推 / 拉”工具制作高度为 150mm 的地面，如图 9-25 所示。

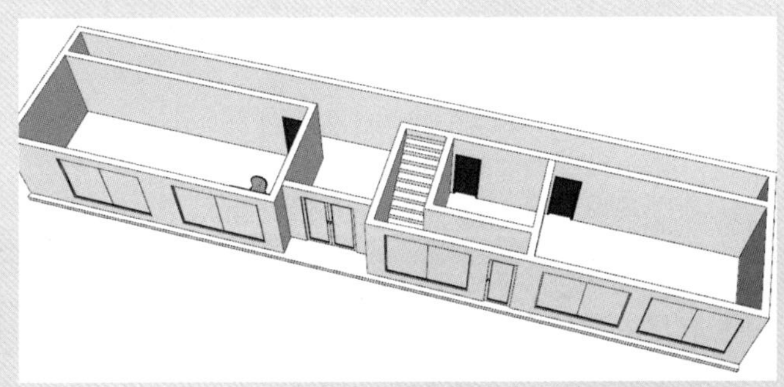

图 9-25　制作地面

9.1.2　制作二层建筑

接下来根据导入的平面图形来创建二层建筑模型。具体操作步骤如下。

01 导入二层平面图，如图 9-26 所示。

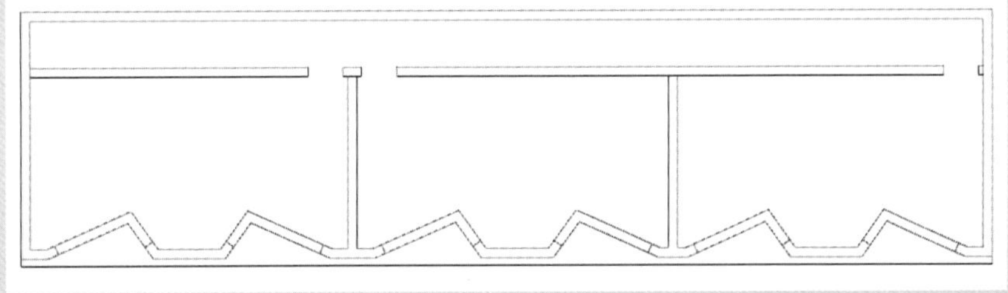

图 9-26　导入平面图

02 激活“直线”工具，绘制墙体，如图 9-27 所示。

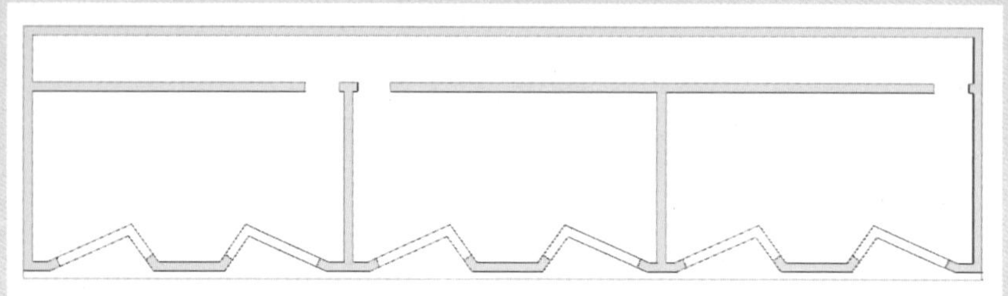

图 9-27　绘制墙体

03 激活“推 / 拉”工具，推出 2700mm 的墙体高度，如图 9-28 所示。

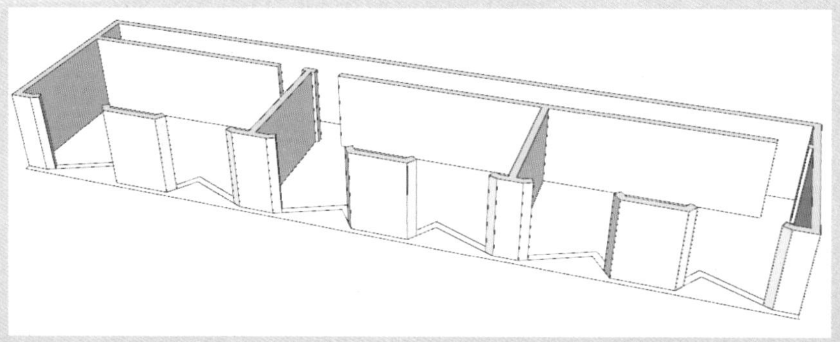

图 9-28　推 / 拉墙体高度

04 将墙体模型创建成组，激活“直线”工具，捕捉绘制两个矩形，如图 9-29 所示。

05 激活“偏移”工具，将矩形边线向内偏移 80mm，如图 9-30 所示。

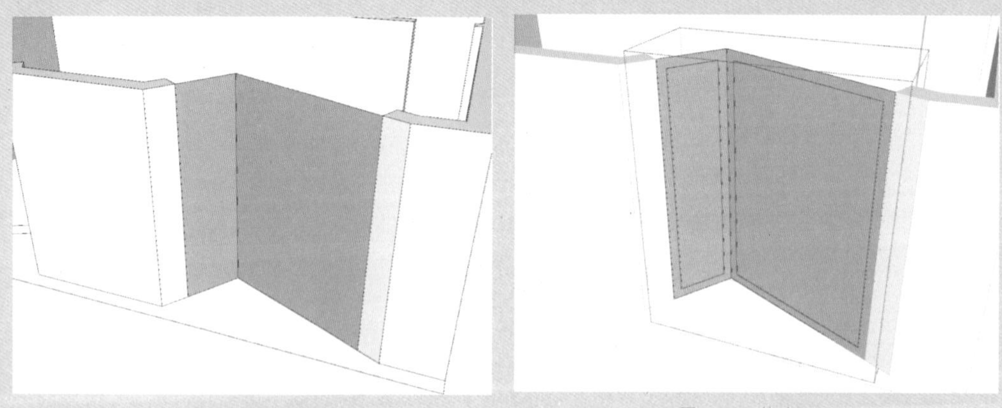

图 9-29　绘制矩形　　图 9-30　偏移图形

06 利用一层建筑中制作门模型的方法，制作一扇窗框模型，如图 9-31 所示。

07 激活“矩形”工具，捕捉窗框绘制矩形，再激活“推 / 拉”工具，制作出具有厚度的玻璃模型，如图 9-32 所示。

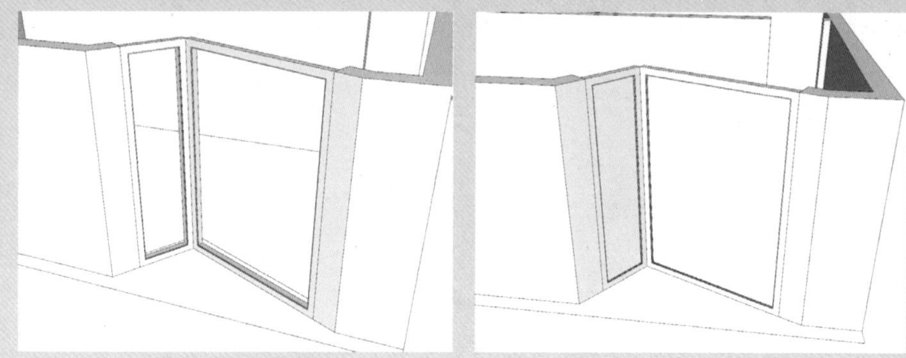

图 9-31　制作窗框模型　　　图 9-32　制作玻璃模型

08 镜像并复制门窗模型，如图 9-33 所示。

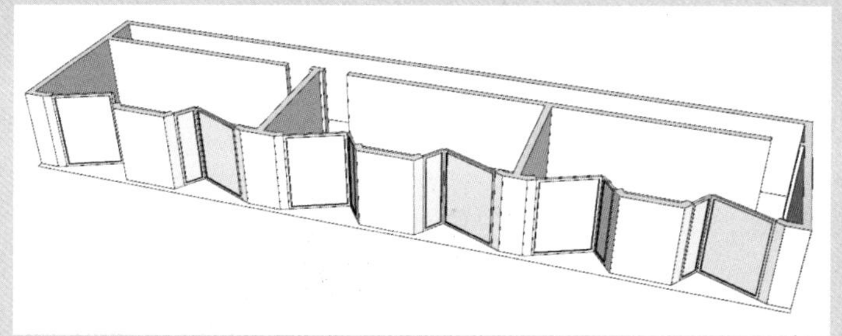

图 9-33　镜像并复制门窗模型

09 利用“移动”“推 / 拉”工具制作门洞造型，如图 9-34 所示。

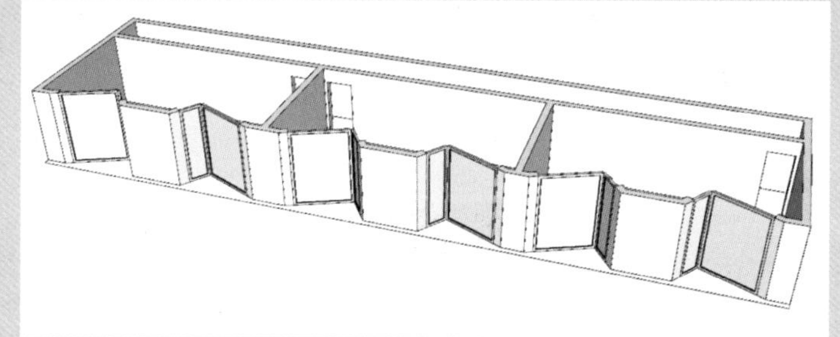

图 9-34　制作门洞

10 从一层模型中复制门模型，如图 9-35 所示。

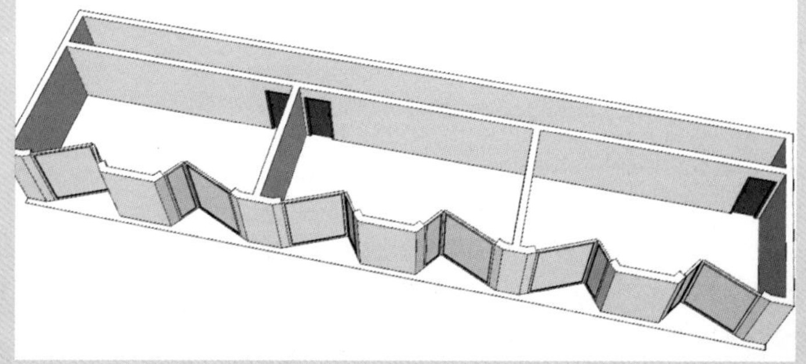

图 9-35　复制门模型

11 利用“矩形”“推 / 拉”工具制作高度为 400mm 的二层地面，如图 9-36 所示。

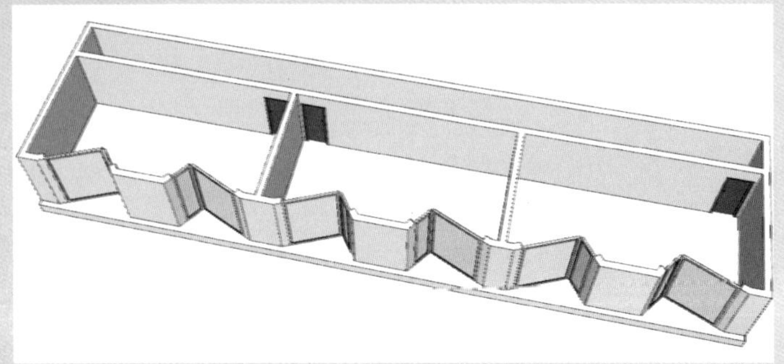

图 9-36 制作地面

12 为二层添加主要家具模型，如图 9-37 所示。

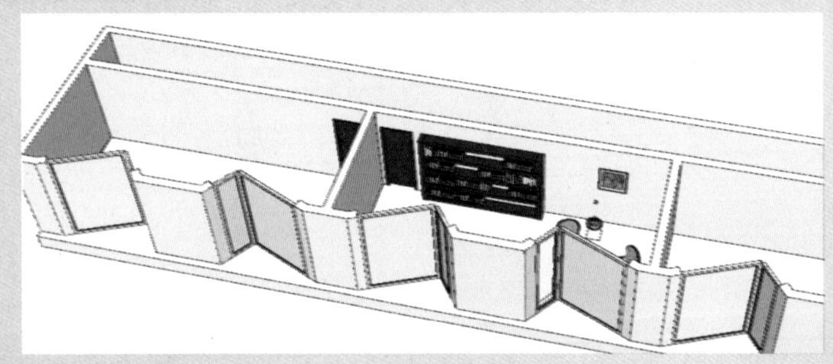

图 9-37 添加家具模型

13 对齐二层模型到一层顶部，如图 9-38 所示。

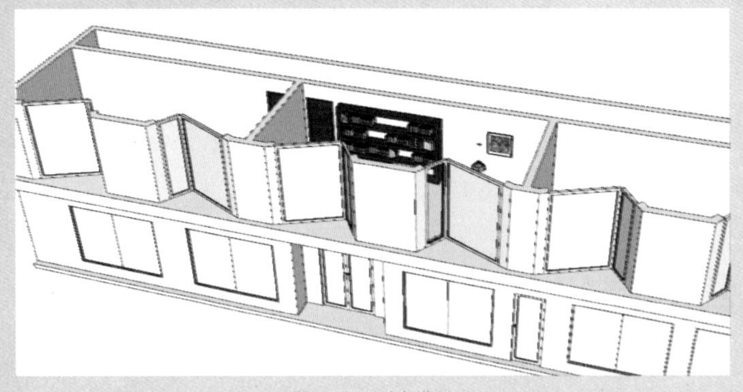

图 9-38 对齐模型

9.1.3 完成建筑主体

本案例中的三层及四层结构与二层类似，这里只需要按照二层建筑的绘制方法进行操作即可。具体操作步骤如下。

01 创建三层建筑，复制门窗模型，如图 9-39 所示。

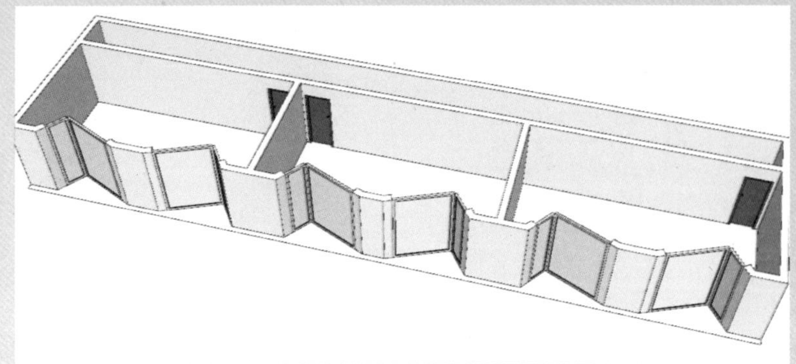

图 9-39　创建三层建筑模型

02 为三层添加主要家具模型，如图 9-40 所示。

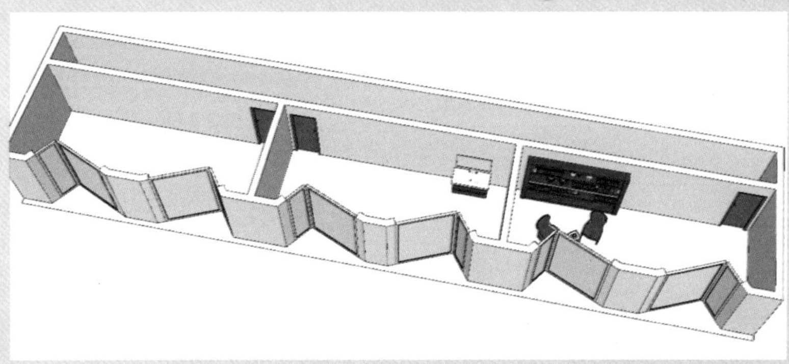

图 9-40　添加家具模型

03 创建高度为 600mm 的地面，如图 9-41 所示。

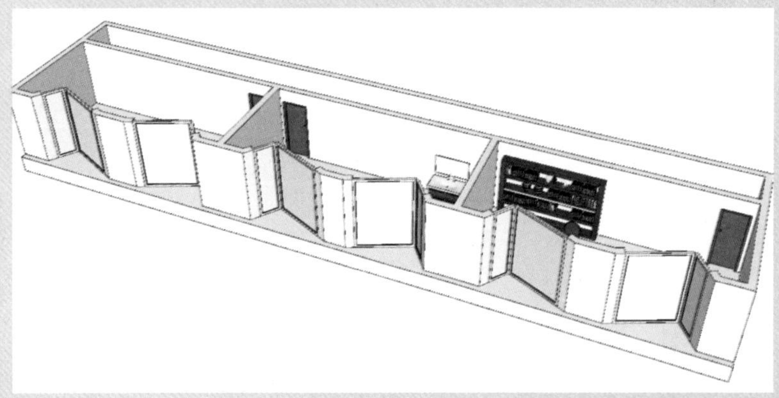

图 9-41　创建地面

04 将各层模型创建成组，并依次向上复制，完成建筑主体的制作，如图 9-42 所示。

05 利用“矩形”“推 / 拉”工具在二层窗外创建 40mm×40mm×2700mm 的长方体作为栏杆扶手，如图 9-43 所示。

图 9-42 复制建筑主体

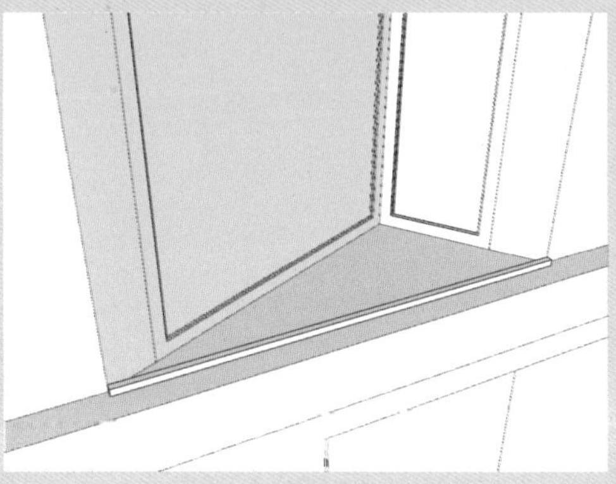

图 9-43 创建扶手模型

06 调整扶手位置，距地高度为 900mm，如图 9-44 所示。

07 继续创建长方体作为玻璃护栏，如图 9-45 所示。

图 9-44 调整扶手高度

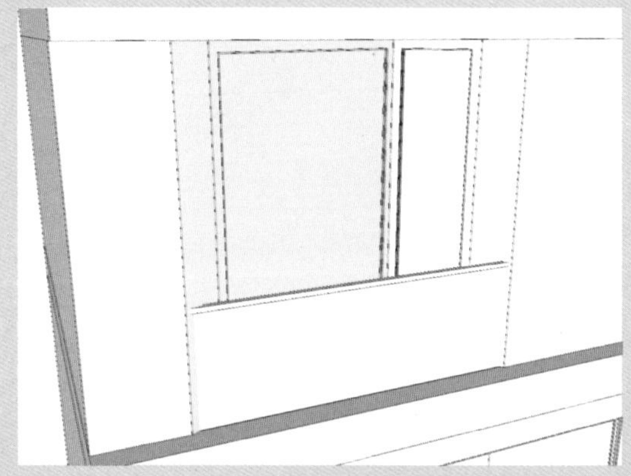

图 9-45 创建玻璃护栏模型

08 复制栏杆模型到各层窗外，如图 9-46 所示。

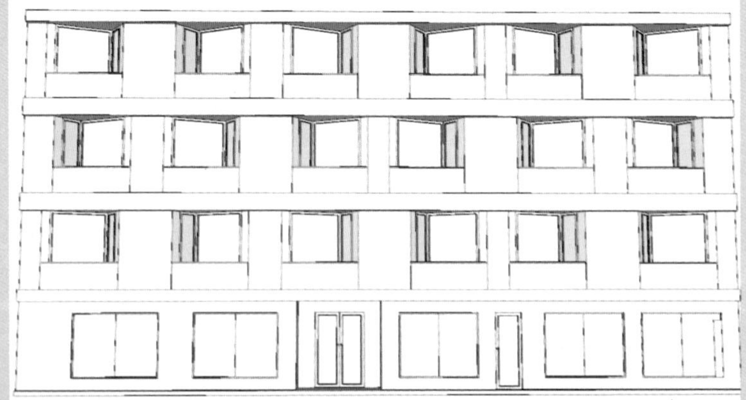

图 9-46 复制栏杆模型

09 再添加树木模型，调整到合适的位置，如图 9-47 所示。

图 9-47　添加树木模型

9.2　创建场景材质

模型创建完毕后，即可为场景创建材质，利用 V-Ray 材质展现出更加真实的场景效果。本节仅介绍外墙使用到的几种材质，室内物品的材质可见性较差，这里使用 SketchUp 自带的材质即可。具体操作步骤介绍如下。

01 激活“材质”工具，打开 SketchUp 自带的材质库，选择新抛光混凝土材质，如图 9-48 所示。

02 将材质赋予外墙，如图 9-49 所示。

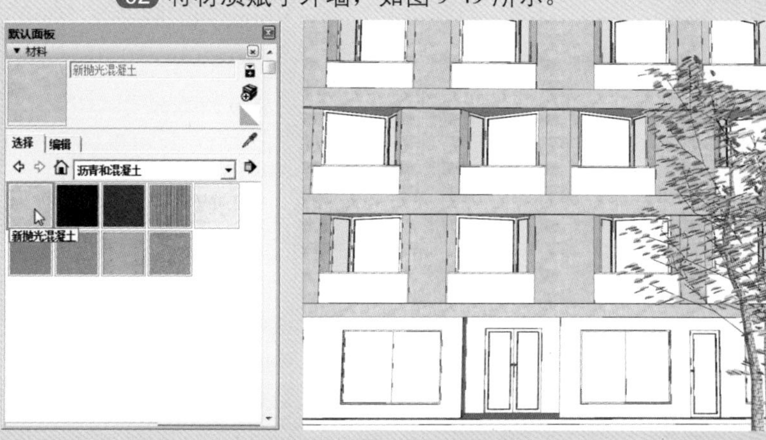

图 9-48　选择混凝土材质　　图 9-49　赋予材质

03 继续选择透明玻璃材质，如图 9-50 所示。

04 将材质赋予到场景中的玻璃模型，场景效果如图 9-51 所示。

图 9-50　选择透明玻璃材质

图 9-51　赋予材质

05 在“材料”面板中单击“创建材质”按钮，打开“创建材质”面板，命名为“胡桃木纹”并添加纹理贴图，如图 9-52 所示。

06 将材质赋予窗框和一层墙体模型，并在“材料”面板中调整贴图尺寸，如图 9-53 所示。

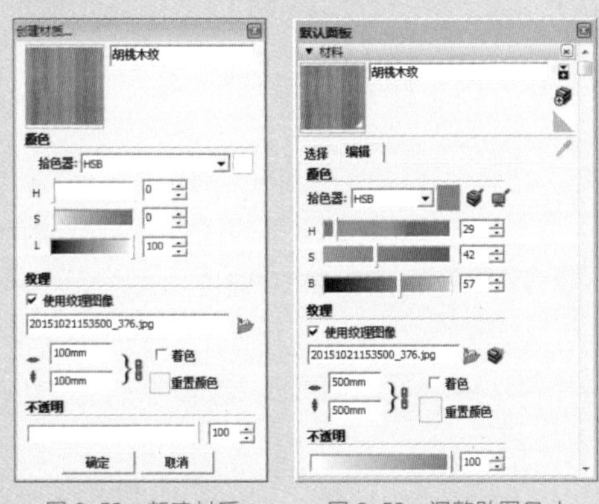
图 9-52　新建材质　　图 9-53　调整贴图尺寸

07 场景效果如图 9-54 所示。

08 制作 V-Ray 材质。打开 V-Ray 材质编辑器，选择外墙的胡桃木纹材质，如图 9-55 所示。

图 9-54　场景效果

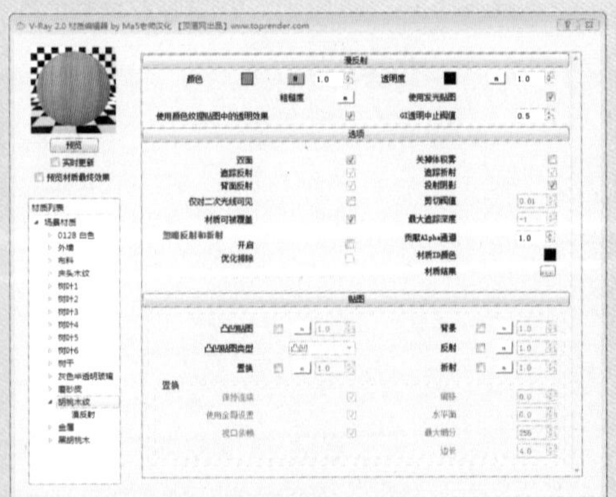
图 9-55　选择胡桃木纹材质

09 为胡桃木纹材质新建“反射”层，保持默认的菲涅耳反射，如图 9-56 所示。

10 设置高光、光泽度及细分值，如图 9-57 所示。

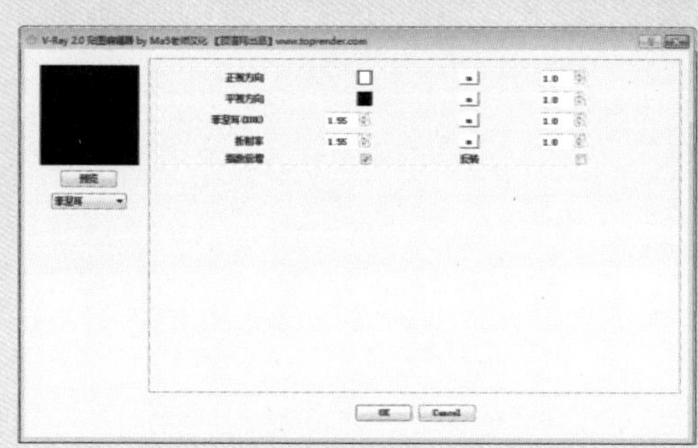

图 9-56 保持菲涅耳反射

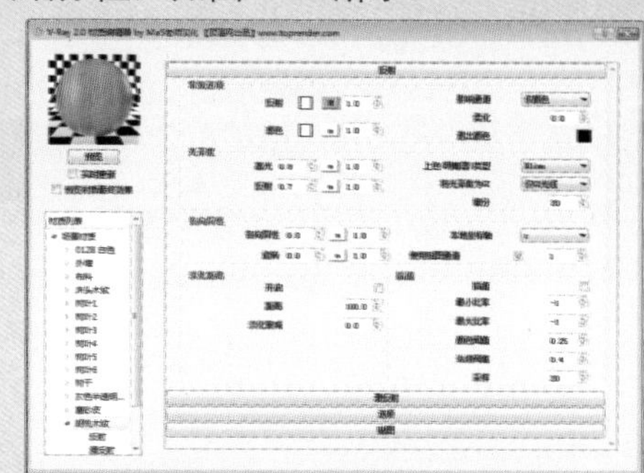

图 9-57 设置反射参数

11 选择玻璃材质，设置透明度为灰度 240，预览材质，如图 9-58 所示。

12 为玻璃材质新建“反射”层和“折射”层，在“反射”层设置反射强度为 2.5，如图 9-59 所示。

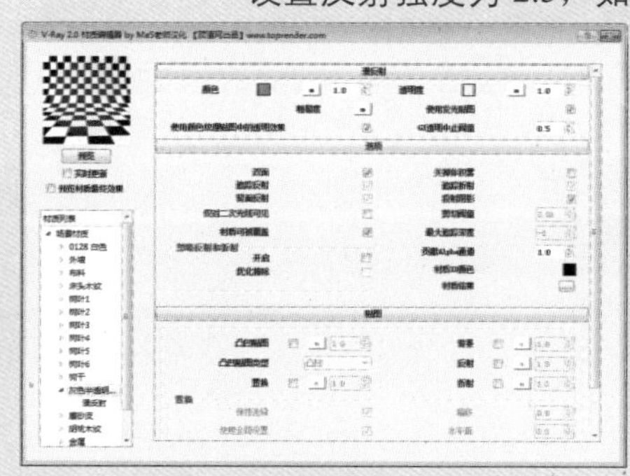

图 9-58 设置玻璃材质的透明度

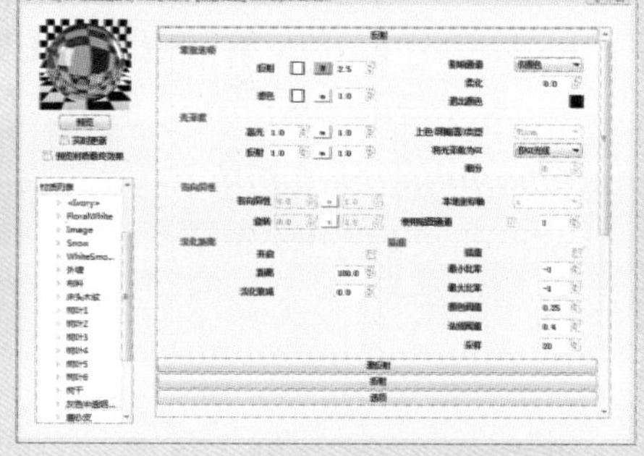

图 9-59 为玻璃材质设置反射参数

13 在“折射”层设置折射率为 1.67，再设置雾颜色及颜色倍增值，如图 9-60 所示。

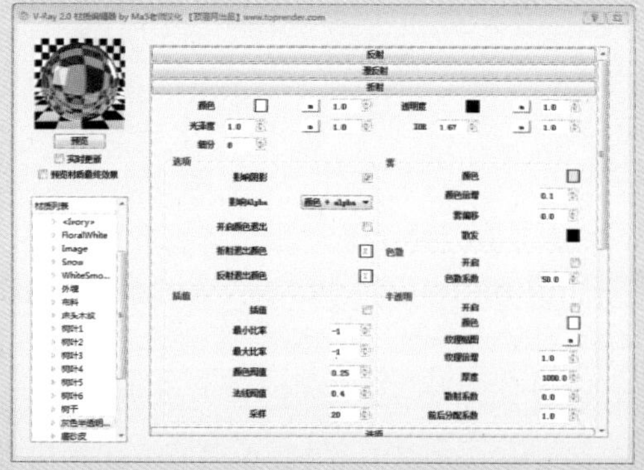

图 9-60 设置折射参数

14 选择外墙材质，新建“反射”层，设置反射强度为 0.2，高光及反射光泽度均为 0.75，再设置细分值为 10，如图 9-61 所示。

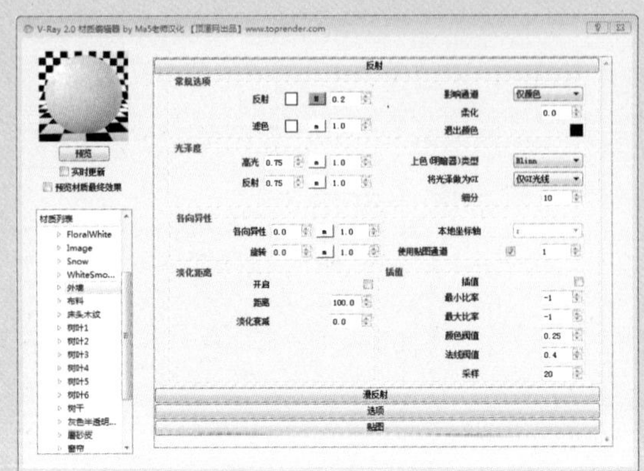

图 9-61　为外墙材质设置反射参数

15 调整后的场景效果如图 9-62 所示。

图 9-62　场景效果

9.3　创建场景灯光

材质创建完毕后，接下来就可以进行灯光的创建了。本案例中表现的是一个阴天的傍晚场景，受天光影响，整体环境较暗，较为突出的是室内灯光。

01 设置图像输出尺寸，调整窗口大小，直接渲染场景，效果如图 9-63 所示。

02 打开 V-Ray 渲染设置面板，在“环境”卷展栏中为全局照明和反射 / 折射背景修改贴图为位图，为其添加 HDRI 贴图，贴图效果如图 9-64 所示。

03 在贴图编辑器中的“纹理控制”选项组中勾选“反转 Alpha”复选框，在“贴图坐标 UVW”选项组中设置贴图类型为 UVWGenEnvironment，如图 9-65 所示。

04 渲染场景，效果如图 9-66 所示。

图 9-63　渲染效果

图 9-64　HDRI 贴图效果

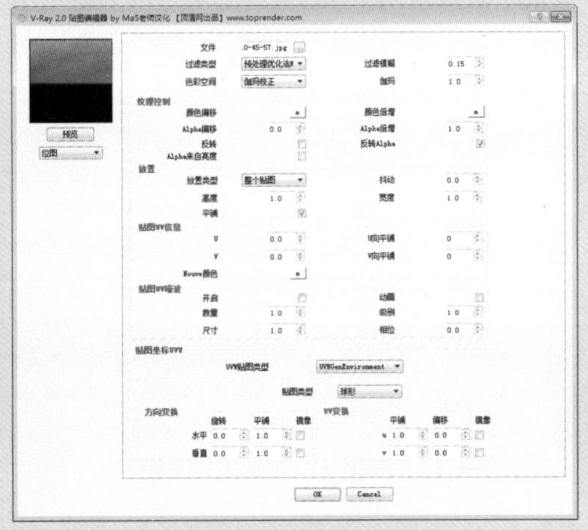

图 9-65　设置贴图参数

图 9-66　渲染效果

05 在“环境”卷展栏中设置全局照明强度为 4.5，如图 9-67 所示。

06 再次渲染场景，效果如图 9-68 所示。

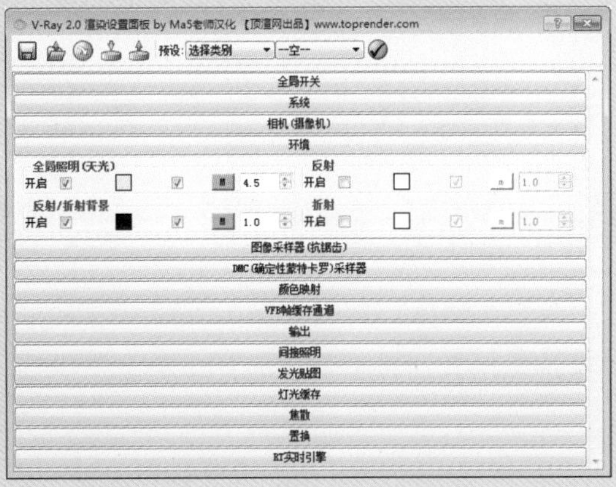

图 9-67　设置全局照明强度

图 9-68　渲染效果

07 场景光线依然偏暗，这里利用面光源进行补光。创建 V-Ray 面光源，调整到合适的角度和位置，如图 9-69 所示。

08 右击面光源，从弹出的快捷菜单中选择 V-Ray for SketchUp|“编辑光源”命令，打开光源编辑器，设置灯光强度、颜色以及其他参数，如图 9-70 所示。

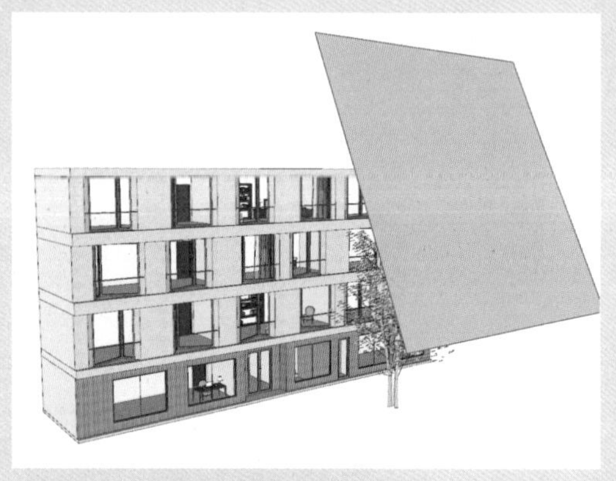

图 9-69　创建面光源

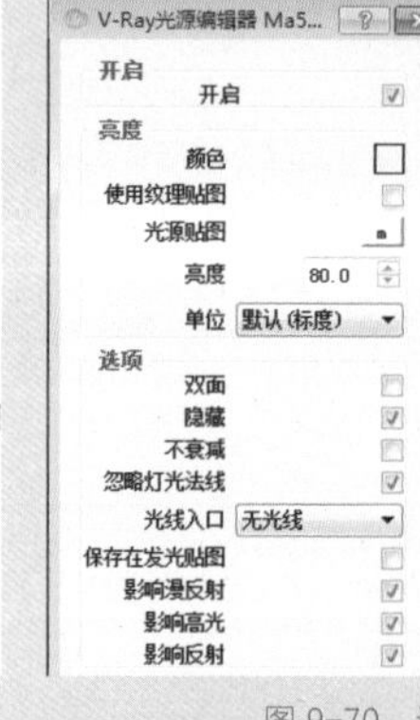

图 9-70　设置面光源参数

09 再渲染场景，效果如图 9-71 所示。

10 接下来创建室内射灯和筒灯灯光。先创建一盏光域网灯光，将其放置到大门内，如图 9-72 所示。

图 9-71　渲染效果

图 9-72　创建光域网灯光

11 在灯光编辑器中设置灯光强度及颜色，再为其添加光域网文件，如图 9-73 所示。

12 进行区域渲染，观察大门处的灯光效果，如图 9-74 所示。

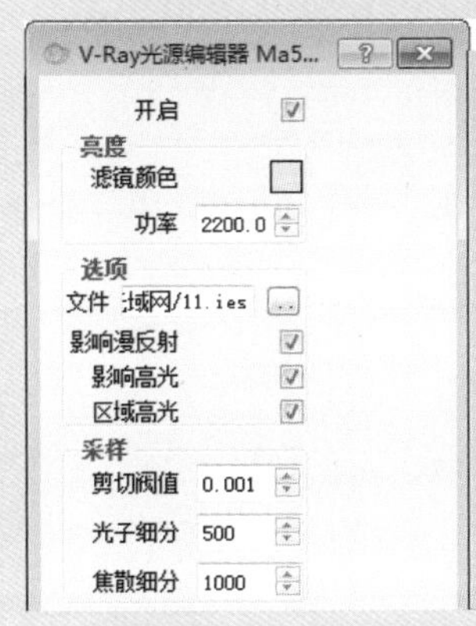

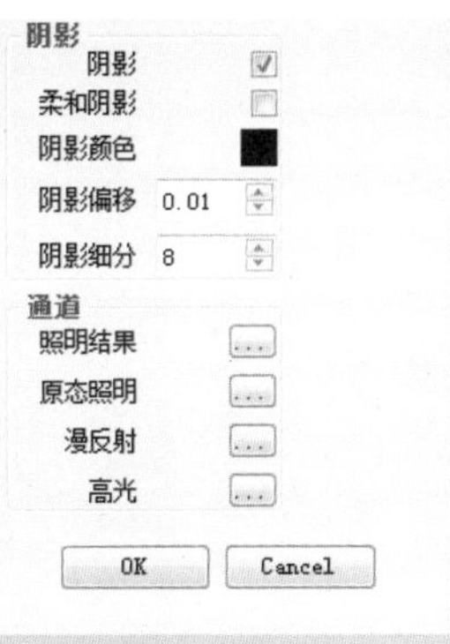

图 9-73　设置光域网灯光参数

图 9-74　渲染大门位置

13 复制光域网灯光到各个房间，调整位置及灯光强度，渲染场景，效果如图 9-75 所示。

14 创建台灯及吊灯灯光。在二层吊灯位置创建一盏球体灯光，使灯光包裹住吊灯灯罩，如图 9-76 所示。

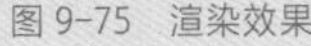
图 9-75　渲染效果

图 9-76　创建球体灯光

15 在灯光编辑器中设置灯光强度、颜色等参数，如图 9-77 所示。

16 渲染场景，效果如图 9-78 所示。

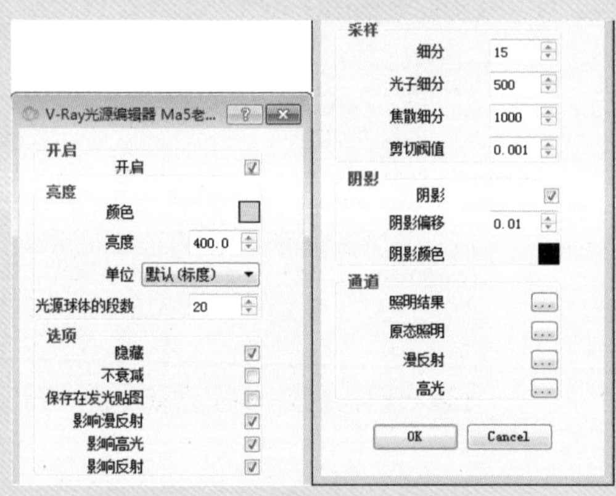

图 9-77　设置球体灯光参数

图 9-78　场景渲染效果

17 继续在其他台灯位置创建球体灯光，如图 9-79 所示。

18 渲染场景，效果如图 9-80 所示。

图 9-79　创建球体灯光

图 9-80　渲染台灯效果

19 球体灯光参数设置如图 9-81 所示。

20 复制球体灯光到其他房间，渲染场景，效果如图 9-82 所示。

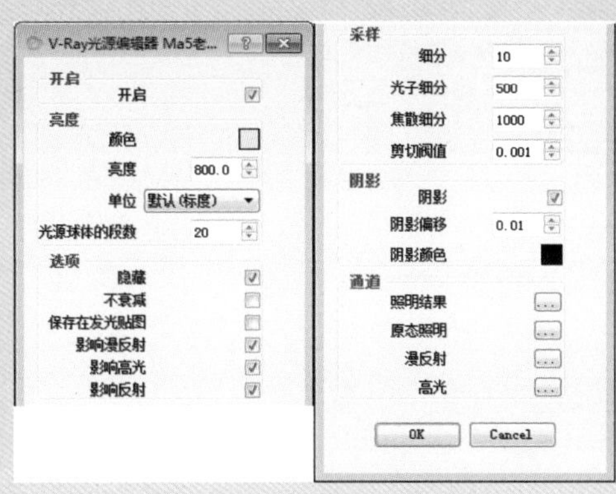

图 9-81　设置球体灯光参数

图 9-82　场景渲染效果

9.4　渲染场景

灯光材质全部设置完毕后，即可进行渲染参数的设置。在这里不再进行测试渲染，直接设置出图参数。具体操作步骤介绍如下。

01 打开 V-Ray 渲染设置面板，在“图像采样器（抗锯齿）”卷展栏中设置图像采样器类型及参数，再设置抗锯齿过滤器类型，如图 9-83 所示。

02 在“DMC（确定性蒙特卡罗）采样器”卷展栏中设置自适应量、最少采样值以及噪点阀值参数，如图 9-84 所示。

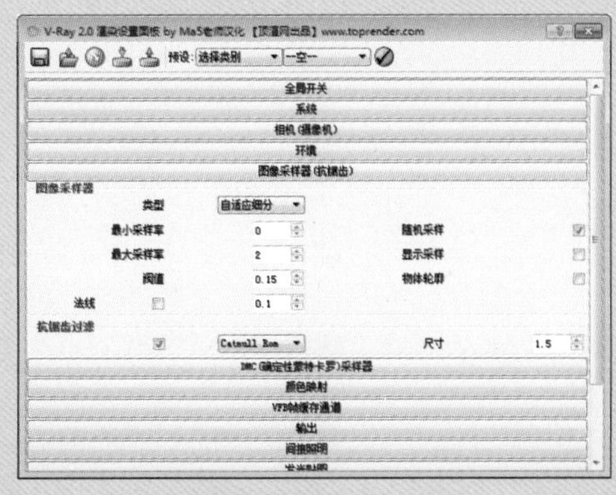

图 9-83　在“图像采样器（抗锯齿）”卷展栏中进行设置

图 9-84　在“DMC（确定性蒙特卡罗）采样器”卷展栏中进行设置

03 在“发光贴图”卷展栏的“基本参数”选项组中设置相关参数，如图 9-85 所示。

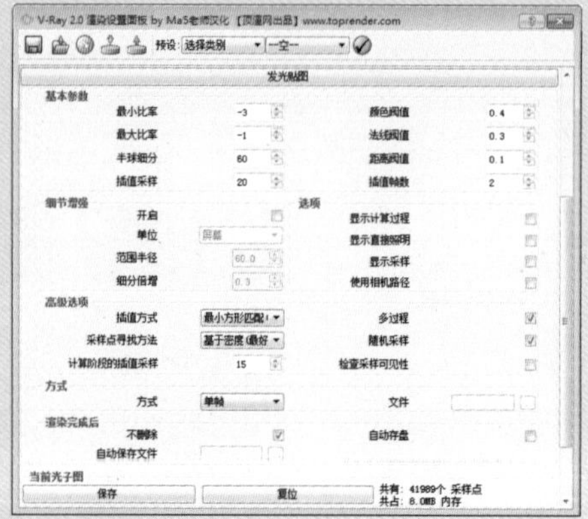

图 9-85　设置发光贴图

04 在“灯光缓存”卷展栏的“计算参数”选项组中设置相关参数，如图 9-86 所示。

图 9-86　设置灯光缓存

05 渲染场景，场景最终效果如图 9-87 所示。

图 9-87　场景最终效果

CHAPTER 10

住宅小区场景效果表现

本章概述 SUMMARY

本章要创建的是一个综合小区的场景效果，主要包括高层住宅建筑、别墅建筑以及室外绿化的创建及场景效果的完善。通过本章的学习，读者可以发现，仅利用 SketchUp 自身的功能依然可以创建出生动逼真的效果。

■ 学习目标

√ 掌握高层住宅楼群模型的制作。

√ 掌握别墅建筑模型的制作。

√ 掌握场景效果的制作。

◎小区入口

◎住宅楼一侧

10.1 制作多层及高层建筑

本节主要介绍的是高层建筑模型的创建。因建筑造型的重复，这里我们可以创建出单层模型，再进行复制镜像等操作即可完成场景模型的创建。

10.1.1 导入 AutoCAD 文件

在制作模型之前，首先要将平面布置图导入，可以为后面模型的创建节省很多时间。具体操作步骤如下。

01 在 AutoCAD 中打开素材图形文件，如图 10-1 所示。

02 删除多余的图形，简化图样，如图 10-2 所示。

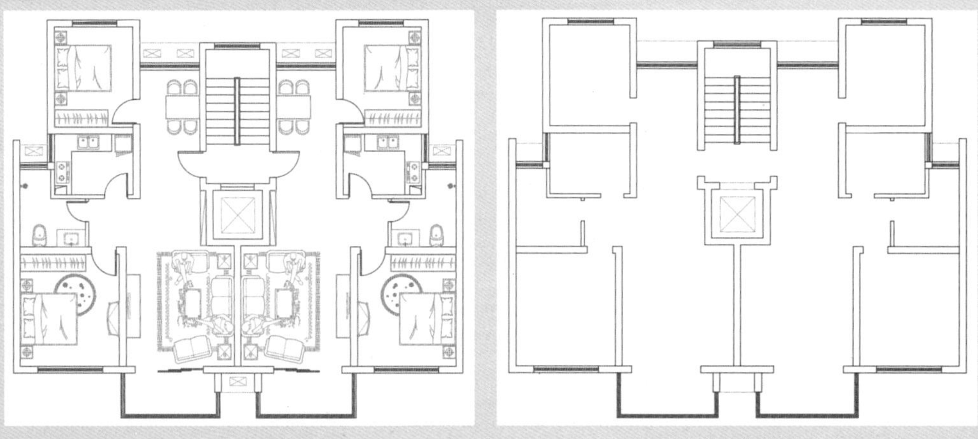

图 10-1　打开素材图形　　图 10-2　简化图样

03 启动 SketchUp 应用程序，执行“文件”|“导入”命令，在“导入”对话框中选择 AutoCAD 图形文件，如图 10-3 所示。

04 单击“选项”按钮，打开“导入 AutoCAD DWG/DXF 选项”对话框，设置相关参数，再单击“确定”按钮关闭该对话框，如图 10-4 所示。

图 10-3　选择 AutoCAD 图形文件

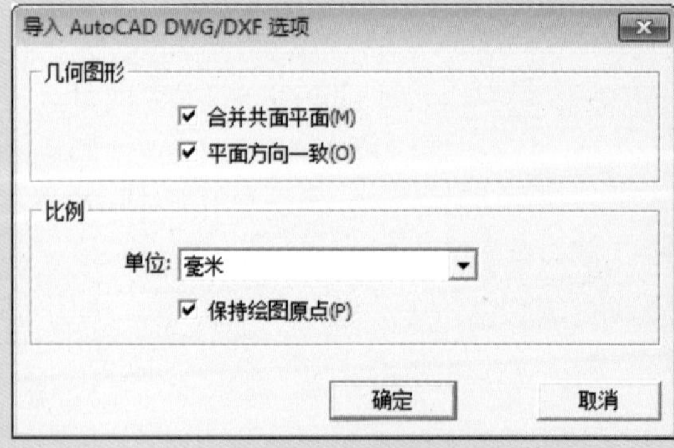

图 10-4　设置相关参数

05 将平面图导入到 SketchUp 中，效果如图 10-5 所示。

06 激活“擦除”工具，删除窗户、电梯等多余的线条，如图 10-6 所示。

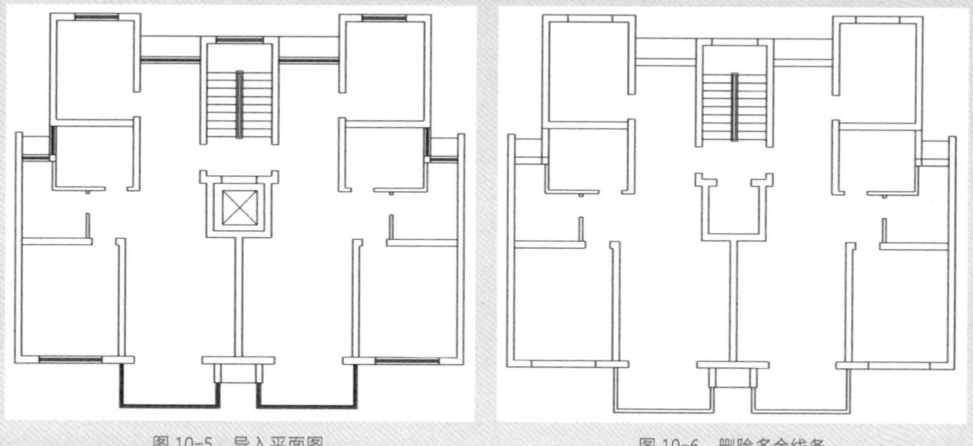

图 10-5　导入平面图　　图 10-6　删除多余线条

10.1.2　制作住宅楼单体

接下来根据导入的平面图形来创建建筑模型。具体操作步骤如下。

01 激活“直线”工具，捕捉连接墙体平面，如图 10-7 所示。

02 选择平面并单击鼠标右键，在弹出的快捷菜单中选择“创建群组”命令，如图 10-8 所示。

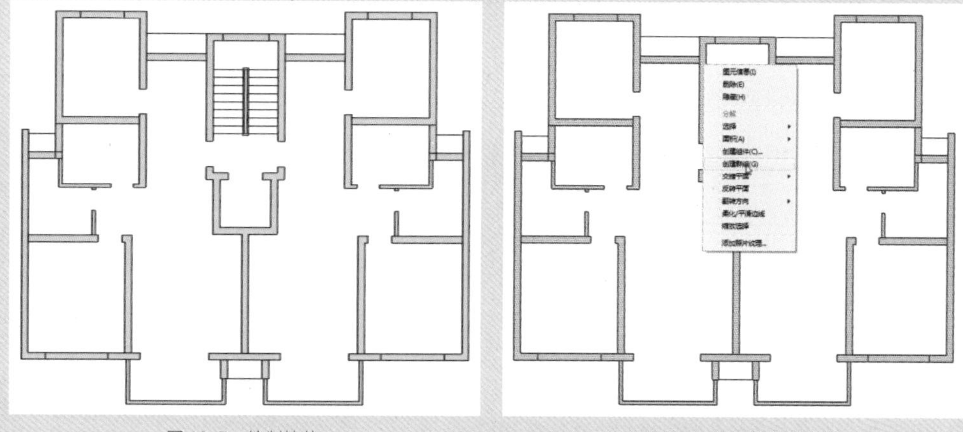

图 10-7　绘制墙体　　图 10-8　将墙体创建成组

03 将图形平面创建成组，双击进入编辑模式，如图 10-9 所示。

04 全选图形，单击鼠标右键，在弹出的快捷菜单中选择“反转平面”命令，将所有平面反转，如图 10-10 所示。

05 激活“推 / 拉”工具，将部分墙体向上推出 2880mm，如图 10-11 所示。

06 再推 / 拉窗户位置的墙体，分别向上推出 300mm、900mm、1680mm，如图 10-12 所示。

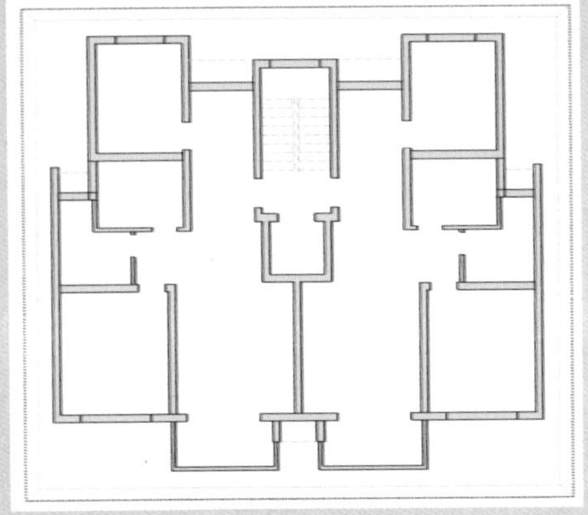
图 10-9　进入编辑模式

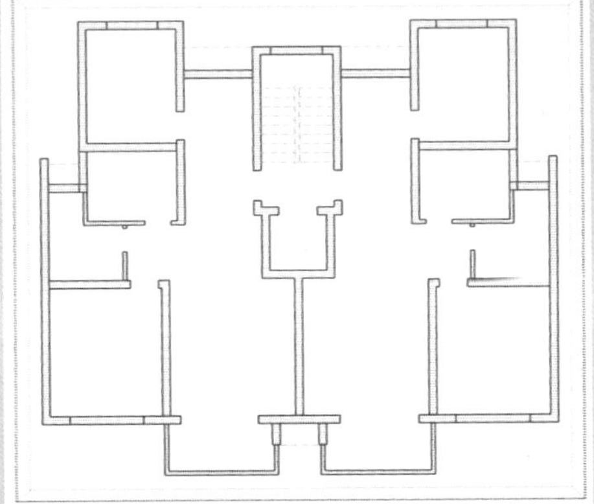
图 10-10　反转平面

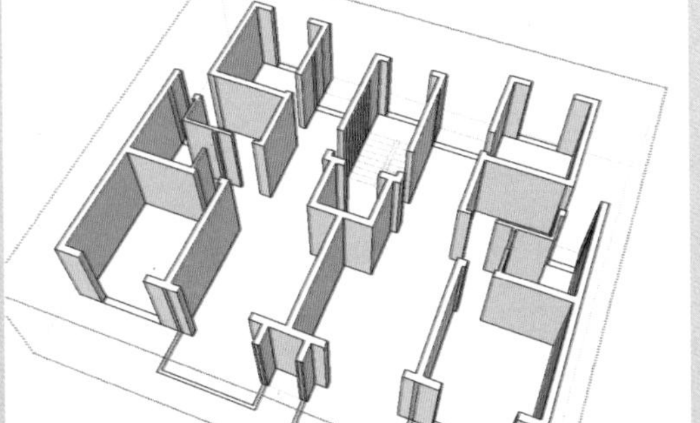
图 10-11　推出墙体

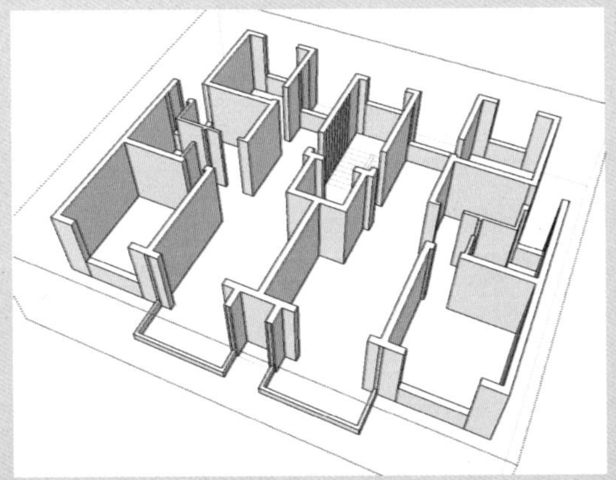
图 10-12　制作地台及窗台

07 利用“移动”工具、“推 / 拉”工具创建门洞和窗洞，如图 10-13 所示。

08 选择阳台和地台，激活“移动”工具，按住 Ctrl 键向上复制，如图 10-14 所示。

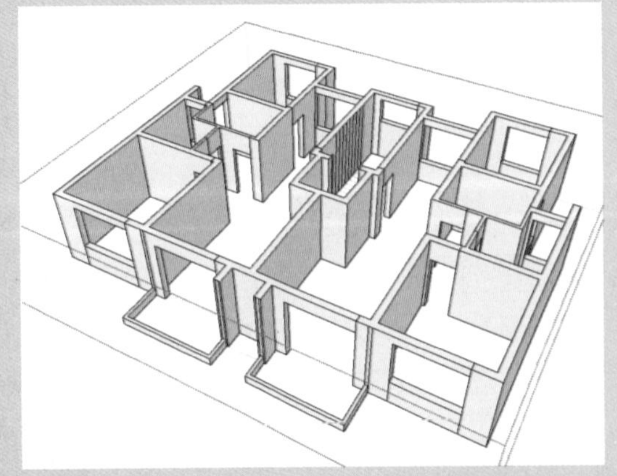
图 10-13　创建门洞和窗洞

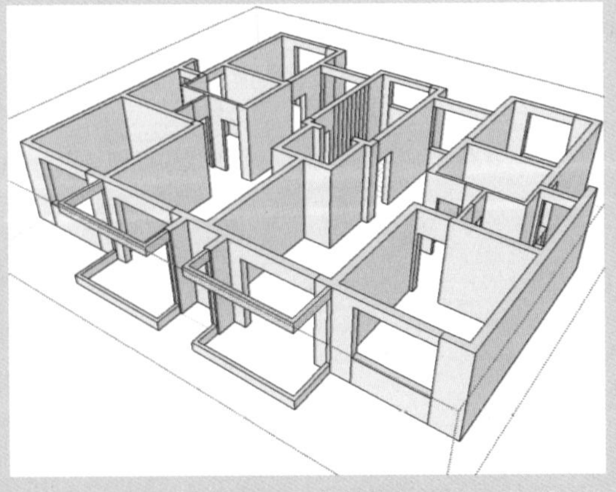
图 10-14　复制图形

09 清除墙体上多余的线条，如图 10-15 所示。

10 退出编辑状态，激活“矩形”工具，捕捉窗洞绘制矩形，如图 10-16 所示。

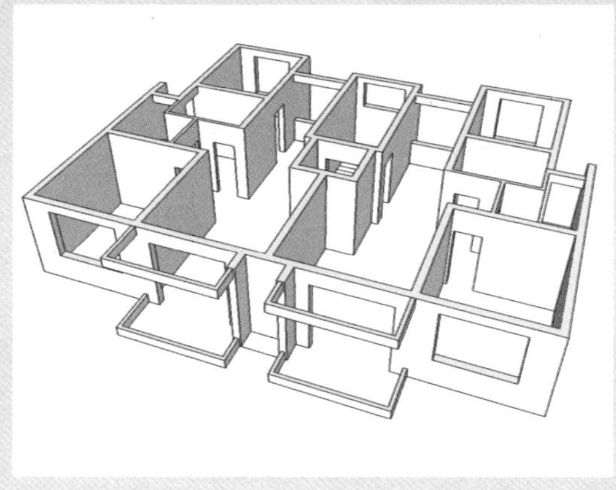

图 10-15 清除多余线条

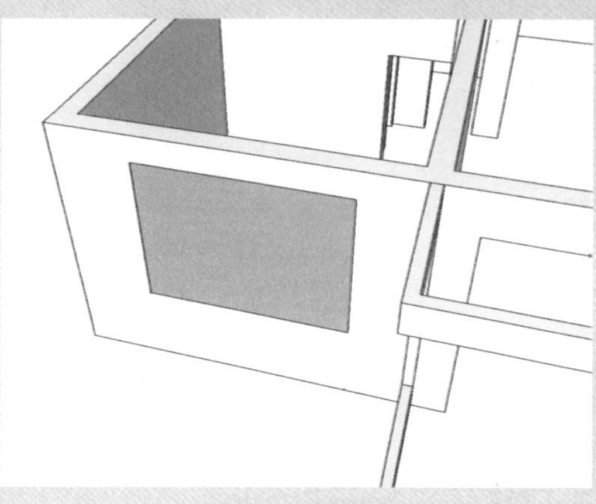

图 10-16 绘制矩形

11 将矩形创建成组，双击进入编辑状态，激活“偏移”工具，将矩形边框向内偏移 60mm，如图 10-17 所示。

12 激活“移动”工具，按住 Ctrl 键复制内部边线，如图 10-18 所示。

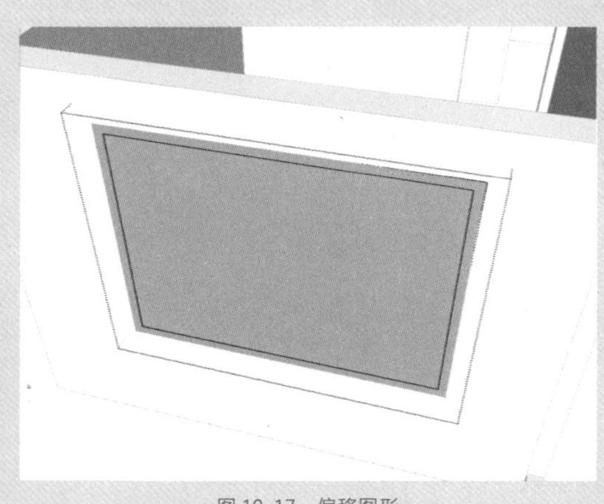

图 10-17 偏移图形

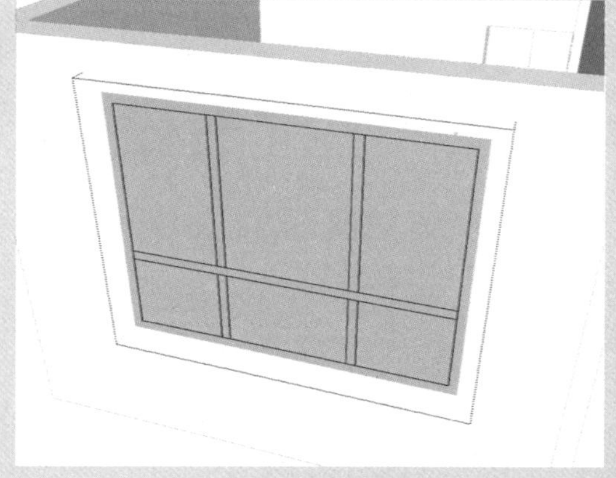

图 10-18 复制线条

13 删除内部的面及多余的线条，如图 10-19 所示。

14 激活“推 / 拉”工具，将面推出 60mm，制作出窗框，如图 10-20 所示。

15 激活“矩形”工具与“推 / 拉”工具，创建厚度为 12mm 的长方体作为玻璃，放置到窗框中，如图 10-21 所示。

16 照此操作方法创建其他位置的窗户模型，如图 10-22 所示。

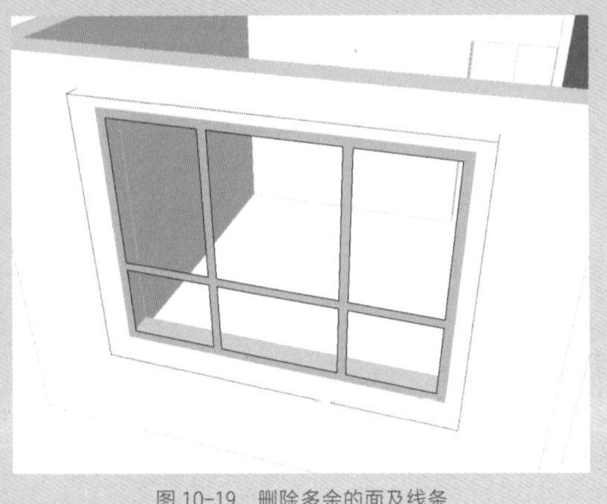

图 10-19　删除多余的面及线条

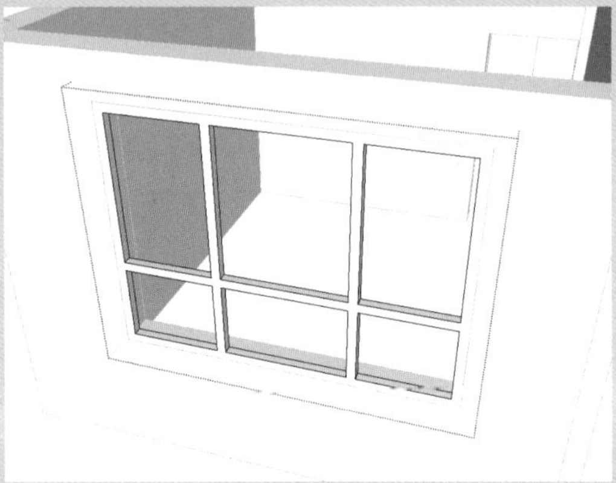

图 10-20　制作窗框

图 10-21　创建玻璃模型

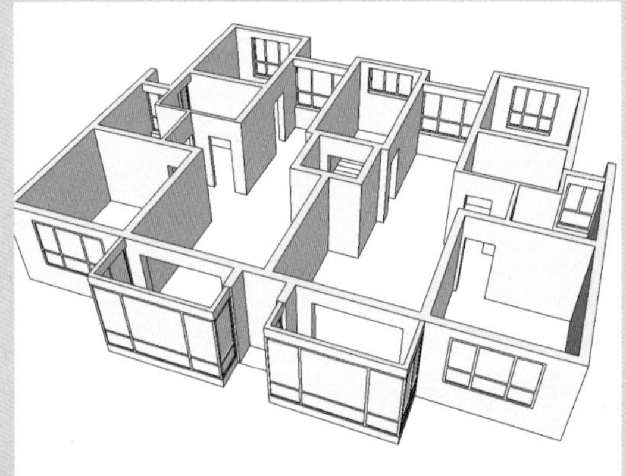

图 10-22　制作其他窗户模型

17 激活“直线”工具和“推 / 拉”工具，制作出 100mm 厚的空调外机平台，如图 10-23 所示。

18 选择所有模型并创建成组，向上复制出 11 层，如图 10-24 所示。

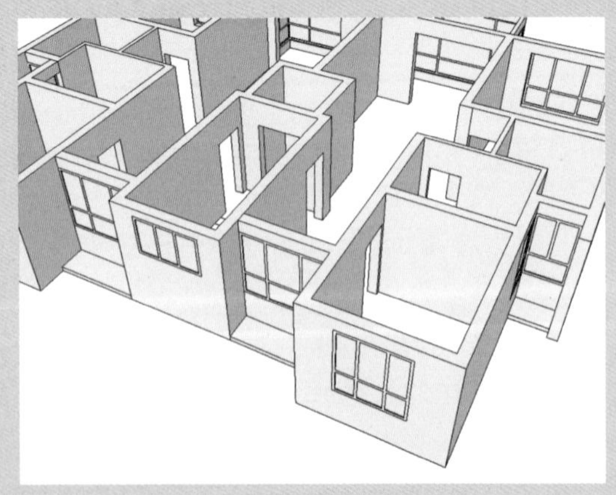

图 10-23　制作空调外机平台

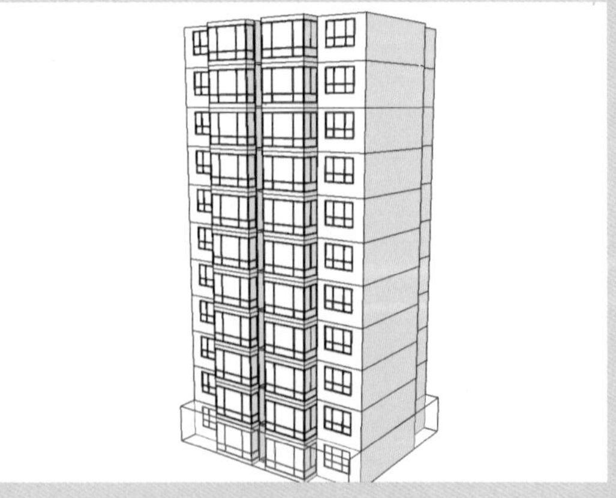

图 10-24　复制模型

■ 10.1.3 制作建筑单元入口及顶部

具体操作步骤如下。

01 双击一层模型，删除一层楼梯位置的窗户，如图 10-25 所示。

02 激活“推 / 拉”工具，将窗户底部的面向下推到底，将窗户改作门洞，如图 10-26 所示。

图 10-25 删除窗户模型

图 10-26 制作门洞

03 激活“直线”工具，捕捉建筑底部一圈绘制出面，并创建成组，如图 10-27 所示。

04 双击进入编辑模式，激活“推 / 拉”工具，将面向下推出 600mm，如图 10-28 所示。

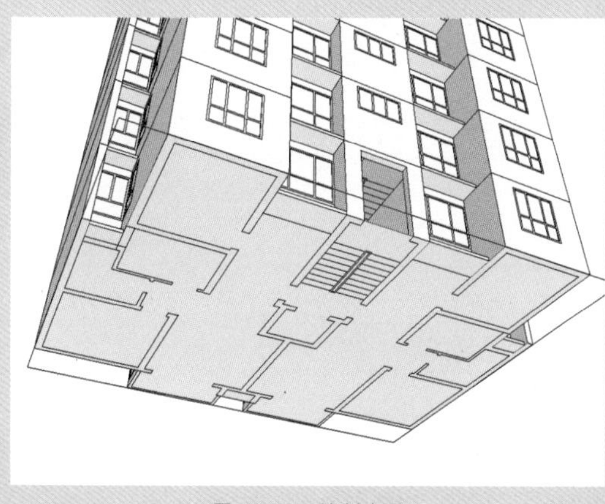

图 10-27 绘制底面

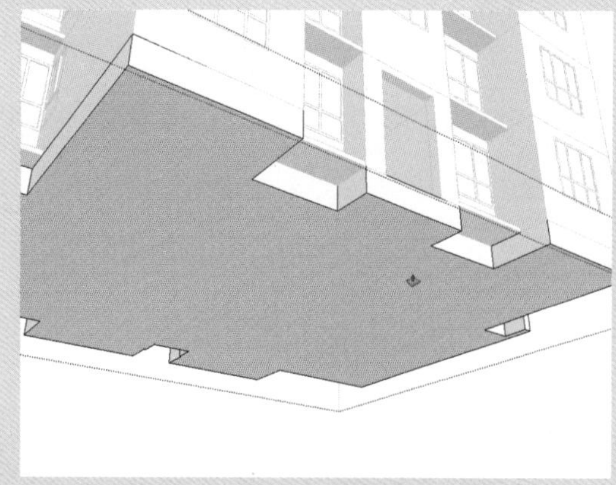

图 10-28 向下推出

05 继续将一层入口处的墙体推出 1500mm，如图 10-29 所示。

06 激活“移动”工具，按住 Ctrl 键将边线向下依次复制，复制距离为 150mm，如图 10-30 所示。

图 10-29　推出墙体　　图 10-30　制作阶梯

07 激活“推 / 拉”工具，推出 300mm 的阶梯踏步，如图 10-31 所示。

08 激活“矩形”命令，捕捉绘制矩形并创建成组，移动到合适的位置，如图 10-32 所示。

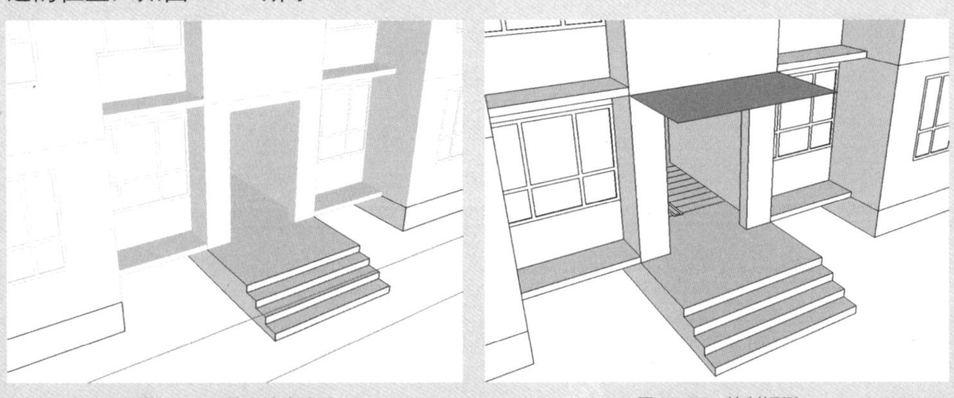

图 10-31　推出踏步造型　　图 10-32　绘制矩形

09 双击进入编辑模式，激活“推 / 拉”工具，将面向上推出 400mm，如图 10-33 所示。

10 按住 Ctrl 键，继续向上推出 100mm，如图 10-34 所示。

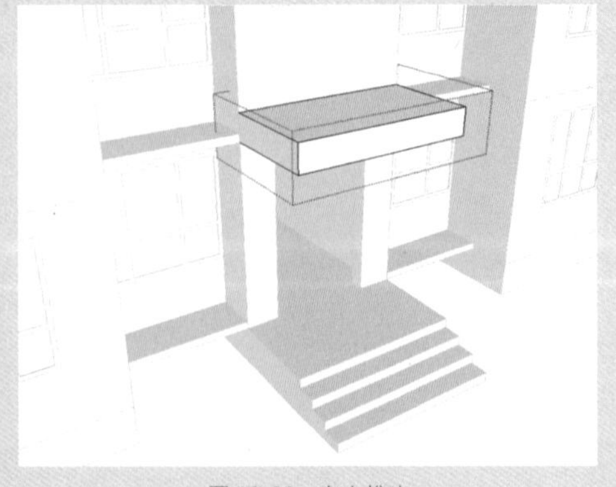

图 10-33　向上推出

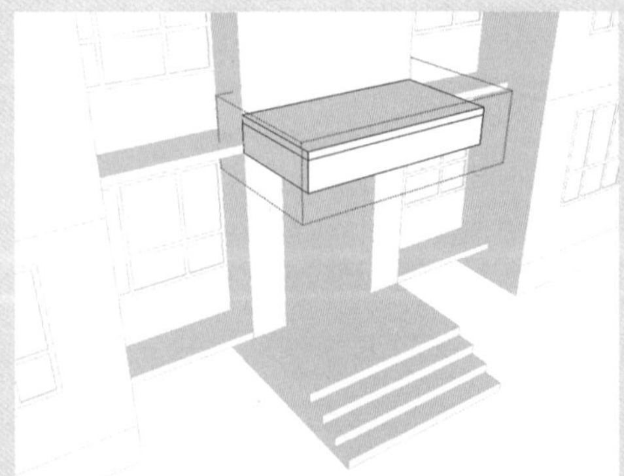

图 10-34　继续向上推出

11 将周边向外推出 50mm，再删除多余线条，如图 10-35 所示。

12 照此操作步骤继续创建一层，如图 10-36 所示。

图 10-35　向外推出　　图 10-36　继续创建

13 利用“矩形”工具和“推 / 拉”工具制作柱子，完成入口的制作，如图 10-37 所示。

14 复制建筑模型，如图 10-38 所示。

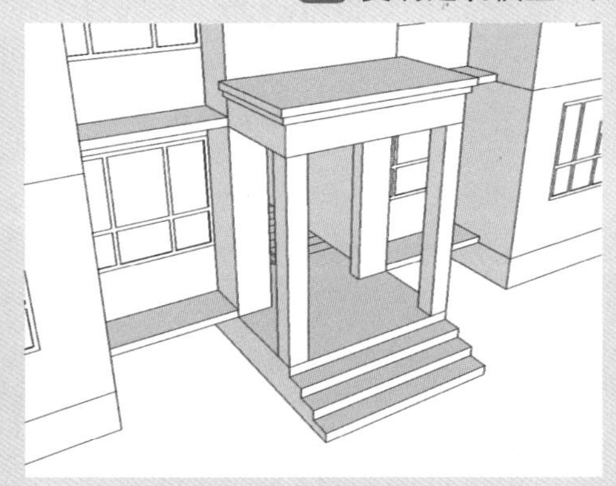

图 10-37　制作柱子造型

图 10-38　复制建筑模型

15 激活“直线”工具，在楼顶部捕捉绘制面，如图 10-39 所示。

16 将面创建成组，双击进入编辑模式，激活“推 / 拉”工具，将面向上推出 400mm，如图 10-40 所示。

图 10-39　绘制顶面

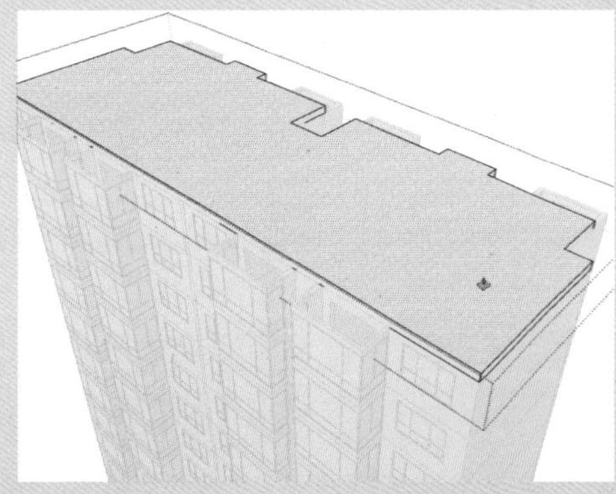

图 10-40　向上推出

17 导入一个 350mm 的线条图形，如图 10-41 所示。

18 将线条图形移动到屋顶的一处，如图 10-42 所示。

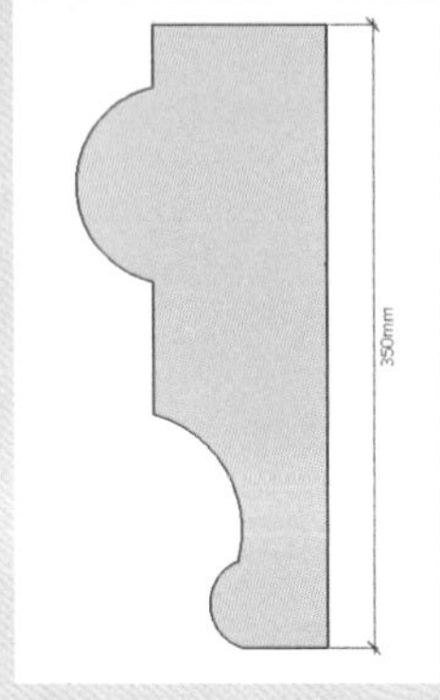

图 10-41　导入线条图形

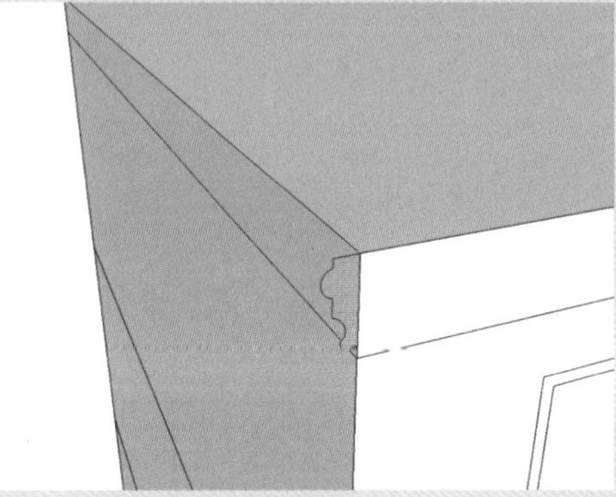

图 10-42　移动线条图形

19 激活“路径跟随”工具，制作出屋顶轮廓模型，如图 10-43 所示。

20 隐藏模型，激活“直线”工具，继续捕捉顶部绘制一个面，如图 10-44 所示。

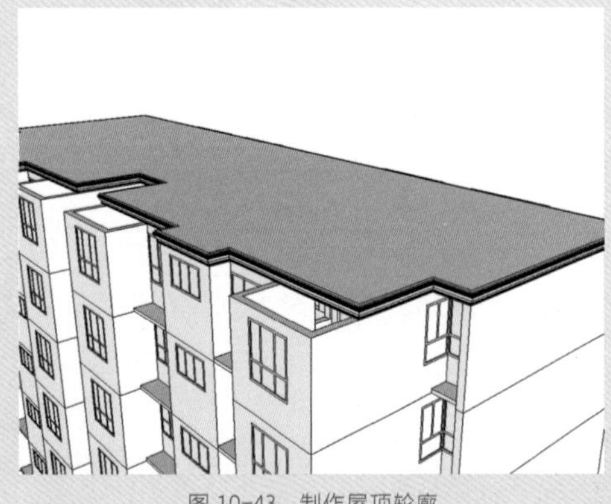

图 10-43　制作屋顶轮廓

图 10-44　绘制顶面

21 激活“推 / 拉”工具，将面向上推出 1000mm，再取消隐藏所有模型，完成多层建筑单体模型的制作，如图 10-45 所示。

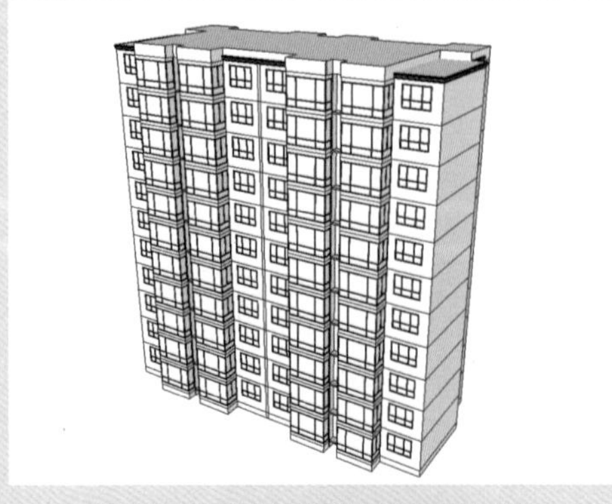

图 10-45　完成多层建筑单体模型的制作

■ 10.1.4 制作高层住宅楼群

具体操作步骤如下。

01 激活“矩形”工具，绘制 80000mm×30000mm 的矩形，如图 10-46 所示。

02 激活“圆弧”工具，制作半径为 3000mm 的圆角，如图 10-47 所示。

图 10-46 绘制矩形　　图 10-47 制作圆角

03 激活“偏移”工具，将边线向内偏移 1500mm，如图 10-48 所示。

04 激活“推 / 拉”工具，将内部的面向上推出 200mm，将外圈的面向上推出 100mm，如图 10-49 所示。

图 10-48 偏移图形　　图 10-49 推拉模型

05 将住宅楼模型移动到合适的位置，距两侧均为 4000mm，如图 10-50 所示。

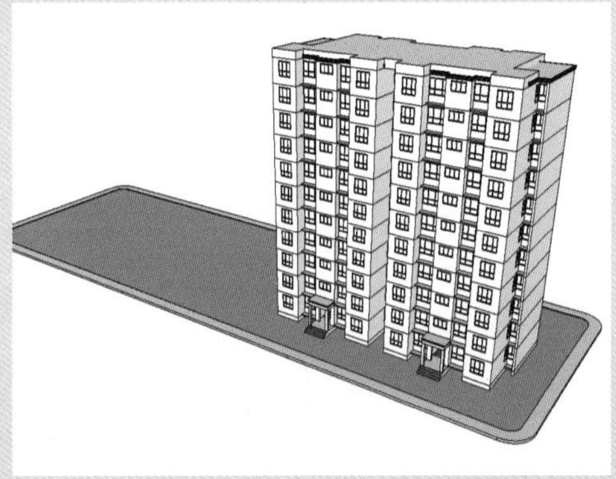

图 10-50 调整模型位置

06 利用“移动”“推拉”工具，制作单元入口地面造型，如图 10-51 所示。

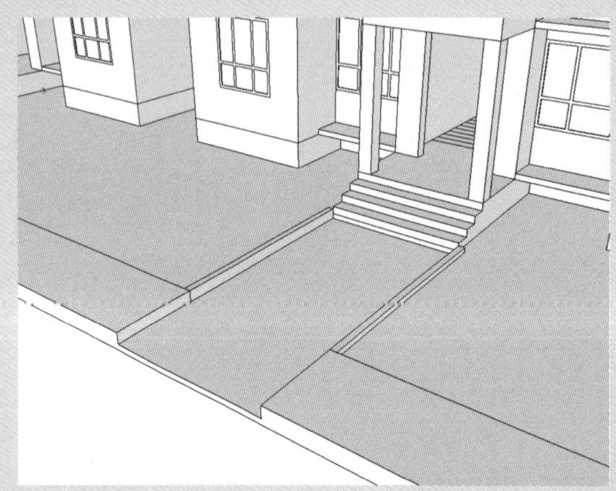

图 10-51　制作单元入口地面

07 再制作另一单元楼入口地面造型，如图 10-52 所示。

08 激活“材质”工具，打开材质编辑器，如图 10-53 所示。

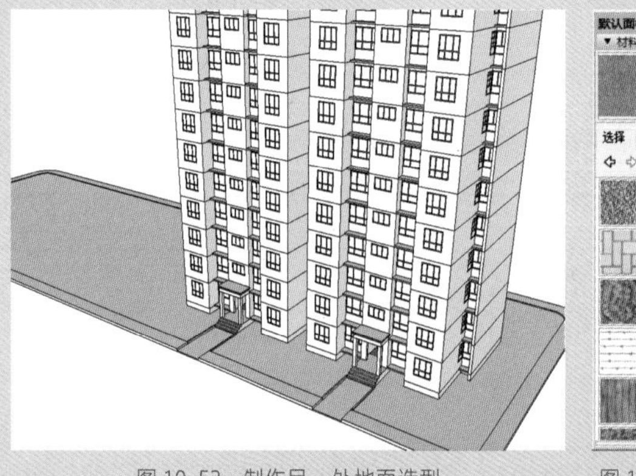

图 10-52　制作另一处地面造型

图 10-53　打开材质编辑器

09 选择“人造草被”材质，赋予草被地面，如图 10-54 所示。

10 选择“多色石块”材质，指定给人行步道，如图 10-55 所示。

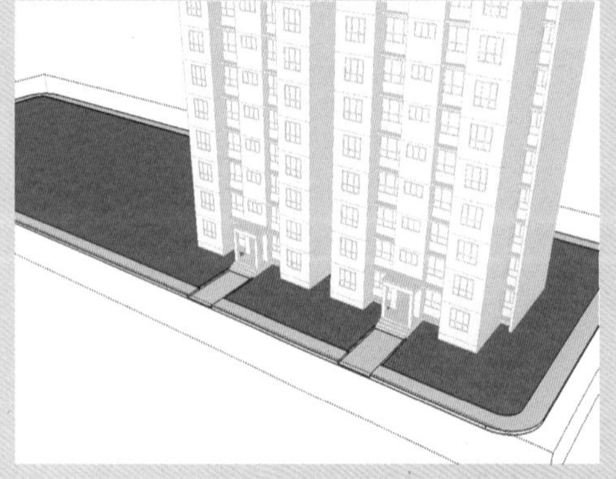

图 10-54　指定草被材质

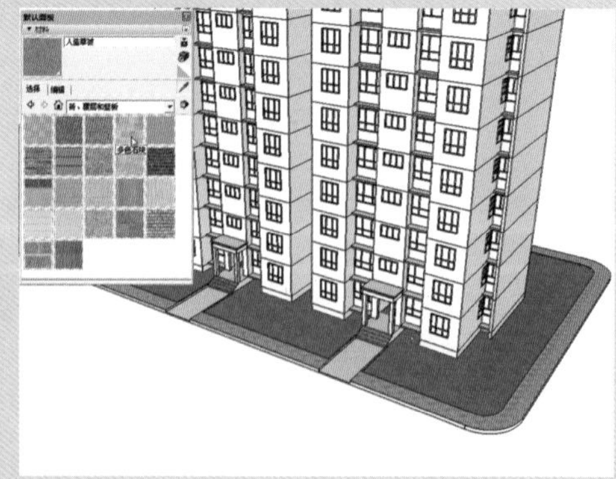

图 10-55　指定人行步道材质

11 从自带材质中选择“翻滚处理砖块”材质，创建“墙砖 1”材质，调整贴图尺寸，如图 10-56 所示。

12 将材质指定给一层墙体模型，如图 10-57 所示。

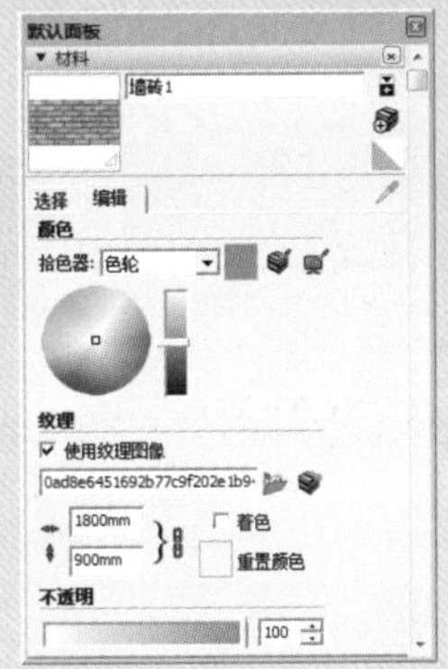

图 10-56 创建“墙砖 1”材质

图 10-57 指定材质

13 继续创建“墙砖 2”材质，调整贴图尺寸，如图 10-58 所示。

14 将材质指定给其他楼层，如图 10-59 所示。

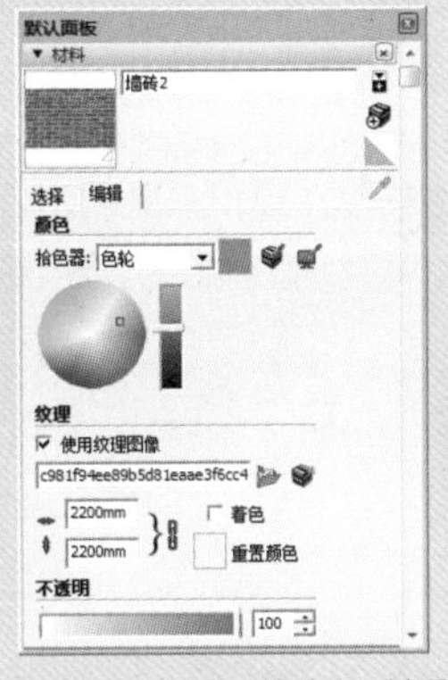

图 10-58 创建“墙砖 2”材质

图 10-59 指定材质

15 选择“黑灰”材质，指定给窗框，如图 10-60 所示。

16 选择“灰色半透明玻璃”材质，指定给场景中的玻璃模型，如图 10-61 所示。

图 10-60 指定黑灰色材质

图 10-61 指定玻璃材质

17 选择“灰色”材质，指定给建筑单元入口以及建筑顶部，如图 10-62 所示。

18 复制建筑模型，再复制单元入口路面造型，如图 10-63 所示。

图 10-62　指定灰色材质

图 10-63　复制建筑及道路造型

19 利用“移动”“推 / 拉”工具，制作两个建筑之间的宽 3000mm 的道路，如图 10-64 所示。

20 添加灌木模型并进行复制，如图 10-65 所示。

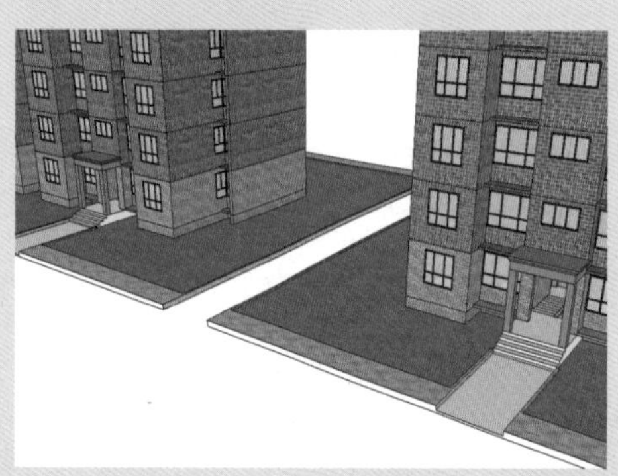

图 10-64　制作楼间道路

图 10-65　添加并复制灌木模型

21 添加树木模型并进行复制，如图 10-66 所示。

22 复制模型，并调整前排楼层，如图 10-67 所示。

图 10-66　添加并复制树木模型

图 10-67　复制模型并调整楼层

23 继续复制住宅楼模型，布置出高层住宅区，如图 10-68 所示。

图 10-68　布置高层住宅区

10.2　制作别墅区建筑

场景中的别墅区为三层小别墅，造型简单大方。用户创建出一个别墅模型，即可对整个别墅区进行布置设计。

10.2.1　制作别墅主体建筑模型

首先来制作别墅主体建筑造型，包括墙体、地面以及门窗模型的创建。具体操作步骤介绍如下。

01 导入别墅 CAD 图纸到 SketchUp 中，如图 10-69 所示。

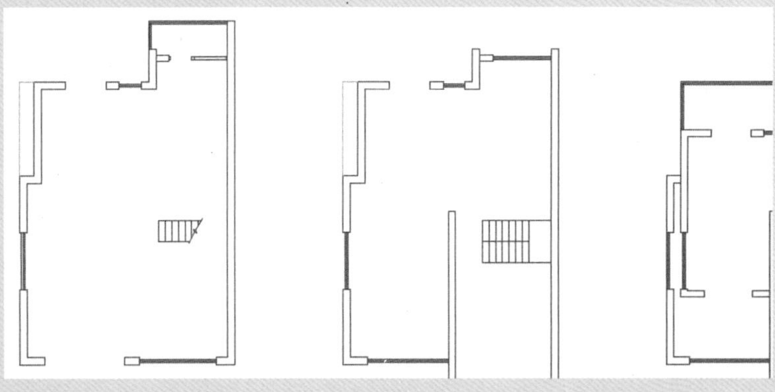

图 10-69　导入平面图

02 分解图形，激活“直线”工具，捕捉绘制墙体轮廓，如图 10-70 所示。

03 激活“推 / 拉”工具，将墙体向上推出 4000mm，如图 10-71 所示。

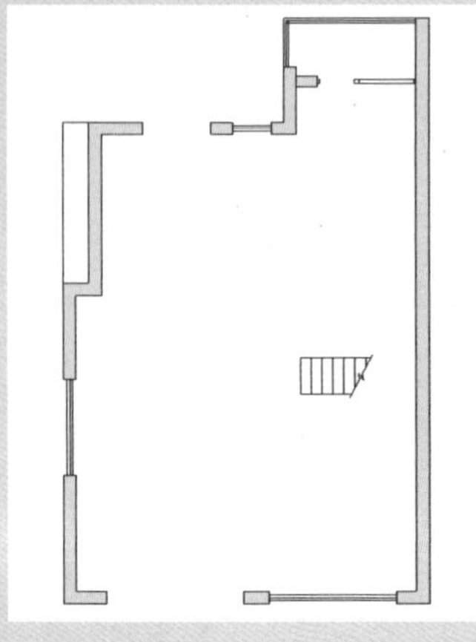

图 10-70　绘制墙体轮廓

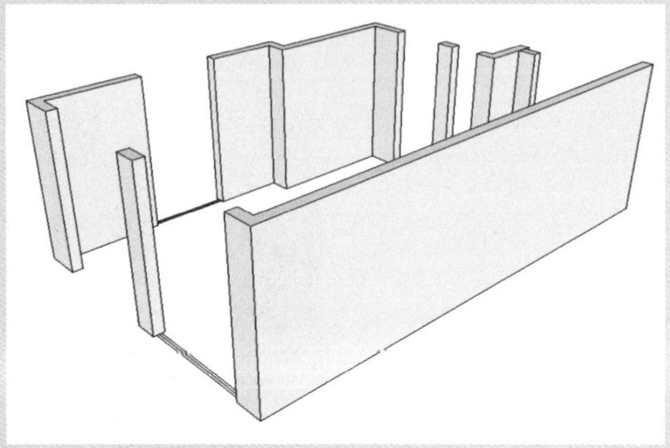

图 10-71　推出墙体

04 激活“移动”“推 / 拉”工具，制作出 600mm 高的门洞及窗洞上梁，如图 10-72 所示。

05 再继续制作 1200mm 高的窗台，删除多余的线条，如图 10-73 所示。

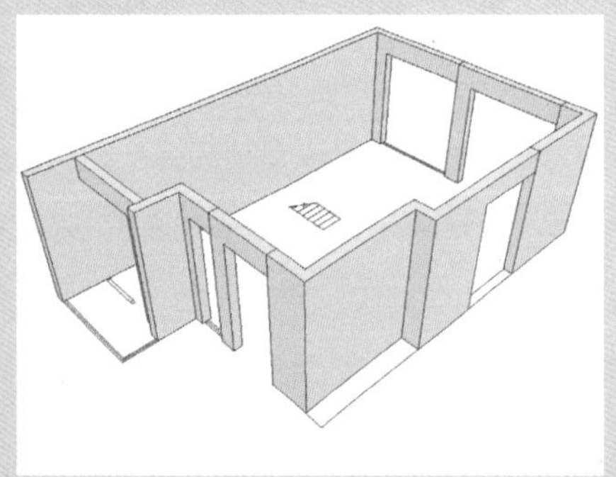

图 10-72　制作门洞及窗洞上梁

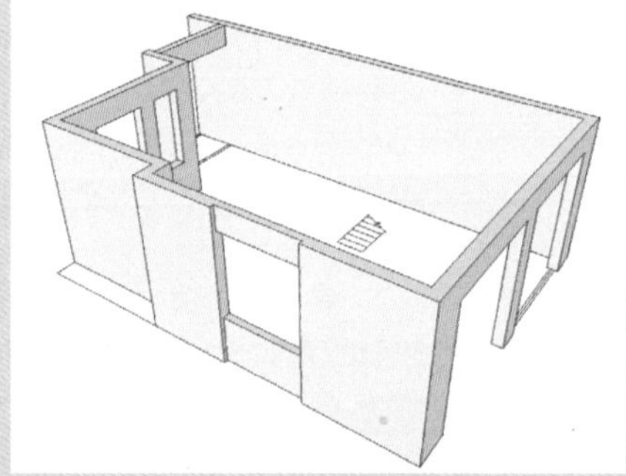

图 10-73　制作窗台

06 激活“直线”“推 / 拉”工具，推出 2400mm 的平台，删除多余的线条，如图 10-74 所示。

07 激活“直线”工具，封闭顶部的面，如图 10-75 所示。

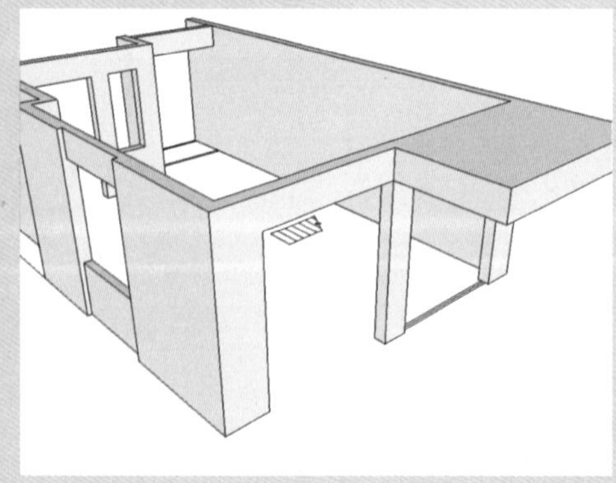

图 10-74　推出平台

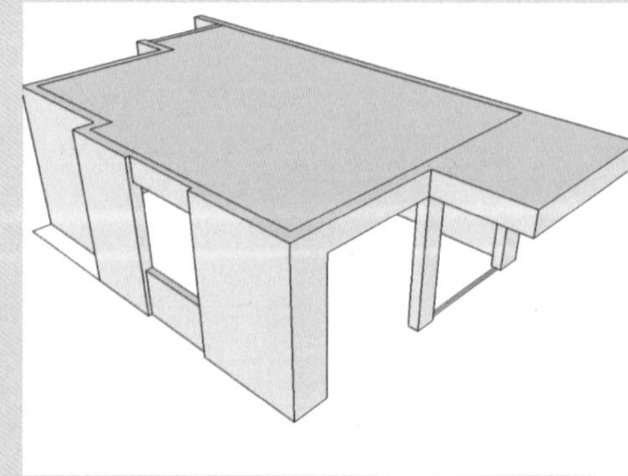

图 10-75　绘制顶面

08 将墙体模型创建成组，再激活“矩形”工具，捕捉绘制地面，如图 10-76 所示。

09 激活“推 / 拉”工具，将地面向下推出 600mm，如图 10-77 所示。

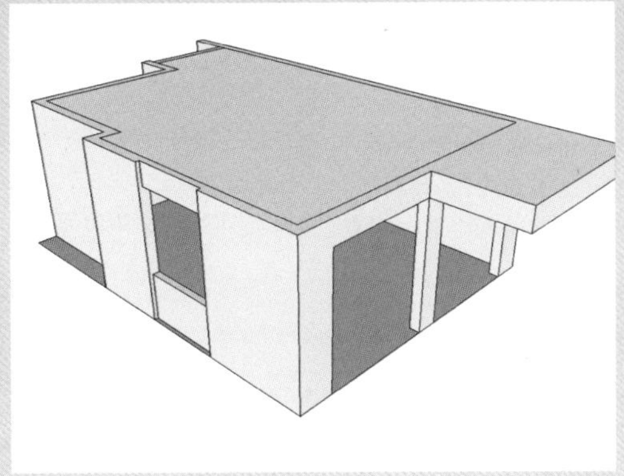
图 10-76 绘制地面

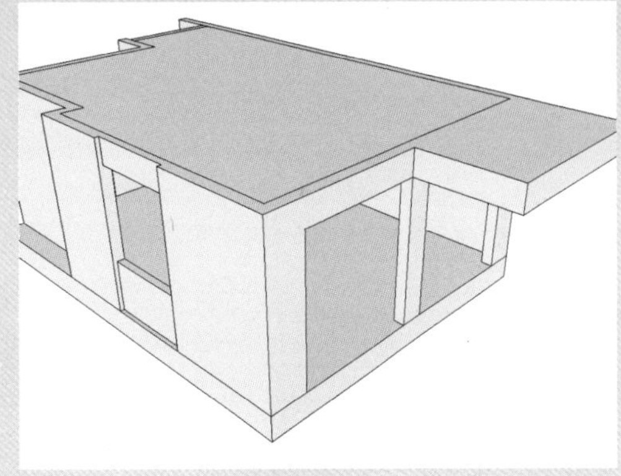
图 10-77 向下推出地面厚度

10 继续将入户位置的地面向外推出 1200mm 的平台，如图 10-78 所示。

11 将地面模型创建成组，双击进入编辑模式，激活“移动”工具，向下复制边线，设置距离为 150mm，如图 10-79 所示。

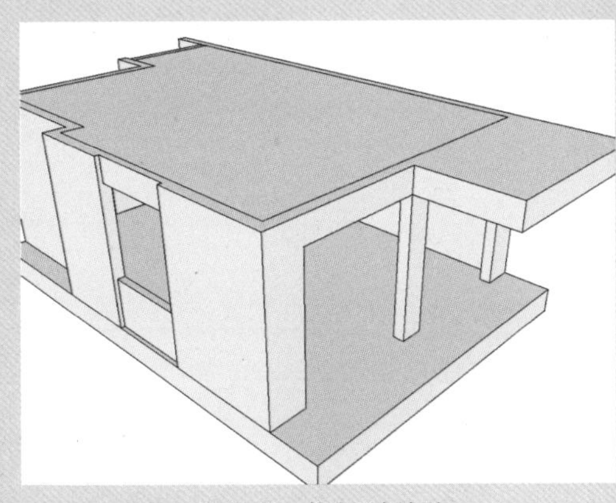
图 10-78 推出平台造型

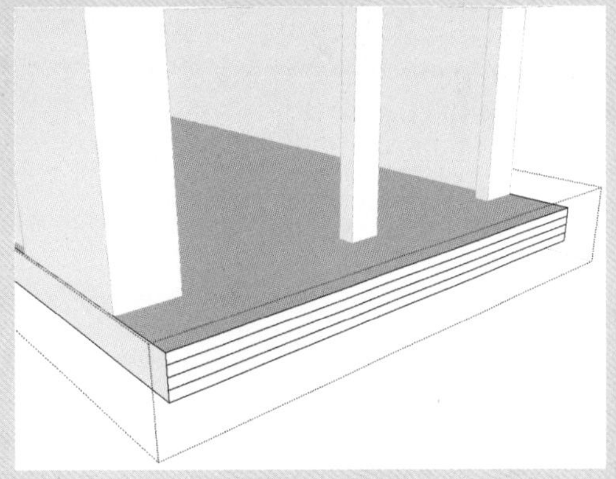
图 10-79 复制图形

12 激活“推 / 拉”工具，推出 300mm 宽的踏步，如图 10-80 所示。

13 激活“矩形”工具，捕捉门洞绘制一个矩形，如图 10-81 所示。

14 将矩形创建成组，双击进入编辑状态，激活“偏移”工具，将矩形边框向内偏移 50mm，如图 10-82 所示。

15 分别激活“直线”“移动”工具，制作宽 50mm、高 2200mm 的门框，如图 10-83 所示。

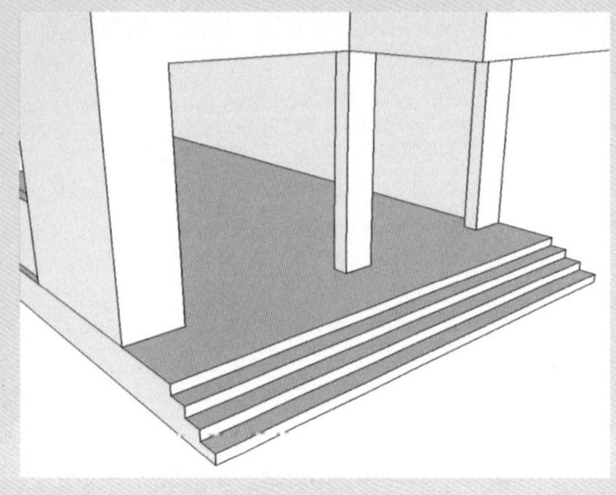

图 10-80　制作踏步造型

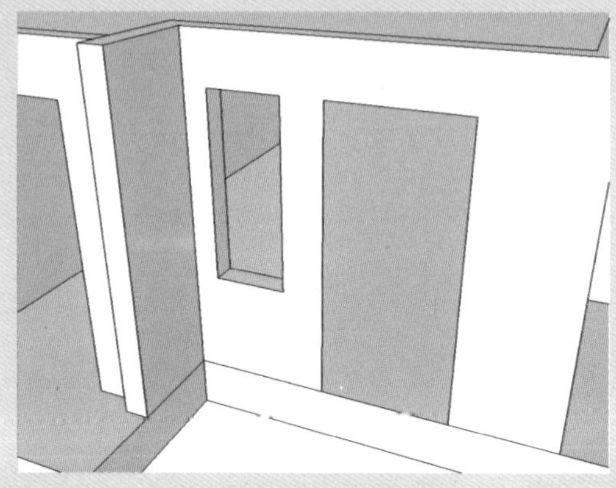

图 10-81　绘制矩形

图 10-82　偏移图形

图 10-83　绘制门框

16 激活“推拉”工具，推出 50mm 的窗框厚度，如图 10-84 所示。

17 照此方法再制作其他的门窗模型，完成一层模型的制作，如图 10-85 所示。

图 10-84　推出窗框厚度

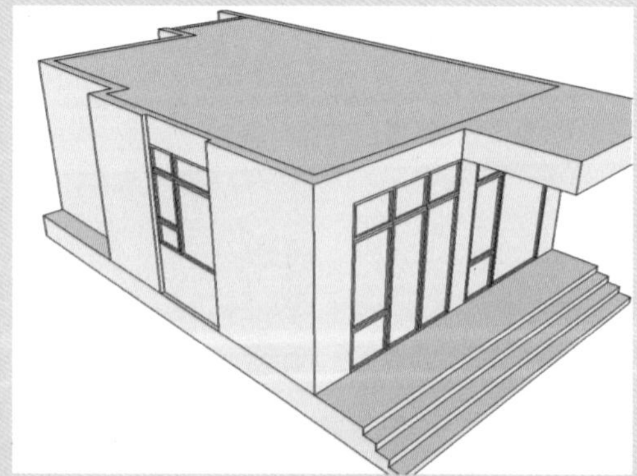

图 10-85　完成一层模型

18 清除二层平面图中多余的线条，如图 10-86 所示。

19 激活“直线”工具，绘制墙体轮廓，如图 10-87 所示。

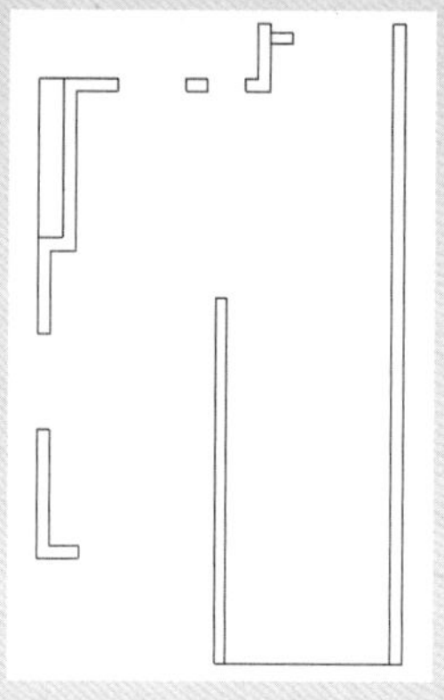
图 10-86 清除多余线条

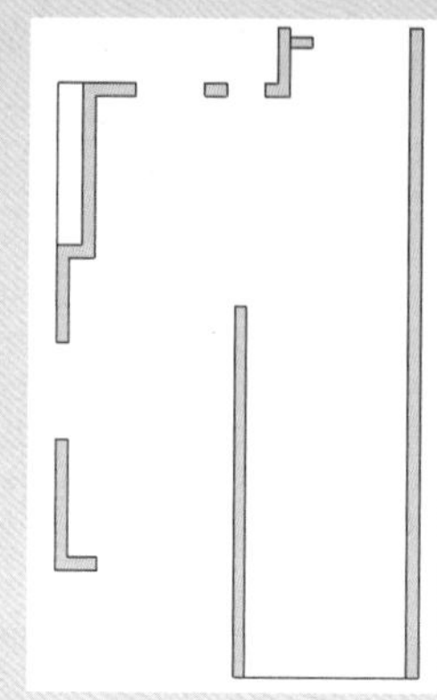
图 10-87 绘制墙体轮廓

20 激活“推 / 拉”工具，推出 3700mm 的墙体，如图 10-88 所示。

21 利用“移动”“推 / 拉”工具制作门洞及窗洞造型，如图 10-89 所示。

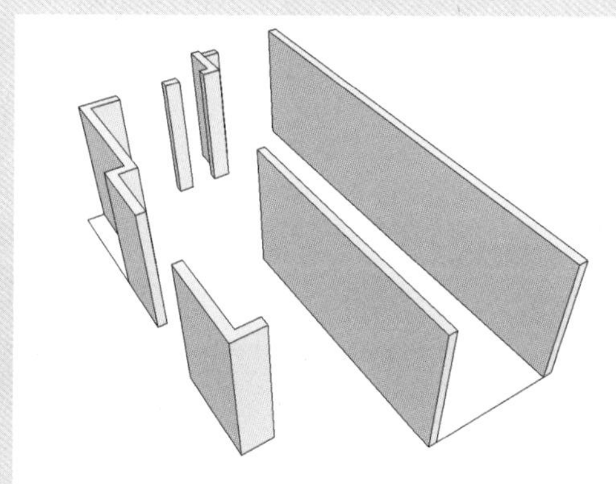
图 10-88 推出墙体

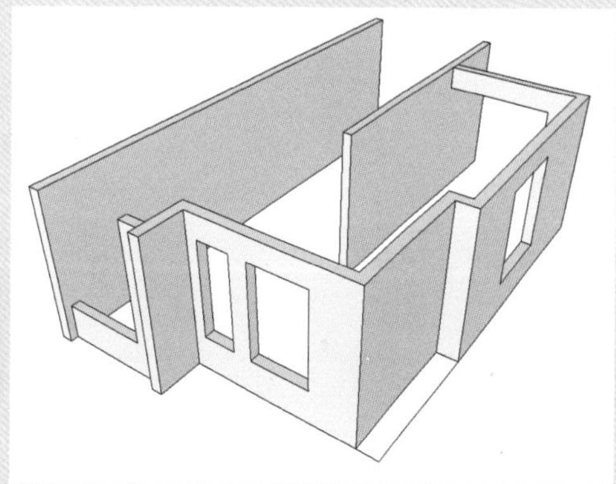
图 10-89 制作门洞及窗洞

22 激活“矩形”工具，捕捉绘制空调外机平台，再激活“推 / 拉”工具，将该平台向上推出 100mm，如图 10-90 所示。

23 将模型创建成组，与一层模型对齐，如图 10-91 所示。

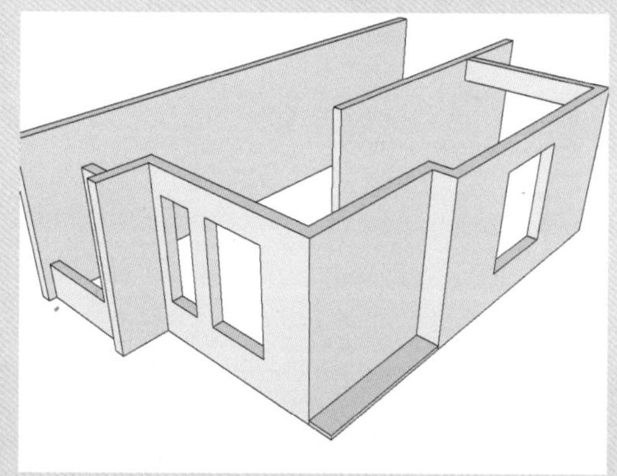
图 10-90 制作空调外机平台

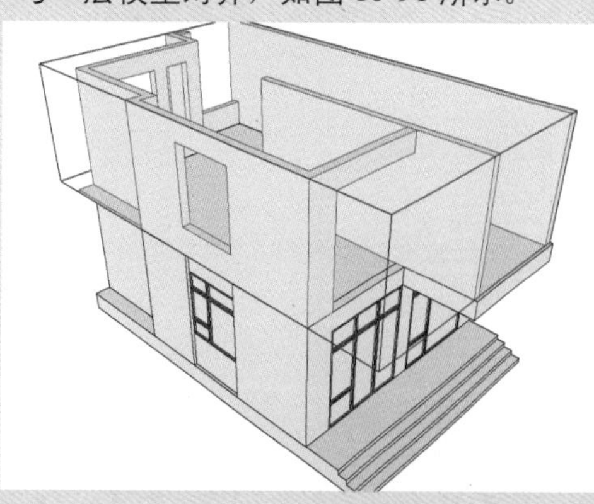
图 10-91 对齐模型

24 对两层模型进行统一调整，使外墙墙体与窗户都能够匹配，如图 10-92 所示。

25 按照前面的操作方法制作二层的门窗模型，如图 10-93 所示。

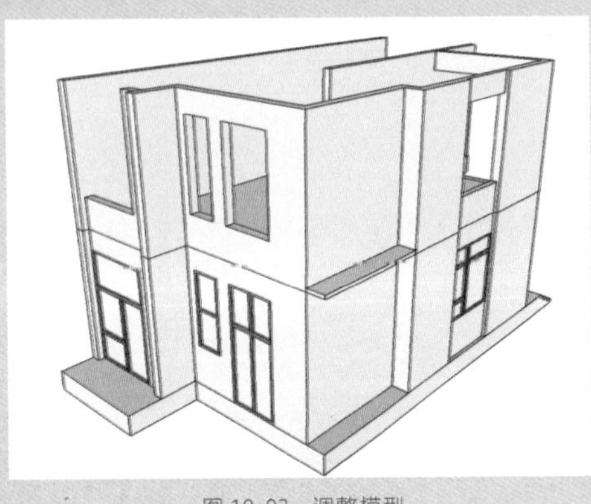

图 10-92 调整模型

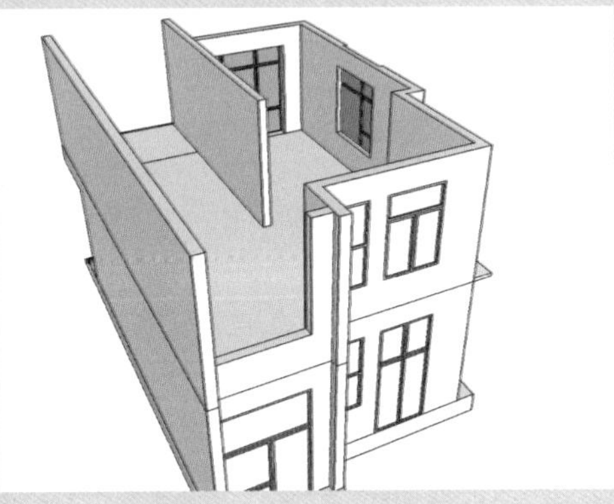

图 10-93 制作二层门窗模型

26 激活“直线”工具，为二层添加顶面，如图 10-94 所示。

27 再制作宽 1200mm 的一层挡雨板，如图 10-95 所示。

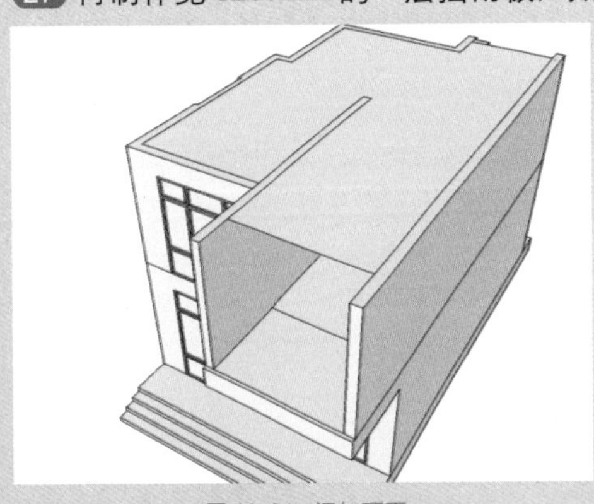

图 10-94 添加顶面

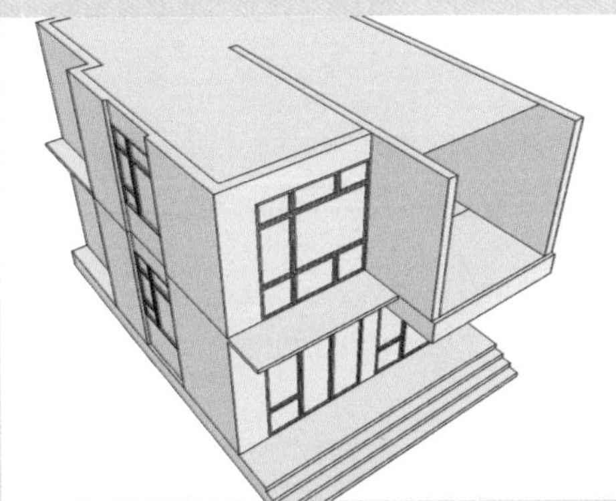

图 10-95 制作挡雨板

28 清除三层平面图中多余的线条，如图 10-96 所示。

29 激活“直线”命令，绘制墙体轮廓，如图 10-97 所示。

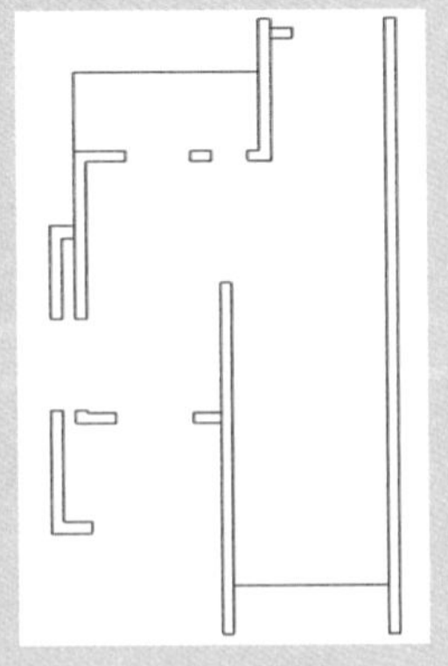

图 10-96 清除多余的线条

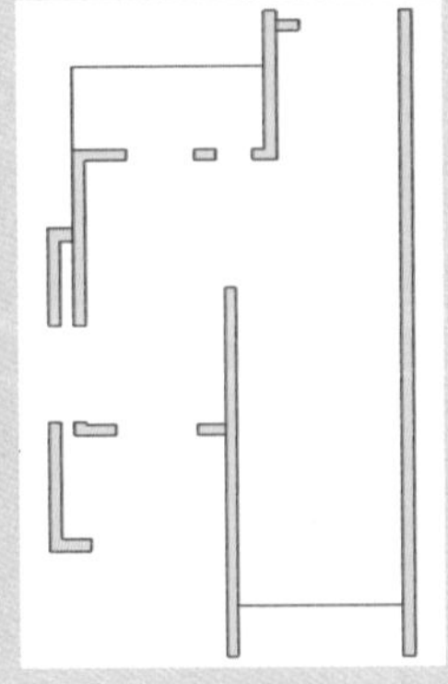

图 10-97 绘制墙体轮廓

30 激活“推 / 拉”工具，推出 4000mm 和 1100mm 高的墙体，再删除多余的线条，如图 10-98 所示。

31 制作出高度为 1000mm 的门窗上梁，如图 10-99 所示。

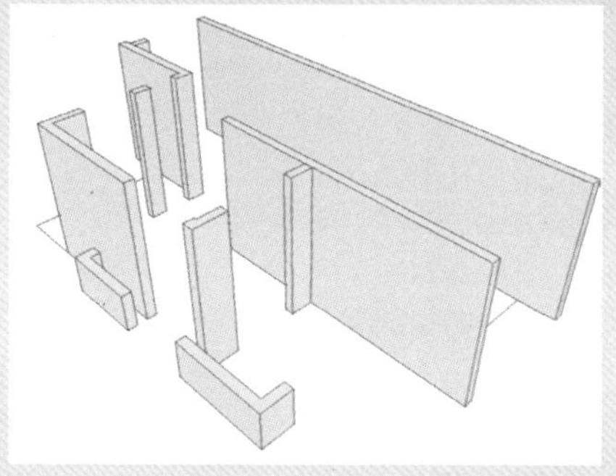

图 10-98　推出墙体

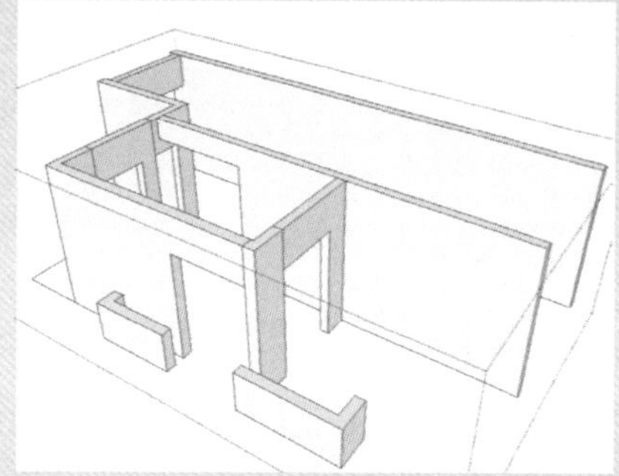

图 10-99　制作门窗上梁

32 再制作高度为 900mm、300mm 的地台及窗台，如图 10-100 所示。

33 将三层模型移动到二层模型上并对齐，如图 10-101 所示。

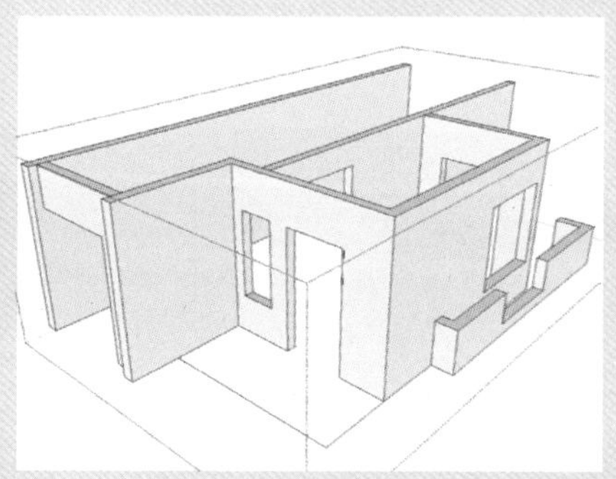

图 10-100　制作地台和窗台

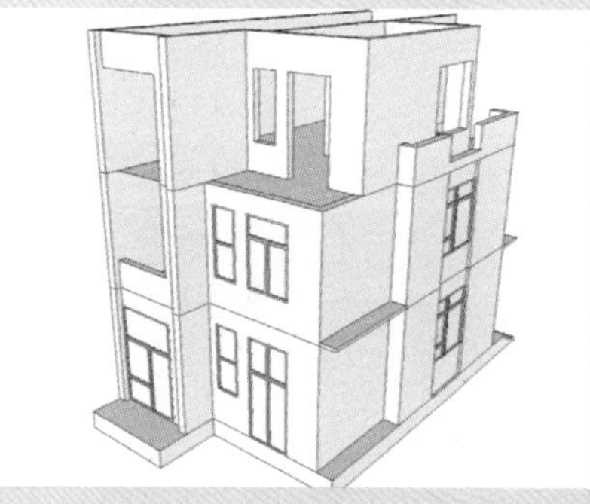

图 10-101　对齐二层和三层墙体模型

34 复制二层窗户模型到三层，并进行适当的尺寸调整，使其与门窗洞匹配，如图 10-102 所示。

35 激活“矩形”工具，捕捉一侧的窗洞绘制一个矩形，如图 10-103 所示。

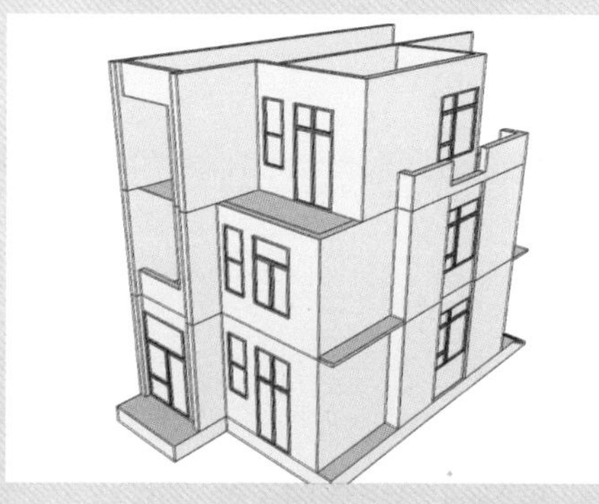

图 10-102　复制窗户模型并调整

图 10-103　绘制矩形

36 利用“偏移”“移动”工具，绘制出窗格造型，如图 10-104 所示。

37 激活“偏移”工具，将窗格中的十字造型边线向内偏移 30mm，如图 10-105 所示。

图 10-104　绘制窗格造型　　图 10-105　偏移图形

38 激活“推 / 拉”工具，推出窗框造型，如图 10-106 所示。

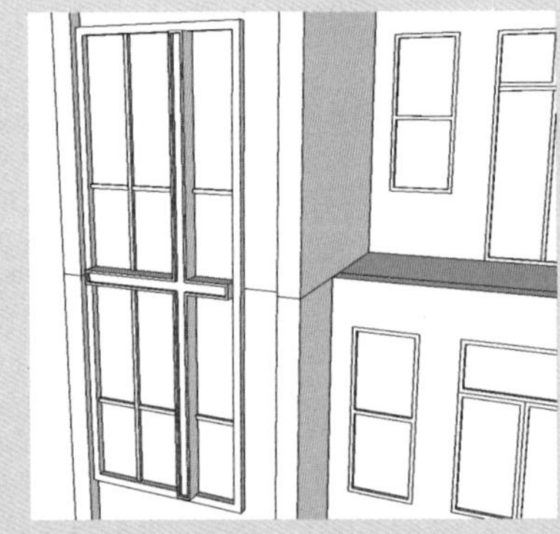

图 10-106　推出窗框造型

39 复制窗户模型到另一侧并进行旋转，对齐到合适的位置，再对模型的尺寸进行调整，使其整体高度高出墙体 400mm，如图 10-107 所示。

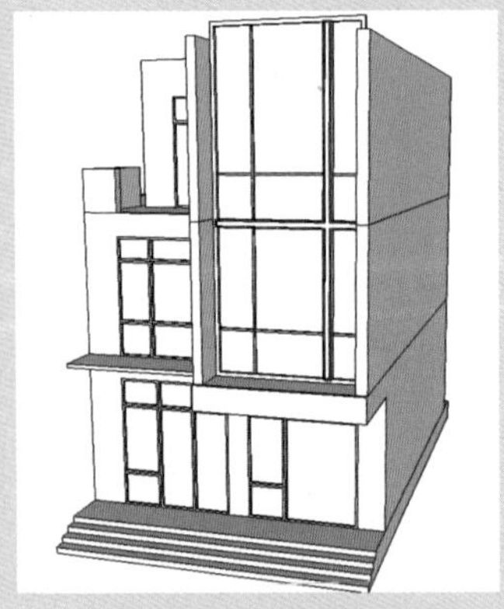

图 10-107　复制并调整窗户模型

40 双击墙体模型进入编辑状态，激活“直线”工具分割墙体，如图 10-108 所示。

41 激活“推 / 拉”工具，推拉墙体顶部的造型，如图 10-109 所示。

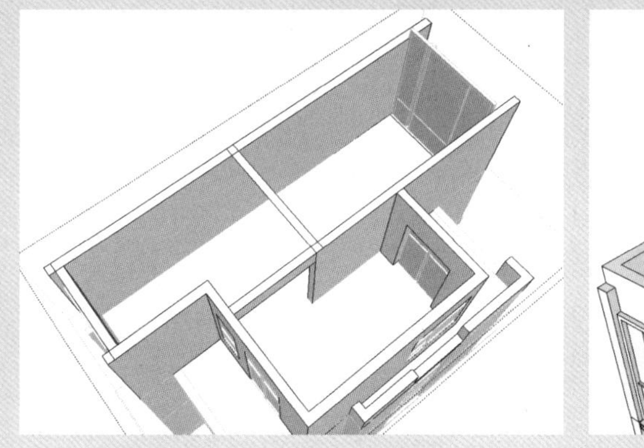

图 10-108　绘制直线分割墙体

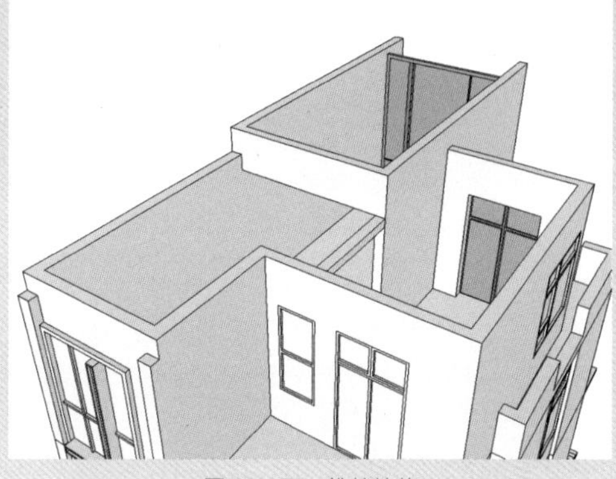

图 10-109　推拉墙体

42 分别激活“直线”“推 / 拉”工具，制作屋顶，如图 10-110 所示。

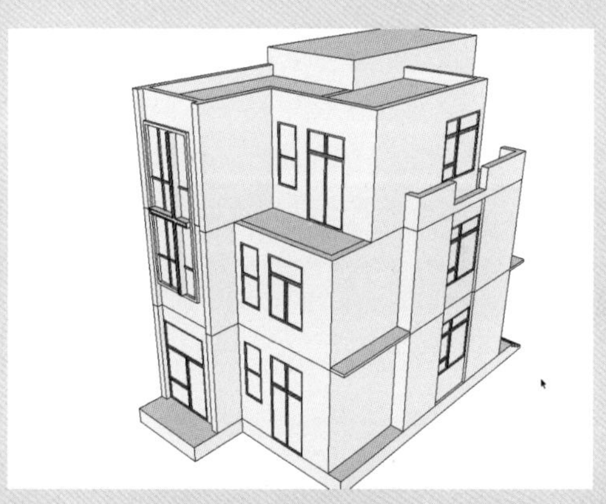

图 10-110　制作屋顶

10.2.2　制作栏杆构件

这里要制作的构件主要是栏杆模型，该场景中包括两种样式的栏杆造型。具体操作步骤如下。

01 激活“直线”工具，捕捉拐角绘制直线，如图 10-111 所示。

02 选择直线，激活“偏移”工具，将直线向内依次偏移 50mm，如图 10-112 所示。

03 激活“直线”“推 / 拉”工具，制作高度为 50mm 的模型，并创建成组，如图 10-113 所示。

04 激活“移动”工具，向上移动并复制模型，设置间距为 50mm，如图 10-114 所示。

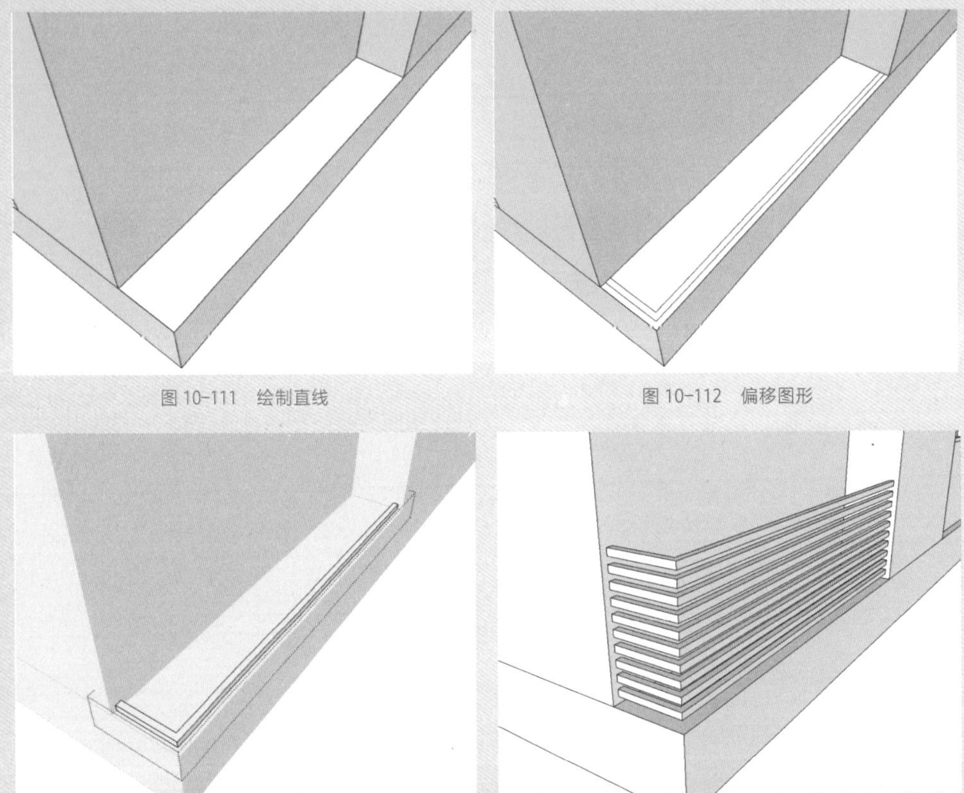

图 10-111　绘制直线　　图 10-112　偏移图形

图 10-113　推拉模型　　图 10-114　复制模型

05 双击最上方的模型进入编辑状态，激活“推 / 拉”工具，将栏杆扶手外侧的面向外推出 50mm，完成空调外机平台栏杆模型的制作，如图 10-115 所示。

06 将模型创建成组，并复制到二层，如图 10-116 所示。

图 10-115　推拉扶手模型　　图 10-116　创建组并复制

07 复制模型到其他位置并进行适当调整，如图 10-117 所示。

08 再制作另外一种栏杆模型。利用“直线”“推 / 拉”工具制作 50mm×100mm 的栏杆扶手，如图 10-118 所示。

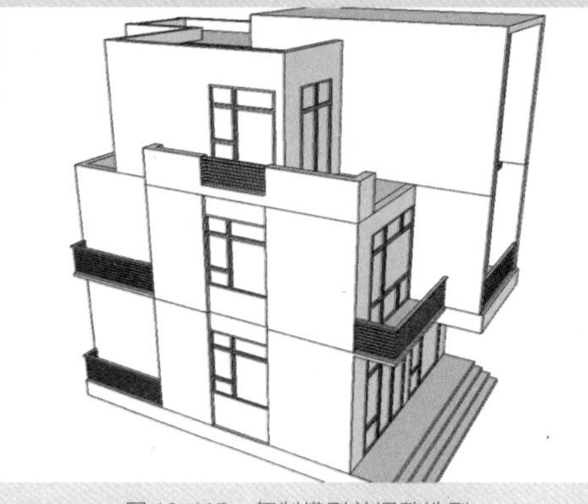
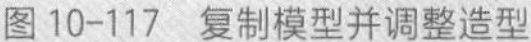

图 10-117　复制模型并调整造型

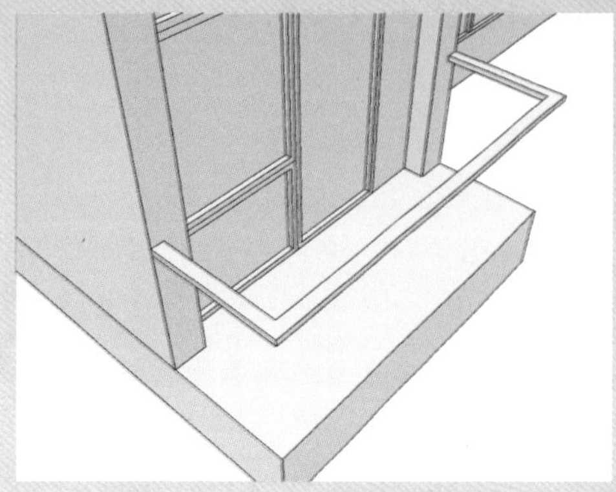

图 10-118　制作栏杆扶手

09 利用“矩形”“推 / 拉”工具制作 50mm×50mm×1000mm 的栏杆立柱，再将其创建成组，如图 10-119 所示。

10 双击进入编辑状态，激活“偏移”工具，将上方的边线向内偏移 15，再利用“推 / 拉”工具将中间的面向上推出，如图 10-120 所示。

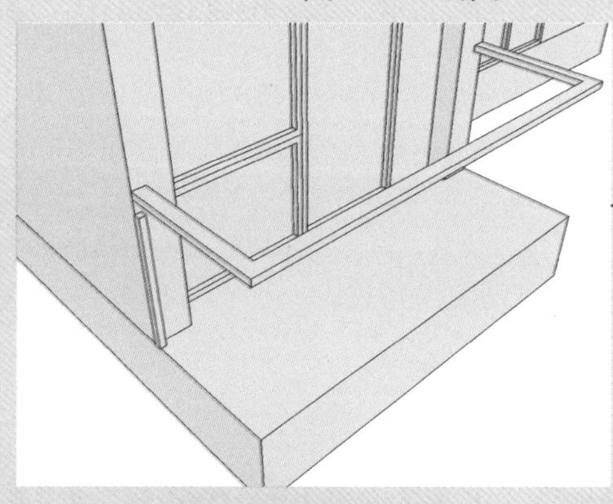

图 10-119　创建栏杆立柱

图 10-120　偏移并推拉图形

11 激活“矩形”工具，绘制 750mm×1000mm 的矩形面，并将其放置到栏杆位置，如图 10-121 所示。

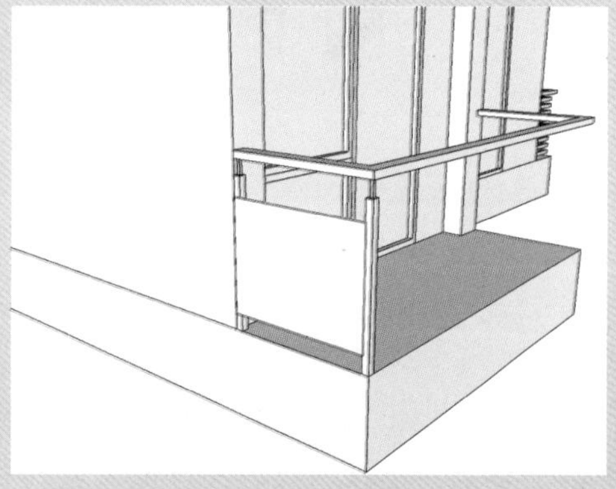

图 10-121　创建矩形

12 复制面和立柱并进行适当的调整，完成该阳台栏杆模型的制作，如图 10-122 所示。

13 复制栏杆模型到其他位置，并进行适当的调整，完成整体别墅模型的创建，如图 10-123 所示。

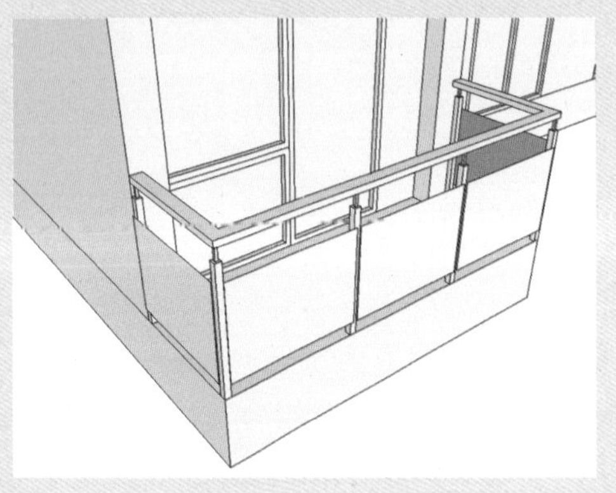

图 10-122　复制面和立柱

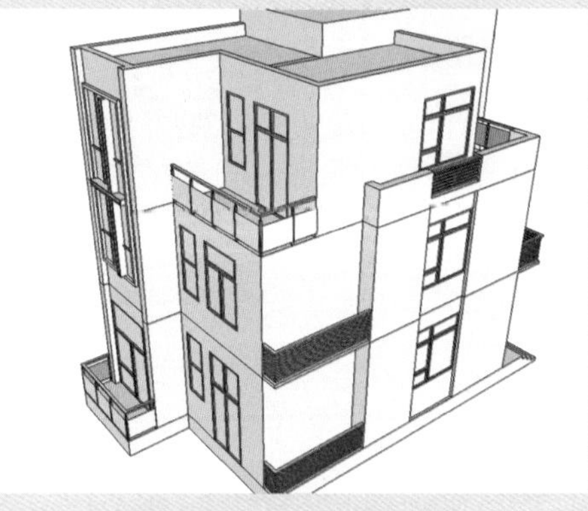

图 10-123　复制并调整栏杆模型

10.2.3　为别墅添加材质

别墅模型制作完毕后，这里为其赋予材质。本案例中的别墅模型为现代风格，在材质的使用上较为简单。具体的操作步骤如下。

01 激活“材质”工具，打开材质编辑器，选择一种深蓝色，如图 10-124 所示。

02 将材质指定给门框、窗框及栏杆模型，如图 10-125 所示。

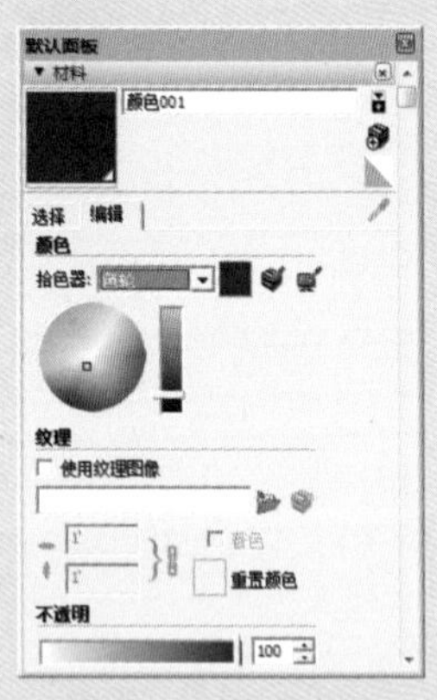

图 10-124　设置材质

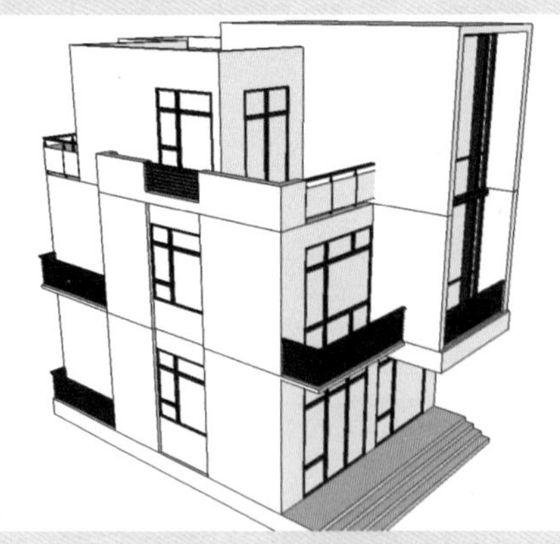

图 10-125　指定深蓝色材质

03 在材质编辑器中选择“灰色半透明玻璃”材质，再单击“创建材质”按钮，打开“创建材质”设置面板，将材质重命名为“玻璃”，如图 10-126 所示。

04 勾选“使用纹理图像”复选框，在弹出的“选择图像”对话框中选择合适的贴图，如图 10-127 所示。

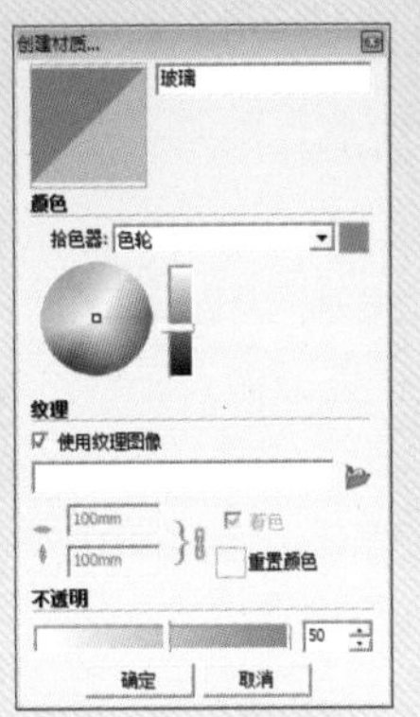

图 10-126 创建材质

图 10-127 选择贴图

05 添加贴图后的效果如图 10-128 所示，完成玻璃材质的创建。

06 将所有门窗模型单独创建成组，并将其嵌套群组全部分解，如图 10-129 所示。

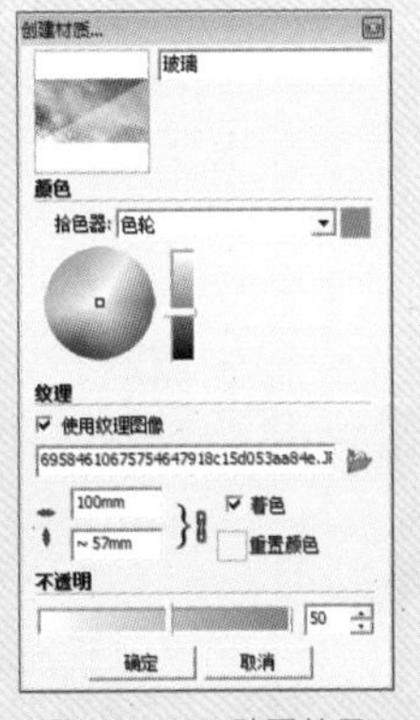

图 10-128 贴图效果

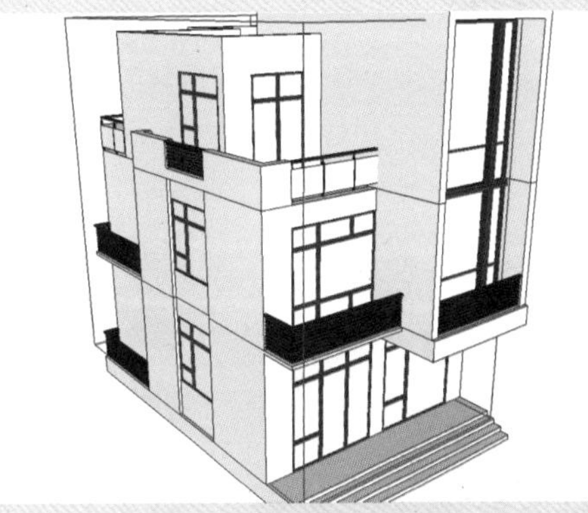

图 10-129 创建群组

07 双击进入编辑状态，将创建的玻璃材质指定给模型中的玻璃面，如图 10-130 所示。

08 在材质编辑器中重新调整材质贴图的尺寸，如图 10-131 所示。

图 10-130 指定玻璃材质

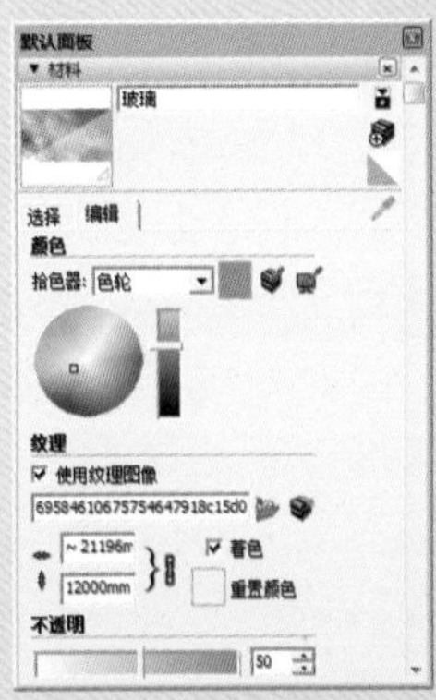

图 10-131 编辑贴图尺寸

09 调整后的玻璃效果如图 10-132 所示。

10 继续在材质编辑器中选择“半透明安全玻璃”材质，并调整材质颜色及不透明度，如图 10-133 所示。

图 10-132　调整后的玻璃效果

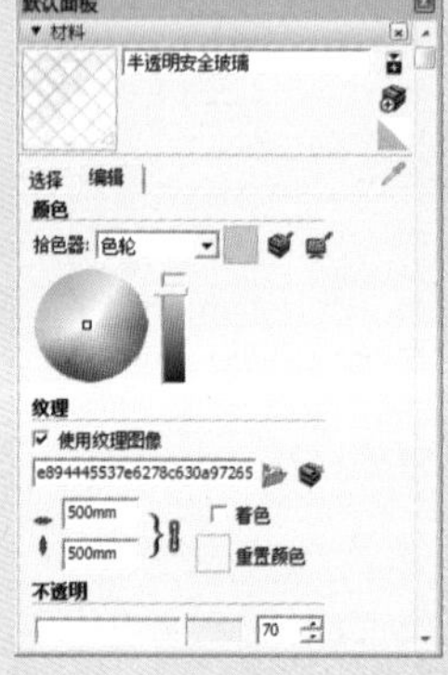

图 10-133　选择并设置玻璃材质

11 将材质指定给阳台栏杆的玻璃，效果如图 10-134 所示。

12 在材质编辑器中选择“灰色”材质，并指定给部分墙体的面，效果如图 10-135 所示。

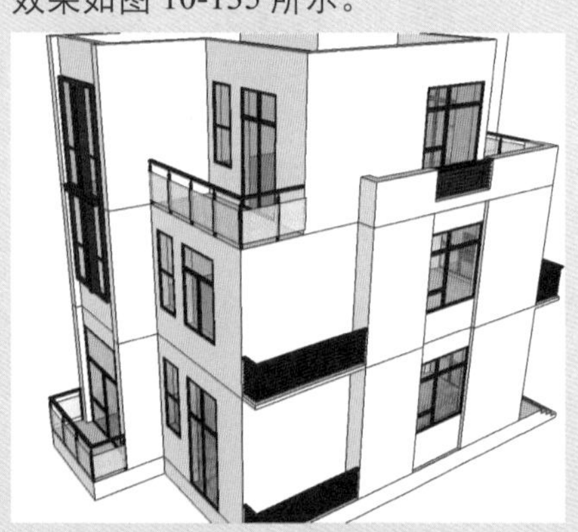

图 10-134　指定玻璃材质

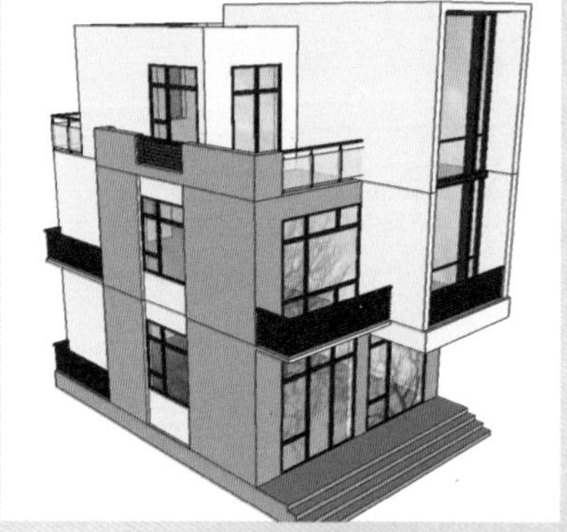

图 10-135　指定灰色材质

10.2.4　完善别墅区环境

别墅模型制作完毕后，就可以进行别墅群以及周边环境的创建了。具体操作步骤如下。

01 将别墅模型创建成组，并向一侧进行复制操作，如图 10-136 所示。

02 执行“视图” | “坐标轴”命令，使坐标轴显示，可以看到建筑是沿红色轴线分布，如图 10-137 所示。

03 选择一侧模型并单击鼠标右键，在弹出的快捷菜单中选择“翻转方向” | “组的红轴”命令，如图 10-138 所示。

04 即可将模型镜像，再移动并对齐模型，如图 10-139 所示。

图 10-136 复制模型

图 10-137 打开坐标轴

图 10-138 选择“组的红轴”命令

图 10-139 镜像并对齐模型

05 观察模型，对不合理的墙体区域进行微调，如图 10-140 所示。

06 复制草皮模型，并调整造型使其成为一个整体，如图 10-141 所示。

图 10-140 微调模型

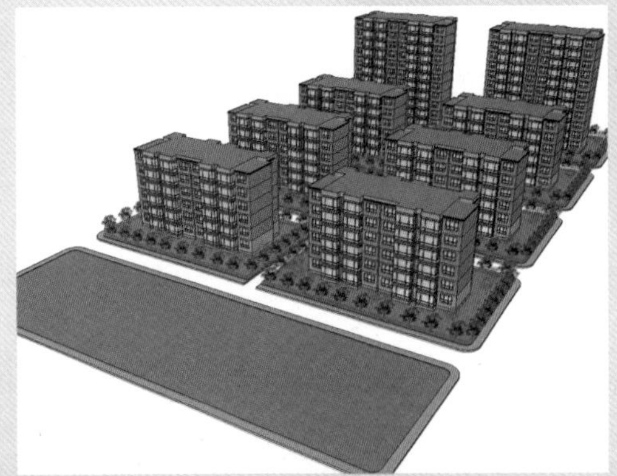

图 10-141 复制并调整草皮模型

07 将创建的别墅模型复制到草皮上，调整位置，如图 10-142 所示。

08 添加灌木、树木等模型，复制并进行合理布置，如图 10-143 所示。

图 10-142　复制别墅模型

图 10-143　添加树木模型

09 继续复制模型，如图 10-144 所示。

10 为场景添加汽车、人物模型，放置到合适的位置。至此，完成小区整体环境的制作，如图 10-145 所示。

图 10-144　继续复制模型

图 10-145　添加模型

10.3　场景效果的制作

整体场景制作完毕后，就需要美化场景效果，例如制作地面、天空，添加阴影效果等，使场景效果更加生动。具体操作步骤如下。

01 执行“窗口”|“默认面板”|“风格”命令，打开“风格”设置面板，在“背景”设置面板中勾选“地面”复选框，并设置地面颜色为深灰色，调整视口，效果如图 10-146 所示。

图 10-146　设置地面颜色

02 在“风格”设置面板中切换到“水印设置”面板，单击“添加水印”按钮⊕，选择合适的图片作为水印，在弹出的“创建水印”对话框中选中“背景”单选按钮，效果如图 10-147 所示。

图 10-147　添加水印

03 继续单击两次“下一步”按钮，设置水印在屏幕中的位置，如图 10-148 所示。

图 10-148　设置水印位置

04 单击“完成”按钮，完成背景水印的添加，创建场景 1，如图 10-149 所示。

图 10-149　完成水印的添加

05 打开“阴影”设置面板，开启阴影，效果如图 10-150 所示。

图 10-150　开启阴影效果

06 调整月份至 9 月 10 日，再设置光线亮值为 100、暗值为 50，效果如图 10-151 所示。

图 10-151　场景 1 效果

07 切换到另一个视口，添加人物、汽车模型，并创建场景 2，效果如图 10-152 所示。

图 10-152　场景 2 效果

参考文献

[1] 沈真波、薛志红、王丽芳 .After Effects CS6 影视后期制作标准教程 [M]. 北京：人民邮电出版社，2016.

[2] 潘强、何佳 .Premiere Pro CC 影视编辑标准教程 [M]. 北京：人民邮电出版社，2016.

[3] 周建国 .Photoshop CS6 图形图像处理标准教程 [M]. 北京：人民邮电出版社，2016.

[4] 沿铭洋、聂清彬 .Illustrator CC 平面设计标准教程 [M]. 北京：人民邮电出版社，2016.

[5] [美] Adobe 公司 .Adobe InDesign CC 经典教程 [M]. 北京：人民邮电出版社，2014.

[6] 唯美映像 .3ds Max 2013+VRay 效果图制作自学视频教程 [M]. 北京：人民邮电出版社，2015.